U0934771

机床数控化改造技术

第2版

主编 罗永顺

参编 周 磊 邝治全 梁建玲
李 吉 龙春凤 罗燕玲
郭映映

机 械 工 业 出 版 社

本书主要介绍了数控机床的基本结构和工作原理，详细阐述了数控系统、伺服系统、机械结构、电气系统、液压系统改造设计中使用的技术、方法、关键接口和连接方法，以及改造中出现的常见问题及解决方法，并简要介绍了数控机床的精度及可靠性的分析与实现。本书能准确、详细地指导学生和技术人员实施对机床的数控化改造。

本书是机电一体化及机械制造各专业本科、专科学生的教材，并可作为从事机电一体化和机床数控化改造的工程技术人员工作的参考资料。

图书在版编目（CIP）数据

机床数控化改造技术/罗永顺主编．—2版．—北京：机械工业出版社，2013.3（2024.7重印）

ISBN 978-7-111-41180-2

Ⅰ.①机…　Ⅱ.①罗…　Ⅲ.①数控机床　Ⅳ.①TG659

中国版本图书馆CIP数据核字（2013）第009001号

机械工业出版社（北京市百万庄大街22号　邮政编码100037）
策划编辑：周国萍　责任编辑：周国萍　韩旭东
版式设计：霍永明　责任校对：张　媛
责任印制：常天培
北京机工印刷厂有限公司印刷
2024年7月第2版第10次印刷
184mm×260mm · 16.75印张 · 409千字
标准书号：ISBN 978-7-111-41180-2
定价：59.00元

电话服务
客服电话：010-88361066
010-88379833
010-68326294

网络服务
机　工　官　网：www.cmpbook.com
机　工　官　博：weibo.com/cmp1952
金　书　网：www.golden-book.com
机工教育服务网：www.cmpedu.com

第2版前言

自2007年以来,数控机床迅速发展,使数控系统的性能更加丰富,机床附件更为多样化,伺服系统的可选择品种更多。在普通机床的数控化改造中数控系统、伺服电动机和驱动装置可选择的品种更为多样化,因此普通机床的数控化改造需要做一些补充和调整。而且现在大量需要改造的机床已经成为老式的数控机床,改造的重点成为选用新型的数控系统、伺服驱动装置和伺服电动机,以适应高精度和高可靠性的要求。

另外在第1版的使用中,也发现了一些问题,如数控系统的选择方法简单、各电器部件接线不够具体详细,伺服参数的选择和使用没有介绍等。这些在第2版中做了重点介绍。

在本次修订中,对部分章节的内容进行重写、补充或删减。本次修订的第1章由广东技术师范学院的罗永顺编写,第2章由广东技术师范学院的李吉和龙春凤编写,第3章由广东技术师范学院的周磊编写,第4章由广东铁路职业技术学院的梁建玲编写,第5章由龙春凤和广东工程职业技术学院的邝治全编写,第6章由广东技术师范学院的李吉和谢健龙编写,第7章由广东技术师范学院的罗燕玲编写,第8章由广东技术师范学院的郭映映编写。

第2版是在第1版的基础上改写的,并利用了第1版的部分资料,在此谨向第1版书的编者表示衷心感谢。

由于内容涉及较广,加之编者水平有限,难免还存在不妥与疏漏之处,恳请读者批评指正。编者邮箱:lysteacher@ yeah. net.

罗永顺

第1版前言

目前,先进制造技术(如CIMS、FMS、DNC、CNC等)已广泛应用到工业、民用各个领域中,如汽车制造、船舶制造、石油化工等。计算机技术的飞速发展使先进制造技术的发展如虎添翼,并有了质的飞跃。因此,市场对先进制造技术中的生产设备——数控机床的需求也大大提升。

数控机床是装备制造业的工作母机,是实现制造技术和装备现代化的基石,是保证高新技术产业发展和国防军工现代化的战略装备。目前,由于我国数控机床产业发展相对滞后,已经制约了整个装备制造业的发展,直接影响到国防军工产业安全。国内外装备制造业的发展经验表明,发展装备制造业,数控机床是基础。"十五"期间,我国机床工业连续几年快速发展,我国机床产值已从"九五"末期的世界第八位,跃居到2005年的世界第三位。在全球倡导绿色制造的大环境下,机床数控化改造成为了热点。它包括普通机床的数控化改造和数控机床的升级改造。

众所周知,我国机电行业(包括机械、电子、汽车、航空、航天、轻工、纺织、冶金、煤炭、邮电、船舶等)拥有的机床结构比较陈旧,操作系统复杂,控制系统落后,生产效率低下,如果靠购置新的数控机床取而代之,显然耗资巨大,不符合国情。因此,采用数控技术对现有机床进行改造,符合国家的产业政策。另外,从市场容量来讲,不论是汽车制造业、模具制造业,还是军工企业,机床数控化改造都蕴藏着无限商机。

机床数控化改造主要是针对数控系统、伺服系统、辅助控制系统和液压系统的改造。由于数控机床本身是机电液一体化、结构复杂的产品,因此在改造中是否按照准确的计算方法计算,是否按照规则、要求选择改造方案和元器件的类型是决定改造后机床的性能、运行精度、加工质量和可靠性的关键因素。

本书着眼于数控机床基本部件的功能、类型,说明了数控机床的改造方法,提供了详细的计算公式、选择原则和选择方案,并对改造中的难点进行了举例说明。同时根据已有的改造案例总结改造中出现的问题,并提出了相应的解决办法。

本书由罗永顺主编,并编写第1章,广东技术师范学院范美芳编写了第2章,广东技术师范学院张秀松编写了第3章,广东铁路职业技术学院梁建玲编写第4章,广东省国防工业职工大学王新玲编写第5章,广东技术师范学院郭映映编写第6章,广东技术师范学院罗燕玲编写第7、8章。

在编写过程中,作者参考了一些国内外有关的研究成果,还有其他同志一起绘制插图,修改稿件,付出了辛勤的劳动,在此,作者对他们表示衷心的感谢!另外在反复审稿和修改书稿的过程中,家人给了我无私的帮助和支持,在此对我亲爱的父母、先生和孩子表示深深的谢意!

限于编者水平,书中缺点和错误在所难免,恳请读者批评指正。

罗永顺

目　录

第 1 章　数控机床的概述

1.1　数控机床

1.1.1　数控机床的概念

数控系统是一种控制系统，它能控制机床的运动和加工过程。数控机床是装备了数控系统的机床，既包括 NC 机床，也包括 CNC 机床。数字控制机床（Numerical Controlled Machine Tool），简称 NC 机床。计算机数控机床（Computerized Numerical Controlled Machine Tool），简称 CNC 机床，是利用具有专门存储程序的计算机来实现对机床的全部或部分控制功能。工作原理是：将数控加工程序输入到数控装置中，再由数控装置控制主运动的变速、起停、进给运动的方向、速度和位移大小，以及诸如刀具的选择、交换、工件夹紧、松开和冷却的起停等动作，使刀具与工件及其他辅助装置严格按数控程序的要求进行工作。

1.1.2　数控机床的产生及发展简史

1. 数控机床的产生

随着科学技术的发展，机械产品的结构越来越合理，其性能、精度和效率日趋提高，因此对加工机械产品零部件的生产设备——机床也相应地提出了高性能、高精度与高自动化的要求。

在机械产品中，单件与小批量产品占到 70% ~ 80%，这类产品一般都采用通用机床加工，当产品改变时，机床与工艺装备均需作相应的变换和调整，而且通用机床的自动化程度不高，需要人工进行操作，难以提高生产效率和保证生产质量。特别是一些由曲线、曲面轮廓组成的复杂零件，只能借助靠模和仿形机床，或者借助划线和样板手工操作的方法来加工，加工精度和生产效率受到很大的限制。

数字控制机床就是为了解决单件、小批量，特别是复杂型面零件加工的自动化，并保证质量要求而产生的。

2. 数控机床的发展简史

1946 年诞生了世界上第一台电子计算机。6 年后，即在 1952 年，计算机技术应用到了机床上，在美国诞生了第一台数控机床。至今，数控系统经历了两个阶段和六代的发展变化。

第一阶段：数控（NC）阶段（1952—1970）。早期采用数字逻辑电路组合成一台机床，专用计算机作为数控系统，被称为硬件连接数控（HARD-WIREDNC），简称为数控（NC）。随着元器件的发展，这个阶段经历了三代，即 1952 年的第一代——电子管时代，1959 年的第二代——晶体管时代和 1965 年的第三代——小规模集成电路时代。

第二阶段：计算机数控（CNC）阶段（1970—现在）。到 1970 年，通用小型计算机作为数控系统的核心部件，从此进入了计算机数控（CNC）阶段。到 1971 年，美国 INTEL 公司第一次将计算机的两个最核心的部件——运算器和控制器，采用大规模集成电路技术集成在一块芯片上，称之为微处理器（mi-croprocessor），又可称为中央处理单元（简称 CPU）。

到 1974 年，微处理器被应用于数控系统。到了 1990 年，PC 的性能已发展到较高的水平，从 8 位、16 位，发展到 32 位，可以满足作为数控系统核心部件的要求，数控系统从此进入了基于 PC 的阶段。总之，计算机数控的发展也经历了三代，即 1970 年的第四代——小型计算机，1974 年的第五代——微处理器和 1990 年的第六代——基于 PC（国外称为 PC-based）。必须指出，数控系统发展到了第五代以后，才从根本上解决了可靠性低、价格极为昂贵、应用很不方便（主要是编程困难）等极为关键的问题。因此，数控技术经过了近 30 年的发展才走向普及应用。

1.1.3　数控机床的特点

数控机床在机械制造业中得到了日益广泛的应用，是因为它具有如下特点：

1）能适应不同零件的自动加工。数控机床是按照被加工零件的数控程序来进行加工的，当改变加工零件时，只要改变数控程序即可，不必用凸轮、靠模、样板或钻镗模等专用工艺装备。因此，生产准备周期短，有利于机械产品的更新换代。

2）工序集中。数控机床在结构和功能设计时，就充分考虑了工序集中，使机床在粗加工时有足够的刚度，在精加工时又有可靠的精度。因此，一次装夹可实现粗加工到精加工的不同工序，减少了机床、夹具的数量，也减少了因重新装夹造成的误差，同时能够缩短等待和装夹等辅助时间。

3）生产效率和加工精度高、加工质量稳定。在数控机床上，可以采用较大的切削用量，有效地节省了机动工时。还有自动换速、自动换刀和其他辅助操作自动化等功能，使辅助时间大为缩短，而且无需工序间的检验与测量。所以，数控机床比普通机床的生产率高 3 ~4 倍，甚至更高。同时，由于数控机床的精度较高，可以利用软件进行精度校正和补偿，又因为它是根据数控程序自动进行加工的，可以避免人为的误差。因此，数控机床不但加工精度高，而且加工质量稳定。

4）能完成复杂型面的加工。数控机床几乎可以实现任何轨迹的运动和任何形状的空间曲面的加工，如用普通机床难以加工的螺旋桨、汽轮机的叶片等空间曲面，采用数控机床能较好地完成这些曲面的加工。能实现复杂型面的加工是数控机床突出的优点。

5）减轻工人的劳动强度。由于数控机床是自动化或半自动化加工，许多辅助动作均由机床完成，因此工人的劳动量大大减少。

1.1.4　数控机床的组成

如图 1-1 所示，数控机床由以下几个部分组成。

1. 程序编制及程序载体

数控加工程序是数控系统自动加工零件的工作指令。在对加工零件进行工艺分析的基础上，确定零件坐标系在机床坐标系上的相对位置，即零件在机床上的安装位置，刀具与零件相对位置的尺寸参数，零件加工的工艺路线或加工顺序，主运动的起、停、换向、变速，进给运动的速度、位移大小等工艺参数，以及辅助装置的动作；然后应用标准的由文字、数字和符号组成的数控代码，按规定的方法和格式，将零件的所有运动、尺寸、工艺参数等加工信息，编制成零件加工的数控程序单。

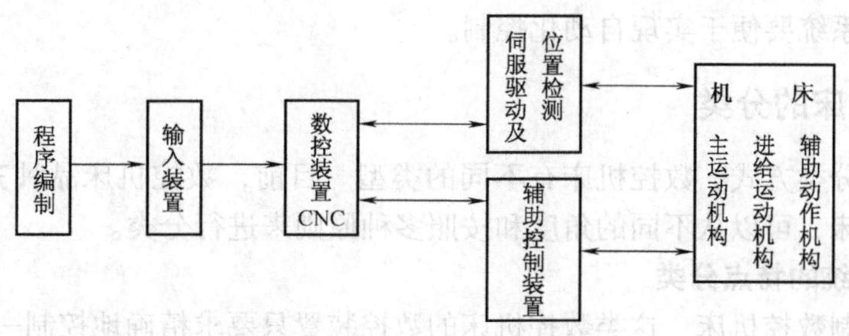

图 1-1　数控机床机构框图

编好的数控程序存放在便于输入到数控装置的一种存储载体上，它可以是穿孔纸带、软磁盘等，采用哪一种存储载体，取决于数控装置的类型；也可以在它的数控装置上直接编程。

2. 输入装置

输入装置的作用是将程序载体上的数控代码变成相应的电脉冲信号，传送并存入数控装置内。根据程序存储介质的不同，输入装置可以是录音机或软盘驱动器。有些数控机床，不用任何程序存储载体，而是将数控程序单的内容通过数控装置的键盘，用手工方式（MDI 方式）输入，或者将数控程序用计算机以网络通信方式传送到数控装置中。

3. 数控装置

数控装置是数控机床的核心，它接收输入装置送来的脉冲信号，经过数控装置的系统软件或逻辑电路进行编译、运算和逻辑处理后，输出各种信号和指令控制机床的各个部分，进行规定的、有序的动作。这些控制信号中最基本的信号是经插补运算决定的各坐标轴（即做进给运动的各执行部件）的进给速度、进给方向和位移量指令，送伺服驱动系统驱动执行部件做进给运动。其他还有主运动部件的变速、换向和起停信号；选择和交换刀具的刀具指令信号；控制冷却、润滑的起停、工件和机床部件松开、夹紧、分度工作台转位等辅助指令信号等。

4. 辅助控制装置

辅助控制装置也称为强电控制装置，是介于数控装置和机床机械、液压部件之间的控制系统，其主要作用是接收数控装置输出的主运动变速、刀具选择交换、辅助装置动作等指令信号，经必要的编译、逻辑判断、功率放大后直接驱动相应的电器、液压、气动和机械部件，以完成指令所规定的动作。此外，还有开关信号经它送至数控装置进行处理。

5. 伺服驱动系统及位置检测装置

伺服驱动系统又由伺服驱动电路和伺服驱动装置组成，并与机床上的执行部件和机械传动部件组成数控机床的进给系统。每个作进给运动的执行部件，都配有一套伺服驱动系统。伺服驱动系统有开环、半闭环和闭环之分。位置检测装置检测位移和速度，发送反馈信号，构成闭环或半闭环控制。

6. 机床的机械部件

数控机床的机械部件包括主运动部件、进给运动执行部件（如工作台）、拖板及其传动部件和床身立柱等支承部件，此外，还有冷却、润滑、转位和夹紧等辅助装置。对于加工中心类的数控机床，还有存放刀具的刀库、交换刀具的机械手等部件。数控机床机械部件的组成与普通机床相似，但传动结构要求更为简单，在精度、刚度、抗振性等方面要求更高，而且其传动和变速系统要便于实现自动化控制。

1.1.5 数控机床的分类

按照不同的分类方式，数控机床有不同的类型。目前，数控机床品种齐全，规格繁多。为了研究数控机床，可以从不同的角度和按照多种原则来进行分类。

1. 按控制系统的特点分类

(1) 点位控制数控机床　这类数控机床的数控装置只要求精确地控制一个坐标点到另一个坐标点的定位精度，而不限制从一点到另一点的运动轨迹，且在移动过程中不进行任何加工。为了精确定位和提高生产率，系统首先高速运行，然后进行 1～3 级减速，使之慢速趋近定位点，减小定位误差。这类数控机床主要有数控钻床、数控坐标镗床、数控冲床和数控测量机等。

(2) 直线控制数控机床　这类数控机床不仅要求具有准确的定位功能，而且要求从一点到另一点之间按直线运动进行切削加工。其路线一般是由和各轴线平行的直线段组成（也包括 45°的斜线）。运动时的速度是可以控制的，对于不同的刀具和工件，可以选择不同的切削用量。这一类数控机床包括数控车床、数控镗铣床等。

(3) 轮廓控制的数控机床　这类数控机床的数控装置能同时控制两个或两个以上坐标轴，具有插补功能。对位移和速度进行严格的不间断的控制，具有轮廓控制功能，即可以加工曲线或者曲面零件。轮廓控制数控机床包括两坐标及两坐标以上的数控铣床，可加工曲面的数控车床、加工中心等。现代数控机床绝大部分都具有两坐标或两坐标以上联动的功能。

按照联动（同时控制）轴数分，可以分为 2 轴联动、2.5 轴联动、3 轴联动、4 轴联动、5 轴联动数控机床等。

2. 按伺服系统的类型分类

(1) 开环控制数控机床　这类数控机床没有检测反馈装置，数控装置发出的指令信号的流程是单向的，其精度主要决定于伺服系统的性能，这类机床比较稳定，调试方便。该类机床主要是经济型、中小型机床。

(2) 闭环控制数控机床　这类数控机床将数控装置中插补器发出的指令信号与工作台端测得的实际位置反馈信号进行比较，根据其差值不断控制坐标轴运动，进行误差修正，直至误差消除为止。采用闭环控制的数控机床可以消除由于传动部件在制造中产生的精度误差，从而得到很高的精度。但是，由于很多机械传动环节包括在闭环控制的环路内，各部件的摩擦特性、刚性以及间隙等都是非线性量，直接影响伺服系统的调节参数。因此，闭环控制数控机床主要是一些精度要求很高的加工中心、镗铣床、超精车床、超精磨床等。

(3) 半闭环控制数控机床　大多数数控机床采用半闭环控制系统，它的检测元件装在电动机或丝杠的轴端。这种系统的闭环环路内不包括机械传动环节，因此可以获得稳定的控制特性和较好的调节性能。由于采用高分辨率的测量元件（如脉冲编码器），又可以获得比较满意的精度与速度。

3. 按工艺用途分类

(1) 金属切削类数控机床　这类机床和传统的通用机床产品属同种类型，有数控车床、数控铣床、数控钻床、数控磨床、数控镗床以及加工中心等。加工中心是带有自动换刀装置，在一次装夹后，可以进行多种工序加工的数控机床。

（2）金属成形类数控机床　金属成形加工是指利用压力加工设备或模具对坯料施加压力，使之产生塑性变形而获得所需形状和尺寸的制作方法，如数控折弯机、数控弯管机、数控回转压力机等。

（3）数控特种加工机床　这类机床不是使用普通刀具切削工件材料，而是直接利用能量进行加工的，如数控线切割机床、数控电火花加工机床、数控激光切割机床、数控火焰切割机等。

4. 按照功能水平分类

按照功能水平可以把数控机床分为高、中、低（经济型）档三类。该种分法没有一个确切的定义，但可以给人们一个清晰的一般水平的概念。数控机床水平的高低由主要技术参数、功能指标和关键部件的功能水平来决定。以下几个方面可作为数控机床档次的参考条件：

（1）分辨率和进给速度　分辨率为 10μm，进给速度为 8 ~ 15m/min 属低档；分辨率为 1μm，进给速度为 15 ~ 24m/min 属中档；分辨率为 0.1μm，进给速度为 15 ~ 100m/min 属高档。

（2）多坐标联动功能　低档数控机床最多联动轴数为 2 ~ 3 轴，中、高档则为 3 ~ 5 轴以上。

（3）显示功能　低档数控机床一般只有简单的数码管或简单的阴极射线管 CRT（Cathode Ray Tube）字符显示。中档数控机床有较齐全的 CRT 显示，不仅有字符，而且还有图形、人机对话、自诊断等功能。高档数控机床还有三维动态图形显示。

（4）通信功能　低档数控机床无通信功能，中档数控机床有直接数控（也称群控）DNC（Direct Numerical Control）或 RS232 接口。高档数控机床有制造自动化协议 MAP（Manufacturing Automation Protocol）等高性能通信接口，具有联网功能。

（5）主微处理单元 CPU（Central Processing Unit）　低档数控机床一般采用 8 位 CPU，中、高档数控机床已经由 16 位 CPU 发展到 32 位、64 位 CPU，并使用具有精简指令集的 RISC 处理单元。

此外，进给伺服水平以及可编程序控制器（PLC）的功能也是衡量数控机床档次的标准。

经济型数控机床是相对于标准数控机床而言的，不同时期、不同国家的含义是不一样的。经济型数控机床是根据机床的实际使用要求，合理地简化系统功能、降低成本的产物。区别于经济型数控机床的是把功能比较齐全的数控机床称为全功能数控机床，或称为标准型数控机床。

1.2　机床数控化改造

机床数控化改造，顾名思义就是在机床上增加微型计算机控制装置，使其具有一定的自动化能力，以实现预定的加工工艺目标。它是根据生产实际需要提出，并随着机床行业以及技术的不断进步而发展起来的，它的内容是应用成熟数控技术和经验，以适应生产的具体要求为目的，对现有机床的局部结构进行改造，并安装上新部件、新装置、新附件，用计算机控制机床的工作，提高机床的技术性能指标，使之全部或局部达到新数控机床的水平。

1.2.1 机床数控化改造的意义

众所周知，制造业是国民经济的基础产业和支柱产业，是推动国家技术进步的主要力量。加入WTO之后，我国制造业正面临极大的考验和挑战。我国制造业水平与发达国家相比，总体水平偏低，这直接影响到我国工业产品质量的提高和制造成本的降低，影响到我国工业产品的国际市场竞争力。为改变这种落后状况，必须提高制造业的装备水平，特别是机床的数控化率。购置数控机床是提高机床数控化率的途径；对旧机床进行数控化改造，也是提高机床数控化率的重要途径之一。

我国机电行业（包括机械、电子、汽车、航空、航天、轻工、纺织、冶金、煤炭、邮电、船舶等）拥有的机床结构比较陈旧，操作系统复杂，控制系统落后，生产效率低下，如果靠购置新的数控机床取而代之，显然耗资巨大，不符合国情。因此，采用数控技术对现有机床进行改造，符合国家的产业政策。另外，从市场容量来讲，不管是汽车制造业、模具制造业，还是军工企业，机床数控化改造都蕴藏着无限商机。

近年来，美国、日本、德国、英国等发达国家，在制造大量数控机床的同时，也非常重视对普通机床的数控化改造，机床的技术改造市场十分活跃。在美国，机床改造业被称为机床再生（Remanufacturing）业；在日本，机床改造业被称为机床改装（Retrofitting）业。机床改造业正逐步从机床制造业中分化出来，形成了用数控技术改造机床和生产线的新的行业和领域。

1.2.2 机床数控化改造的必要性和迫切性

从宏观上看，在20世纪70年代末、80年代初，工业发达国家的军、民机械工业，已开始大规模应用数控机床。其本质是，采用信息技术对传统产业进行技术改造。除在制造过程中采用数控机床、FMC、FMS外，还包括在产品开发中推行CAD、CAE、CAM、虚拟制造，在生产管理中推行MIS（管理信息系统）、CIMS等，以及在其生产的产品中增加信息技术，包括人工智能等的含量。由于采用信息技术对国外军、民机械工业进行深入改造（称之为信息化），最终使得他们的产品在国际军用品和民用品的市场上竞争力大为增强。而我国在信息技术改造传统产业方面比发达国家落后约20年。如在我国机床拥有量中，数控机床的比重（数控化率）到1995年才只有1.9%，而日本在1994年就已达20.8%。随着我国现代化制造的不断推进，每年都有大量机电产品进口。这也就从宏观上说明了机床数控化改造的必要性和迫切性。

从微观上看，数控机床本身是高科技产品，它比传统机床具有很多突出的优越性，这些优越性的发挥，使数控机床的性能有了质的提高，大力推动了制造业的发展。传统机床经过改造后，得到了近似于数控机床的性能，也意味着我国制造业整体水平的提高。

1.2.3 经数控化改造后机床的优越性

经数控化改造后机床的优越性如下：

1）机床数控化改造可以提高零件的加工精度和生产效率。数控机床不但设计精度较高，而且加工精度还可以靠闭环控制系统的反馈来校正和补偿，因此可以获得高的加工精度。例如，东方电机厂 ϕ6.3m 立车数控化改造后，加工球体轴承座零件 S5900mm，其直径偏差在 0.03mm 以内，极大地满足了原设计直径偏差小于 0.09mm 的要求，过去加工该零件需 120 个工时（包括打磨处理），数控化改造后缩短为 20 个工时（不需打磨），生产效率为改造前的 6 倍。

2）机床数控化改造可以提高机床的性能和质量，加工出普通机床难以加工或者不能加工的复杂型面零件，如航空发动机叶片、整体涡轮等。

3）机床数控化改造后可以实现加工的柔性自动化，效率可比传统机床提高 3～7 倍。传统机床靠凸轮或挡块等可实现刚性自动化，且只有进行大批量生产时才经济合算；而数控机床只要更换一个程序就可以实现另一工件加工的自动化，从而使单件和小批量生产得以自动化，故称之为“柔性自动化”。

4）可实现多工序的集中，减少零件在机床间的频繁搬运，降低工件的定位误差。这是自动化带来的效果，如加工中心在工件装夹好后，可实现钻、铣、攻螺纹、扩孔等多工序的加工。这些多工序是在同一基面、同一次装夹下实现的，提高了相关的加工精度。现已出现的多种工序集中的机床，如车削中心、车铣中心、磨削中心等，更是在一台机床上实现了车、铣、钻、铰孔、扩孔的功能。

5）拥有自动报警、自动监控、自动补偿等多种自检功能，更好地调节了机床的加工状态。还可以提示操作者机床故障或编程错误等机床运行中出现的问题。

6）数控加工降低了工人的劳动强度，节省了劳动力，减少了工装，缩短了新产品试制周期和生产周期，并可对市场需求做出快速反应。

1.2.4 机床数控化改造的内容

机床数控化改造是指以可使用的普通旧机床作为“毛坯”，通过改造手段将其改造成为具有数控机床功能的、且与同类新数控机床性能相近的数控机床，其改造的主要内容如下：

1. 精度恢复和机械传动部分的改进

随着机床使用役龄的增加，机床的机械传动部件，如导轨、丝杠、轴承等都有不同程度的磨损。因此，机床改造过程中的首要任务是对旧机床进行类似于通常的机床大修，以恢复机床精度，达到新机床的制造标准。但机床数控化后对机床精度的要求与普通机床的大修是有区别的，即整个机床精度的恢复与机械传动部分的改进，都要为满足数控机床的结构特点和数控自动加工的要求来进行，并应具有批量大修的特征。

2. 选定数控系统和伺服系统

根据要进行数控化改造机床的控制功能要求，选择合适的数控系统是至关重要的。选择时，除了考虑各项功能满足要求外，还一定要确保系统工作的可靠性。一般以性能价格比来选取，并适当考虑售后服务和故障维修等有关情况。如选用企业内已有数控机床中相同型号的数控系统，将对以后操作、编程、维修等带来较大的方便。伺服驱动系统的选取，也按改造数控机床的性能要求决定。若采用同一家公司配套供应的数控系统和伺服驱动系统，则改造产品的质量和维修更容易得到保证。

3. 数控机床辅助装置的选取

辅助装置指的是数控机床的一些必需的配套部件，如冷却系统、空气过滤器、自动换刀装置、排屑装置等。

4. 电控柜的设计和制作

在进行机床数控化改造时，原机床的电器控制部分一般只能报废，重新按数控化改造要求进行设计制作。数控机床的强电控制部分设计时要特别注意的是，数控系统各接口信号的特点和形式要相配，并且在设计过程中应尽量简化强电控制线路。

5. 整机联接调试

旧机床上述各个部件的改造过程完成后，就可对组装后改造机床的各个部件进行调试。一般先对电气控制部分进行调试，看单个动作是否正常，然后再进入联机调试阶段。

由于机床数控化改造有多种方案，机床类型不同，改造的内容也不同，所以上述机床改造内容并非一成不变，而要根据实际情况选取合适的方式，以使普通机床数控化改造后的性能与新的同类数控机床相近或相同。另外，在机床数控化改造完成后，还应注意培训数控机床的操作人员和编程人员，以使改造后的数控机床能够尽快发挥作用。

1.2.5 机床数控化改造的社会和经济问题

1. 数控化改造经济效益分析

（1）资金投入少，改造周期短　数控机床按其功能及性能可分为经济型、普及型和高档型三大类，三者的价格相差悬殊。一般而言，经济型数控机床的价格为普通机床的数倍，而高档的全功能数控机床则要高达十几倍，甚至几十倍。同购置新机床相比，数控改造的机床一般可节省60%～80%的费用，大型、特殊机床则可节约更多。一般大型重型机床改造，只需新机床购置费用的1/3。采用自行改造或与专业公司联合的方法，可使改造周期缩短。在一些特殊情况下，如增设高速主轴、刀具自动交换装置、托盘自动交换装置等，其制作与安装虽然较费时、费钱，使改造成本提高，但与新购置机床相比，还是能节省投资的50%左右。

（2）节省培训操作与维修的经费　由于旧设备已使用多年，机床操作者和维修人员已对其性能和结构了解透彻，对机床的加工能力也心中有数。另外，在机床数控化改造时，可根据企业自身的技术力量和条件，自行改造或委托专业公司进行改造，但都可以采用与原设备维修人员相结合的方法。这样，既可在数控机床改造过程中提高相关人员的数控技术水平，又便于合理选择机床设备中需要更换的部分元器件，更主要的是通过改造可大大提高企业自身对数控机床维修的技术能力，并大大缩短机床操作和维修方面的培训时间。机床一旦改造调试完毕，即可很快投入正常生产。

（3）合理选用数控功能，发挥资源最大效能　合理选用数控功能，就是要依据数控机床类型、改造的技术指标及性能选择相应的数控系统。本着全面配置、长远考虑的基本原则，对数控功能的选择应进行综合比较，以经济、实用为目的，对一些价格增加不多，但给使用带来较多方便的附加功能，应尽可能配置齐全，以保证机床改造后具有较多功能，但不能片面追求新颖，避免增加不必要的费用。相对购买通用型数控机床来说，采用改造方案可灵活选取所要的功能，也可根据生产加工要求，采用组合的方法增添某些部件，设计制造成专用或专门化数控机床。在选用功能时，要把需要的功能一次考虑周全，避免功能缺少而降低改造机床性能。

（4）机床数控改造后经济效益明显　机床数控化改造后，具有加工对象适应性强、精度高、质量稳定、生产效率高的特点，并能实现复杂零件的加工，有利于实现现代化生产管理。由于数控机床的生产效率高，可相应减少设备数量。这样既减少了生产所需的厂房面积，又减少了设备维修保养的经费。同时数控机床的自动化程度高，一人可操作多台数控机床，减少了生产所需的人员。

2. 数控化改造社会效益分析

由于机床本身的特点，机床改造所利用的床身、立柱等基础件多数都是重而坚固的铸铁构件，而不是焊接构件。以车床为例，结构与质量占机床大部分的床身、主轴箱、尾座等零件都能再利用。而这些铸铁件年代越久，自然时效越充分，内应力的消除使得稳定性比新铸件更好。另一方面，机床大部分铸铁件的重复使用，节约了社会资源，减少了重新生产铸铁时对环境的污染。

改造机床还可以充分利用原有地基，不需要重新构筑地基，同时工具、夹具、样板及外围设备也能利用，可节约大量社会资源。

但并不是所有的普通机床都能适合改装成数控机床，是否适宜于数控化改造需要进行技术经济分析和论证。

（1）机床基础零部件必须具有足够的刚度 数控机床属于高精度机床，工件移动或刀具移动的位置精度要求很高，一般在 0.001 ~0.01mm 之内。高的定位精度和运动精度要求机床基础件具有很高的静刚度和动刚度。基础件稳定性不好，受力后易变形的机床不适宜于数控化改造。这要求改造前的机床基础件刚度高。

（2）机床数控化改造必须有合理的经济性 机床数控化改造的费用构成，主要包括两部分：一是维修改造机械部分，二是用新的数控系统代替旧机床的控制系统。如果机床数控化改造的费用仅为同类规格设备价格的 20% ~50%，则该机床的数控化改造在经济上才算合理。由于数控系统价格较高，从经济性考虑，一般来说，大、中型机床，尤其是重型机床、专用机床最适宜于数控化改造。

（3）机床电气系统改造较为复杂 机床电气系统改造主要为主轴与进给部分的控制改造。对于中、小型机床，主轴驱动部分保持原有系统，集中对进给控制部分进行改造，数控系统的主要任务是实现对进给传动的控制。数控系统的控制方式基本上可分为开环、闭环和半闭环三种方式。机床数控化改造采用哪种方式，需根据具体的设备情况决定。一般小型机床或精度要求较低的机床，多采用开环控制系统；大、中型机床多采用半闭环控制系统。在机床数控化改造中，小型机床多采用步进电动机驱动系统，这种系统价格低、结构简单，但控制精度和速度低；大、中型机床则多采用交流伺服系统。位置测量装置是数控系统中的一部分，用来测量运动部件按指令值移动的位移量，并将其反馈给数控系统。测量反馈装置的引入，有效地改善了系统的动态特性，大大提高了零件的加工精度。目前，在数控机床中最广泛使用的为旋转型测量装置，其中光电脉冲编码器和旋转变压器得到了广泛使用。

1.3 机床数控化改造的现状

1.3.1 国外数控机床的发展现状

数控机床出现至今已有60 年，在这 60 年中，随着科技的进步，特别是微电子、计算机技术的进步，数控机床得到了长足的发展。目前在数控机床的科研、设计、制造和使用上，美、德、日三国是技术最先进、经验最多的国家。但因其社会条件不同，是各有特点。

美国数控业市场的特点是，政府重视机床工业，美国国防部等部门不断提出机床的发展方向。由于美国首先结合汽车、轴承的生产需求，充分发展了大量大批生产自动化所需的自动线，而且电子、计算机技术在世界上领先，因此其数控机床的主机设计、制造及数控系统基础扎实，且一贯重视科研和创新，故其高性能数控机床技术在世界上也一直领先。当今美国不仅生产航空等使用的高性能数控机床，也为中小企业生产廉价实用的数控机床（如Haas、Fadal公司等）。

德国政府一贯重视机床工业的重要战略地位。德国的数控机床质量及性能良好，尤其是大型、重型、精密数控机床。德国特别重视数控机床主机及配套件的先进实用性，并且其机、电、液、气、光、刀具、测量、数控系统、各种功能部件，在质量、性能上居世界前列。如西门子公司的数控系统和Heidenhain公司的精密光栅，均为世界闻名。

日本政府对机床工业的发展异常重视，通过规划、法规（如“机振法”、“机电法”、“机信法”等）引导发展，至今产量、出口量一直居世界首位（2001年产量46604台，出口27409台，占59%）。日本FANUC公司开发了市场所需各种低、中、高档数控系统，在技术上领先，在产量上居世界第一。

数控技术正在发生根本性变革，由专用型封闭式开环控制模式向通用型开放式实时动态全闭环控制模式发展。在集成化基础上，数控系统实现了超薄型、超小型化；在智能化基础上，综合了计算机、多媒体、模糊控制、神经网络等多学科技术，数控系统实现了高速、高精、高效控制，加工过程中可以自动修正、调节与补偿各项参数，实现了在线诊断和智能化故障处理；在网络化基础上，CAD/CAM与数控系统集成为一体，机床联网，实现了中央集中控制的群控加工。以FANUC和西门子为代表的数控系统生产厂商已在几年前推出了具有网络功能的数控系统。在这些系统中，除了传统的RS232接口外，还备有以太网接口，为数控机床联网提供了基本条件。由于国外企业的发展水平，数控机床的网络接口功能被定义为用于远程监控、远程诊断。

1.3.2　国内数控机床的现状

长期以来，我国的数控系统以传统的封闭式体系结构为主。在传统的封闭式结构中，CNC只能作为非智能的机床运动控制器。加工过程变量根据经验以固定参数形式事先设定，加工程序在实际加工前用手工方式或通过CAD/CAM及自动编程系统进行编制。CAD/CAM和CNC之间没有反馈控制环节，整个制造过程中CNC只是一个封闭式的开环执行机构。在复杂环境以及多变条件下，加工过程中的刀具组合、工件材料、主轴转速、进给速率、刀具轨迹、背吃刀量、步长、加工余量等加工参数，无法在现场环境下根据外部干扰和随机因素实时动态调整，更无法通过反馈控制环节随机修正CAD/CAM中的设定量，因而影响CNC的工作效率和产品加工质量。由此可见，传统CNC系统的这种固定程序控制模式和封闭式体系结构，限制了CNC向多变量智能化控制的发展，已不适应日益复杂的制造过程，因此，对数控技术实行变革势在必行。

国内数控机床有如下几个特点：

1）新产品开发有了很大突破，技术含量高的产品占据主导地位。

2）数控机床产量大幅度增长，数控化率显著提高。

3）数控机床发展的关键配套产品有了突破。

1.3.3　机床数控化改造市场研究

1. 非数控设备的高使用率为数控化改造的市场提供了巨大的潜力

2011 年我国数控机床产量 25.71 万台，比 2010 年增长 20.6%，产量首次超过 25 万台。2012 年上半年，我国数控机床行业完成销售产值 2673 亿元，同比增长 41.7%。随着近几年的发展，我国数控机床领域展现出了巨大的市场潜力，但与此相对的是我国机床役龄 10 年以上的占 60% 以上；10 年以下的机床中，自动、半自动机床不到 20%，FMC/FMS 等自动化生产线更屈指可数（美国和日本自动和半自动机床占 60% 以上）。制造行业、加工装备业绝大多数是传统的机床，而且半数以上是役龄在 10 年以上的旧机床。因此国内传统旧有机床的数控化改造是一个潜力巨大的市场。

2. 进口设备和生产线的数控化改造也是数控化改造的一个重要市场

我国自改革开放以来，很多企业从国外引进技术、设备和生产线进行技术改造。在这些对传统机床进行的数控化改造项目中，大部分项目为我国的经济建设发挥了应有的作用。但是有的引进项目由于种种原因，设备或生产线不能正常运转，甚至瘫痪，使企业的效益受到影响。一些设备、生产线从国外引进以后，由于备件不全，维护不当，结果运转不良；有的引进时只注意引进设备、仪器、生产线，忽视软件、工艺、管理等，造成项目不完整，设备潜力不能发挥；有的因为能耗高、产品合格率低而造成亏损；有的已引进较长时间，需要进行技术更新。

这些不能使用的设备、生产线是一批很大的存量资产，修好了就是财富。只要找出主要的技术难点，解决关键技术问题，就可以最小的投资盘活最大的存量资产，争取到最大的经济效益和社会效益。这也是一个极大的改造市场。

1.4　机床数控化改造的发展趋势

1.4.1　数控化改造后机床性能的大幅提高

数控系统的使用是数控化改造中最关键的步骤。改造后机床性能的高低主要取决于所选择的数控系统。目前，数控系统的发展主要体现在系统结构和性能方面。

1. 数控系统结构体系的发展

数控系统是数控机床和数字化设备的核心，经过 60 年的发展，数控系统已由原来传统的封闭体系结构系统发展到了采用微型计算机的开放式结构数控系统，并且进一步与网络技术、信息技术和控制技术相结合，向网络化、集成化和智能化方向发展。

（1）传统数控系统　传统数控系统是采用专用的封闭体系结构的数控系统，如 FANUC 0 系统、Mitsubishi M50 系统和 Siemens 810 系统等。由于其封闭的软硬件结构，系统功能的扩展、改变和维修都比较困难，一般须由系统供应商进行。目前，由于开放体系结构数控系统的发展，传统数控系统的市场正受到挑战，已逐渐缩小。

（2）“PC 嵌入 NC”结构的开放式数控系统　此系统由“开放体系结构运动控制卡 + PC”构成。这种运动控制卡通常选用高速处理器作为 CPU，具有很强的运动控制和 PLC 控制能力。如美国 DeltaTau 公司用多轴运动控制卡构造的 PMAC-NC 数控系统、日本 MAZAK 公司用三菱电机的 MELDASMA-GIC64 构造的 MAZATROL 640NC 等。这类系统具有较好的开放性，它开放的函数库供用户在 Windows 平台下自行开发构造所需的控制系统，因而这种开放结构运动控制卡被广泛应用于制造业自动化控制各个领域。

另外，还有一种专用数控软硬件技术与通用计算机结合而开发的产品，如 FANUC18i、16i 系统，Siemens 840D 系统，Num 1060 系统和 AB9/360 等数控系统。它具有一定的开放性，但由于它的 NC 部分仍然是传统的数控系统，其体系结构仍是不开放的，因此用户无法介入数控系统的核心。这类系统结构复杂，功能强大，但价格昂贵。

（3）软件开放式数控系统

1）系统的 CNC 功能基本上由计算机软件实现，而硬件部分仅是计算机与伺服驱动和外部 I/O 之间的标准化通用接口。其典型产品有美国 MDSI 公司的 OpenCNC、德国 PowerAutomation 公司的 PA8000NT 等。

2）这种系统的开放性非常好，用户可以在其系统平台上利用开放的 CNC 内核，开发所需的各种功能，构成各种类型的高性能数控系统。软件开放式数控系统具有最高的性价比，成为当今数控技术发展的方向。

2. 数控系统性能和功能方面的发展

1）开放性系统可通过光纤与 PC 连接，采用 Windows 兼容软件和开发环境，功能以高速、超精（具有高精纳米插补功能）为核心，并具有智能控制，特别适合于加工航空机械零件、汽车及家电的高精零件、各种模具和需 5 轴加工的复杂零件，以及用作超精机械控制。

2）高级复杂的功能可进行各种数学的插补，如直线、圆弧、螺旋线、渐开线、螺旋渐开线和样条等插补，也可以进行 NURBS 插补。采用 NURBS 插补可以大大减少 NC 程序的数据输入量，减少加工时间，特别适合于模具加工。

3）强大的联网通信功能适应工厂自动化需要，支持标准 FA 网络与 DNC 的连接，可连接工厂干线或控制层通信网络、设备层通信网络，RS-485 接口传送 I/O 信号或采用 Prellbus-DP 进行高速通信。

4）高速内装 PMC 由专用的 PMC 处理器控制梯形图和顺序程序，可用 C 语言在 PC 上编程，基本 PMC 指令执行时间为 0.085ps，最大步数为 32 000 步。

5）友好的用户界面，操作、维护方便，普遍采用触摸屏、2D 和 3D 彩色图形显示、软件、硬件的模块化结构等，给操作和系统维护带来很大方便。

1.4.2　对机床精度、速度要求的提高

为了提高机床的精度和速度，最根本的办法是采用闭环控制方式。在闭环控制中，对机床移动部件的位移用位置检测装置进行检测，并将测量结果反馈到输入端与指令进行比较。如果二者存在偏差，将此偏差信号进行放大，控制伺服电动机带动机床移动部件向指令位置进给，只要适当地设计系统校正环节的结构与参数，就能实现数控系统所要求的精确控制。闭环控制原理图如图 1-2 所示。

从理论上讲，闭环控制系统位置伺服精度取决于测量装置的测量精度。自然，机床结构及传动装置的精度也不可忽视，如传动间隔的非线性因素亦将影响到系统的品质。

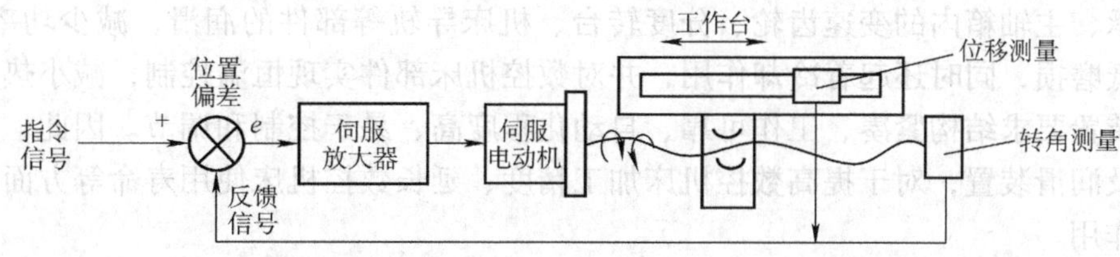

图 1-2　闭环控制原理图

为保证伺服系统的稳定性，并具有满意的动态品质，在数控机床伺服系统中有时还引入速度负反馈通道（图 1-3）。从系统的结构来看，该系统可看成以位置调节为外环，速度调节为内环的双闭环控制系统。系统的输入是位置指令，输出是机床移动部件的位移。分析系统内部的工作过程，它是先把位置输入转换成相应的速度给定信号后，再通过速度控制单元驱动伺服电动机，再实现实际位移控制。由于数控机床进给速度范围为 3 ~ 10000 mm/min，甚至更大，这就规定了处于内环的调速系统必须是一个高性能的宽调速系统。

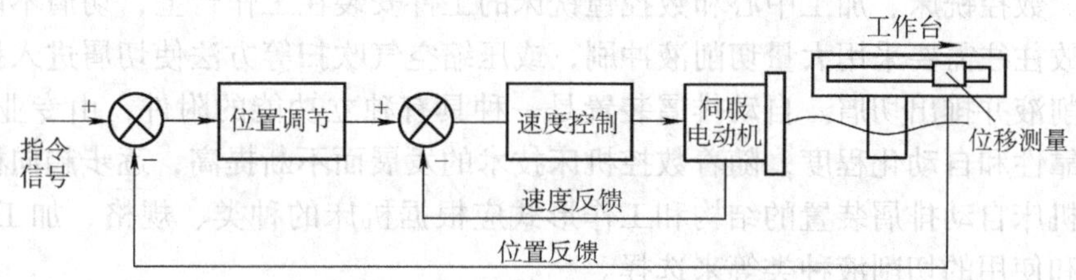

图 1-3　有速度内环的闭环系统

在闭环控制中，机床的进给传动部分被包含在环内，因此机械系统引起的误差可由反馈得以消除。由于环内包括机械部分，它的参数、刚度、摩擦特性、惯量和失动性等非线性特性对伺服系统的动态和静态会产生影响，对系统的稳定性会产生影响。所以在系统设计时，必须对机电参数综合考虑，以求获得良好的系统特性。

闭环控制可以获得较高的精度和速度，但制造和调试费用大，只适合于大中型和精密数控机床的升级改造，不适合中小型机床的改造。

中小型机床若想实现较高精度和速度的数控化改造，最好使用半闭环控制方式。半闭环控制系统的检测元件安装在中间传动件上（如丝杠轴端、电动机输出轴端），间接测量执行部件的位置。它只能补偿系统内部部分元件的误差，因此它的精度比闭环系统的精度低，但是它的结构与调试都较闭环系统简单，而且将角位移检测与速度检测元件和伺服电动机作为一个整体时，无需考虑检测装置的安装问题。半闭环控制方式比较适合对精度要求略高的中小型机床的数控化改造。

1.4.3　辅助装置在数控化改造机床上的使用

现代数控机床在实现整机的全自动化控制中，除数控系统外，还需要配备润滑装置、自动排屑装置、旋转工作台、自动换刀装置等辅助装置来辅助实现整机的自动运行功能。有一些辅助装置是必需的，如润滑、自动换刀装置。还有一些辅助装置是根据经济情况和现场要求添加的，如自动排屑装置等。

1. 润滑装置

润滑装置在数控机床整机中占有十分重要的位置，是数控机床必备的附属装置。它通过对主轴轴承、主轴箱内的变速齿轮、分度转台、机床导轨等部件的润滑，减少功率的损耗，防止或降低磨损，同时还起着冷却作用，并对数控机床部件实现恒温控制，减小热变形的影响。润滑装置要求结构紧凑、工作可靠、自动化程度高、易于控制和调节。因此，正确选择润滑方法及润滑装置，对于提高数控机床加工精度、延长数控机床使用寿命等方面都有着十分重要的作用。

2. 自动排屑装置

数控机床的出现和发展，使数控机床加工效率大大提高，在单位时间内数控机床的金属切削量远高于普通机床，而工件上的多余金属在变成切屑后所占的空间也将成倍增大。这些切屑不但占用加工领域，而且炽热的切屑向机床或工件散发大量热量，使机床或工件产生热变形，影响加工精度，因此迅速、有效地排除切屑对数控机床的加工来说是十分重要的。自动排屑装置的主要作用是将切屑从加工区域排出到数控机床之外。另外，切屑中往往混合着切削液，排屑装置必须将切屑从其中分离出来，送入切屑收集箱或小车里，而将切削液回收到切削液箱。数控铣床、加工中心和数控镗铣床的工件安装在工作台上，切屑不能直接落入排屑装置，故往往需要采用大量切削液冲刷，或压缩空气吹扫等方法使切屑进入排屑槽，然后再回收切削液并排出切屑。自动排屑装置是一种具有独立功能的附件，由专业工厂生产，它的工作可靠性和自动化程度，随着数控机床技术的发展而不断提高，逐步趋向标准化和系列化，数控机床自动排屑装置的结构和工作形式应根据机床的种类、规格、加工工艺特点、工件的材质和使用的切削液种类等来选择。

3. 自动换刀装置

自动换刀装置的功能就是储备一定数量的刀具并完成刀具的自动交换。它应当满足换刀时间短、刀具重复定位精度高、刀具储存量足够、结构紧凑及安全可靠等要求。其基本形式有回转刀架换刀、更换主轴换刀和带刀库的自动换刀系统。

以回转刀架换刀为例，回转刀架换刀是一种简单的自动换刀装置。根据不同的加工对象，以设计成四方刀架和六角刀架等多种形式。回转刀架上分别安装着四把、六把或更多的刀具，并按数控装置的指令换刀。

在结构上，回转刀架必须具有良好的强度和刚度，以承受粗加工时的切削力。由于车削加工精度在很大程度上取决于刀尖位置，对于数控车床来说，加工过程中刀具位置不进行人工调整，因此更有必要选择可靠的定位方案和合理的定位结构，以保证回转刀架在每次转位之后，具有尽可能高的重复定位精度（一般为0.001~0.005mm）。

4. 回转工作台

数控机床是一种高效率的加工设备，当零件被装夹在工作台上以后，为了尽可能完成较多工艺内容，除了要求机床沿X、Y、Z三个坐标轴的直线运动之外，还要求工作台在圆周方向有进给和分度运动。这些运动通常用回转工作台实现。回转工作台有数控回转工作台和分度工作台两种类型。

数控回转工作台的主要功能有两个：一是实现工作台的进给分度运动，即在非切削时，装有工件的工作台在整个圆周进行分度旋转；二是实现工作台圆周方向的进给运动，即在进行切削时，与X、Y、Z三个坐标轴进行联动，加工复杂的空间曲面。

分度工作台只能完成分度运动，而不能实现圆周进给运动。由于结构上的原因，通常分度工作台的分度运动只限于完成规定的角度，即在需要分度时，按照数控系统的指令，将工作台及其工件回转规定的角度，以改变工件相对于主轴的位置，完成工件各个表面的加工。

分度工作台按其定位机构的不同分为定位销式和鼠齿盘式两类。前者的定位分度主要靠工作台的定位销和定位孔来实现，分度的角度取决于定位孔在圆周上分布的数量。鼠齿盘式分度工作台是利用一对上下啮合的齿盘，通过上下齿盘的相对旋转来实现工作台的分度，分度的角度范围依据齿盘的齿数而定。

1.4.4　机床功能的进一步提高

经数控化改造的机床就成为了数控机床，具有数控机床的特点，如数控机床本身具有的高速、高效和高精度，工序集中，可靠性高等特点。但是改造后的机床也具有一定的局限性，主要有机床原有结构精度限制了改造后机床的加工精度和加工性能；机床原有的结构形式限制了改造后机床的加工范围和数控化程度。这些不利条件最终影响了改造后机床的速度和精度。

随着数控产业整体水平的提高，数控系统的性能、伺服电动机及其驱动装置等配套产品的性能也提高很多，对数控化改造中机床速度和精度的提高都非常有利。

1.4.5　我国机床数控化改造的发展趋势和对策研究

1. 数控产品国产化

我国数控系统技术进步很快，通过国家验收和鉴定的产品如华中数控公司的“华中Ⅰ型”、沈阳高档数控国家工程研究中心的“蓝天Ⅰ型”、航天数控集团的“航天Ⅰ型”，其技术性能和可靠性显著提高。国产低档产品（经济型）已占领了国内市场，已广泛用于旧机床改造；国产中档产品（普及型）已于 20 世纪 80 年代初期批量进入市场，至今已销售 5 000台以上；属于高档系统的数字化仿形数控系统也已开发成功并已可靠运行多年。我国拥有自主知识产权的数控系统产业开始形成。在实际应用中，昆明机床公司已销售配备了国产航天数控集团 4 轴联动或 5 轴联动数控系统的 TH5466 型立式加工中心 14 台；用“蓝天Ⅰ型”7 轴控制 5 轴联动数控系统改造的日本 5 坐标旧加工中心，已在沈阳黎明飞机发动机公司运行了两年多。但总体来说，除经济型、低价位的数控机床外，中档及以上的产品缺乏市场竞争力，装备各行业所需的数控机床，主要依靠进口，国产数控机床的市场占有率不到 30%。

2. 发展多轴联动数控系统

在 CIMT2001 中国国际机床展上，德国 DMG 公司展出了 DMU70EVO 5 轴联动加工中心，德国 Hermle 公司展出了 C800U 5 轴立式加工中心，瑞士 Mikron 公司展出了 UCP600 5 轴立式加工中心，瑞典 Sajo 公司展出了 HMC40 5 轴卧式加工中心，日本 MAZAK 公司展出了 Integrex200Y 5 轴车铣中心。多轴联动，特别是 5 轴联动是数控机床发展的一大趋势。

3. 开发高速、高精度、高效加工中心等关键技术

早在 CIMT2001 中国国际机床展上，高速加工中心就成为了主流。参展的加工中心主轴转速大多在 10 000r/min 以上，快速进给速度在 30 ~ 40m/min 左右，换刀时间在 1.5 ~ 2s 左右（T-T）。例如，德国 Ch-iron 公司展出的 FZ15KW 立式加工中心，主轴转速为 20 ~ 12 000 r/min，快速进给速度为 60m/min，换刀时间为 0.9s（T-T）。瑞士 Mikron 公司展出的 HSM700 高速铣削中心，主轴转速为 42 000r/min，功率为 10kW，快速进给速度为 40m/min。

北京机床研究所开发的 KT1300VB 加工中心主轴转速达到 12 000r/min，快速进给速度为 40m/min。中捷友谊厂与德国 BW 公司合作研制的 HS-60 高速卧式加工中心，主轴最高转速达 18 000r/min，X、Y、Z 快速进给速度为 60m/min，定位精度为 4μm。

高精度化是世界数控机床发展的又一趋势。例如，瑞士 DIXI 机械公司生产的 DHP50 高精度卧式加工中心，工作台 500mm×500mm，双托盘，行程为 700mm×700mm×700mm，主轴转速为 12 000r/min，功率为 25kW，刀库容量为 65 把，换刀时间 4s（T-T）、6s（C-C），定位精度为 4μm，重复定位精度为 2μm（按 ISO230—2 标准）、测量分辨率为 0.5μm。美国 MOORE 公司生产的 500-CPW 连续轨迹坐标磨床，工作台 608mm×304mm，X×Y×Z×W 行程为 500mm×300mm×350mm×89mm，X、Y、C、W 4 轴联动，X、Y、W 定位精度为 2.3μm，轮廓精度为 5μm，磨头转速为 6000～175 000r/min。

4. 开发基于互联网的数控机床远程监测及故障诊断技术

大力开发基于互联网的数控机床远程监测及故障诊断技术。该研究在国内尚处于初创阶段，西安交通大学、华中科技大学、同济大学等高校已开始对远程监测及故障诊断技术进行研究，建立了基于 Browser Server 的远程监测及故障诊断专家系统。

5. 注重培养数控技术人才

要注重对数控系统开发人才和数控机床维修人才，尤其是加工中心维修人才的培养。加工中心操作人才和维修人才的匮乏已经成为制约加工中心发展的重要因素之一。因国内维修技术力量不足，使价值几百万元甚至上千万元的加工中心出现故障而无法修复的情况时有发生，因故障停机造成的经济损失是巨大的。数控机床技术含量高，数控技术发展更新快，因此，企业要定期对操作使用人员和维修人员进行培训，提高企业应用数控机床的水平，推动企业技术进步，提高企业的技术开发和创新能力。

第 2 章　数控系统的改造设计

2.1　数控系统概述

2.1.1　数控系统的结构组成

数控系统一般由输入/输出装置、数控装置、驱动控制装置、辅助控制装置四部分组成，机床本体为被控对象，如图 2-1 所示。

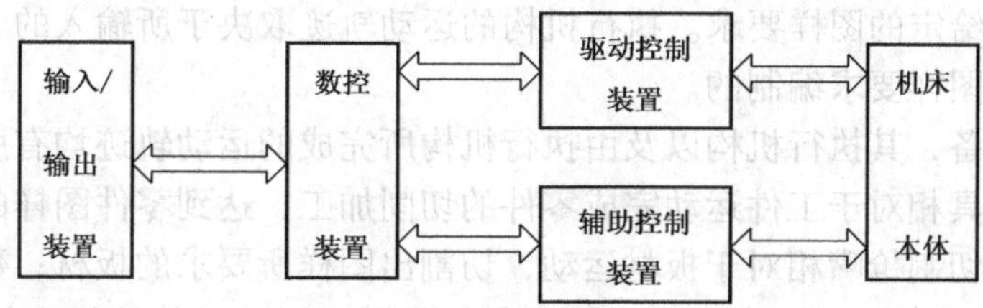

图 2-1　数控系统的组成

输入装置的作用是将信息载体上的数控加工程序输入数控装置。输入的内容和数控系统的工作状态可以通过输出装置观察。常用的输入/输出装置为操作键盘和 CRT 显示器。

数控装置是数控系统的核心。它的主要功能是接收输入信息，进行各种数据计算和逻辑判断处理，向驱动控制装置和辅助控制装置发出各种指令信息。其形式可以是由数字逻辑电路构成的专用硬件数控装置或计算机数控装置。前者称作硬件数控装置或 NC 装置，其数控功能由硬件逻辑电路实现；后者称为 CNC 装置，其数控功能由计算机完成。数控装置将数控加工程序信息按两类控制量分别输出：一类是连续控制量，送往驱动控制装置；另一类是离散的开关控制量，送往辅助控制装置。控制机床各组成部分分别实现各种数控功能。

驱动控制装置位于数控装置和机床之间，它接收来自数控系统的指令信息，经功率放大后，严格按照指令信息的要求驱动机床的运动部件，完成指令规定的动作。它包括进给轴伺服驱动装置和主轴驱动装置。进给轴伺服驱动装置由位置控制单元、速度控制单元、电动机和测量反馈单元等部分组成，它按照数控装置发出的位置控制命令和速度控制命令正确驱动机床受控部件（如机床移动部件和主轴头等）。主轴驱动装置主要由速度控制单元控制。电动机可以是各种步进电动机、直流伺服电动机或交流伺服电动机。

辅助控制装置也位于数控装置和机床之间，接收数控装置发出的开关命令，完成辅助动作。主要完成机床主轴选速、起停和方向控制功能，换刀功能，工件装夹功能，冷却、液压、气动、润滑系统控制功能和其他机床辅助功能。由于可编程序控制器具有响应快，性能可靠，易于使用、编程和修改，并可直接驱动机床电器的优点，现已广泛作为数控系统的辅助控制装置。

2.1.2 数控系统的功能和工作原理

1. 数控系统的功能

NC 是 Numerical Control（数字控制）的缩略语，其功能是能将记录于专用存储介质中的加工程序（数字信息）读出来，存储和进行必要的运算，并能将位置信息和速度信息送至伺服放大器，控制伺服电动机驱动机床上的刀具及工作台协调地进行相对运动，加工出所需要的零件。

通常，数控装置内装有 PLC。PLC 主要完成准备等辅助作业，具有控制机床和信号交换的能力。例如，数控装置的辅助功能 M 和刀具功能 T 动作后就可以进行切削液的供、停和刀具更换等控制。

2. 数控系统的工作原理

数控设备工作时，都是根据所输入的工作程序，由数控装置控制该设备执行机构的运动轨迹，并使其满足给定的图样要求。执行机构的运动轨迹取决于所输入的工作程序，而输入的工作程序是根据图样要求编制的。

不同的数控设备，其执行机构以及由执行机构所完成的运动轨迹均有所不同，如数控机床的执行机构使刀具相对于工件运动完成零件的切削加工，达到零件图样的要求；数控切割机的执行机构带动切割枪嘴相对于板材运动，切割出图样所要求的板材；数控绘图仪的执行机构带动绘图笔相对于图样运动，给出所要求的图样。下面以数控机床加工零件的过程为例，介绍其工作原理。

（1）程序编制　数控机床在加工零件之前，首先要根据被加工零件工作图样中所规定零件的形状、尺寸、材料及技术要求等，确定零件加工的工艺过程、工艺参数（包括加工顺序、切削用量和位移数据），然后根据编程手册规定的代码和程序格式编写零件数控加工程序单。对于较简单的零件，通常采用手工编程；对于较复杂的零件，则采用计算机辅助编程。

（2）程序输入　要将编制好的加工程序单输入数控装置，必须把程序单中的全部数据和指令制作在一个信息载体上，这种信息载体又称为控制介质。常见的控制介质有磁带和软盘等。控制介质不同，程序输入的方式也不同，目前大多采用键盘输入。随着计算机技术和现代制造技术的发展，数控加工程序的传输越来越多地在网络上进行，数控加工程序可以存储在计算机的硬盘上。

（3）轨迹插补　加工程序输入到数控装置后，在数控装置内部的控制软件支持下，进行一系列的处理与计算（如轨迹插补运算等）。同时，将计算结果送往机床的伺服系统。

一个零件的轮廓图形往往由直线、圆弧或其他非圆弧曲线组成，刀具在加工过程中必须按零件形状和尺寸的要求进行运动，即按图形轨迹移动，但输入的零件加工程序只能是各线段轨迹的起点和终点坐标值等有限数据。所谓轨迹插补，就是在线段的起点和终点坐标值之间进行“数据点的密化”，求出一系列中间点的坐标值，并向相应坐标轴输出进给信号。

（4）伺服控制和机床加工　伺服控制的作用是根据不同的控制方式（如开环、闭环等），把来自数控装置插补输出的脉冲信号经过功率放大器放大，通过驱动元件（如步进电动机，交、直流伺服电动机等）和机械传动机构，使机床的执行机构（运动部件）带动刀具相对于工件按规定的轨迹和速度进行加工。

2.1.3　数控系统的分类

目前，数控系统的品种规格繁多，功能各异，分类方法不一，各行各业都有自己的数控系统和分类方法，通常可按下面几种方法进行分类。

1. 按加工路线分类

按加工路线分类可以分为点位控制系统、直线切削控制系统和连续切削控制系统。

(1) 点位控制系统（Point to Point Control System）　其特点是，只要求控制机床移动部件从一点移动到另一点的准确定位，至于点与点之间移动的轨迹（路径和方向）并不严格要求。各坐标轴之间的运动是不相关的，并且在移动过程中刀具不进行切削。为了实现既快又精准的定位，两点间位置的移动一般是先以快速移动到终点附近位置，然后以低速准确移动到终点定位位置，以保证良好的定位精度。属于点位控制系统的数控机床主要有数控钻床、数控镗床和数控冲床等。

(2) 直线切削控制系统（Strait Cut Control System）　其特点是，除了控制移动部件从一点到另一点之间的准确定位外，还要控制两相关点之间的移动速度和路线（即轨迹），但其路线是与机床坐标轴平行的直线。也就是说，同时控制的坐标轴只有一个（即数控系统内不必具有插补运算功能），且在移动过程中刀具能以给定的进给速度进行切削，一般只能加工矩形、台阶形零件。一般的简易数控系统均属于直线控制数控系统。该类系统有的也可控制刀具或工作台同时在两个轴向以相同的速度运动，从而沿着与坐标轴成 45°的斜线进行加工。属于直线控制系统的数控机床主要有数控铣床、数控磨床等。

(3) 连续切削控制系统（Contouring Control System）　连续切削控制系统也称为轮廓控制系统，其控制特点是能够同时对两个或两个以上运动坐标的位移和速度同时进行连续相关的控制。在这类控制方式中，要求数控装置具有插补运算的功能，即根据程序输入的基本数据（如直线的终点坐标、圆弧的终点坐标和圆心坐标或半径），通过数控系统内插补运算器的数学处理，把直线或曲线的形状描述出来，并一边运算，一边根据计算结果向各坐标轴控制器分配脉冲，从而控制各坐标轴的联动位移量与所要求的轮廓相符。属于轮廓控制系统的数控机床主要有功能较完善的数控车床、数控铣床、数控线切割机及加工中心等。

2. 按伺服系统的类型分类

伺服系统包括驱动机构和检测反馈系统，它是数控系统的执行部分，按其控制原理可以分为如下三类：

(1) 开环控制系统（Open Loop Control System）　图 2-2 所示为开环控制系统框图。这类机床的进给伺服驱动是开环的，即没有检测反馈装置。指令信号单方向传送，并且指令发出后，不再反馈回来，故称为开环控制系统。其驱动电动机采用步进电动机。这类电动机的主要特征是，控制电路每变换一次指令脉冲信号，电动机就转动一个步距角（一个指令脉冲信号，使步进电动机转过的一个角度）。通过齿轮、丝杠传动使工作台移动一定距离，该距离称为脉冲当量（一个指令脉冲信号，使机床移动部件移动的距离）。因此，工作台的位移量与步进电动机转过的角位移成正比，即与进给脉冲的数目成正比。改变进给脉冲的数目和频率，就可以控制工作台的位移量和速度。因此，该控制方式的最大特点是控制方便、结构简单、容易维修、价格便宜，但由于存在机械传动误差且没有经过反馈校正，位移精度一般不高。目前，国内大力发展的经济型数控机床或旧设备数控改造，普遍采用开环控制系统。

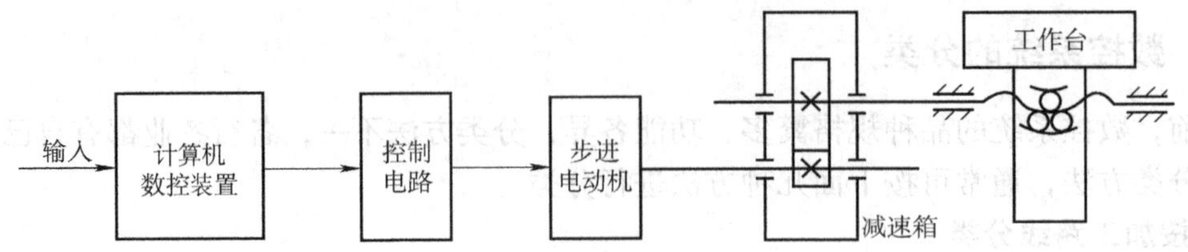

图 2-2　开环控制系统

(2) 闭环控制系统（Closed Loop Control System）　图 2-3 所示为闭环控制系统框图。闭环控制系统在机床移动部件上直接装有直线位置检测元件，该元件将检测到的实际位移反馈到数控装置的比较器中，与所要的位置指令进行比较，用比较后的差值进行控制，直到差值消除为止。速度检测元件的作用是将伺服电动机的实际转速变换成电信号送到速度控制电路中，进行反馈校正，保证电动机转速保持恒定不变。常用速度检测元件是测速发电机。

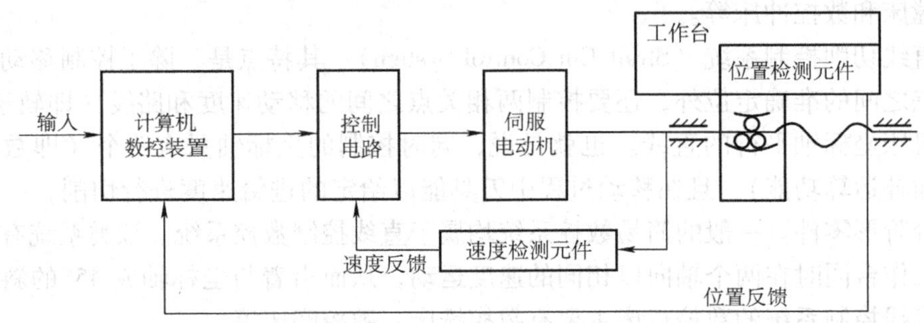

图 2-3　闭环控制系统

闭环控制系统的特点是定位精度高（一般可达 0.001mm，最高可达 0.000 01mm），但由于这类系统采用直流伺服电动机或交流伺服电动机作为驱动元件，电动机的控制线路比较复杂。检测元件价格昂贵，因而结构复杂，调试和维修比较困难，成本高。主要用于精度要求很高的大型或精密数控机床。

(3) 半闭环控制系统（Semi-closed Loop Control System）　图 2-4 所示为半闭环控制系统框图。半闭环控制系统不直接检测工作台的位移量，而是采用转角检测元件。该元件直接安装在伺服电动机或滚珠丝杠端部，通过检测伺服电动机的转角或滚珠丝杠的转角，推算出工作台的实际位移量，然后反馈到控制装置的比较器中，与输入原指令位移值进行比较，用比较后的差值进行控制，直到差值消除为止。由于半闭环控制系统没有包括工作台和滚珠丝杠螺母副在内，所以滚珠丝杠螺母副等传动装置的误差仍然会影响移动部件的位移精度。但半闭环控制系统将惯性大的工作台安排在闭环之外，可获得较稳定的控制特性。所以半闭环控制系统调试维修较容易，稳定性好，成本较低，精度较闭环控制稍差，它兼顾了开环控制和闭环控制两者的特点，目前在生产应用中使用相当广泛。

3. 按数控系统的功能水平分类

按照数控系统的功能水平，数控系统可以分为经济型（低档型）、普及型（中档型）和高档型数控系统三种。低、中、高三档的界线是相对的，这种分类方法没有明确的定义和确切的分类界线，且不同时期、不同国家的划分标准也会不同，分类含义也不同。下面的叙述可作为按数控系统功能水平分类的参考条件。

(1) 经济型数控系统　经济型数控系统又称为简易数控系统。这一档次的数控机床通常

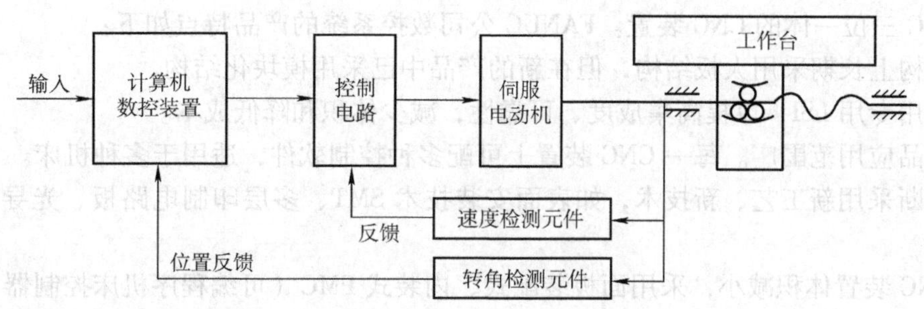

图 2-4　半闭环控制系统

仅能满足一般精度要求的加工，能加工形状较简单的直线、斜线、圆弧及带螺纹类的零件，采用的微机系统一般为单片机系统，具有数码显示或 CRT 字符显示功能，机床进给由步进电动机实现开环驱动，控制的轴数和联动轴数在 3 轴或 3 轴以下，进给分辨率为 10μm，快速进给速度可达 10m/min。这类机床结构一般都比较简单，精度中等，价格也比较低廉，一般不具有通信功能。如经济型数控线切割机床、数控钻床、数控车床、数控铣床及数控磨床等。

（2）普及型数控系统　普及型数控系统通常称为全功能型数控系统。这类数控系统功能较多，但不追求过多，以实用为准，除了具有一般数控系统的功能以外，还具有一定的图形显示功能及面向用户的宏程序功能等。采用的微机系统为 16 位或 32 位微处理器，具有 RS232C 通信接口，机床的进给多用交流或直流伺服电动机驱动，一般系统能实现 4 轴或 4 轴以下联动控制，进给分辨率为 1μm，快速进给速度为 10 ~ 20m/min，其输入/输出的控制一般由可编程序控制器来完成，从而大大增强了系统的可靠性和控制的灵活性。这类数控机床的品种极多，几乎覆盖了各种机床类别，且价格适中，目前总的趋势是趋向于简单、实用，不追求过多的功能，从而使机床的价格适当降低。

（3）高档型数控系统　指加工复杂形状工件的多轴控制数控机床，且其工序集中、自动化程度高、功能强、具有高度柔性。采用的微机系统为 32 位以上微处理器系统，机床的进给大多采用交流伺服电动机驱动，除了具有一般数控系统的功能以外，应该至少能实现 5 轴或 5 轴以上的联动控制，最小进给分辨率为 0. 1μm，最大快速进给速度能达到 100m/min 或更高。具有三维动画图形功能和宜人的图形用户界面；同时还具有丰富的刀具管理功能、宽调速主轴系统、多功能智能化监控系统和面向用户的宏程序功能；还有很强的智能诊断和智能工艺数据库，能实现加工条件的自动设定，且能实现计算机的联网和通信。这类系统功能齐全，价格较贵，如具有 5 轴以上的数控铣床，大、重型数控机床，五面加工中心，车削中心和柔性加工单元等。

2. 2　典型的数控系统

2. 2. 1　FANUC 数控系统

FANUC 公司目前生产的 CNC 装置有 F0/F10/F11/F12/F15/F16/F18 系列。F00/F100/F110/F120/F150 系列是在 F0/F10/F11/F12/F15 的基础上增加了 MMC 功能，即 CNC、

PMC、MMC 三位一体的 CNC 装置。FANUC 公司数控系统的产品特点如下：

1）结构上长期采用大板结构，但在新的产品中已采用模块化结构。

2）采用专用 LSI，以提高集成度、可靠性，减少体积和降低成本。

3）产品应用范围广。每一 CNC 装置上可配多种控制软件，适用于多种机床。

4）不断采用新工艺、新技术，如表面安装技术 SMT、多层印制电路板、光导纤维电缆等。

5）CNC 装置体积减小，采用面板装配式、内装式 PMC（可编程序机床控制器）。

6）在插补、加减速、补偿、自动编程、图形显示、通信、控制和诊断方面不断增加新的功能。

插补功能：除直线、圆弧、螺旋线插补外，还有假想轴插补、极坐标插补、圆锥面插补、指数函数插补、渐开线插补、样条插补等。

切削进给的自动加减速功能：除插补后直线加减速外，还有插补前加减速。

补偿功能：除螺距误差补偿、丝杠反向间隙补偿外，还有坡度补偿、线性度补偿，以及各种新的刀具补偿功能。

故障诊断功能：采用人工智能，系统具有推理软件，以知识库为根据查找故障原因。

7）CNC 装置面向用户开放的功能，以用户特定的宏程序、MMC 等功能来实现。

8）支持多种语言显示，如日语、英语、德语、汉语、意大利语、法语、荷兰语、西班牙语、瑞典语、挪威语、丹麦语等。

9）备有多种外设。

10）已推出 MAP（制造自动化协议）接口，使 CNC 通过该接口实现与上一级计算机通信。

11）现已形成多种版本。

1. FANUC 数控系统 0 系列

F0 系列是结构紧凑可组成面板装配式的 CNC 装置，易于组成机电一体化系统。F0 Mate 是 F0 系列的派生产品，与 F0 相比是结构更为紧凑的经济型 CNC 装置。

0MA 为多微处理器 CNC 系统，主 CPU 为 8086，伺服 CPU 为 8086，图形及面板操作也用 CPU。结构上采用大板式结构，控制线路采用专用 LSI：BAC（总线仲裁控制器）、IOC（I/O 控制器）及 MB87103（位置控制器）。0ME 是 0MA 向东方国家销售时的标志，与 0MA 硬、软件结构一致。

F0 系列有多个品种，它适用于各种中、小型机床：

F0-MA/MB/MEA/MC	用于加工中心、镗床和铣床
F0-MF	用于加工中心、镗床及铣床的对话式 CNC 装置
F0-TA/TB/TEA/TC	用于车床
F0-TF	用于车床的对话式 CNC 装置
F0-TTA/TTB/TTC	用于一个主轴双刀架或双主轴双刀架的 4 轴控制车床
F0-GA/GB	用于磨床
F0-PB	用于回转头压力机

（1）主要构成 F0 系列由主板、PMC 板、增设 I/O 板图形控制板和电源单元板组成。主要采用大板式结构，其他小板插在主板上面，组成 F0 系列的控制部分。C 系列为 FANUC

0 系统中的最高档产品，采用 SMT 和专用 LSI（大规模集成电路），体积减小到 0A、0B 的 40%，采用薄型显示 MDI，并采用 EL（场致发光）元件，比 CRT 显示厚度尺寸减小了三分之二。

（2）主要特点

1）多微处理器结构。0A 系列以 80186 为主 CPU，0B 系列主 CPU 为 80286，0 系列主 CPU 为 80386。

图形控制和操作面板控制等也采用 CPU。控制线路上采用多种 LSI、BAC、IOC 及 MB87103 等。其中，BAC 用于各 CPU 之间的总线仲裁；IOC 用于输入/输出信号的控制；MB87103 用于位置控制，包括 DDA 插补、误差寄存器、基准计数器、脉宽调制及检测倍数 DMR 的运算等。FANUC 0 系列系统结构框图如图 2-5 所示。

2）PMC 用 CPU 为 8086。PMC 的两种规格为 FANUC L、FANUC M。后者在功能上强于前者。

3）除具有串行接口 RS232C 外，又增加了具有高速串行接口的远程缓冲器，以此实现 DNC 功能。

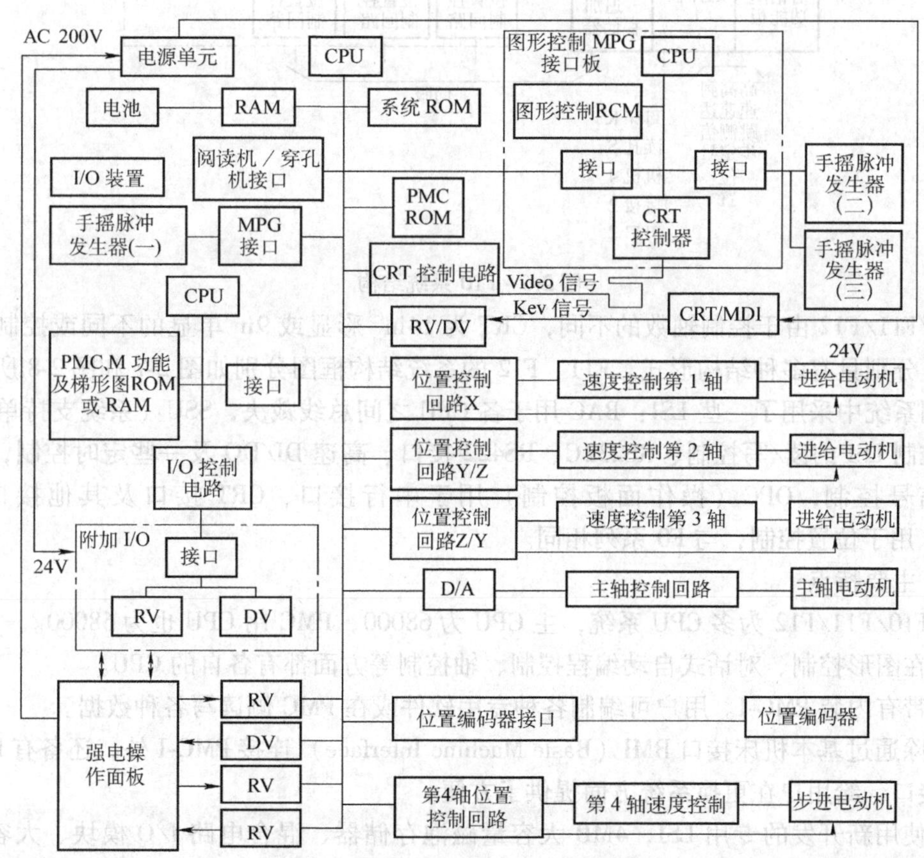

图 2-5　FANUC 0 系列的系统结构

2. FANUC 数控系统 10/11/12 系列

F10/F11/F12 系列具有多种品种，用于各种机床，规格型号有 M 型、T 型、TT 型及 F 型等。其中，M 型用于加工中心、铣床及镗床，T 型用于车床，TT 型用于双刀架车床，F 型用于具有对话功能的 CNC 装置。

（1）主要结构　F10/F11 系列仍是大板结构，其他印制电路板为小板，一般是插在主板上。F12 系列是底板式结构，所有的印制电路板分别插在两个底板上。F10 的系统结构框图如图 2-6 所示。

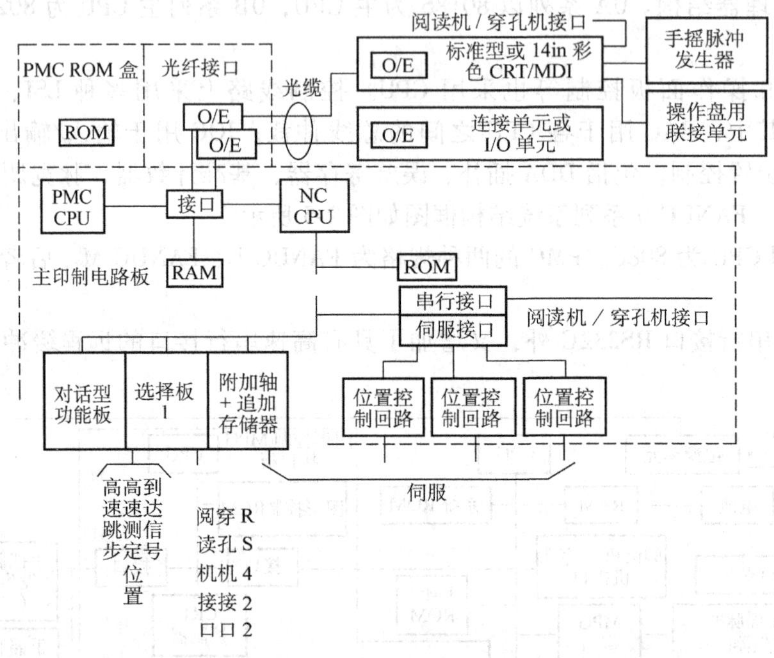

图 2-6　F10 系统结构

F10/F11/F12 由于控制轴数的不同，CRT 为 14in㊀彩显或 9in 单显的不同或控制柜形式的不同，分别具有多种结构形式。F11、F12 的系统结构框图分别如图 2-7 和图 2-8 所示。

控制系统中采用了一些 LSI：BAC 用于各 CPU 之间总线裁决，SSU（系统支持单元）用于位置控制 LSI 的读/写控制、RS232C、RS422 接口、高速 DI/DO 及一些定时控制，IOC 用于 I/O 信号控制，OPC（操作面板控制）用于串行接口、CRT 接口及其他接口控制，MB87108 用于位置控制，与 F0 系列相同。

（2）主要特点

1）F10/F11/F12 为多 CPU 系统，主 CPU 为 68000，PMC 用 CPU 也为 68000。

2）在图形控制、对话式自动编程控制、轴控制等方面都有各自的 CPU。

3）带有内装 PMC-I。用户可编制各种专用软件或在 PMC 侧读写各种数据。

4）除通过基本机床接口 BMI（Basic Machine Interface）连接 PMC-I 外，还备有 FS3/FS8 的兼容接口，给用户在更换系统方面提供了方便。

5）使用新开发的专用 LSI，4MB 大容量磁泡存储器、混合电路 I/O 模块、大容量 I/O 模块、A/D 和 D/A 模块以及 ATC（自动刀具交换）、APC（自控托盘交换）控制用定位模块等，给用户提供了很大的选择范围。

6）通过光电转换电路（O/E）与操作面板和 I/O 单元之间用光导纤维电缆连接，简化

㊀ 1in = 0.0254m。

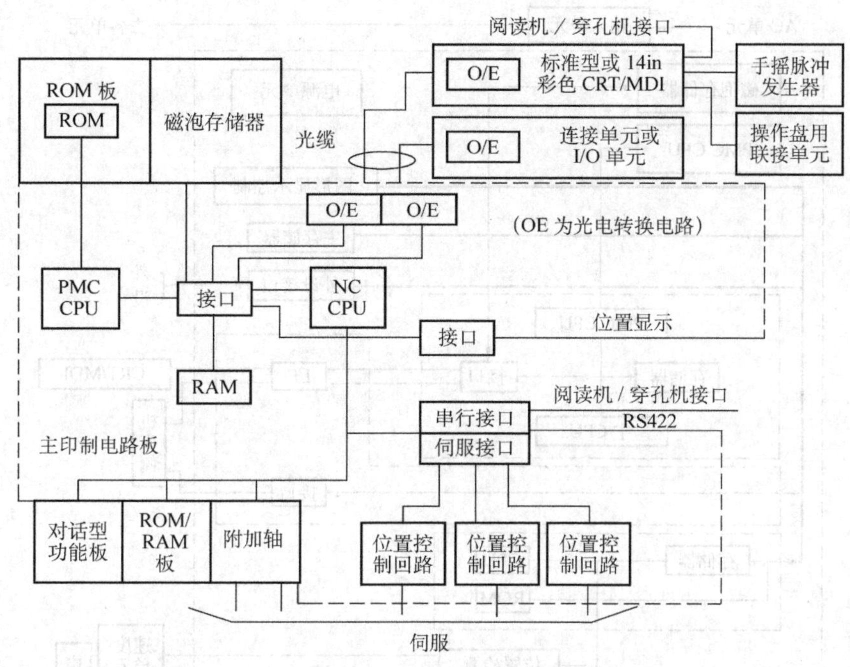

图 2-7　F11 系统结构

了连接，提高了抗干扰能力。

3. FANUC 数控系统 15 系列

F15 系列是 FANUC 新的 32 位 CNC 装置，被称为 AI（人工智能）型 CNC 装置。

（1）主要结构　F15 系列是将功能模块化的 CNC 装置。由不同配置选用带 7、9、11 或 13 个槽的控制单元母板，控制单元母板上插入各种印制电路板，印制电路板上有控制用的 BASE0 ~ BASE2、对话用 CPU 板、图形 CPU 板、PMC RAM 板和远程缓冲器板等。其系统结构框图如图 2-9 所示。

控制柜形状有独立型、分离型、单元型及面板装配型等。

（2）主要特点

1）采用了模块式多种主总线（FANUC BUS）结构，多 CPU 控制系统，主 CPU 采用 68020，还采用了一个子 CPU，在 PMC、轴控制、图形控制、通信及自动编程中也都有各自的 CPU。

2）可构成最大至最小系统。控制轴数有 2 ~ 15 根轴。还有 PMC 轴控制功能，适用于大型机床、复合机床的多轴控制和多系统控制。

3）由于它采用了 32 位高速多主总线和 32 位 CPU，所以使得机床具有很高的加工速度。

4）CNC 装置中采用了主 CPU 和子 CPU，因此能够并行处理指令和分配脉冲，提高了处理速度。在 DNC 状态下，可以达到很高的加工速度，能满足复杂形状模具等的高速加工。

5）具有通信用 CPU 和 RS422 接口，并有远程缓冲功能。

6）内装式 PMC 型号为 FANUC PMC-N，有很强的编程功能，并设有 BMI 接口和 FS3/FS8 接口。

7）增强了 64 位精简指令集 RISC（Reduced Instruction Set Computer）CPU 作为选件，加

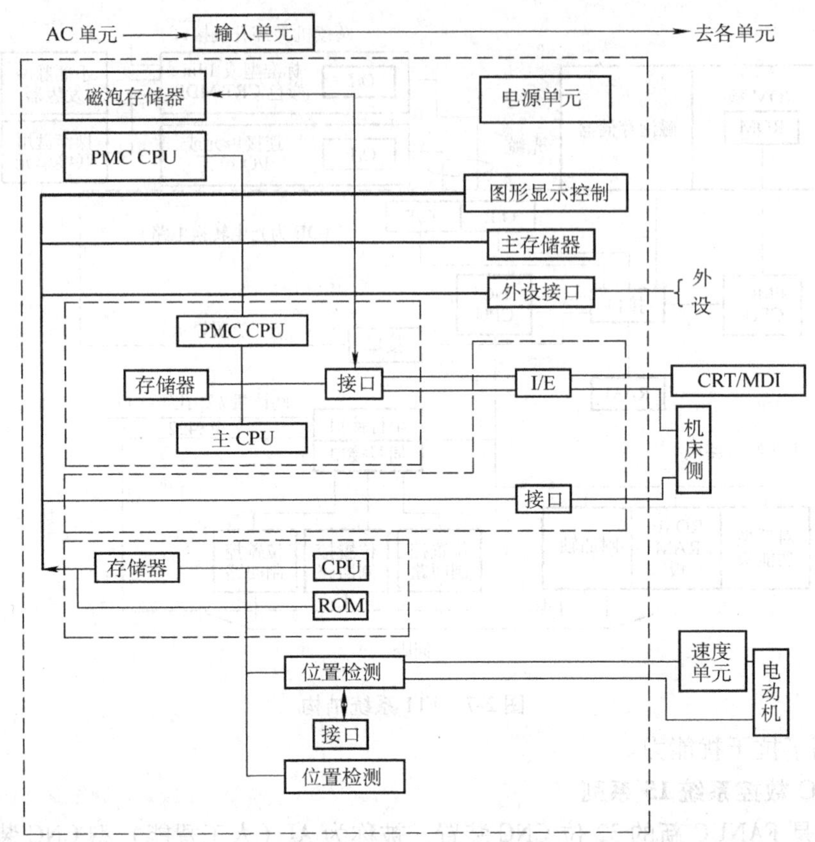

图 2-8　F12 系统结构

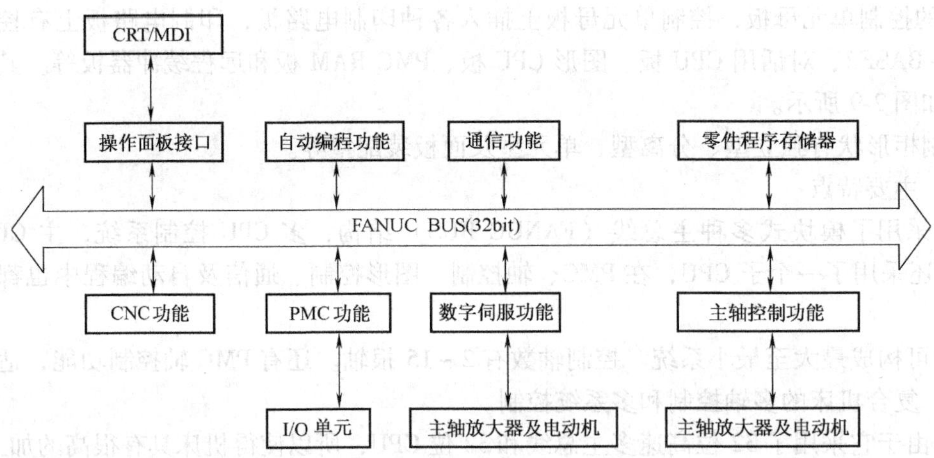

图 2-9　F15 系统结构

工速度提高了 4 倍。

4. FANUC 数控系统 16 系列

F16 系列在功能上位于 F15 系列和 F0 系列之间，是最新的 CNC 装置之一。它的主要特点是：

1）在控制用的 32 位复杂指令集 CISC（Complex Instruction Set Computer）CPU 上又增加

了 32 位高速 RISC CPU，用于高速运算。

2）采用表面安装技术的 SMT 模块，印制电路板为三维高密度安装结构，实现 CNC 装置的小型化。

3）采用多主控功能的高速 32 位 FANUC BUS。

4）采用薄膜晶体管 TFT（Thin File Transistor）彩色液晶显示等新技术。

5. FANUC 数控系统 18 系列

F18 系列是继 F16 系列推出的最新 32 位 CNC 装置，在功能上位于 F15 系列和 F0 系列之间，但低于 F16 系列，比 F0 系列安装密度提高了 3 倍。主要特点为：

1）采用了高密度三维安装技术。

2）功能与 F16 相同，但为减少成本，取消了 RISC 等高价功能。

3）TFT 液晶显示。

4）可显示控制电动机的波形，易于调试。

5）在操作性能、机床接口、编程等方面均与 F16 系列之间具有互换性。

今后，F16 系列与 F18 系列将会取代 F0 系列，成为 FANUC 数控产品的主流。

2.2.2 SIEMENS 数控系统

SIEMENS 公司是生产数控系统的著名厂家，SINUMERIK 的 CNC 数控装置主要有 SINUMERIK 3/8/810/820/850/880/805/840 系列。其主要特点如下：

1）采用模块化结构设计，模块由多层印制电路板制成，经济性好。在一种标准硬件上配制多种软件，使它具有多种工艺类型，满足多种机床的需要，并成为系列产品。每一系统都有适合不同加工需要的型号。随着微电子技术的发展，更多地采用 LSI、SMD（表面安装部件）及先进加工工艺。所以新的 CNC 装置结构更紧凑，性能更佳，价格更便宜。

2）优良的机床使用性。具有与上级计算机通信的功能，易于进入 FMS。高的进给速度保证了对机床的最充分利用，位置控制回路具有很高的分辨率，即使在很高的进给速率下，仍能保证很好的表面加工质量。中央 CPU 速度控制可以实现最短的加速度及制动。

3）编程简单，操作方便。采用 SIMATIC S5 系列 PLC 或集成式 PLC，用 STEP 5 编程语言，具有丰富的人机对话功能、小数点计数法、绝对尺寸和增量尺寸编程等。根据需要选择操作提示，通过键盘或穿孔纸带等进行程序输入，具有多种语言显示功能。

4）调整时间短，调试方便。直接在机床上编辑修改加工程序，高进给率模拟运行，可设置零点偏置、刀补等参数。在显示器上显示机床报警信息、进给和测量电路数字化，使设置功能变得更简单，且具有接口诊断。

5）数据传输采用 RS232C 串行接口或 20mA 电流环接口。

6）对位移测量系统、驱动装置、主轴、温度、电压（欠电压、过电压）、微处理器、数据传输系统，以及用户程序存储器实行监控，其次 PBC 数量少、结构紧凑、运行可靠。

1. SINUMERIK 810 系统

SINUMERIK 810 系统是西门子公司 20 世纪 80 年代推出的数控产品，按功能分有 810T、810M、810G、810N；按型号分有 810（GA1）、810（GA2）、810（GA3），即 810 Ⅰ、Ⅱ、Ⅲ型机。810 系统为紧凑型连续轨迹数控装置，适用于低、中档功能的中小型机床，具有良好的性价比，可安装在机床的任何部位。

810 系统三种型号的差别见表 2-1。810 系统和 820 系统的差别见表 2-2。

表 2-1 810 系统三种型号的差别

系统＼功能	种类	控制轴数	联动轴数	PLC 扩展	NC 存储容量/KB
810（GA1）	T、M	3	2~3	小型 EU	32
810（GA2）	T、M、G	4	3	小型 EU	64
810（GA3）	T、M、G、N	5	3	大型 EU	128

表 2-2 810 系统与 820 系统的功能差别

系统＼功能	PLC	可译码 M 信号个数/个	CRT/in①	输入分辨率/μm	位置分辨率/μm	最大位移量/m	最大位移速度/（m/r）
810	基本控制 1 基本控制 2	24	9（黑白）	10	5	±999	44.6
820	基本控制 2	100	12（彩色）	0.1	0.05	±9.9	4.46

① 1in = 0.0254m。

810/820 系统在体系结构、功能上相近。

（1）结构组成 系统由 CPU 模块、位置控制模块、系统程序存储器模块、文字处理模块、接口模块、电源模块、CRT 显示器及操作面板等组成。

（2）主要特点

1）主 CPU 采用 80816 通道式结构的 CNC 装置，有主、辅两个通道以同一方式工作，通道与 PLC 同步。

2）可控制 2~4 个坐标轴，基本插补有任两坐标直线插补、圆弧插补、任三坐标螺旋线插补、三坐标直线插补、插补范围为 ±99m。

3）可用屏幕对话、图形功能、5 个软键和软键菜单操作编程，并可用图形模拟来调试程序，可采用极坐标、圆弧半径及轮廓描述（蓝图）编程。

4）诊断功能完善，有内部安全监控、主轴监控和接口诊断等。在屏幕上可以显示数据和机床 PLC 的报警信息及 PLC 的内部状态。

5）PLC 最大 128 点输入/64 点输出，用户程序容量为 12KB，小型扩展机箱 EU 可安装 SINUMERIK I/O 模块，也可选 SIMATIC U 系列模块和 WF725/WF726 定位模块。

6）在加工的同时可以输入程序以缩短停机时间。数据或程序输入可通过两个 RS232C（V24）接口或 20mA 电流环（TTY）接口。

2. SINUMERIK 3 系统

SINUMERIK 3 系统是西门子公司 20 世纪 80 年代初期开发出来的中档全功能数控系统，是西门子公司销售量最大的系统。可用于各种机床的控制，有以下型号：

3T——用于车床及车削中心加工。

3TT——用于双刀架车床或双主轴立车控制。

3M——用于钻、镗、铣或加工中心。

3G——用于磨床。

3N——用于冲床。

（1）结构组成　采用模块化结构，由 CPU 模块，NC 存储器模块，操作面板接口，NC-PC 连接模块，伺服测量回路Ⅰ、Ⅱ，PLC 编程接口，逻辑模块，扩展设备接口，PLC 存储器及各种 I/O 等 17 个模块组成。其系统结构图如图 2-10 所示。3 系列的机柜因配置、类别、型号的不同，可以分为以下三种形式：

1）单柜架。由 PLC 130W-B 中央单元（PCI）单列逻辑组成，最多带4 个 PC I/O 模块。

2）单 PLC 双框架。由 PLC 230W-B 中央单元（PCI）单列逻辑组成，最多带 11 个 PC I/O 模块。

3）双 PLC 双框架。由 PLC 130W-B 中央单元（PCI）双列逻辑组成，备用带 PCI 的双 PC 结构，最多带 7 个（PCI）和 3 个（PCI）I/O 模块。

（2）主要特点

1）采用 INTEL8086CPU 的轮廓轨迹控制 CNC 系统，系统可控制 4 轴，任意 3 轴联动。

2）行程插补范围 ±99m，输入/输出分辨率为 0.001mm，具有很强的可组配性，以适应多种加工机床和柔性加工单元的需要。最多可组合 4 个 NC 单元和 2 个 PLC（如用于控制上、下料机构，刀库和交换工作台），并由一台通用 PLC 以生产顺序协调各个 NC 单元和物流。这些需要包括换刀控制、数据传递控制、刀具寿命监控、刀具和工件的测量和补偿，以及计算机通信功能等，通过配置各种软件，可使 SINUMERIK 3 系统进入 FMS。

3）PLC 采用 SIMATIC S5 的 PLC 130-B，输入/输出点各 512 点。用户程序存储器最大为 16KB EPROM +2.7KB RAM。可连接 15 个附加插板位置的扩展装置，可内装或外接第二个 PLC、第三个 PLC，具有 2 或 3 倍用户程序存储容量。

4）采用 12in 彩色显示器或 9in 单色显示器，具有蓝图编辑功能。有图形显示功能，NC 系统操作面板与机床操作面板分离。具有图形和操作功能，编程方便，通过对屏幕直接监视，可排除机床及刀具的故障。

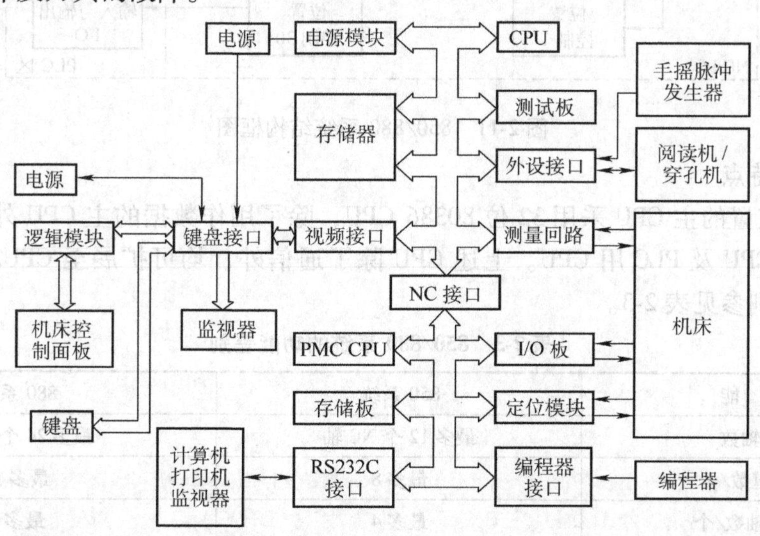

图 2-10　SINUMERIK 3 系统结构

3. SINUMERIK 850/880 系统

SINUMERIK 850/880 系统是西门子 20 世纪 80 年代末期开发的高自动化水平的机床及柔性制造系统，具有机器人功能。适合于高功能复杂机床 FMS、CIMS 的需要，是一种多 CPU

轮廓控制的 CNC 系统。

850/880 为柔性通道结构的 CNC 系统，最多有 16 个通道和 4 个 PLC 通道使控制轴数扩展到 24 个 NC 轴和 6 个主轴，并可实现 16 个工位的联动控制，且其存储容量大（1MB）。

（1）组成结构　主要由中央控制器和操作面板组成，采用两个机架支撑 1、2 两列中央控制器。中央控制器包括 NC CPU（NC-CPU1）、伺服 CPU（SV-CPU1）、通信 CPU（COM-CPU1）、可编程序控制器 CPU（PLC-CPU1）及插入式扩展模块等。插入式扩展模块有测量回路模块、存储器模块、NC-CPU2～4、SV-CPU4、PLC 输入/输出板及扩展单元和接口模块。面板带 12in 彩色显示器、全功能键盘及两个串行口等。其结构框图如图 2-11 所示。

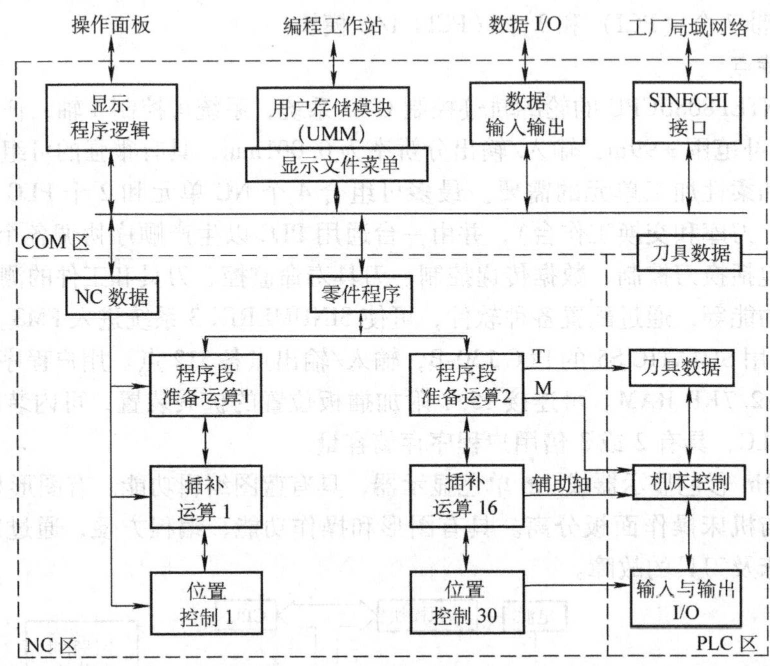

图 2-11　850/880 系统结构框图

（2）主要特点

1）CNC 装置的主 CPU 采用 32 位 80386 CPU，除了用作数据的主 CPU 外，还有伺服用 CPU、通信用 CPU 及 PLC 用 CPU。上述 CPU 除了通信外，均可扩展至 CPU2～4。850/880 系统的功能差别参见表 2-3。

表 2-3　850/880 系统的功能差别

功　能	850 系统	880 系统
控制轴数	最多 12 个 NC 轴	最多 24 个 NC 轴
NC 通道数/个	最多 8	最多 16
控制主轴数/个	最多 4	最多 6
测量电路/个	12	30
PLC 型号	S5-130WB	S5-135WB
可连接 PLC 数/个	2	1

2）用户程序存储器 RAM 容量为 128KB，EPROM 容量为 128KB，用户数据存储器 RAM

为48KB，I/O点最大为1024，延时器256个，计时器128个，可满足复杂机床的控制要求。

3）采用SINEC HI总线连接方式的计算机联网，在加工的同时与柔性制造系统进行信息交换。SINEC是以以太网为基础开发的，具有很强的通信功能，可与CIMS通信，能适应机床复合化和多功能化的发展需要。

4）COM部分负责零件程序、子程序共用数据的存储和管理。它有两个通道，一个用于零件程序的图形仿真，另一个用于输入/输出接口（4个V24接口）。中央程序存储器RAM容量可达1280KB。

5）输入分辨率为0.000 1mm、0.001mm和0.01mm，回转坐标为0.001°；位置控制分辨率与输入分辨率无关，可选用0.000 05mm、0.000 5mm或0.005mm，回转坐标为0.000 5°。

快速进给速度与输入分辨率为：分辨率为0.01mm时，快速进给速度为0.1～980m/min；分辨率为0.001mm时，快速进给速度为0.01～98m/min；分辨率为0.000 1mm时，快速进给速度为0.001～9.8m/min。

4. SINUMERIK 840C 系统

840C系统是西门子公司的超级全功能数控系统，最多可以控制30个轴（其中最多6个主轴），具有5轴联动、蓝图编程、三维图形模拟、6个CNC通道、多CPU、网络接口等功能，PLC为功能强大的PLC135WB2，可控制模拟驱动、数字驱动或两者混合控制，特别适合于高级复杂数控系统的改造，是适用于全功能数控车床、铣床和加工中心，及FMS、CIMS的轨迹控制的模块微处理CNC系统。

（1）主要构成　由CPU、中央控制组件、外围组件、输入/输出构件、接口构件、手持操作器和14in彩色显示器等组成。CPU配有PLC135WB2及电源、接口等，中央控制组件由NC-CPU386SX、MMC-CPU386X附带387SX。采用分散的机床外设（DMP），主要分交互式图形车间编程（IGW）区、NC区和PLC区三个区域。其结构框图如图2-12所示。

（2）主要特点

1）4个轴同时独立运行，5轴联动，2个手轮同时独立运行，双溜板和双主轴结构。输入分辨率从10～0.001μm，坐标轴从0.01°～0.000 01°。

2）采用32位CPU，配有计算机辅助功能，使用标准的多任务操作系统。

3）PLC用户程序存储器32KB（RAM）可扩展至256MB，用户数据存储器8KB，可扩展至48KB。CNC用户存储器1512KB，硬盘可扩展至40MB。

4）采用RS232C（V24）串行接口，具有功能全面的文件管理模式。加工时可同时运行I/O程序及PLC报警。

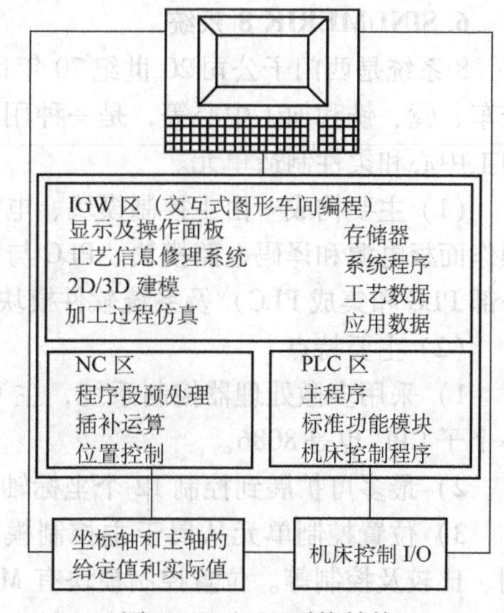

图2-12　840C系统结构

5. SINUMERIK 840D 系统

840D系统是面向世界的新一代CNC系统。它能在NC上直接进行PLC编程，并与FANUC程序格式兼容，用户界面友好。系统能提供两种语言选择。

采用模块化设计，服务界面友好。整个 CNC 缩小为单个模块。840D 系统包括操作面板（OP）、机床控制面板（MCP）、NCU 模块、驱动模块（611D）和可编程序控制器 S7-300。

（1）操作面板（OP） 分为 OP030、OP031、OP032，它包括一个单显或彩显、字母键、数字键、功能键和人机通信模块 MMC。MMC 又分为 MMC100、MMC101、MMC102 三种类型。MMC 模块在 Windows 环境下运行，包含一个标准用户接口。MMC100 模块包括串行接口 RS485、CNC 控制的多点接口（MPI）、VGA 接口、为 CNC 提供的键盘接口。MMC101 和 MMC102 模块包括第二个串行通信接口、连接打印机的并行接口、鼠标和键盘接口、软驱接口等。

（2）机床控制面板（MCP） 包括与操作面板的接口、电源接口、急停按钮、开关 S3、各种操作控制按键等。其中开关 S3 用于设定波特率、循环时间参考值设定、总线地址设定（包括 OP、PLC 总线）。

（3）NCU 模块 包含 CNC 的 CPU、PLC 的 CPU，以及完成通信任务的微处理器，还有至 OP 和 MCP 的多点接口（MPI）、至可编程序控制器的 I/O 接口、编程器接口、至驱动模块 611D 和电源供应器 I/R 模块的数字驱动总线、连接手轮及串行通信的 I/O 接口。

（4）驱动模块（611D） 包括电源供应器 I/R 模块、伺服轴模块 FDD 及伺服电动机、主轴伺服模块 MSD 及主轴电动机。

（5）可编程序控制器 S7-300 采用模块化设计，其总线集成在每块模板上，节省了专门的总线底板，I/O 配置灵活。S7-300 编程接口可兼作 MPI 接口，可方便地构成网络。PLC 的存储量为 24KB，最小的循环时间为 0.3ms/KB，最大的输入/输出点可扩展至 496 点。它包括电源模块（PS）、中央处理单元（CPU）、信号模块（SM）、功能模块（FM）、通信处理器（CP）。

840D 是先进的全功能数字式数控系统，整个 CNC（包括集成式 PLC）缩小为单个模块并集成于驱动系统中，中英文操作显示，最多控制 31 个轴（最多 31 个主轴），PLC 为 S7-300，强大的插补功能使它能轻易完成多轴非线性插补，适合于卧式加工中心、龙门镗铣床、磨床、数字化机床及其他专用机床改造的要求。

6. SINUMERIK 8 系统

8 系统是西门子公司 20 世纪 70 年代末推出的第一种模块化设计的 CNC 控制系统，适用于车、镗、铣和加工中心等，是一种用于柔性制造系统的数控系统，适用于大型 NC 机床、加工中心和柔性制造单元。

（1）主要构成 由主控制模块、电源模块、存储模块、各种位置模块、测量接口模块、操作面板电源和译码电路模块、PLC 与 CNC 信号传递模块、PLC 与 CNC 接口模块（适用于外部 PLC 和集成 PLC）及系统软件模块等组成。

（2）主要特点

1）采用多微处理器控制系统，主 CPU 及各种位置控制模块上用的 CPU 是 8086，另有一个子 CPU 也是 8086。

2）最多可扩展到控制 12 个坐标轴，具有轮廓编程及快速处理功能，操作方便。

3）位置控制单元从属于主控制模板的控制和管理，可进行坐标的插补运算、位置检测、比较及控制等。位置控制模块有 MS230、MS250、MS300 等。MS230 用于模拟量反馈测量的位置控制，如感应同步器和旋转变压器。MS250 用于数字量反馈测量的位置控制，如脉冲编码器和直线光栅。MS300 用于 8MC、8MC-Z 大型机床数字反馈的位置控制。

4）有专门用于 FMS 中的 LSV-2 处理器，可保证数据迅速传到上级计算机。

5）19in 操作面板可配备 4in 彩显、10in 等离子单显、10in 彩色液晶显示器。

6）PLC 中部有 56 个定时器和计数器，输入/输出点为 1024 个。可用 C 语言进行 PLC 编程。

7）8MC/8ME/8ME-C。Sprint 8M/Sprint 8M-C 用于钻镗及加工中心，8MC/8MCE/8MCE-C用于大型镗、铣床，8T/Sprint 8T 用于车床。其中 Sprint 系列具有蓝图编程功能。

7. SINUMERIK 802S 系统

SINUMERIK 802S 是步进电动机控制系统，专门为经济型的数控车床、铣床、磨床及特殊用途的其他机床而设计。

SINUMERIK 802S 采用 32 位微处理器（AM486DE2）、集成式 PLC、分离式小尺寸操作面板（OP020）和机床控制面板（MCP），它是一种先进的经济型 CNC 系统。它启动数据少，安装调试方便、快捷，具有中英文菜单显示，操作编程简单方便，使生产过程灵活快速。

SINUMERIK 802S 可控制 2～3 个进给轴和一个开环主轴（如变频器），可通过脉冲和方向信号与步进电动机驱动器相连，以控制进给轴。

SINUMERIK 802S 可包括以下部件：

1）操作面板（OP020）。

2）机床控制面板（MCP）。

3）CNC 模块（ECU）。

4）PLC 模块（DI/DO），带 16 点数字输入和 6 点数字输出，额定电压为直流 24V，输出最大负载电流 0.5A。DI/DO 模块可通过总线插头直接连接到 ECU 模块上，输入/输出点数可根据需要通过增加模块来逐级增加，最多可扩展至 4 个 DI/DO 模块（64 点输入和 64 点输出）。PLC 编程工具的运行环境是个人计算机 Windows3.11 或 Windows95。编程工具以梯形图技术为基础，并支持符号编程，加之直观的在线调试功能，使得 PLC 用户程序的设计非常容易。编程工具包含了用于车床的标准 PLC 用户程序作为实例，以及在线求助功能，使得入门快。用户可以在标准 PLC 用户程序的基础上进行编辑修改，很快建立起自己的应用程序。

并可连接以下部件：

1）通过 RS232C 接口连接编程器（PG）或计算机（PC）。

2）步进电动机驱动器是单轴型控制器，可以控制五相步进电动机，输出转矩可达 12N·m。几个步进驱动器可以并排安装，电源直接接到步进驱动器带螺柱的接线端子上。

3）PLC 模块可以达到 64 点输入 64 点输出。

4）最多两个电子手轮。

CNC 部分（ECU）和 PLC 模块的安装方式与 SIMATIC S7-300 系列相兼容，可以安装在普通导轨上。

系统软件都存储在 ECU 的 Flash EPROM 中，ECU 无后备电池，更新和升级都很方便。

2.2.3　三菱数控系统

日本三菱电机公司生产的 MELDAS500 系列数控系统（简称 MELDAS500）具有很强的功能。目前，它的技术在世界上处于领先地位。但是，它是面向高性能 NC 单机设计的，所以当用于控制由多台设备组成的柔性生产线时，网络构成、数据通信和相互连线就比较复杂。而在 PLC 领域得到广泛应用的三菱 A 系列可编程序控制器（简称 MELSEC），在构成自动化网络和数据通信方面处于技术领先地位，它拥有多种先进的网络功能。但是三菱 A 系列可编程序控制器在控制物体的运动时，只能使用定位单元。三菱 A 系列可编程序控制器有各种定位单元，但是任何一种定位单元，其数控功能都无法同三菱数控系统 MELDAS500 系列 CNC 相比。为了弥补三菱数控系统 MELDAS500 系列 CNC 和三菱 A 系列可编程序控制器的缺点，三菱公司研制了 MELDASPAC500 系列 CNC（简称 MELDAS2PAC500）。它把三菱数控系统 MELDAS500 系列的 CPU 和三菱 A 系列可编程序控制器的 CPU 做在同一机架的两个槽内，使 MELDASPAC500 系列数控系统同时具备了两个 CPU 的优越性能。如图 2-13 所示，三菱数控系统 MELDASPAC500 系列由以下几部分构成：

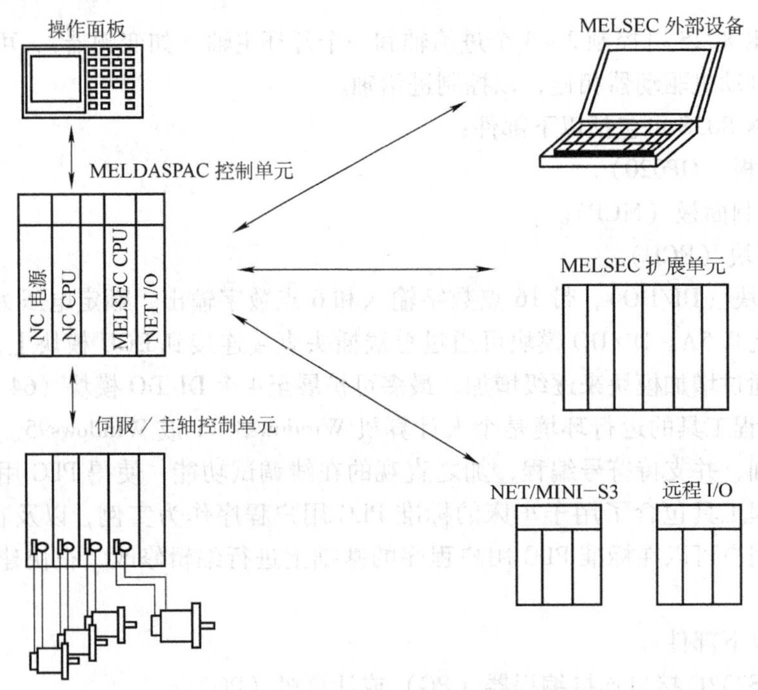

图 2-13　MELDASPAC500 系列的构成

1）MELDASPAC500 系列 CNC 控制单元中，MELSEC CPU 已内装 MELSECNET/MI2NI-S3，同时 MELSEC CPU 还可提供任选 MELSEC2 NET/10 单元。

2）三菱可编程序控制器 MELSEC 扩展单元在扩展单元内，用户可以使用三菱可编程序控制器的各种输入/输出模块，如数字量输入/输出模块、定位模块、模拟量输入/输出模块等。

3）MELSECNET/MINI-S3 远程 I/O 和 MELSEC I/O 模块。

4）操作面板（显示和操作部分）。

5）伺服控制单元和主轴控制单元。

6）伺服电动机（HC/HA-N 电动机）和主轴电动机（SJ-V/SJ-P 电动机）。

7）其他一些外部设备，如磁盘驱动器 FDD 单元、打印机等。

MELDASPAC500 系列的特点如下：

（1）节省模块单元　由于三菱数控系统 MELDASPAC500 系列 CNC 已把三菱数控系统 MELDAS500 系列的 NC CPU 和三菱 A 系列可编程序控制器的 CPU（MELSEC CPU）一体化，所以 MELDASPAC500 系列 CNC 本身就同时具备 MELDAS500 系列 CNC 和 A 系列可编程序控制器的功能。如图 2-14 所示，在使用 MELDASPAC500 系列 CNC 后，原可编程序控制器 MELSEC 单元内的 CPU、M-NET、NET/MINI 和 NET/10 模块均可省去。这不仅减少了系统中模块单元的数量，压缩了控制器的尺寸，还降低了设备的成本。

（2）梯形图监控一体化　如图 2-14 所示，在以前的自动生产线控制方式中，若要同时监控 NC CPU 和 MELSEC CPU 的状态，则分别需要各自的监控工具。而 MELDASPAC500 系列 CNC 中，由于 NC CPU 和 MELSEC CPU 已经一体化，所以只需要一个 NC 显示单元就能监控到两个 CPU 的状态。这给设备的调试、操作和维修提供了方便。

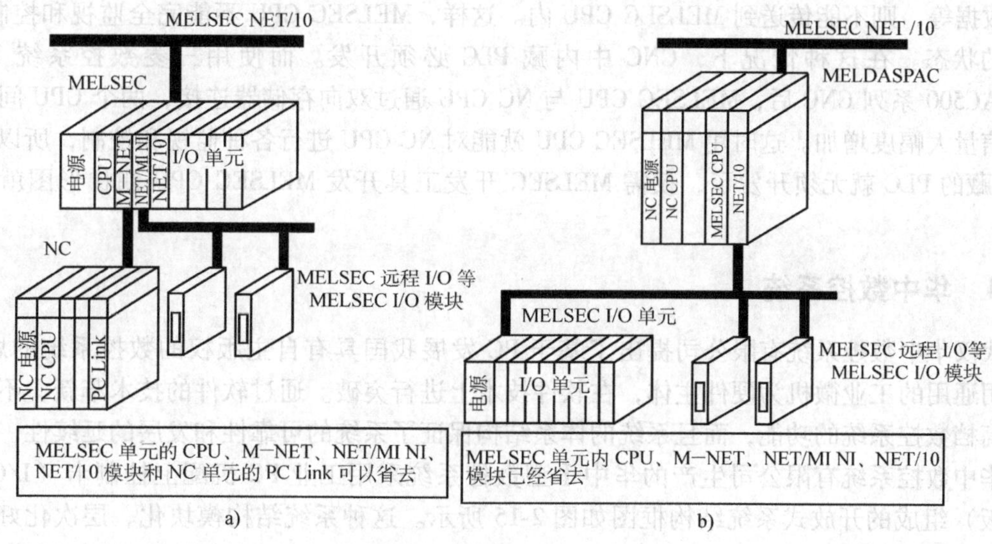

图 2-14　控制方式的比较

a）以前的自动生产线控制方式　b）由 MELDASPAC 构成的自动生产线控制方式

（3）MELSEC 的软件开发环境　要利用计算机开发三菱数控系统内装 PLC 梯形图，必须使用三菱公司提供的专门开发软件（M500 系列用 PLC 开发工具），用这个开发软件编制的梯形图，可通过 NC 的 RS232 接口从计算机侧直接传送到 NC CPU 内。这个开发软件仅是个开发工具，它不能在计算机上监控或在线修改 NC 内的梯形图。由于三菱数控系统 MELDASPAC500 系列 CNC 已把 NC CPU 和 MELSEC CPU 一体化，所以 MELDASPAC500 系列 CNC 就可以使用三菱 A 系列可编程序控制器的软件开发环境（GPP 软件）。利用这个开发环境，用户可以直接用计算机传送、监控和在线修改数控系统中 MELSEC CPU 侧的内容。在由多台 MELDASPAC500 系列 CNC 控制的柔性生产线中，各加工单元 NC CPU 中的内装 PLC 梯形图可完全相同。通常，机床动作的变更仅需改变各加工单元 CNC 中 MELSEC CPU 侧的梯形图。这给柔性生产线的调试和维修带来了极大的方便。

（4）高级可编程序控制器功能 APLC 和客户人机界面功能 CHIS　MELDASPAC500 系列数控系统并不是两个 CPU 的简单组合，而是两个 CPU 的有机结合。它们既相互独立又相互联系。它们之间通过 FROM 指令和 TO 指令进行数据交换。

另外，MELDASPAC500 系列 CNC 还具有更高级的性能，如 APLC 机能（Advanced Programmable Logic Controller）和 CHIS 机能（Customized Human Interface System）。通过 APLC 机能和 CHIS 机能，三菱数控系统 MELDASPAC500 系列 CNC 可向客户开放。这样，用户可以利用 APLC 机能和 CHIS 机能，设计和显示自己独有的数控系统开放画面。

（5）高速数据通信　MELDASPAC500 系列 CNC 中 MELSEC CPU 与 NC CPU 之间通过双向存储器连接，实现了 CPU 间数据的高速传送。如以执行辅助 M 指令代码为例，辅助指令的执行时间要比使用 PC Link 场合快 3～4 倍。这就大大缩短了设备的循环周期，提高了劳动生产率。

（6）大容量数据通信　在 PC Link 场合，数据交换量受到通信缓冲区尺寸及通信速度的限制。另外，交换的数据信息也只能是机械接点信号。而 NC 的各种数据，如机械坐标值、刀具数据等，则不能传送到 MELSEC CPU 内。这样，MELSEC CPU 不能完全监视和控制 NC CPU 的状态。在这种情况下，CNC 中内藏 PLC 必须开发。而使用三菱数控系统 MELDASPAC500 系列 CNC 后，MELSEC CPU 与 NC CPU 通过双向存储器连接，两个 CPU 间的数据通信量大幅度增加。这时用 MELSEC CPU 就能对 NC CPU 进行各种监视和控制，所以此时 NC 内藏的 PLC 就无须开发了，仅需 MELSEC 开发工具开发 MELSEC CPU 侧梯形图就可以了。

2.2.4　华中数控系统

武汉华中数控系统有限公司提出了基于 PC 发展我国具有自主版权的数控系统的思路，即采用通用的工业微机为硬件主体，在软件技术上进行突破。通过软件的技术革新，不仅实现了高档数控系统的功能，而且系统的体系结构保证了系统的可靠性和发展的延续性。

华中数控系统有限公司生产的华中Ⅰ型数控系统采用工业 PC 机配上控制卡（I/O 板、位置板）组成的开放式系统结构框图如图 2-15 所示。这种系统结构模块化、层次化好，具有良好的可扩展性和伸缩性，即可根据需要对系统进行升级或简化。同时，因为以 PC 机为硬件平台，系统可靠性大大提高，生产成本显著降低，便于批量生产和广泛应用，有利于产业化发展。华中Ⅰ型数控系统在软件系统上实现了开放化和模块化，形成了开放式的软件平台。如图 2-16 所示，华中Ⅰ型开放式软件平台将 CNC 中的共性部分进行了模块化和系统化集成，作为 NC 开发环境中的标准函数可以共用。在图 2-16 中，开放式网络数控集成生成系统分为上下两层：底层为网络数控内核，它包括数控系统中所有的共性功能，如多任务调度、插补运算、设备驱动、PLC 控制等。用户可根据网络数控内核使用规范直接进行二次开发。网络数控内核的各模块功能都具有自诊断功能，并与网络模块集成在一起，便于向网络环境传递数控系统的各种状态信息；上层为网络数控集成开发环境，它集成了数控系统的标准过程和特殊控制过程，用户可根据系统生成规范所提供的生成方法，方便地生成各类专用数控系统。

由于体系结构和软件技术的创新，华中数控系统有限公司在短短的几年内便开发了车

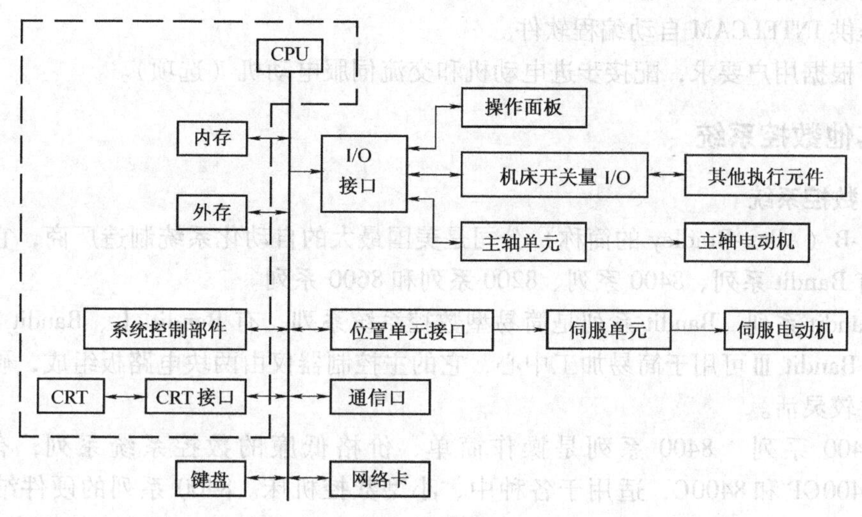

图 2-15　华中Ⅰ型数控系统体系结构

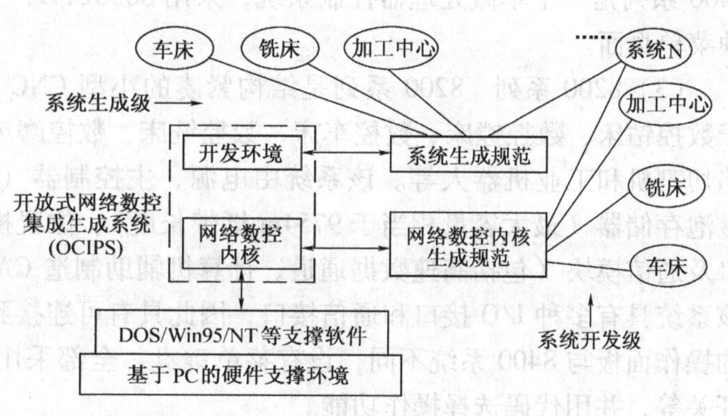

图 2-16　华中Ⅰ型数控系统的软件环境与结构

(含立车)、铣（含镗铣床)、磨、锻、激光加工、齿轮加工、加工中心、柔性组合机床和雕刻机数控系统等十多个系列、三十多种数控产品，满足了机械工业不同应用的需求，使华中Ⅰ型数控系统成为国内颇具有影响力的数控系统之一。

华中Ⅰ型数控系统的主要特色为：

1）基于 PC 的 CNC 数控系统。

2）以其独特的软件技术在单 CPU 下实现了多通道 16 轴控制和 9 轴联动控制。

3）加工轨迹具有三维图形显示的动态仿真。

4）支持 DIN/ISO 标准 G 代码，可一次性直接运行 2GB 以下的大型模具程序（G 代码)。

5）双向螺距误差补偿功能。

6）内部二级电子齿轮。

7）具有加工断点保护和恢复功能。

8）具有参考点返回和多个工件坐标系设置与选择功能（G54 ~ G95)。

9）具有刀具长度和刀具半径补偿功能。

10）汉字操作界面和在线功能。

11）支持 NT、Novell、Internet 网络和软件、硬件数据交换。

12）具有 CAD/CAM/NC 一体化和集成化功能。

13）接触式或非接触式数字化仿形扩展功能。

14）运动控制开发工具包（C + + 运动控制函数库）。

15）提供 INTELCAM 自动编程软件。

16）可根据用户要求，配接步进电动机和交流伺服电动机（选项）。

2.2.5 其他数控系统

1. A-B 数控系统

美国 A-B（Allen-Bradley 的简称）公司是美国最大的自动化系统制造厂商，它所生产的 CNC 系统有 Bandit 系列、8400 系列、8200 系列和 8600 系列。

（1）Bandit 系列　Bandit 系列是简易型数控系统系列，有 Bandit Ⅰ、Bandit Ⅱ、Bandit Ⅲ。其中，Bandit Ⅲ可用于简易加工中心，它的主控制器仅由两块电路板组成，硬件基本固定，但软件较灵活。

（2）8400 系列　8400 系列是操作简单、价格低廉的数控系统系列，有 8400LC、8400MP、8400GP 和 8400C，适用于各种中、小型数控机床。8400 系列的硬件结构基本相同，由中央处理单元模块、电源模板、CRT 及接口模板、通信接口模板以及操作面板组成。8400 系列是一个单微处理器控制系统，采用 8086CPU，并带有 8087 协处理器，系统采用多种菜单页面。

（3）8200 系列　8200 系列是结构紧凑的小型 CNC 系统，有 8200LC 和 8200MC，适用于数控钻床、数控镗床、数控车床、数控铣床、数控磨床、加工中心、数控滚齿机、数控火焰切割机和工业机器人等。该系统由电源、主控制器（采用 8086CPU）、存储器（64KB）、磁泡存储器（最大容量相当于 9754m 纸带长度）、位置控制、I/O 模块、CRT 和键盘控制接口及通信模块（包括高速数据通道、计算机辅助制造 CAM 用工厂通信模块）等组成。由于该系统具有多种 I/O 接口和通信接口，因此具有可连接到厂级宽带通信系统的功能。该系统的操作面板与 8400 系统不同，设有菜单键盘，全部采用独立的按钮、旋钮、键开关和波段开关等，并用代码选择操作功能。

（4）8600 系列　8600 系列是一种多主及主-从结构相结合的多微处理器 CNC 系统，有 8600T、8600TC、8600MC，以及 8605、8610、8650、8600AT90 和 8600IWS 等。其中，8600T 适用于一般数控车床，8600TC 适用于数控车床和车削中心，8600MC 适用于数控铣床和加工中心，8600GP 适用于工业机器人。8600 系列主系统微处理器可分为标准型（CPU 为 8086 及 8087 协处理器）和高速型（CPU 为 80286 和 80287 协处理器）两种。用于轴控制的 CPU 为 8086（最多可高达 4 个 8086），用于数据高速通道的 CPU 为 80186。

8600 系列是总线式模块化结构的 CNC 系统，由系统 CPU 模块、轴控制 CPU 模块、存储器模块（基本规格为 128K CMOS RAM/256K EPROM）、各种 I/O 模块、高速数据通信接口模块、操作面板接口模块、磁泡存储器模块、A/D 及 D/A 模块、WINCHESTER 硬盘接口模块、电源及辅助控制模块、位置反馈接口、系统综合编程（SIPROM）开发模块等组成。把上述模块插入由底板式总线组成的槽式机箱中，再配上标准模板组成的电源、CRT 显示器及键盘等，即构成所要求的系统。机箱共有三种规格：8605 为 5 个槽，8610 为 10 个槽，8650 为 20 个槽。根据控制对象不同，可以确定系统所用模块的种类和数量，从而选择其中一种规格。

在性能上，8600 系列具有高级的编程功能、完善的图形显示、灵活的配置和先进的通信能力。由于具有多达五组零件程序并行处理的能力，可以实现多机控制、多轴联动，可以进行螺旋桨叶片类复杂曲面的加工。该系统具有多种编程方法：

1）用图样直接编程。

2）用专为加工中心而设计的几何工艺语言 GTL 编程。

3）ASSET 语言编程。它将变量、文件等系统信息引入到编程环境中，用于零件编程语言扩充，可以实现过程对过程的通信。

4）系统综合编程 SIPROM 高级语言。这是一种以梯形图概念为基础而开发的特殊高级语言，便于将用户程序生成文件，再通过 8600 系列特有的调试功能进行检查。

2. FAGOR 数控系统

西班牙 FAGOR 公司生产的数控系统有 8025/8030、8050 等系列。

（1）8025/8030 系列　8025/8030 有 M/MG/MS、T/TG/TS、P/PG/PS 和 GP 等类型。其中，M/MG/MS 用于铣床，T/TG/TS 用于车床，P/PG/PS 用于压力机。GP 为普通型数控系统，M/T/P 为基本型数控系统，MG/TG/PG 具有动态图形显示功能，MS/TS/PS 具有动态图形显示、C 轴、数字化显示、探针等功能。

8025/8030 系列数控系统有 5 种操作方式：手动方式、单段方式、自动方式、空运行方式和图形方式。零件加工程序的输入也有 5 种不同的操作方式：录返方式、示教方式、编辑方式、外围设备方式和 DNC 方式。

8025/8030 系列数控系统具有 RS232C 和 RS485 串行接口。经 RS232C 可输入或输出参数及加工程序，经 RS485 可与其他 CNC 及 PLC 进行联网通信。根据 DNC 通信协议，8025/8030 可组成局域网，实现 DNC 控制。利用 DNC 的功能，可执行由 CAD/CAM 所产生的加工程序，也可接收图形输入的加工程序。

探针操作是一个数字化的过程，可简化工件测量。同时，利用扫描程序使探头在模型表面移动，并将探测点的数据自动生成加工程序，经 DNC 存储于主计算机内。

（2）8050 系列　8050 系列有 M、T、P、GP 等类型。其中，M 系列用于铣床，T 系列用于单刀架或双刀架车床，P 系列用于压力机，GP 为通用型数控系统。

8050 系列具有 RS232C 和 RS422 串行接口，可实现 CNC 与计算机的通信，构成 DNC 系统。所用的计算机为 PC 机或便携式微型计算机，要求有 64KB 的 RAM、硬盘、一个或两个 RS232C 串行接口，采用 FAGOR DNC 的通信协议。借助 DNC 系统，可处理加工程序，管理 DNC 系统程序，对机床进行远距离控制，对 CNC 系统进行输入或输出操作，编辑参数表、刀具表和偏置表，校验加工程序等。

8050 数控系统采用模块化结构，由两个可安装 4 个或 6 个模块的框架组成。

1）电源模块。采用高效率的 PWM 电源，输入电压范围为交流 85～265V，输入电压可自动检测。电源输出有短路保护、过载保护和过电压保护。

2）CPU-CNC 模块。采用 32 位微处理器、数字协处理器、图像协处理器。加工程序存储器为 28KB，可扩展到 640KB，具有 RS232C 和 RS422 串行接口。

3）轴控制模块和可选择的 PLC CPU。具有 8 个反馈输入，可实现 6 个进给轴、1 个主轴和 1 个电子手轮检测。机床参数定义的最小分辨率为 0.000 1mm，进给速度为 0.000 1～100m/min，最大行程为 100m，TTL 或 24V 的数字化探针输入，40 路光电隔离数字量输入和 24 路光电隔离数字量输出，8 路 5V 模拟量输入和 8 路 10V 模拟量输出。

集成化的 PLC 具有 233 路输入、120 路输出、2407 个内部继电器、256 个 32 位寄存器、256 个计数器、256 个定时器，EEPROM 存储器可存放 5000 条指令，还可扩展为 20000 条指令。PLC 由 CNC 进行编程和监控，CNC 与 PLC 之间有两种通信方式，一种采用主 CPU 以 15ms/1000 指令的速度完成；另一种采用可选择的高速 PLC 模块通过双端口 RAM 进行通信，PLC 的循环周期为 3ms/1000 指令。

4）I/O 模块和跟踪模块。每个 I/O 模块都有 64 路光电隔离数字量输入和 32 路光电隔离数字量输出，同时具有各种保护功能，如过电压保护、反向连接保护、过载保护和过热保护。

跟踪模块具有 SP-2 型探针的接口、32 路光电隔离数字量输入和 32 路光电隔离数字量输出。

2.3 典型数控系统的接口技术及其参数设置

2.3.1 FANUC 0i 数控系统各主要单元接口及其参数设置

FANUC 0i 采用高速微处理器芯片，具有丰富的系统控制功能和高速、高精度的控制效果，采用全数字伺服系统和全数字主轴控制。

1. FANUC 0i 数控装置

FANUC 0i 数控装置为模块化结构，其性价比高，操作简单、方便，因此广泛应用于我国数控机床行业，是最畅销的机床系统之一。

（1）FANUC 0i 数控装置的基本结构　FANUC 0i 数控装置是由主板模块和 I/O 接口模块两部分组成的。

主板模块主要有 CPU、内存（系列软件、宏程序、梯形图、参数等）、PMC 控制、I/O LINK 控制、伺服控制、主轴控制、内存卡 I/F 及 LED 显示等。

I/O 模块主要有电源、I/O 接口、通信接口、MDI 控制、显示控制、手摇脉冲发生器控制和高速串行总线等。

（2）FANUC 0i 数控装置接口简介　如图 2-17 所示，FANUC 0i 数控装置的各指示灯及其各接口信息如下：

1）指示灯。“STATUS”（状态）LED 指示灯。电源接通时，“STATUS” 灯通过组成不同的亮、灭状态，表示数控装置从电源接通到进入正常运行状态的过程中，所需进行的工作流程。当主板发生故障时，通过指示灯的不同状态，可进行故障判断。

“ALARM”（报警）LED 指示灯。出现错误时，与 “STATUS” 灯组成不同的亮、灭状态，表示不同的异常情况。

2）“BATTERY”。数控装置断电后进行数据保存的电池。

3）“CP8” 接口。电池接口。

4）“MEMORY CARD CNMC” 插口。PMC 编辑卡与数据备份存储卡的接口。

5）“RSW1” 旋转开关。维修时用。

6）“JD1A”，即 I/O LINK 接口，为串行接口，用于 NC 与 I/O 各种单元的连接（如机床操作面板、I/O 扩展单元等），可对各设备的 I/O 信号进行高速传送。

7）“JA7A”，即 SPDL 接口（串行主轴或位置编码器接口）。系统使用数字（串行）主轴时，与伺服模块的“JA7B”接口连接。但是，使用模拟主轴时，此接口连接位置编码器的主轴反馈信号。

8）“JA8A”，即 A-OUT 模拟主轴接口。与模拟主轴伺服放大器连接，控制模拟主轴电动机。

9）“JS1A”，即 SERVO1 伺服模块接口。与伺服模块定义的第 1 轴接口连接。

10）“JS2A”，即 SERVO2 伺服模块接口。与伺服模块定义的第 2 轴接口连接。

11）“JS3A”，即 SERVO3 伺服模块接口。与伺服模块定义的第 3 轴接口连接。

12）“JS4A”，即 SERVO4 伺服模块接口。与伺服模块定义的第 4 轴接口连接。

13）“JF21”，即 SCALE1 光栅尺 1 接口。与系统定义的第 1 轴光栅尺连接。

14）“JF22”，即 SCALE2 光栅尺 2 接口。与系统定义的第 2 轴光栅尺连接。

15）“JF23”，即 SCALE3 光栅尺 3 接口。与系统定义的第 3 轴光栅尺连接。

16）“JF24”，即 SCALE4 光栅尺 4 接口。与系统定义的第 4 轴光栅尺连接。

17）“JF25”，即 SC-ABS 分离式脉冲编码器电池接口。该接口连接的电池用于 ABS 绝对型光栅尺位置数据的保存。

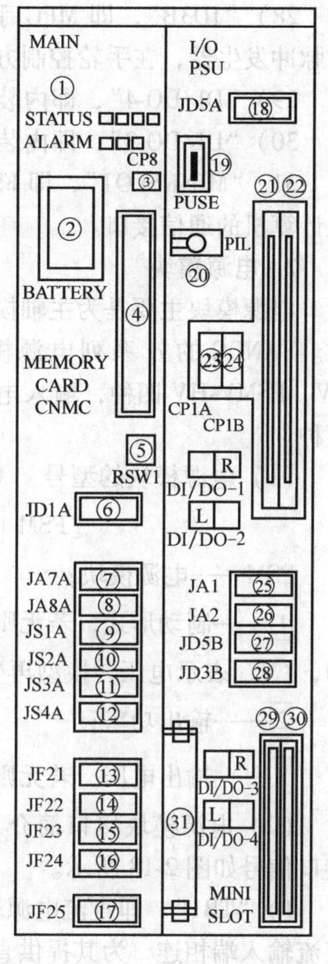

图 2-17　FANUC 0i 数控装置接口

18）“JD5A”，即 RS-232-1 串行接口。主要用于与外部设备的连接，可以将加工程序、参数等数据从外部设备输入到系统中来或从系统中输入信号给外部设备。例如计算机信号的传送，即通过此端口。

19）“FUSE”，即熔断器。容量为 7.5A。

20）“PIL”，即电源指示灯。控制单元接通 DC +24V 电源后，该 LED 指示灯亮。

21）“DI/DO-2”，即内装 I/O 卡接口 2。为机床提供 I/O 接收器（X）和驱动器（Y）。

22）“DI/DO-1”，即内装 I/O 卡接口 1。

23）“CP1A”，即 DC IN 电源输入接口。与外部 DC +24V 电源连接，为控制单元提供电源。

24）“CP1B”，即 DC OUT 电源输出接口。与显示单元相连，为显示单元提供电源。其显示单元接口是“CP5”（LCD 时）或“CN2”（CRT 时）。

25）“JA1”，即 CRT 显示器接口。与 LCD 液晶显示器的“JA1”接口连接，或与 CRT 显示器的“CN1”接口连接。

26）“JA2”，即 MDI 手动数据输入装置接口。与 MDI 单元连接，即键盘的连接。

27）“JD5B”即 RS-232-2 串行接口。同“JD5A”接口。

28）“JD3B”，即 MPG 手摇脉冲发生器接口。用于连接手摇脉冲发生器，在手轮控制方式下，坐标轴按手轮进给量移动。

29）“DI/DO-4”，即内装 I/O 卡接口 4。

30）“DI/DO-3”，即内装 I/O 卡接口 3。

31）“MINI SLOT”，即 FSSB 高速串行总线接口。用于与个人计算机的通信接口。

2. 电源模块

电源模块主要是为主轴模块和伺服模块提供（直流）电源的。FANUC 的 α 系列电源模块主要分为 PSM、PSMR、PSM-HV、PSMV-HV 四种，输入电压分别为交流 200V 和交流 400V 两种。

（1）电源模块的型号　电源模块的型号构成如下：

PSM [1]—[2] [3]

PSM——电源模块；

[1]——制动形式，若无则表示再生制动，“R”表示能耗制动，“V”表示电压转换型再生制动，“C”表示电容制动；

[2]——输出功率；

[3]——输出电压，若无则表示 200V，“HV”表示 400V。

（2）电源模块接口简介　FANUC 0i 电源模块各指示灯及接口信号如图 2-18 所示。

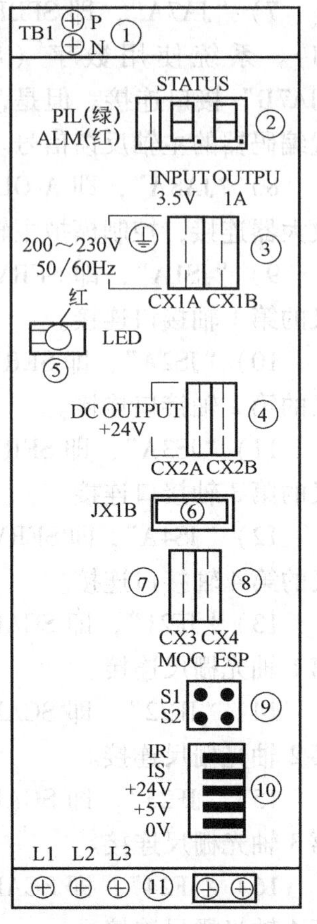

图 2-18　PSM-15 电源模块接口

1）“TB1”，即直流电源输出端。与主轴模块和伺服模块的直流输入端相连，为其提供直流电源（DC 24V）。

2）“STATUS”（状态）LED 指示灯。用于表示电源模块所处的状态。出现异常时，显示相关的报警代码。

3）“CX1A、CX1B”。CX1A 为 AC 200V 输入接口；CX1B 为 AC 200V 输出接口，与主轴模块的“CX1A”接口连接。

4）“CX2A、CX2B”。CX2A 为 DC 24V 输入接口；CX2B 为 DC 24V 输出接口，该接口一般与主轴模块的“CX2A”连接，输出急停信号。

5）直流回路连接充电状态 LED。在该指示灯完全熄灭后，方可对模块电缆进行各种操作，否则有触电危险。

6）“JX1B”，即模块连接接口。一般与主轴模块的“JX1A”连接，作通信用。

7）“CX3”即 MCC 接口。该接口连接主接触器的触头，用于控制输入电源模块的三相交流电源的通断。

8）“CX4”即 ESP 信号接口。该接口用于连接机床的急停信号。

9）“S1、S2”，即再生相序选择开关。一般默认 S1 短路。

10）电源模块电流、电压检查接口。

11）三相交流电电源输入端。

3. 伺服模块

伺服模块接收控制单元发出的进给速度和位移指令信号，经伺服模块转换放大后，驱动伺服电动机，使机床实现精确的工作进给和快速移动。例如 FANUC 的 α 系列，其伺服系统使用独立的回馈放电再生放电元件，适用于直线、轮廓控制（即更高精度加工）。

FANUC 的 α 系列伺服模块主要包括 SVM、SVM-HV 两种。前者最多可带 3 个伺服轴，后者最多可带 2 个伺服轴。伺服模块的接口有 A 型（TYPE A）、B 型（TYPE B）、FSSB 型三种类型，不用的接口类型应用于不同的数控系统。

（1）FANUC 0i 伺服模块的型号的表示意义　伺服模块的型号构成如下：

SVM　[1]—[2]/[3]/[4]/[5]

SVM——伺服模块；

[1]——轴数，“1”表示 1 轴伺服模块，“2”表示 2 轴伺服模块，“3”表示 3 轴伺服模块；

[2]——第 1 轴最大电流；

[3]——第 2 轴最大电流；

[4]——第 3 轴最大电流；

[5]——输入电压，若无则表示 200V，“HV”表示 400V。

（2）FANUC 0i 伺服模块接口简介　如图 2-19 所示，FANUC 0i 伺服模块各指示灯及接口信号如下：

1）“P、N”，即直流电源输入端。与电源模块、主轴模块和其他伺服模块的直流输入端相连。

2）“BATTERY”电池。用于系统断电后，保存绝对型位置编码器的位置数据。

3）“STATUS”（状态）LED 指示灯。用于表示伺服模块所处的状态。出现异常时，显示相关的报警代码。

4）直流回路连接充电状态 LED。在该指示灯完全熄灭后，方可对模块电缆进行各种操作，否则有触电危险。

5）“CX5X”，即绝对型位置编码器电池接口。一般情况下，与电池连接或在使用分离型电池盒时，与上一个伺服模块的“CX5Y”连接。

6）“CX5Y”，即绝对型位置编码器电池接口。一般情况下，与电池连接或在使用分离型电池盒时，与下一个伺服模块的“CX5X”连接。

7）“S1、S2”，即接口选择开关。S1 为 A 型接口，S2 为 B 型接口。

8）“F2”，即 24V 熔断器。

9）“CX2A、CX2B”。CX2A 为 DC 24V 输入接口，与主轴模块或上一个伺服模块的“CX2B”连接；CX2B 为 DC 24V 输

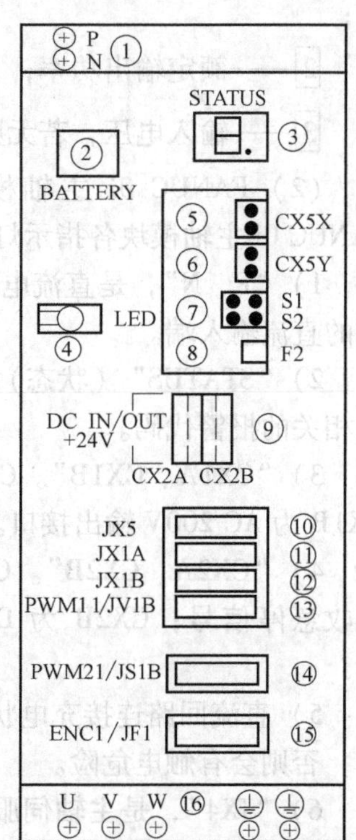

图 2-19　SVMI-12 伺服模块接口

出接口，与主轴模块或下一个伺服模块的“CX2A”连接。

10）“JX5”，即伺服状态检查接口。该接口用于连接伺服模块状态检查电路板，可获得内部信号的状态。

11）“JX1A”，即模块连接接口。一般与上一个伺服模块的“JX1B”连接，作通信用。

12）“JX1B”，即模块连接接口。一般与下一个伺服模块的“JX1A”连接，作通信用。

13）“PWM11/JV1B”，即A型NC数控系统接口。

14）“PWM21/JS1B”，即B型NC数控系统接口，与系统控制单元对应的伺服模块接口“JSnA”（n为轴号）连接。

15）“ENC1/JF1”，即位置编码器接口，只在B型接口使用。

16）三相交流变频电源输出端，与伺服电动机连接。

4. 主轴模块

主轴模块用于控制驱动主轴电动机。FANUC的α系列伺服模块主要分为SPM、SPMC、SPM-HV三种。

（1）FANUC 0i主轴模块的型号　主轴模块的型号构成如下：

SPM 1/2 3

SPM——主轴模块；

1——电动机类型，若无则表示α系列，“C”表示αC系列；

2——额定输出功率；

3——输入电压，若无则表示200V，“HV”表示400V。

（2）FANUC 0i主轴模块接口简介　如图2-20所示，FANUC 0i主轴模块各指示灯及接口信号如下：

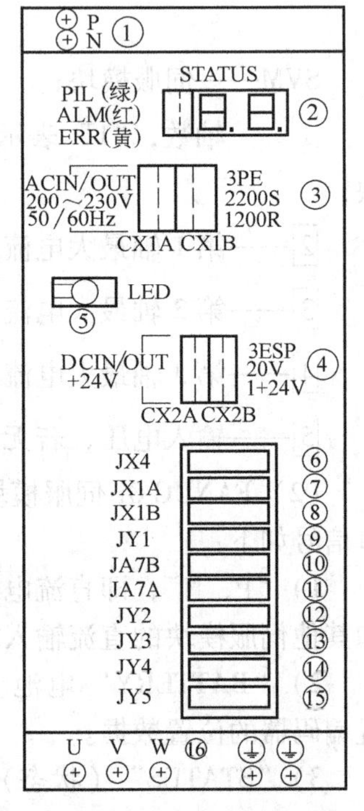

图2-20　SPM-15主轴模块接口

1）“P、N”，是直流电源输入端。连接电源模块、伺服模块的直流输入端。

2）“STATUS”（状态）LED指示灯。用于表示主轴模块所处的状态。出现异常时，显示相关的报警代码。

3）“CX1A、CX1B”。CX1A为AC 200V输入接口，与电源模块的“CX1B”接口相接；CX1B为AC 200V输出接口。

4）“CX2A、CX2B”。CX2A为DC 24V输入接口，与连接电源模块的“CX2B”相连，接收急停信号；CX2B为DC 24V输出接口，连接伺服模块的“CX2A”，输出急停信号。

5）直流回路连接充电状态LED。在该指示灯完全熄灭后，方可对模块电缆进行各种操作，否则会有触电危险。

6）“JX4”，是主轴伺服状态检查接口。该接口用于连接主轴模块状态检查电路板，可获得内部信号的状态（脉冲发生器和位置编码器的信号）。

7）“JX1A”，是模块连接接口。一般连接电源模块的“JX1B”，作通信用。

8）“JX1B”，是模块连接接口。一般连接伺服模块的“JX1A”，作通信用。

9）“JY1”，是主轴负载功率表和主轴转速表的连接接口。

10）“JA7B”，是通信串行输入接口。该接口连接控制单元的“JA7A”（SPDL）接口。

11）“JA7A”，是通信串行输出接口。该接口连接下一个主轴（如果有的话）“JA7B”接口。

12）“JY2”，是脉冲发生器、内置探头和电动机轴 Cs 探头接口。

13）“JY3”，是磁感应开关盒外部单独旋转信号接口。

14）“JY4”，是位置编码器和高分辨率位置编码器接口。

15）“JY5”，是内置探头和主轴 Cs 探头接口。

16）“U、V、W”，是三相交流变频电源输出端，连接主轴伺服电动机。

5. FANUC 0i 数控系统综合连接

FANUC 0i 数控系统主要连接主轴伺服、进给伺服、机床输入输出、显示器、键盘、手轮及上位计算机等。FANUC 0i 数控系统综合连接图如图 2-21 所示。

（1）电源的连接　0i 系统的输入电压（电源模块的 CP1A 接口）为 DC 24V ± 10%，电流约为 7A。伺服和主轴电动机的电源为 AC 200V（注意不是 220V），这两个电源的通电顺序是有要求的，即先接通机床电源（AC 200V），再接通通过 I/O LINK 连接的从属外部 I/O 设备的 DC 24V 电源，最后接通 CNC 和 CRT 电源（后两者可同时通电）；断电时，先断从属 I/O 设备 DC 24V 电源，再断 CNC 和 CRT 电源，最后断机床电源。否则就会出现报警或者造成伺服放大器的损坏。

（2）伺服系统的连接　主轴伺服可控制模拟主轴和数字（串行）主轴两种主轴电动机。用 FANUC 的数字主轴电动机时，主轴上的位置编码器（一般是 1024 线）信号应接到主轴电动机驱动器上的 JY4 接口。而驱动器上的 JY2 是速度反馈接口，两者不能接错。

（3）I/O 接口硬件形式　目前使用的 I/O 硬件有两种，即内装 I/O 印制板和外部 I/O 模块。I/O 板通过系统总线与 CPU 交换信息；I/O 模块通过 I/O LINK 电缆与系统连接，数据传送方式采用串行格式，因此可以远程连接。编制梯形图时这两者的地址区是不同的（在使用 I/O 模块前应先设定地址范围）。

（4）连接时的防干扰措施　要想机床运行可靠，应注意强电和弱电信号线的走线、屏蔽及系统和机床的接地。电压为 4.5V 以下的信号线必须屏蔽，屏蔽线要接地。连接说明书中把地线分为信号地（SG）、机壳地（FG）和系统地（大地）。FANUC 的数控装置、伺服模块和主轴模块及电动机的外壳都要求接地。为了防止电网干扰，交流的输入端必须接浪涌吸收器，否则机床工作时会出现#910、#930 报警或是不明原因的误动作。

6. 参数设定

数控机床的参数是数控系统软件应用的外部条件，它完成数控系统与机床结构及机床各种功能的匹配。CNC 通过参数可以知道机床的一些特定数据，识别机床上的不同部件，并能判断如何执行用户编写的指令。这些参数包括轴的数量、进给率、快速、螺距误差补偿、加速度、反馈、跟随误差、比例增益、自动换刀功能等。只有正确、合理地设置这些参数，数控机床才能正常工作。有些数控机床的参数需要调试后才能确定，如螺距误差补偿参数的确定。有些数控机床的工作状态可以通过参数的修改来调整，如机床的位置精确调整、主轴

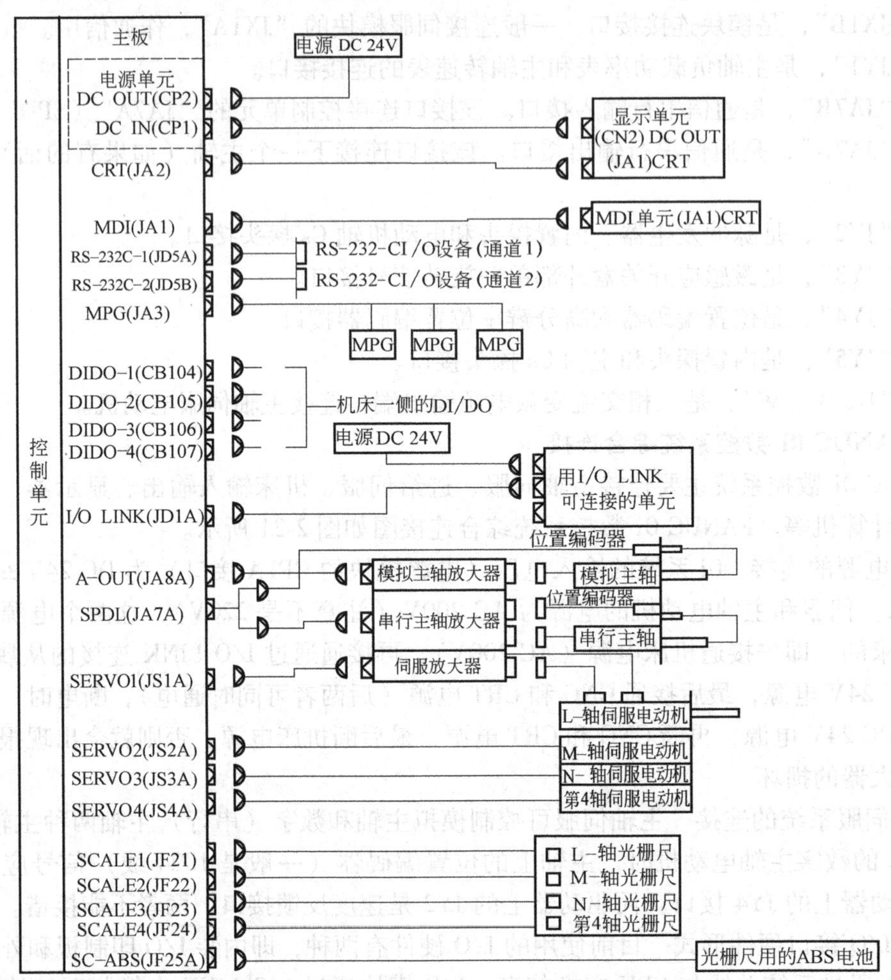

图 2-21　FANUC 0i 数控系统综合连接图

的最高转速、坐标轴的快速移动等。

数控机床的参数主要包括数控系统参数（NC 参数）、机床可编程序控制器参数（PLC 参数）等。在数控机床的使用过程中，有时要利用机床的某些参数调整机床，有些参数要根据机床的运行状态进行必要的修正。机床参数不合适，会使机床出现故障或报警。

机床参数有三种级别，即机床用户参数、机床厂家参数和数控系统参数。机床用户可改写的用户参数，可以在操作过程中设置或改写，这些数据会引起机床性能的变化，如寸制/米制转换、选择 I/O 设备、镜像开/关等。机床生产厂家设定的参数，要给机床用户，但机床用户不能随意更改。而数控系统生产厂家设定的 CNC 保密参数，为最高秘密级参数，机床厂家和机床用户无法更改。

（1）FANUC 0i 系列的参数形式　FANUC 0i 系列的参数，一般包括坐标系、加减速度控制、伺服驱动、主轴控制、固定循环、自动刀具补偿、基本功能等四十多个大类的机床参数。表 2-4 为机床参数的数据形式。

表 2-4　机床参数的数据形式

数据形式	数据范围	说明
位型	0 或 1	有些参数不使用符号
位轴型		
字节型	-128 ~ 127	
字节轴型	0 ~ 255	
字型	-32 768 ~ 32 767	
字轴型	0 ~ 65 535	
双字型	-99 999 999 ~ 99 999 999	—
双字轴型		

1）位型和位轴型参数。每个数据号由 8 位组成，每一位有不同的意义，如下：

数据号	#7	#6	#5	#4	#3	#2	#1	#0
0000			SEQ			INI	ISO	TVC

数据（#0 ~ #7 位的位置）

2）轴型参数允许分别设定给每个控制轴，如下所示：

数据号	数据
1023	指定轴的伺服轴号

下面是 PRM 4019 和 PRM 4133 的参数形式。PRM 4019 是交流伺服主轴自动初始化参数，PRM 4133 是电动机型号代码参数（具体数据应参见电动机型号对应的代码）。

	#7	#6	#5	#4	#3	#2	#1	#0
4019					1	1	0	0
4133	106							

当 4019/7（LDSP）=1 时，自动设定主轴串行接口。当电动机代码 4133 = 106 后，将 CNC 断电，再打开，则主轴参数自动初始化完毕。

（2）FANUC 0i 的参数设置方法

1）设定 MDI 方式或急停状态。

2）按数次“OFFSET SETTING”键或按“SETTING”软键，显示设定快捷画面。

3）将光标移到“PARAMETER WRITE”位置，按“1”和“INPUT”键，在此出现 100 号报警。

4）按数次“SYSTEM”键，显示参数画面，如图 2-22 所示。

光标用位显示时，需要按“→”键或“←”键。

5）按“OPRT”软键，显示下面的操作菜单：

① 软键“NO. 检索”：可用序号检索。如“参数号”、“NO. 检索”。

② 软键“NO. 1”：光标所在位置设定为“1”。只在位参数设定时使用。

③ 软键“OFF. 0”：光标所在位置设定为“0”。只在位参数设定时使用。

④ 软键“+ 输入”：输入值加到光标所在位置的数据上。在字节型位参数设定时使

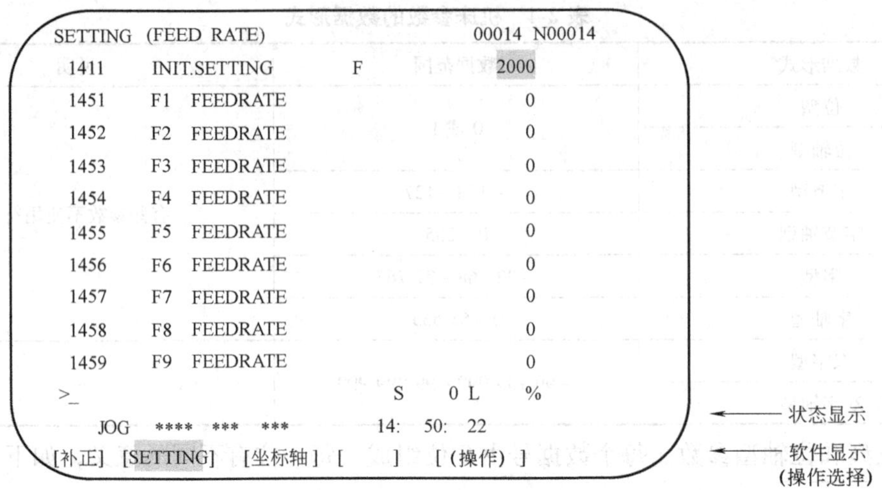

图 2-22　显示参数画面

用。

⑤　软键“输入”：输入值加到光标所在位置。在字节型位参数设定时使用。

⑥　软键“READ”：参数从穿孔接口输入。

⑦　软键“PUNCH”：参数输出给穿孔接口。

6）参数设定完了后，将设定画面的“参数写入”设定为“0”，按“RESET”键，消除 100 号报警。

注意：当修改 CNC、PMC 参数操作完成后，需关断电源，再通电，才能执行。

2.3.2　SIEMENS 数控系统各主要单元接口及其参数设置

每个数控厂家生产的数控系统在产品更新换代过程中，都有一定的继承性，不仅包括硬件的功能，还包括软件的特点，如参数设置、接口设置、基本操作界面等。西门子（SIEMENS）不同系列的数控产品也不例外，其产品具有较高通用性。下面将以 810D/840D 系统为例来介绍西门子数控系统。

1. 基本构成

SINUMERIK 810D/840D 包括数控及驱动单元 CCU（Compact Control Unit）或 NCU（Numerical Control Unit）、人机界面 MMC（Man Machine Communication）和可编程序控制器 PLC 的 I/O 模块三部分。由于在集成系统时，总是将驱动单元 SIMODRIVE 611D 和数控单元（CCU 或 NCU）并排放在一起，并用设备总线互相连接，因此在说明时将二者划归为一处。

（1）数控及其驱动单元

1）810D 与 CCU。数控单元是 SINUMERIK 810D 的核心，被称为 CCU 单元，CCU 分为 CCU1 和 CCU3，目前使用的是 CCU3 单元。

CCU 单元内部集成了数控核心 CPU 和 SIMATIC PLC 的 CPU，包括 SINUMERIK 810D 数控软件和 PLC 软件，带有 MPI 接口，手轮及测量接口，更集成了 SIMODRIVE 驱动的功率模块。体现了数控及驱动的完美统一。

CCU 单元有两轴版和三轴版两种规格。两轴版用于带两个最大不超过 11N · m（9/

18A）进给电动机的驱动，即 2 ×11N · m。三轴版用于带两个最大不超过 9N · m（6/12A）进给电动机的驱动和一个 9kW（18/36A→FDD 或 24/32A→MSD）的主轴，即 2 ×9N · m + 1 ×9kW（主轴）。

CCU 单元上有 6 个反馈接入口，最大可带 6 轴，包括 1 主轴（带位置环），根据需要可在 CCU 单元右侧扩展 SIMODIVE 611D 模块，使用户配置有更大的灵活性。

2）840D 与 NCU。SINUMERIK 840D 的数控单元被称为 NCU 单元，负责 NC 所有的功能、机床的逻辑控制和 MMC 的通信。它由一个 COM CPU 板、一个 PLC CPU 板和一个 DRIVE 板组成。

根据选用硬件如 CPU 芯片等和功能配置的不同，NCU 分为 NCU561. 2、NCU571. 2、NCU572. 2、NCU573. 2（12 轴）和 NCU573. 2（31 轴）等若干种。同样，NCU 单元中也集成了 SINUMERIK 840D 数控 CPU 和 SIMATIC PLC CPU 芯片，有相应的数控软件和 PLC 控制软件，并且带有 MPI 或 Profibus 接口、RS232 接口、手轮及测量接口、PCMCIA 卡插槽等，所不同的是 NCU 单元很薄，所有的驱动模块均排列在其右侧。

3）数字驱动。数字伺服式运动控制的执行部分，包括 611D 伺服驱动和 1FT6（1FK6）电动机。SINUMERIK 840D 配置的驱动一般都采用 SIMODRIVE 611D，它包括电源模块 + 驱动模块（功率模块）两部分。

电源模块主要为 NC 和驱动装置提供控制和动力电源，产生母线电压，同时监测电源和模块状态。根据容量不同，5/10/28kW 均不带馈入装置，记为 U/E 电源模块；其他大容量电源模块均需带馈入装置，记为 I/RF 电源模块，通过模块上的订货号或标记可识别。

SIMODRIVE 611D 数字驱动是新一代数字控制总线驱动的交流驱动，它分为双轴模块和单轴模块两种，相应的进给伺服驱动电动机可采用 1FT6 或 1FK6 系列，编码器信号为 1Vpp 正弦波，可实现全闭环控制。主轴伺服电动机为 1PH7 系列。

（2）人机界面　人机交换界面负责 NC 数据的输入和显示，它由 MMC 和 OP 组成。MMC（Man Machine Communication）由 OP（Operation Panel）单元、MMC 和 MCP（Machine Control Panel）三部分组成。MMC 实际上就是一台计算机，有自己独立的 CPU，还可以带硬盘，带软驱；OP 单元正是这台计算机的显示器，而西门子 MMC 的控制软件也在这台计算机中。

1）MMC。最常用的 MMC 有 MMC100. 2 和 MMC103 两种，其中 MMC100. 2 的 CPU 为 486，不能带硬盘；而 MMC103 的 CPU 为奔腾，可以带硬盘。一般的，用户为 SINUMERIK 810D 配 MMC100. 2，而为 SINUMERIK 840D 配 MMC103。

PCU（PC UNIT）是专门为配合西门子最新的操作面板 OP10、OP10S、OP10C、OP12、OP15 等而开发的 MMC 模块，目前有三种 PCU 模块——PCU20、PCU50、PCU70、PCU20 对应于 MMC100. 2，不带硬盘，但可以带软驱；PCU50、PCU70 对应于 MMC103，可以带硬盘，与 MMC 不同的是：PCU50 的软件是基于 Windows NT 的。PCU 的软件被称为 HMI，HMI 又分为两种，嵌入式 HMI 和高级 HMI。一般标准供货时，PCU20 装载的是嵌入式 HMI，而 PCU50 和 PCU70 则装载高级 HMI。

2）OP。OP 单元一般由一个 10. 4in 的 TET 显示屏和一个 NC 键盘组成。根据用户不同的要求，西门子为用户选配不同的 OP 单元，例如，OP030、OP031、OP032、OP032S 等，其中 OP031 最为常用。

对于 SINUMERIK 810D/840D 应用了多点接口 MPI（Multiple Point Interface）总线技术，传输速率为 187.5KB/s，OP 单元为这个由总线构成的网络中的一个节点。而 OPI（即 Operator Panel Interface）总线是为提高人机交互的效率而设计的，它的传输速率为 1.5MB/s。

3）MCP。MCP 是专门为数控机床而配置的，它也是 OPI 上的一个节点，应用场合不同，其布局也不同。目前，有车床版 MCP 和铣床版 MCP 两种。对于 810D 和 840D，MPC 的 MPI 地址分别为 14 和 6，用 MPC 后面的 S3 开关设定。

（3）PLC 模块 SINUMERIK 810D/840D 系统的 PLC 部分使用的是西门子 SIMATIC S7-300 的软件及模块，在同一条导轨上从左到右依次为电源模块（Power Supply）、接口模块（Interface Module）及信号模块（Signal Module），如图 2-23 所示。PLC 的 CPU 与 NC 的 CPU 集成在 CCU 或 NCU 中。

电源模块（PS）为 PLC 和 NC 提供的 +24V 和 +5V 电源。

接口模块（IM）是用于级之间互连的。如图 2-23 所示的四级之间的联系。

信号模块（SM）是用于机床 PLC 输入/输出的模块，有输入型和输出型两种。

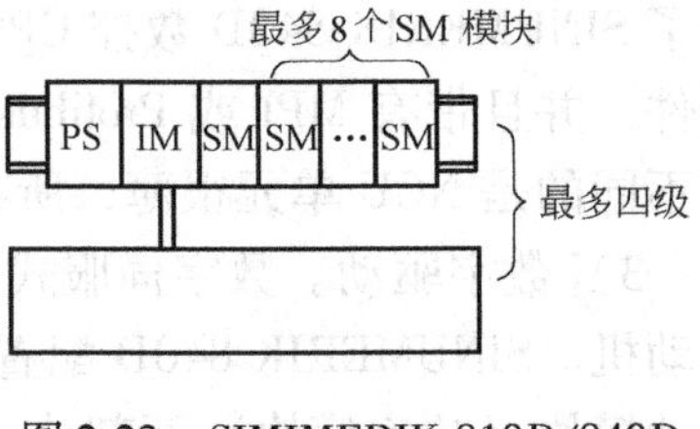

最多 8 个 SM 模块

PS IM SM SM … SM

最多四级

图 2-23 SIMIMERIK 810D/840D 系统的 PLC 模块安装示意图

2. 硬件连接

SINUMERIK 810D/840D 系统的硬件连接从两方面入手：其一，根据各自的接口要求，先将数控与驱动单元、MMC、PLC 三部分分别连接正确，电源模块 X161 中 9、112、48 的连接，驱动总线和设备总线，最右边模块的终端电阻（数控与驱动单元），注意 MMC 及 MCP 的 +24V 电源的极性，PLC 模块注意电源线的连接，同时注意信号模块 SM 的连接；其二，将硬件的三大部分互相连接，连接时应注意 MPI 和 OPI 总线接线一定要正确，CCU 或 NCU 与 S7 的 IM 模块连接。

（1）数控单元模块接口

1）SINUMERIK 840D NCU 接口如图 2-24 所示，其中各接口端的意义如下。

X101：操作面板接口端，通过电缆连接 MMC 及机床操作面板。

X102：RS485 通信接口端，主要是满足 SIEMENS 通信协议的要求。

X111：PLC S7-300 I/O 接口端，提供了与 PLC 连接的通道。

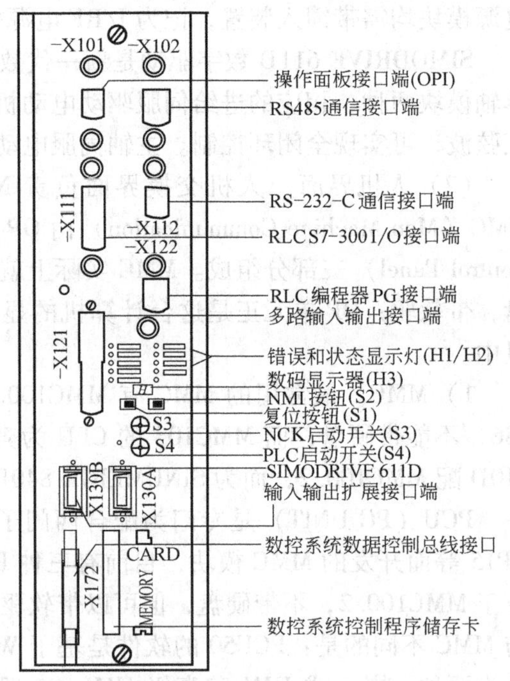

图 2-24 SINUMERIK 840D NCU 接口端

X112：RS-232-C 通信接口端，实现与外部的通信。如由数个数控机床构成 DNC 系统，实现系统的协调控制，则各个数控机床均通过该接口与主控计算机通信。

X121：多路输入/输出接口端，通过该接口数控系统可连接多种外设，例如，与控制进给运动的手轮、CNC 输入/输出的连接。

X122：PLC 编程器 PG 接口端，通过该接口连接西门子 PLC 编程器 PG，来传输 PG 中的 PLC 程序到 NC 模块，或从 NC 模块将 PLC 程序复制到 PG 中，另外还可在线实时监测 PLC 程序的运行状态。

X103A、X103B：SIMODRIVE 611D 的输入/输出扩展接口端，通过扁平电缆连接驱动总线与各个驱动模块，对各个伺服电动机进行控制。

X172：数控系统数据控制总线接口，通过扁平电缆与各相关模块的系统数据控制总线连接起来。

X173：数控系统控制程序存储卡插槽。

2） SINUMERIK 810D CCU3 接口如图 2-25 所示。主要接口端有 X102、X111、X121、X122，端口含义与 840D 相同；X411 ~ X416 为测量系统连接端口，与进给轴编码器、主轴编码器及光栅尺等相连；X304 ~ X307 为轴扩展连接端口；X151 为设备总线接口；X130 为 SIMODRIVE 611D 驱动总线接口。

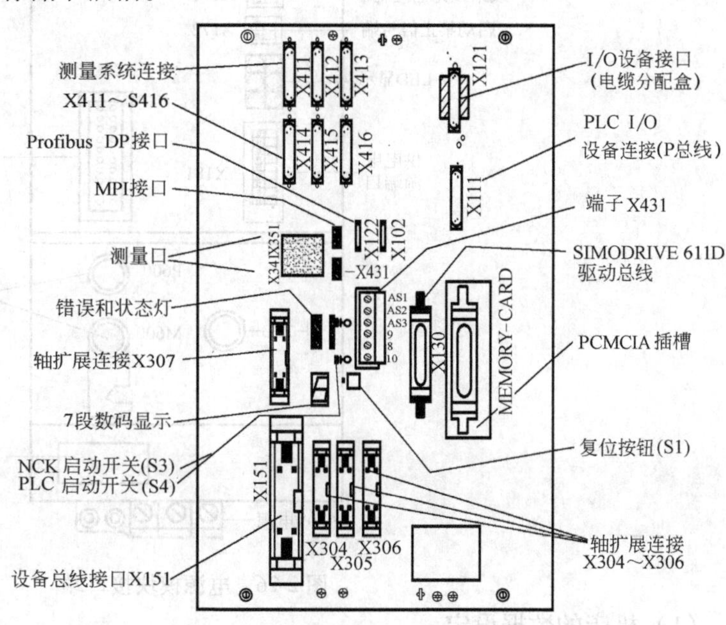

图 2-25　SINUMERIK 810D CCU3 接口

（2）电源模块和伺服电动机驱动模块　电源模块接口端如图 2-26 所示，单轴伺服电动机驱动模块和双轴伺服电动机驱动模块如图 2-27 所示。

（3）各模块连接　SINUMERIK 810D 系统连接图如图 2-28 所示。

3. 840D/810D 系统机床参数的设置

在 NC 调试中，参数的设置是其中重要的一项内容，参数设置的主要内容是未匹配的机器数据（Machine Data）。对于 NC 数据的设定，大致分为两大块：一是系统关于机床及其轴的数据，另一块是驱动的数据。840D/810D 系统机器数据和设定数据分类见表 2-5。

表 2-5　机器数据和设定数据分类表

区域	说明	区域	说明
1000 ~ 1799	驱动用机床数据	39 000 ~ 39 999	预留
9000 ~ 9999	操作面板用机床数据	41 000 ~ 41 999	通用设定数据
10 000 ~ 18 999	通用机床数据	42 000 ~ 42 999	通道类设定数据
19 000 ~ 19 999	预留	43 000 ~ 43 999	轴类设定数据
20 000 ~ 28 999	通道类机床数据	51 000 ~ 61 999	编译循环用通用机床数据
29 000 ~ 29 999	预留	62 000 ~ 62 999	编译循环用通道类机床数据
30 000 ~ 38 999	轴类机床数据	63 000 ~ 63 999	编译循环用轴类机床数据

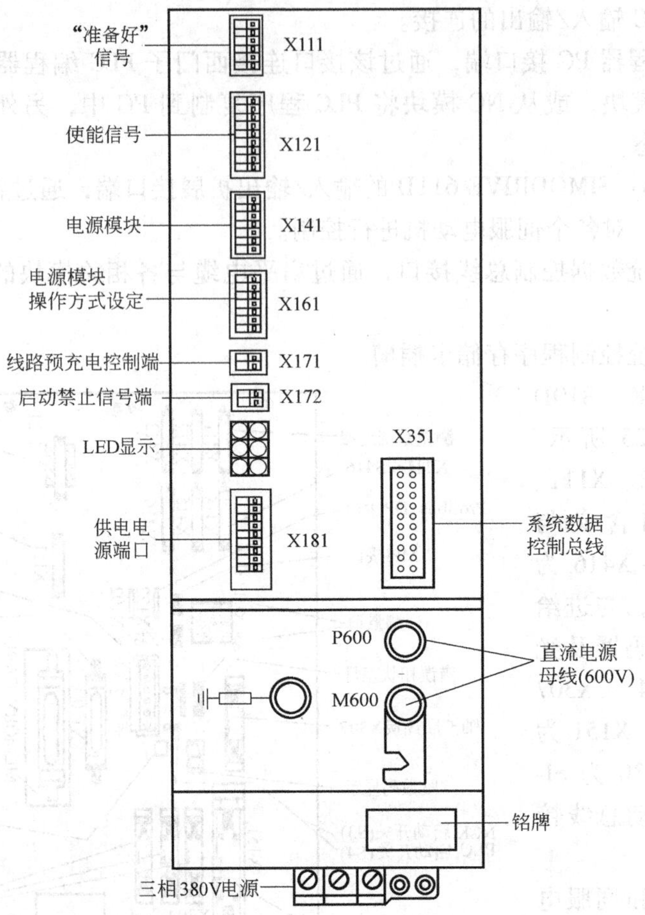

图 2-26　电源模块接口端

（1）机床的数据设定

1）通用机床数据（General MD）。

MD10000：此参数设定机床所有物理轴，如 X 轴。

2）通道机床数据（Channel Specific MD）。

MD20000：设定通道名 CHAN1。

MD20050［n］：设定机床所用几何轴序号，几何轴为组成笛卡儿坐标系的轴。

MD20060［n］：设定所有几何轴名。

MD20070［n］：设定对于此机床存在的轴的轴序号。

MD20080［n］：设定通道内该机床编程用的轴名。

以上参数设定后，做一次 NCK 复查。

3）轴相关机床数据（Axis-specific MD）。

MD30130：设定轴指令端口 =1。

MD30240：设定轴反馈端口 =1。

如果这两个参数设置为“0”，则该轴为虚拟轴。

此时，再一次 NCK 复位，会出现 300007 报警。

（2）驱动数据设定

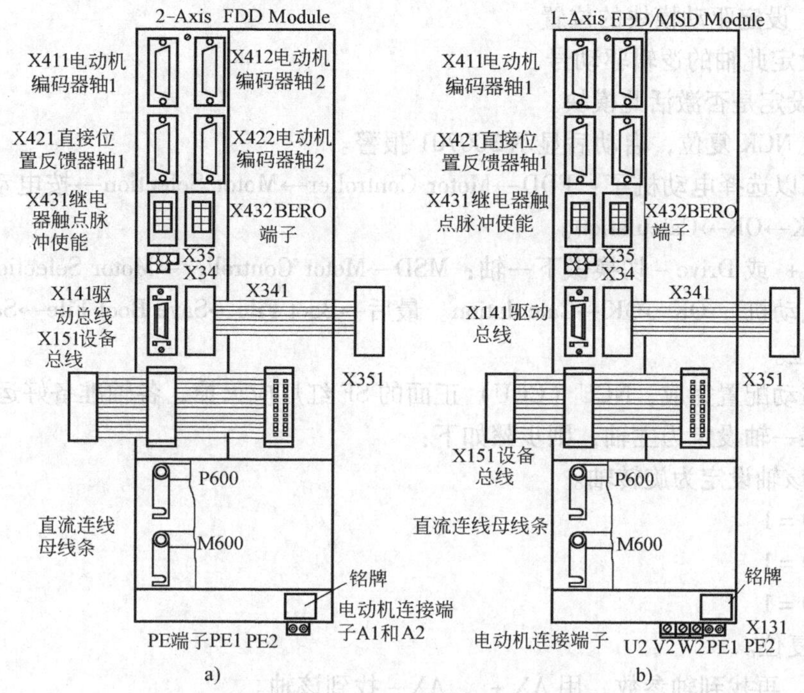

图 2-27　伺服电动机驱动模块端口

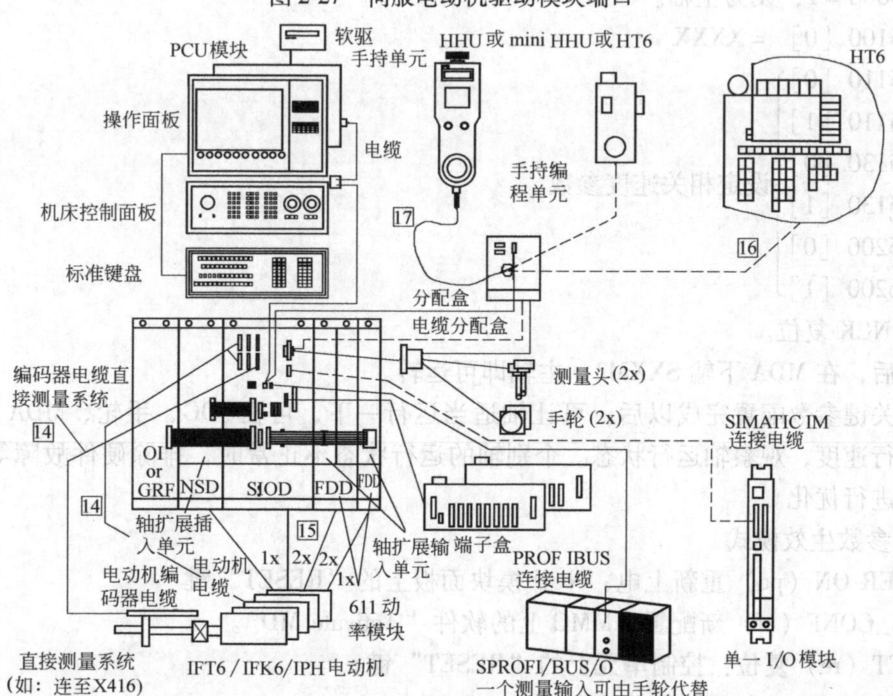

图 2-28　SINUMERIK 810D 系统连接图

配置驱动数据，由于驱动数据较多，对于 MMC100.2 必须借助“SIMODRIVE 611D START-UP TOOL”软件，而 MMC103 可直接在 OP 上进行，大致需要对以下几种参数进行设定。

Location：设定驱动模块的位置。

Drive：设定此轴的逻辑驱动号。

Active：设定是否激活此模块。

进行一次 NCK 复位，启动后显示 300701 报警。

此时就可以选择电动机了：FDD→Motor Controller→Motor Selection→按电动机铭牌选相应电动机→OK→OK→Calculation。

用 Drive + 或 Drive - 切换做下一轴：MSD→Motor Controller→Motor Selection→按电动机铭牌选相应电动机 →OK→OK→Calculation。最后→Boot File→Save Boot File→Save All。再做一次 NCK 复位。

至此，驱动配置完成，NCU（CCU）正面的 SF 红灯应灭掉，各轴准备好运行。

若需将某一轴设定为主轴，则步骤如下：

1）先将该轴设定为旋转轴。

MD30300 = 1

MD30310 = 1

MD30320 = 1

做 NCK 复位。

2）然后，再找到轴参数，用 AX + ，AX - 找到该轴。

MD35000 = 1，设为主轴。

MD35100［0］ = XXXX

MD35110［0］

MD35110［1］

MD35130［0］

MD35130［1］　设定相关速度参数

MD36200［0］

MD36200［1］

再做 NCK 复位。

启动后，在 MDA 下输 SXXM3，主轴即可运转。

所有关键参数配置完成以后，可让轴适当运行一下，可在 JOG、手轮、MDA 等方式下改变轴运行速度，观察轴运行状态。个别轴的运行状态不正常时，排除硬件故障等原因后，则需对其进行优化。

（3）参数生效模式

POWER ON（po）重新上电：NCU 模块面板上的“RESET”键。

NEW_CONF（cf）新配置：MMC 上的软件“Activate MD”。

RESET（re）复位：控制单元上的“RESET”键。

IMMEDIATELY（so）：值输入以后。

（4）调整的参数

在机床调试中经常需要调整的参数主要有以下几种。

MD10000：JOG 速度设定。

MD10240：物理单位，“0”寸制，“1”米制。

MD20070：通道中有效的机床轴号。

MD20080：通道中的通道轴名称。

MD30130：设定指输出类型，值为“1”表示有该轴，“0”为虚拟轴。

MD30240：编码器类型，“0”表示不带编码器，“1”表示相对编码器，“4”表示绝对编码器，主轴时，值为“1”。

MD30300：旋转轴/主轴，值为“1”是表示该轴为主轴。

MD34090：参考点偏移/绝对位移编码偏移。

MD34200：参考点模式。绝对编码器时值为“0”。

MD35000：指定主轴到机床轴，“1”为主轴。

MD36200：轴速度极限。

2.4 数控化改造中数控系统的选择、安装和调试

2.4.1 数控系统的选择

在选择数控系统方面，要特别注意：一要尽量向一个著名厂家的型号系列靠拢，这样既有利于维修和管理，也利于备件的购买，千万不要把企业的数控系统搞成万国牌；二要清楚所选厂家在国内的维修服务状况，以免将来留有后患。

数控系统主要是根据数控化改造后机床要达到的各种精度、驱动电动机的功率和用户要求等来进行选择。数控系统主要有以下三种类型，改造时，应根据具体情况进行选择。

1. 步进电动机拖动的开环系统

开环系统的伺服驱动装置主要是步进电动机、功率步进电动机、电液脉冲电动机等。由数控系统送出的进给指令脉冲，经驱动电路控制和功率放大后，使步进电动机转动，通过齿轮副与滚珠丝杠副驱动执行部件。只要控制指令脉冲的数量、频率以及通电顺序，便可控制执行部件运动的位移量、速度和运动方向。这种系统不需要将所测得的实际位置和速度反馈到输入端，故称为开环系统。该系统的位移精度较低，结构简单，调试维修方便，工作可靠，成本低，易改装成功。

2. 异步电动机或直流电动机拖动，光栅测量反馈的闭环数控系统

该系统与开环系统的区别是：由光栅、感应同步器等位置检测装置测得的实际位置反馈信号，随时与给定值进行比较，将两者的差值放大和变换，驱动执行机构，以给定的速度向着消除偏差的方向运动，直到给定位置与反馈实际位置的差值为零为止。闭环进给系统在结构上比开环进给系统更为复杂，成本也高，对环境室温要求严，其设计和调试都比开环系统难，但是可以获得比开环进给系统更高的精度、更快的速度及驱动功率更大等特性指标。可根据产品技术要求，决定是否采用这种系统。

3. 交/直流伺服电动机拖动，编码器反馈的半闭环数控系统

半闭环系统检测元件安装在中间传动件上间接测量执行部件的位置。它只能补偿系统环路内部部分元件的误差，因此，它的精度比闭环系统的精度低，但是它的结构与调试都较闭环系统简单。在将角位移检测元件与速度检测元件和伺服电动机做成一个整体时，无需考虑位置检测装置的安装问题。

当前生产数控系统的公司厂家比较多，国外著名的公司如 SIEMENS 公司、FANUC 公司，国内公司如中国珠峰公司、北京航天机床数控系统集团公司、华中数控系统有限公司和沈阳高档数控国家工程研究中心等。

就数控系统而言，有国产系统和进口系统之分。一般地，进口系统较国产系统性能稳定，但价格昂贵，将其用于机床改造，有些得不偿失。国产系统在目前市场上有各种经济型和标准型数控系统供应。其中，经济型数控系统具有结构简单，操作方便，技术易于掌握及制造成本低等优点，系统性能相对较差，可靠性不高；另外，随着生产和技术的不断发展，标准型数控系统制造成本越来越低，售价也在不断降低，所以在系统选择上一般可考虑选国产标准型数控系统（例如广州数控系统或华中数控系统）。

在选择数控系统时，应了解系统的控制轴数，特别是联动轴数，因为这与数控系统的价格有直接关系。对只需点位控制的机床，就不要求控制轴联动，只有需要进行轮廓控制的场合，才需选用有联动功能的系统。例如，改装钻床时，可选两个控制轴的点位控制系统，不要求两轴联动；改装车床时，则需两轴联动；改装要加工空间曲面的铣床时，则需要三轴联动。

2.4.2　数控系统的安装及调试

1. 数控系统的安装及调试方法（以 FANUC 数控系统为例）

（1）数控机床机电联调电气前期工作　根据数控机床的具体功能，要求做以下调试前期工作：

1）机床电气的设计。根据机械设计人员提出的电气设计任务书，进行机床外围强电部分的电路图设计和数控系统弱电部分的设计。

2）数控系统的配置。根据机床的功能规格和参数，提供 FANUC 0i 的系统配置清单。

3）电器元件的订购。根据电气控制要求，提供需外购的电器元件的清单。

4）PMC 程序的编制。根据机床动作设计要求，编制用户梯形图。

5）机床电柜的配作。待 FANUC 0i 控制系统及其他电器元件到货后，根据电气原理图、电气元件接线图和电气柜布置图，进行元器件在电气柜内的安装。

6）机床床身的连线。电气柜配好后，可与机床本体进行连线，进行操作台、机床行程开关、伺服电动机等部件的接线工作。

（2）确认输入电源电压、频率及相序等如下各项

1）输入电源电压和频率的确认。

2）电源电压波动范围的确认。

3）输入电源电压相序的确认。

4）确认直流电源输出端是否对地短路。

5）接通数控柜电源，检查各输出电压。

6）检查各熔断器。

（3）数控系统的连接和调整　数控系统是数控加工中心的核心部分，应对它的各种连接及其参数予以确认和调整。

1）数控系统的开箱检查。检查包括系统本体和与之配套的进给速度控制单元、伺服电动机、主轴控制单元、主轴电动机。检查它们的包装是否完整无损，实物与订单是否相符。

2）外部电缆的连接。外部电缆连接是数控装置与外部 MDI、CRT 单元、强电柜、机床操作面板、进给伺服电动机、主轴电动机的动力线和反馈线的连接。地线要采用一点接地型，即辐射式接地法，防止串扰。这种接地要求将数控柜中的信号接地、强电接地和机床接地等连接到公共的接地点上，而且数控柜与强电柜之间应有足够粗的保护接地电缆。

3）数控系统电源线的连接。应在切断数控柜电源开关的情况下连接数控柜的输入电缆。

4）各种设定确认。数控系统内的印制电路板上有许多短路棒的短路设定点，这项设定已由机床厂完成，用户只需确认和记录一下。设定确认的内容随数控系统的不同而不同，但一般有以下三个方面：

① 确认控制部分印制电路板上的设定。主要确认主板、ROM 板、联接单元、附加控制板，以及旋转变压器或感应同步器控制板上的设定。

② 确认速度控制单元印制电路板上的设定。在直流速度控制单元和交流速度控制单元上都有许多的设定点，用于选择检测元件的种类、回路增益以及各种报警等。

③ 确认主轴控制单元印制电路板上的设定。无论在直流还是交流主轴控制单元上，均有一些用以选择主轴电动机电流极限和主轴转速的设定点。但在数字式交流主轴控制单元上已用数字设定代替短路棒的设定，这时只能在通电时才能进行设定与确认。

5）输入电源电压、频率及相序的确认。

① 检查和确认变压器的容量是否满足控制单元和伺服驱动系统的能量消耗，在总负荷上应留有一定的裕量。

② 检查电源电压的波动范围是否在数控系统的允许范围之内。有些大型精密机床对电源的要求很高，此时应外加交流稳压器，以保证机床平稳正常地运行。

③ 对于采用晶闸管控制元件的速度控制单元和主轴控制单元的供电电源，一定要检查相序。在相序不正确的情况下通电，可能使速度控制单元的输入熔丝熔断。相序的检查方法有两种：一种是用相序表测量，当相序接法正确时，相序表按顺时针方向旋转；另一种方法是采用示波器测量两者的波形，两相比较，确定各相序。

6）检查直流稳压电源的电压输出端对地是否短路。各种数控系统内部都有直流稳压电源单元，可为系统提供 5V、±15V、24V 等直流电压。因此，在系统通电前，应检查这些电源的负载，看是否有对地短路的现象，可用万用表来测量和确认。

7）接通数控柜电源检查各输出电压。接通电源后，首先应检查数控柜内各风扇是否运转正常，由此可确定电源是否接通。检查各印制电路板上的供电电压是否正常，是否在正常波动范围之内。对 5V 电源的电压要求比较高，波动范围通常要求在 ±5% 以内。

8）确认数控系统中各参数的设定。设定系统参数的目的，就是当数控装置与机床相连时，能使机床具有最佳的工作性能。不同的数控系统，其参数是有所不同的，机床随机附带的参数表是机床的重要技术资料，应妥善保管。可通过按压 MDI、CRT 单元上的“PARAM”（参数）键来显示已存入系统存储器的参数。

9）确认数控系统与机床间的接口。现代的数控系统一般都具有自诊断功能，在 CRT 显示器上可以显示出数控系统与机床接口，以及数控系统内部的状态。带有可编程序控制器的机床，还可显示 PLC 梯形图的状态。对照厂家提供的梯形图说明书，可确认数控系统与机床之间各接口状态是否正常。

（4）通电试车　在通电试车前，要按照说明书给机床加润滑油。加满润滑油油箱，在润滑点灌注规定的油液和油脂，清洗液压油箱及滤清器，灌入规定标号的液压油。在通电的同时，为了安全应做好按压“急停”按钮的准备，随时切断电源。通电后，首先观察有无报警，然后用手动方式陆续起动各部件，试试各导轨的运行是否正常，主轴的运转是否正常，各种安全装置是否起作用，系统各部件的运行噪声是否正常等。在检查液压系统时，看看液压管路中是否形成油压，各接头有无渗漏等。

上述检查完毕后，调整机床的床身水平，粗调机床的主要几何精度、各主要运动部件与主机的相对位置等。这些工作完成后，就可固定地脚螺栓了，用快干水泥灌注预留孔，等水泥干了后，就可以进行下一步的试车工作。接下来主要是进一步确认机床各部件的运行情况，检查给出的运行指令和机床实际运行的情况是否相符。如不符，应检查有关参数的设定。还应检查机床的辅助装置是否可用，比如机床的照明灯是否能点亮、冷却防护罩和各种护板是否完整、切削液是否能正常喷出等。最后，应进行一次返回基准点的测试，看看每次返回基准点的位置是否完全一致。

（5）试运行　安装完毕后，要求整机在带一定负载的条件下进行一段较长时间的自动运行，较全面地检查机床功能及工作可靠性。可采用连续 2～3 天每天运行 8h 或连续运行 32h 的方法。试运行时，可直接采用机床厂调试时用的拷机程序，也可自行编制一个程序。

2. 配置三菱 EZMotion-NC E60 数控系统的机床的安装与调试

EZMotion-NC E60 数控系统是三菱公司近年来推出的 64 位 CPU 系统，在模具制造中得到了广泛应用。尤其是其伺服主轴功能开放后，其刚性攻螺纹、自动换刀等功能，以及较高的性价比，得到数控铣床和加工中心用户的广泛青睐。在系统的调试和使用中应注意如下问题：

（1）调试分两大步　数控系统外围的调试，称为强电调试；数控系统为适应具体数控机床需要而调整机床参数、调试 PLC 用户程序，称为弱电调试。

在系统的连接说明中，提供了详细的连接总框图，用户可以很方便地根据自己的控制对象做好连接。在连接中注意以下问题：

1）伺服电动机与伺服放大器连接时要注意接口顺序。目前应用较多的如 1m 以下立式铣床或加工中心，所使用的伺服放大器是 SJV2 系列，伺服电动机一般配 HV 系列交流伺服电动机。以铣床三个直线轴和一个伺服主轴为例，连接时将由基本 I/O 单元提供的伺服轴控制信号 SV 连接至 X 轴放大器，再通过串行总线电缆从 X 轴至 Y 轴、Z 轴至主轴依次连接，最后将终端电阻接在主轴放大器上。此时系统所对应的轴号即将放大器上拨码开关分别拨至 0、1、2、3 位置，否则将出现伺服报警。

2）机床操作面板的连接要根据用户所选用的规格型号来对应连接。目前使用较多的是上海开通和北京嘉友公司提供的操作面板。连接时，特别注意输入和输出端口不能插反，插反后会使基本 I/O 单元上用于输出口的芯片烧坏。

3）系统接地非常重要。接地不良，常引起 DNC 加工中断、系统工作异常现象，严重时还会损坏部分电路。使用中经常遇到 RS232 传输电缆发热，导致系统工作异常的情况，经检查多是因接地不良所致。

（2）参数设置

1）系统参数的设置。系统在出厂前如无特殊要求，一般都设置成铣床，即三轴系统。

如系统出厂时设置成车床，即两轴系统时，按下列步骤更改：

开机时同时按住“RESET”和“INPUT”键，系统会出现“是否进行初始化?”，输入“Y”，在后面出现的“SYSTEM TYPE 系统规格：L-TYPE 和 M-TYPE”中选择“M-TYPE”后，系统进入三轴，即铣床系统模式。

① 基本参数的设置。系统所使用的基本参数很多，开机后不必一一设置。为快速启动系统，主要调整以下参数：控制轴数、输入单位、轴名称、指令单位、米寸制单位系统选择、主轴数、选择显示语言（设为22中文）、门互锁（1155和1156均设为100）。

执行参数的初始化，即将1060设为1后按“INPUT”键，在随后出现的“标准参数设定?”和“执行格式化?”中选择“Y”和“INPUT”键，则多数参数都被初始化，即设为标准值。

② 轴参数的设置。轴参数中重点设置的参数有快速进给和切削进给速度、加减速时间常数（150左右）、栅格量间距（丝杠螺距）、返回参考点方向等。设置主轴参数时，如见不到主轴参数画面，则将1039号参数设为1。如连接的是模拟主轴，则将3024设为2，再将主轴的各级速度等参数设好。

2）伺服参数的设置。

① 速度环增益的调整。速度环增益（SV005：VGN1）是决定伺服控制响应性的重要参数，其设定值直接影响机床的切削精度和循环时间。设置此参数时，首先参照“速度环增益——负载惯量倍率”曲线表，如图2-29所示。如使用的电动机是HC202，机床的负载惯量倍率为300%时，查出的标准值约为180，调整时每次以50逐渐增大此值，直至产生振荡。出现振荡后采取滤波抑制方法，即调整SV038（FHz1），经验值一般为SV005：250，SV038：500~700。

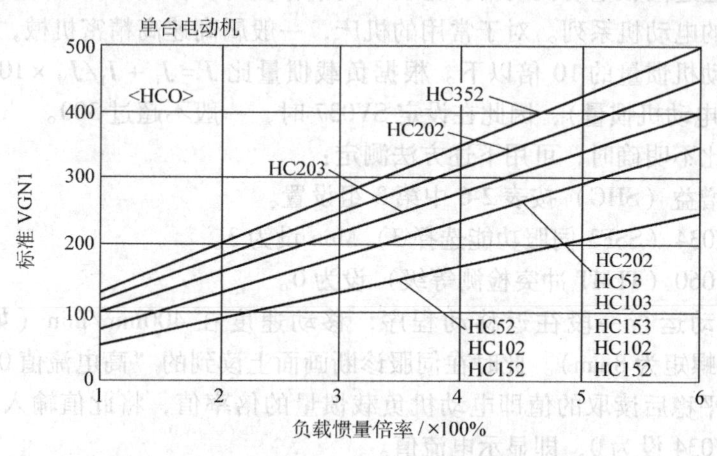

图2-29　速度环增益——负载惯量倍率曲线表

② 位置环增益的设定。位置环增益（SV003：PGN1）是决定指令位置跟随性的参数。增加PGN1，可提高指令位置的跟随性，缩短稳定时间。但要求速度环在位置环提高时具有良好的跟随性。若速度环的响应不佳，在加减速时会发生几赫兹的振动。

另外，位置环增益与机床刚度密切相关。机床刚度不足时，定位易产生机械振动。调整应依照以下原则：ⓐ标准设定为33，各插补值应设为相值；ⓑ选择高速高增益（SHG）控制功能。SHG控制通过更稳定地补偿伺服系统位置环的延迟，可提高位置环的增益，缩短

稳定时间和提高精度。SHG 控制与 PGN1 一起，按照下式的倍率设定 PGN2、SHGC

$$PGN1:PGN2:SHGC=1:\frac{8}{3}:6$$

高速高增益（SHG）调整时要按照表 2-6 中几组参数联合调整（一般选择第 3 组）。

表 2-6　联合调整参数

No.	简称	参数名称	设定比	设定值				
				1 组	2 组	3 组	4 组	5 组
SV003		位置环增益 1	1	23	26	33	38	47
SV004		位置环增益 2	8/3	62	70	86	102	125
SV057		SHG 控制增益	6	140	160	187	225	281
SV008	VIA	速度环超前补偿	SHG 控制时，标准设定为 1900					
SV105	FFC	加速度前馈进给增益	SHG 控制时，标准设定为 100					
2010	Fwd g	前馈进给增益	SHG 控制时，标准设定为 40					

3）负载惯量比。用户在选择伺服电动机时，通常注重电动机的功率或转矩，而忽视电动机的惯量。电动机惯量恰恰是影响系统和加工精度的重要指标。伺服电动机应有适当的负载惯量比（负载惯量/电动机惯量）。如果负载惯量比过大，则控制容易变得不稳定，伺服参数的调整也变得很困难，不易改善进给轴的加工精度，定位轴的稳定时间过长，因此不能缩短定位时间。

负载惯量比超过伺服电动机规格一览表中的推荐值时，应提高配置电动机的容量，或变更为负载惯量大的电动机系列。对于常用的机床，一般属高速高精密机械，电动机轴的负载惯量比一般是电动机惯量的 10 倍以下。根据负载惯量比 $J=J_1+J_1/J_M\times100\%$（其中 J_1 为机械惯量，J_M 为电动机惯量），因此在设定 SV037 时，一般不超过 300。

在负载惯量比不明确时，可用下述方法测定：

① 高速高增益（SHG）按表 2-6 中第 3 组设置。

② 参数 SV034（SSF3 伺服功能选择 3）Mon 设为 3。

③ 参数 SV060（TLMT 冲突检测等级）设为 0。

让某个轴自动运行一段往返移动程序，移动速度在 400mm/min（如电动机转速为 2000r/min，丝杠螺矩为 8mm）。此时在伺服诊断画面上读到的“高电流值 0”在移动开始时会逐渐增加，待平稳后读取的值即电动机负载惯量的倍率值，将此值输入到 SV037 中。测定结束后，将 SV034 设为 0，即显示电流值。

如负载惯量值超过 400，说明电动机太小，应换成大功率或大惯量系列电动机。

4）系统 PLC 程序的创建与调试。目前与 E60 系统兼容的 PLC 开发软件有 M5PLCWIN 和 GX DEVELOPER 两种。M5PLCWIN 一般用于 Windows98 系统，程序创建后要转换成机械码方可与系统 PLC 进行通信。程序从系统上传至计算机时，也要进行相应的转换方可进行阅读和编辑。而 GX DEVELOPER 则不受操作系统的限制，程序的上传和下载都十分方便。但个别指令不能在两种开发软件中同时兼容，具体请参照相关说明。

3. 配置 FANUC 系统的数控机床调试

（1）强电调试　在整机通电前，断开至 CNC 单元、伺服单元的电源插头。这是一项安全措施，以防止不正确的电源造成数控系统的损坏。

1）电源电压准备。为保证人身和设备的安全，必须首先确认各种电源电压是否正常，如进线电源、DC 24V、伺服变压器副边电压等。

2）各控制回路的调试。

① 用电器的调试。对照图样，分别使各用电器正常工作，如照明回路。

② CNC 的启动停止。以上各种电源电压正确之后，可以启动 CNC。启动/停止控制回路如图 2-30 所示。CNC 启动后，LCD 出现显示。

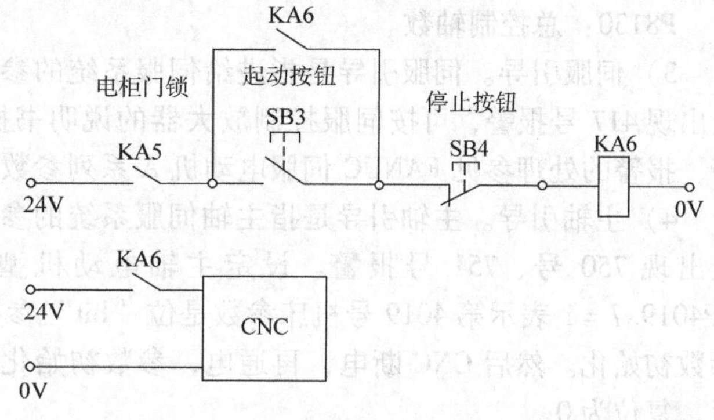

图 2-30　CNC 启动/停止控制回路

③ 紧停回路。按下 FANUC 机床操作面板上的紧停按钮，机床立刻停止运动，保证机床的安全。一般情况下，超程检测由 CNC 通过参数处理（称为软件限位），外部的限位开关是不必要的。然而，为了避免由于伺服反馈系统发生故障而使机床移动超出软件限位值，必须安装行程限位开关（称为硬件限位）。当开关被挡铁压下后，CNC 复位并进入紧停状态，伺服电动机和主轴电动机减速直至停止，机床立刻停止移动。机床紧停控制回路如图 2-31 所示。

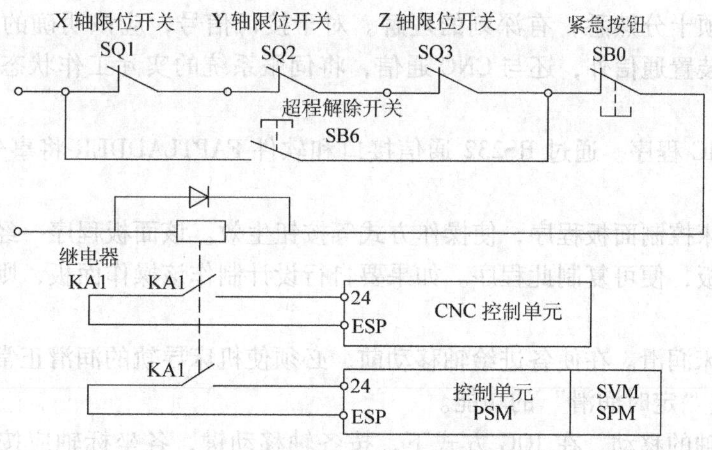

图 2-31　紧停控制回路

（2）弱电调试　在 CNC 伺服接通之后，LCD 出现报警，这是因为没有设置机床参数，可不予理会。所谓参数，是指当 CNC 与机床组合在一起之后，为了最大限度地发挥 CNC 机床的功能而设置的值。每一步都需按照数控系统说明书的说明来调整。对于一台出厂后没做过任何调整的系统，可按如下步骤调试：

1）核对系统功能参数。FANUC 的每台数控系统出厂时都带有随机参数表，在 FANUC 0i 中，9900 号以上的参数即为系统功能参数，它规定了一些基本功能，系统出厂时已设好，用户需按照此表核对设置。

2）控制轴设定。FANUC 0i 的机床参数号从 0 ~ 8999。如 P1020 是字节轴型参数，P 代表参数，A1 表示第 1 轴，A2 表示第 2 轴，A3 表示第 3 轴。有关控制轴的参数如下：

P1020：各轴编程时的轴名称。

P1022：在基本坐标系中设定各轴的名称（注意：该参数一定要设置，否则将不能进行 G02、G03 插补）。

P1023：各轴的伺服轴号（其设定值与控制轴号相同）。

P1010：CNC 控制轴数。

P8130：总控制轴数。

3）伺服引导。伺服引导是指进给伺服系统的参数初始化。没有进行伺服引导前，LCD 上出现 417 号报警，可按伺服控制放大器的说明书操作。若有参数设定不合理，即出现报警，报警的处理参见 FANUC 伺服电动机 A 系列参数手册并做相应的调整。

4）主轴引导。主轴引导是指主轴伺服系统的参数初始化。没有进行主轴引导前，LCD 上出现 750 号、751 号报警。设定主轴电动机型号代码 P4133 以及参数 P4019. 7 =1（P4019. 7 =1 表示第 4019 号机床参数是位“bit”参数，其 bit7 =1），进行自动 A 系列主轴参数初始化。然后 CNC 断电，再通电，参数初始化才能生效。P4019. 7 自动参数初始化之后，复位为 0。

5）PMC 模块参数和系统参数的设置　PMC 即 PLC，用来完成机床辅助功能的控制，在系统相应的页面上进行设置。

6）PMC 梯形图（LADDER）的调试。这一步的工作量相当大，需与机械工作人员密切配合、共同进行，一起分析调试过程中出现的问题。更为重要的是，调试人员对各功能的接口信号和参数必须十分熟悉，有深刻的理解。对于接口信号，应该明确的是：PMC 除了与机床的各种信号装置通信外，还与 CNC 通信，将伺服系统的实际工作状态报告 CNC，并接受 CNC 的控制。

① 传送 PMC 程序。通过 RS232 通信接口和软件 FAPTLADDER 将事先编制的 PMC 梯形图送入 CNC。

② 调试机床控制面板程序，使操作方式等按钮生效。该面板程序一经调试成功，今后若使用相同的面板，便可复制此程序。如果要自行设计制作该操作面板，则需根据接口信号重新编程调试。

③ 调试机床润滑。在使各进给轴移动前，必须使机床导轨的润滑正常。因此应首先通过 PMC 程序调试“定时润滑”的功能。

④ 各进给轴的移动。在 JOG 方式下，按各轴移动键，各坐标轴应按机床参数指定的速度向正方向或反方向移动，并受倍率开关的控制。需设置有关进给参数，并处理有关接口信号。

⑤ 各轴参考点的设置。在 FANUC 系统中，返回参考点的动作过程如图 2-32 所示。需处理相关的主要接口信号，并设置相关的主要参数。对于 Z 轴参考点的设置，应与换刀位置配合调整。

⑥ 轴行程的设置。数控系统进行超程检测，是 CNC 的基本功能，称为软件限位。软件限位和硬件限位的位置关系如图 2-33 所示（以 X 轴为例）：若该机床带有刀库，当刀库在前位时，Z 轴不能在参考点下移动，因此 Z 轴需设置第二软件限位保护。

⑦ 主轴的调试。主轴控制单元（或称主轴放大器）接收来自 CNC 的译码指令，同时

接受速度反馈实施速度闭环控制。它还通过 PLC 将主轴的各种实际工作状态报告给 CNC，用以完成对主轴的各项功能控制。主轴电动机控制接口为主轴串行输出（与模拟输出相对，串行输出到主轴的命令值为数字数据），同时使用外接位置编码器与 CNC 相连，用于检测主轴的位置。

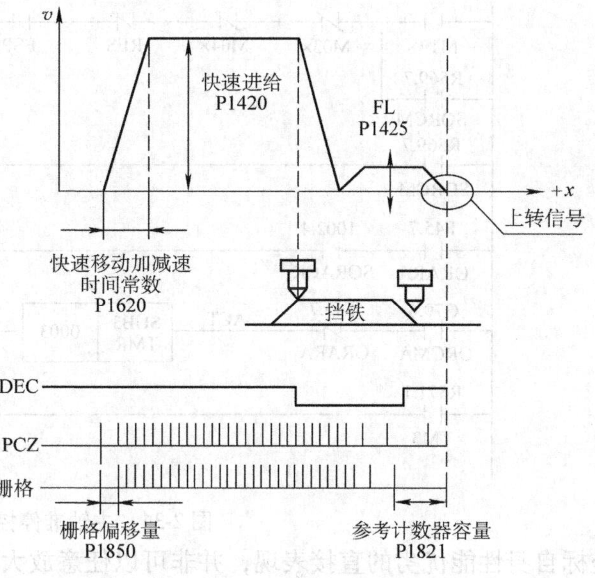

图 2-32　返回参考点过程

例 1　使主轴能以指定的转速旋转，如 S500 M03，机床由 CNC 控制主轴电动机的速度和转向。主轴采用高低两档齿轮变速，高速档主轴与主轴电动机之间齿轮传动比为 1∶1；低速档主轴与主轴电动机之间齿轮传动比为 1∶4.95。需处理 CNC 侧对主轴速度的控制接口信号及主轴控制单元侧的接口信号，并设置最高速度、换档速度等参数。串行主轴控制单元的参数为 4000～4351。

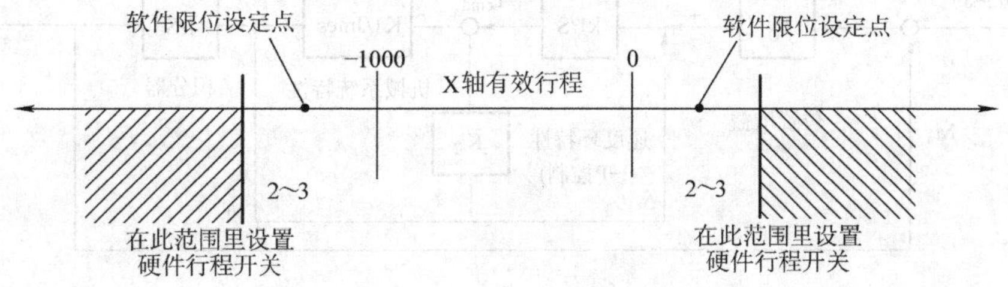

图 2-33　软件限位和硬件限位的关系

注意：分清参数中设定的是主轴速度（指令）还是主轴电动机速度。

例 2　使主轴能停留在某个固定位置（主轴准停），M19 为了保证刀具能准确地在主轴和刀库之间交换，必须使用主轴准停功能。控制梯形图如图 2-34 所示。

相关的参数有：

P4075 = 20：准停完成信号检测水平。

P4077：准停偏移量（如果定向停止位置不准，将会损坏换刀装置，可通过该参数对主轴定向位置进行精调）。

⑧　自动换刀的调试。CNC 执行至 M06 T××时，调用 O9001 子程序（内含前述各换刀动作）。设计自动换刀的 PMC 程序时，应充分考虑安全互锁。取刀时，采用捷径方式，捷径取刀可采用 FAPTLADDER 提供的 ROT 指令实现。限于篇幅，此处不再列出自动选刀的梯形图。

⑨　其他辅助动作的调试。像润滑一样，机床的其他辅助动作，如冷却、排屑、照明也都由 PMC 梯形图控制。

7）伺服参数的优化（Servo—Parameter Optimize）。调出伺服的调整画面，在该画面上检查位置误差、实际电流和实际速度。可对位置环增益进行调整，但位置环增益是机床运动

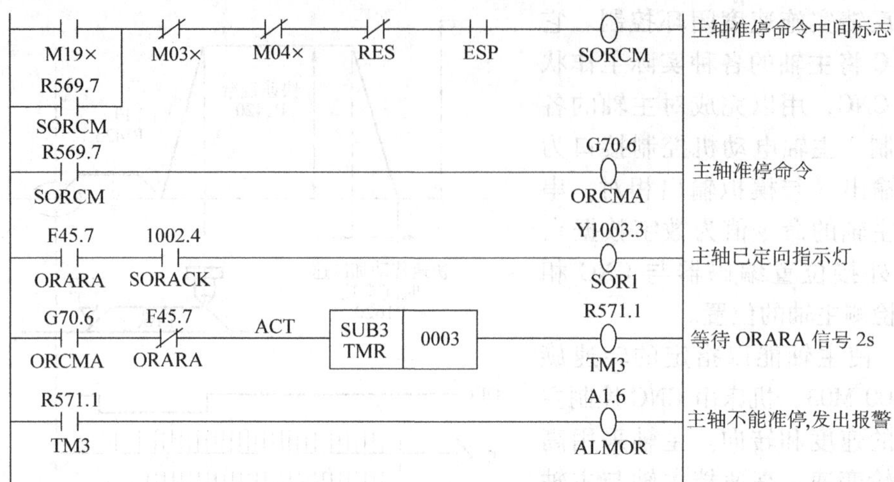

图 2-34　主轴准停控制梯形图

坐标自身性能优劣的直接表现，并非可以任意放大。数控系统的位置伺服系统一般可分为位置环和速度环，即系统中包含有位置反馈与速度反馈两个反馈回路，如图 2-35 所示。根据 FANUC 伺服电动机参数手册进行调整。

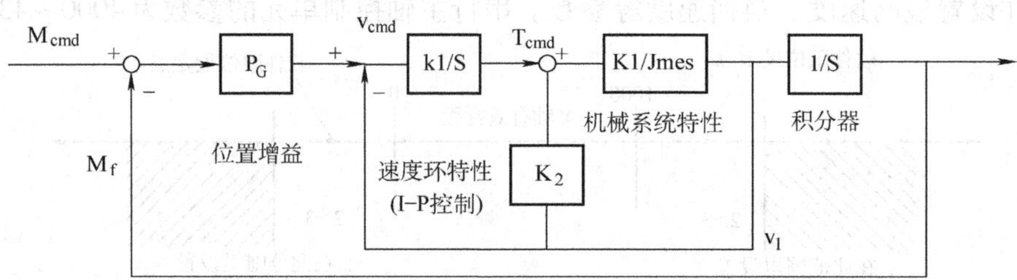

图 2-35　数字伺服系统结构

8）螺距误差补偿与反向间隙补偿。作为半闭环控制，位置检测器不在坐标轴最终运动部件上，也就是说还有部分传动环节在位置闭环控制之外，需要对丝杠螺距的误差进行补偿。反向间隙用于补偿机床的失动量。用激光干涉仪测量。

9）机床试运行。试运行采用的程序叫作拷机程序，它应包括数控系统的主要使用功能。对于一台带刀具自动交换装置的加工中心，刀库上应插满刀柄，刀柄的质量应接近规定质量。

（3）资料整理，数据备份　利用 FANUC 0i 的 PCMCIA 存储卡功能保存 CNC 的数据，如参数、加工程序、刀具偏置量等。需要恢复时，将数据重新送入 CNC 的存储器。

4. 配置西门子 802D 数控系统的机床调试

西门子 802D 经济型数控系统性价比较高，广泛应用于中、小型数控机床配套和技术改造。它的车床版本标准配置中带一块 PP72/48 模板，可实现 72 个输入点和 48 个输出点，同时驱动模块为一个双轴功率模块，可带两个线性轴和一个主轴，在伺服电动机中内置了速度反馈和位置反馈传感器，可和主机一起形成一个半闭环控制系统。现以 CAK63 小型卧式车床为例，阐述 802D 在机床数控技术改造中的应用。

CAK63 小型卧式车床原来 X、Z 轴就配置直流伺服电动机及其驱动放大器，机械传动采用了定比齿轮箱和滚珠丝杠，传动精度高，因此具有改造条件。但是该机床的主轴采用的是普通三相电动机，由手动机械换档来控制转速，同时主轴电动机携带一个润滑泵，对主轴齿轮箱进行润滑，主轴转速范围为 10～1400r/min。根据以上所述，决定采用西门子 802D 数控系统配置 611UE 伺服放大器，更换原有的伺服装置，并配套选用西门子 1FK7 电动机；主轴采用西门子 MASTER440 变频器对其实施控制。611UE 伺服放大器双轴模块可以携带两个进给轴和一个模拟主轴，主轴可由 CNC 发出指令，能够执行 M03、M04 指令，并且由于安装了带有直接编码器的模拟量主轴，可以实现每转进给量 G94 和 G33 等功能，是比较经济的选择。

（1）西门子 802D 数控系统的安装调试　SINUMERIK 802D 是基于 PROFIBUS 总线的数控系统，输入/输出信号是通过 PROFIBUS 传送的，位置调节（速度给定和位置反馈信号）也是通过 PROFIBUS 完成的。PCU 作为 PROFIBUS 的主设备，其他的设备都具有各自的总线地址，因而从设备在 PROFIBUS 总线上的排列次序是任意的。通过 PROFIBUS 接口连接的 PP72/48 的总线地址由模块上的地址开关 S1 设定。第一块 PP72/48 的总线地址为“9”，如果选配第二块 PP72/48，其总线地址为“8”。611UE 的总线地址可利用工具软件 SimoCom U 设定，也可通过 611UE 上的输入键设定。SIMODRIVE 611UE 配备 PROFIBUS 接口模块用于速度环和电流环控制。SINUMERIK 802D 数控系统还提供用于车床、铣床的标准机床控制面板（MCP）。在标准 MCP 上提供了 6 个用户自定义键，并且 MCP 上的每一个键都有固定的地址，可以通过 PLC 对其编程，所以用户也可以根据自己的需要来设计与定义机床操作面板。

（2）PLC 的设计与调试　根据机床的实际特点，在改造中增加了主轴箱油泵电动机、导轨润滑冷却功能，更换了冷却泵及其电动机、刀架电动机。充分考虑到机床的限位、急停以及主轴与进给轴之间的重要联锁，将机床的所有输入与输出信号分别通过 DP72/48 采集到 PLC 内进行控制。在 PLC 程序方面，通过对机床电气原理的分析，编写正确的 PLC 程序，如润滑控制、冷却控制、换刀控制等来对机床进行逻辑控制。由于西门子公司在 802D 系统中提供了一个标准的车床程序，所以用户也可使用西门子公司提供的标准程序加以改进，来达到对机床的逻辑控制。

在调试 PLC 用户程序时，需做以下的工作：

1）用 802D 调试电缆将计算机和 802D 的 COM1 端口连接。

2）802D 进入联机方式：系统→PLC→STEP7 连接→设定通信参数→选择“连接开启”。

3）启动 PLC 编程工具，进入通信画面，设定通信参数。

4）在拥有一个编辑无误的 PLC 应用程序时，利用编程工具软件将该应用程序下载到 802D 中。下载成功后需要启动 PLC 应用程序。

在经过各个进给轴和主轴的调试后，运行 PLC 程序满足车床所要求的具体功能，同时根据操作人员的需要，将机床照明、润滑、换刀等功能定义在西门子所提供的 6 个自定义键上。

（3）西门子 MICROMASTER440 变频器的安装调试　MICROMASTER440 变频器适用于各种变速驱动的场合。采用模块化设计，操作面板和 PROFIBUS 模块能够安装和固定在其上，同时采取了最新的 IGBT 技术——高质量、易操作的矢量控制器。在本次改造中主要实施对主轴电动机的矢量控制，通过 PROFIBUS 模块与 CNC 和驱动装置进行通信，实现控制。利用611UE提供的模拟接口75A和15端子对变频器MICROMASTER440进行控制，同时通过设计PLC程序切断或接通变频器。

（4）机床伺服系统的安装调试 采用SIMODRIVE 611UE驱动装置和带有编码器的1FK7伺服电动机作为机床驱动进给系统。在PLC应用程序调试正确无误后，利用准备好的驱动器调试电缆将计算机与611UE的X471连接。调试过程中，当驱动器通电后，在611UE的液晶窗口显示“A1106”，表示没有驱动数据；R/F红灯亮；总线接口模块上的红灯亮。在启动驱动器调试工具SimoCom U后，选择联机方式，接着配置电动机参数（如设定轴名），输入PROFIBUS总线地址，设定电动机型号、电动机测量元件、测量系统的设定，存储参数。完成后611UE的R/F红灯灭；液晶窗口显示“A0831”，表示总线数据通信；总线接口模块上的红灯亮。

（5）802D的基本参数设定 需设定的参数包括总线配置PROFIBUS通过参数MD11240来确定，在这里MD11240 =4，该参数生效后，611UE液晶窗口显示“A832”（总线无同步信号），611UE总线接口插件上的指示灯变为绿色；驱动器模块定位参数MD30110、MD30220；位置控制使能参数MD30130、MD30240，该参数生效后，611UE液晶窗口显示“RUN”；传动系统配比参数MD31030、MD31050、MD31060；返回参考点相关的机床数据等。

2.4.3 车床数控化改造中数控系统的选择

对卧式车床进行数控化改造，主要是将纵向和横向进给系统改造为用数控装置控制的、能独立运动的进给伺服系统；刀架改造成为能自动换刀的回转刀架。由于加工过程中的切削参数、切削次序和刀具都会按程序自动进行调节和更换，再加上纵向和横向进给联动的功能，数控改装后的车床就可以加工出各种形状复杂的回转零件，并能实现多工序自动车削。

总体方案设计应考虑数控系统的运动方式、伺服系统的类型、数控系统的选择，以及传动方式和执行机构的选择等。在制定总体方案时，要满足下列要求：

1）卧式车床数控化改造后应具有定位、纵向和横向的直线插补、圆弧插补功能，还要求能暂停，进行循环加工和螺纹加工等。因此，数控系统选择连续控制系统。

2）车床数控化改装后属于经济型数控机床，在保证一定加工精度的前提下，应简化结构，降低成本。因此，进给系统采用步进电动机开环控制系统。

3）在卧式车床最大加工尺寸、加工精度、控制速度，以及经济性等条件下，经济型数控车床一般采用经济型数控系统。

4）重新设计自动回转刀架及其控制电路。

5）纵向和横向进给是两套独立的传动链，它们由步进电动机、齿轮副、丝杠螺母副组成，其传动比应满足机床所要求的分辨率。

6）为了保证进给伺服系统的传动精度和平稳性要求，选用摩擦小、传动效率高的滚珠丝杠螺母副，并应有预紧机构，以提高传动刚度，消除间隙。齿轮副也应有消除齿侧间隙的机构。

2.4.4 铣床数控化改造中数控系统的选择

目前，市场上可供选择的数控系统类型很多，可依据价格合理、技术先进、服务方便的原则选择。在经济能力许可的情况下，尽量选用名牌产品。此类数控系统，零件筛选严格，制造工艺规范可靠，对出现因电器元件故障或提前失效引起的设备故障有极好的预防作用。其次，应注重数控系统的功能选择，不应单纯追求数控系统的高性能指标，这对于实现较高的性价比非常重要。数控系统所具有的功能要与准备改造的数控机床所能达到的功能相匹配，尽量减少过剩的数控功能。因为数控系统功能过剩，一方面浪费资金，另一方面还可产生由于数控系统复杂程度增加而带来的故障率升高的隐患。

半闭环系统的位置检测装置安装在驱动电动机的端部或传动杆的端部，间接地测量执行部件的位置或位移量。由于其调速范围宽，过载能力强，又采用反馈控制，精度可达 0.001 ~0.01mm，快速进给速度为 0.5m/s，因此其性能远优于步进电动机开环控制，且反馈环节不包括大部分机械传动元件，调试比闭环简单。系统稳定性较易保证，比闭环容易实现。因此，一般采用半闭环系统。

驱动电动机的选择。半闭环系统可以采用交流或直流伺服电动机。但交流伺服电动机的控制结构较复杂，技术难度高，价格高，而且交流伺服电动机自身惯量小，调试时比较困难。直流伺服电动机控制系统技术较成熟，其主要缺点是体积和质量大。权衡利弊之后采用直流伺服电动机，其体积大、质量大的缺点可以采用相应的机械部件克服。

下面通过 FANUC 0i 数控系统在铣床上的数控化改造设计实例来分析铣床的数控化改造方法。

本次改造的机床型号为 X52A 立式铣床。对被改造机床的结构、性能、精度等进行全面分析，该机床的基础部件和结构件完好。现要将其主轴升降和工作台的 X、Y 轴的进给运动改为数控系统控制，实现三轴同步驱动。改造设计思路如下：

1）保留原机床主轴运动系统，改装伺服电动机。

2）保留机床工作台 X、Y 轴进给系统，将滑动丝杠副换为滚珠丝杠副，并改装减速齿轮箱、减速齿轮、伺服电动机，增加检测装置。

3）主轴升降垂直进给运动的改造。拆去锥齿轮副及丝杠副，更换成滚珠丝杠副，设计并安装减速箱，将电动机安装在减速箱的偏套上。

1. 数控系统的选择

采用 FANUC 0i-MA 系统，作为该机床的控制系统。该系统具有较高的可靠性，设计中大量采用模块化结构，具有很强的抵抗恶劣环境影响的能力，并有完善的保护措施，功能全，应用范围广。

2. 数控系统参数的设置

在 FANUC 系统中，参数与系统的加工轨迹有关，PMC 与系统的外设有关，这两部分组成 FANUC 系统的软件基础。软件中的参数是 FANUC 系统的关键，包括“SETTING”参数、POWER MATE 参数、轴控制/设定单位参数、有关坐标系的参数、有关存储式行程检测的参数、有关进给速度的参数、有关加减速控制的参数、有关伺服的参数、有关 DI/DO 的参数、有关 MDI 显示和编辑的参数、有关程序的参数、有关螺距误差补偿的参数、有关主轴控制的参数、有关刀具补偿的参数、有关固定循环的参数、有关刚性攻螺纹的参数、有关坐标系/缩放旋转参数等约 43 项参数。

FANUC 系统的参数较多，参数对系统及其相接元件的情况作了约束和设定。上述参数只是其中的一部分，具体的参数可以查阅系统说明书。本书不再详细介绍这些参数。

3. 数控机床进给运动的驱动单元设置

数控机床一个运动坐标的电气控制由电流（转矩）控制环、速度控制环和位置控制环串联组成。其控制框图如图 2-36 所示。

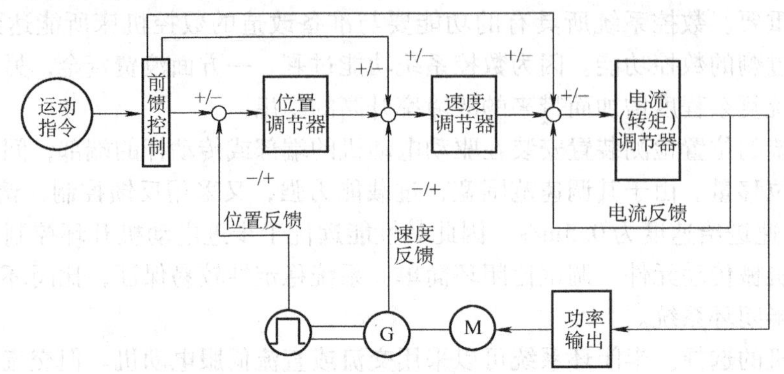

图 2-36　运动坐标电气控制系统图

（1）电流环　为伺服电动机提供转矩的电路，一般情况下它与电动机的匹配调节已由制造者设置好或者已指定了相应的匹配参数，其反馈信号也在伺服系统内连接完成，因此不需接线与调整。

（2）速度环　控制电动机转速，亦即控制坐标轴运行速度的电路。速度调节器是比例积分（PI）调节器，其 P、I 调整值完全取决于所驱动坐标轴的负载大小和机械传动系统（导轨、传动机构）的传动刚度与传动间隙等机械特性。一旦这些特性发生明显变化时，首先需要对机械传动系统进行修复工作，然后重新调整速度环 PI 调节器。

速度环的最佳调节是在位置环开环的条件下完成的，这对于水平运动的坐标轴和转动坐标轴较容易进行；而对于垂直运动的坐标轴，则位置环开环时会自动下落而发生危险，可以采取先摘下电动机进行空载调整，然后再装好电动机与位置环一起调整或者直接带位置环一起调整。

（3）位置环　控制各坐标轴按指令位置精确定位的控制环节。位置环将最终影响坐标轴的位置精度及工作精度。这其中包括两方面的工作：

1）位置测量元件的精度与 CNC 系统脉冲当量的匹配。测量元件单位移动距离发出的脉冲数目经过外部倍频电路或 CNC 内部倍频系数的倍频后要与数控系统规定的分辨率相符。例如位置测量元件 10 脉冲/mm，数控系统分辨率即脉冲当量为 0.001 mm，则测量元件送出的脉冲必须经过 100 倍倍频方可匹配。

2）位置环增益系数 K_v 值的正确设定与调节。通常 K_v 值是作为机床数据设置的，数控系统中对各个坐标轴分别指定了 K_v 值的设置地址和单位。在速度环最佳化调节后，K_v 值的设定成为反映机床性能好坏、影响最终精度的重要因素。K_v 值是机床运动坐标自身性能优劣的直接表现，而并非是可以任意放大的。K_v 值的设置要注意两个问题，首先要满足下列公式

$$K_v = v/\Delta$$

式中　v——坐标运行速度（m/min）；

Δ——跟踪误差（mm）。

值得注意的是，不同的数控系统采用的单位可能不同，设置时要注意数控系统规定的单位。例如，坐标运行速度的单位是 m/min，则 K_v 的单位为 m/（mm · min）；若 v 的单位为 mm/s；则 K_v 的单位为 mm/（mm · s）。

其次要求各联动坐标轴的 K_v 值必须相同，以保证合成运动时的精度。通常以 K_v 值最低的坐标轴为准。

（4）前馈控制　前馈控制与反馈相反，它是将指令值取出部分预加到后面的调节电路中，其主要作用是减小跟踪误差以提高动态响应特性，从而提高位置控制精度。多数机床没有设此功能，需要注意，前馈的加入必须是在上述 3 个控制环均最佳调试完毕后方可进行。

2.4.5 加工中心数控系统的升级

加工中心本身已是数控机床，不需要重新设计其控制系统。对于加工中心而言，数控系统的升级和伺服系统的更换是其数控化改造的主要任务。下面通过对 MC1600 加工中心数控系统的改造实例进行说明。

1. 加工中心结构及其对控制系统的要求

该加工中心数控系统采用的是西门子 SINUMERIK 850 数控系统。其主要参数如下：工作台具有双托板，其工作台面尺寸为 1600mm × 1250mm；刀库容量 60 把；换刀方式为机械手自动换刀；X 轴行程为 2000mm；Y 轴行程为 1600mm；Z 轴行程为 1400mm；B 轴为 360°任意旋转；W 轴行程为 500mm；主轴功率为 37kW，转速 6 ~ 2040r/min，具有准停功能；Q 轴（刀库）任意旋转。对控制系统的要求为：系统需要实现 4 轴联动以及任意 2 轴或 3 轴联动；为保证机床定位精度和加工精度，要求系统最小设定单位为 1μm，重复定位精度为 4μm；为满足工作台自动交换（APC）和自动换刀（ATC）等要求，CNC 系统需要 160 个输入点和 96 个输出点。

2. 改造方案

该加工中心机械、液压部分性能良好，各个部件磨损较少，还能较好地满足刚度及精度要求，因此只对电气系统部分进行改造。根据以上要求选择西门子的 SINUMERIK 840D 数控系统和 SIMODRIVE 611D 驱动单元。SINUMERIK 840D 系统是 20 世纪 90 年代后期的全数字化高度开放式数控系统，具有高度模块化及规范化的结构，它将 CNC 和驱动控制集成在一块板子上，将闭环控制的全部硬件和软件集成在 $1cm^2$ 的空间中，便于编程、操作和监控。

SINUMERIK 840D 与 SIMODRIVE 611D 伺服驱动模块及西门子 S7-300PLC 模块构成的全数字数控系统，能实现钻削、车削、铣削、磨削等数控功能，也能应用于剪切、冲压、激光加工等数控加工领域。

改造所用基本配置：

1）CNC 硬件。840DE，型号是 6FC5357-0BB21-0AE0，10 轴控制，256K RAM 内存，4K PLCRAM，处理器是 486DX4/100MHz。

2）CNC 软件。版本号 NCU572.3，型号 6FC5250-0AY20-0AH0。

3）伺服轴驱动单元（FDD）。全数字控制模块，外部测量系统，电压信号。X、Y、Z 和 B 四个轴的功率模块型号为 6SN1123-1AA00-0DA1，W 和 Q 轴功率模块型号为 6SN1123-1AA00-0CA1。

4）主轴驱动单元（MSD）。全数字控制模块，外部测量系统，电压信号，型号为

6SN1123-1AA00-0CA1PLC；PS307 电源模块（PS），型号为 6ES7307-1KA00-0AA0；2 个接口模块 IM361，型号为 6ES7361-3CA01-0AA0，I/O 输入模板（SM）10 块（16×10 =160 点），输出模板 6 块（16×6 =96 点）。

5）人机操作面板。操作面板（OP）型号为 OP031，10.4in 彩色超薄显示器；人机通信模块（MMC103），奔腾 133Hz，32M RAM 内存；机床操作面板（MCP）MMSTT 和 OP031 相配套；日本手轮产 HC11D 最多可控制 5 个轴。

6）电动机。全部是交流数字伺服电动机：X、Z 和 B 三轴电动机型号为 1FT6108-8AC71-4AA0，Y 轴电动机型号为 1FT6108-8AC71-4AB0（带抱闸），W 和 Q 轴电动机型号为 1FT6105-1AC71-4AG1，主轴电动机型号为 1PH7167-2NF03-0CA0。

3. 硬件连接

MC1600 加工中心共有 7 个伺服轴（包括一个主轴），这套系统可以实现 X、Y、Z 和 B 4 轴联动。840D、611D 的连接，以及和外围设备的连接，如图 2-37 所示。其中，电源模块向 NCU 提供 24V 工作电压，也向 611D 各驱动轴模块提供 600V 直流母线电压。电源模块上 X351 端口通过 NCU 模块上 X172 端口和各驱动模块上 X151、X351 端口将各模块的系统数据控制总线连接起来。NCU 上 X130 端口是电动机驱动器 611D 的输入/输出扩展端口，通过扁平电缆将驱动总线与各个驱动模块连接起来，对各个伺服电动机进行控制。NCU 上的 X101 端口通过一根 MPI 电缆与 NCU 相连，X111 端口与 PLC 的 IM361 接口模块相连，X121 端口连接手轮。

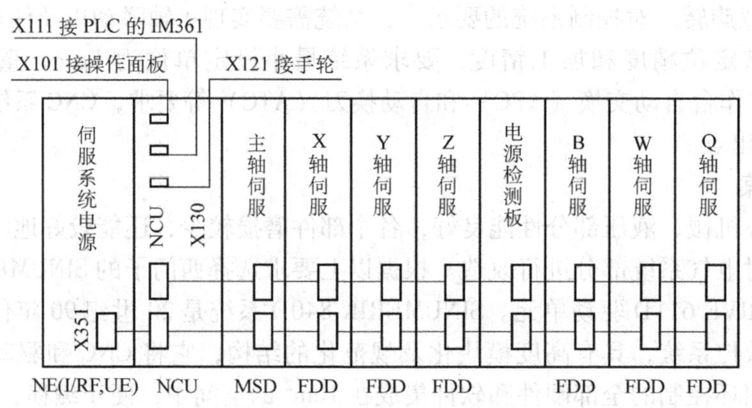

图 2-37　840D、611D 的连接，以及和外围设备的连接图

可编程序控制器 S7-300 的输入信号可来自机床操作面板、伺服系统、换刀装置、手轮装置、托板更换器、切屑排送装置、液压系统、床身和电柜等，包括按钮、转换开关、热保护开关、行程开关、压力开关、伺服系统状态信号、故障报警信号等；输出信号控制电磁阀、继电器、控制面板的指示灯、伺服系统的使能等。S7-300 的连接和 I/O 点规划如图 2-38 所示。

4. PLC 程序设计和机床参数调整

（1）840D 的初始化设置　当所有的系统硬件安装完成并仔细检查后，将 NCU 上的 S3 开关拨到位置“1”，S4 开关拨到位置“3”，然后送电，按下“RESET”键。这样模块中所需的系统软件会从 PCMCIA 卡（插在 NCU 上）上自动载入各自存储区。接着将 S3 拨到“0”（正常工作状态），等到 NCU 上的 LED 显示“6”时，将 S4 由“3”拨到“2”，等若干

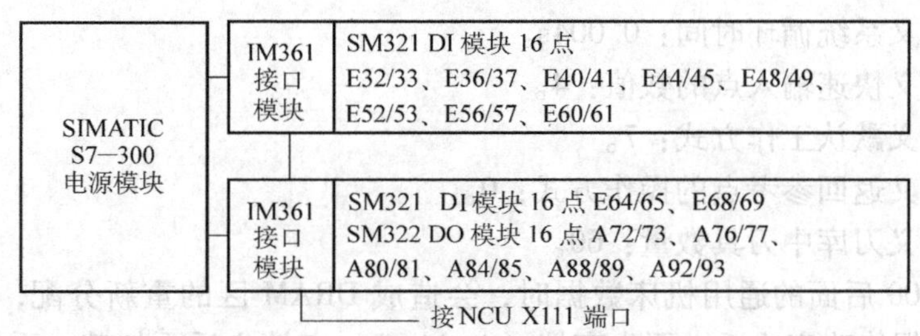

图 2-38　S7-300 的连接和 I/O 点规划

秒后，再拨到“3”，再停若干秒后将 S4 缓慢拨动，由“3”→“2”→“1”→“0”。此时，NCU 上的两排 LED 中右排的红灯灭掉，仅剩右上方的一个绿灯亮，这样就完成了 PLC 内存的总清和标准的 MD 装入。

（2）PLC 的程序设计　将系统随机所带盘 TOOL-BOX 一号盘中的 S7V2. 8X0 文件夹复制到 C 盘根目录下，然后解压 GP8X0D 文件，得到一个 GP8X0D44（44 是版本号），该文件夹中就是 PLC 标准程序功能块。

由于西门子产品结构、性能、使用的延续性，在改造时保留了原机床 PLC 的程序设计思想，保留原机床厂家的控制逻辑。这一点对机床的改造很重要。原机床有 7 根伺服轴，极其复杂的冷却控制，4 轴联动，工作台的自动交换，机械手自动换刀，以及主轴自动换档，手动、自动两套控制逻辑切换等，如果重新编制 PLC 程序，在很短的时间内是难以完成的。根据机床原来的 S5 PLC 程序思想重新编制 S7 PLC 程序，是较可行的方法。

根据西门子 PLC 编程语言 STEP 7 特点将 PLC 程序分为功能块 FB 和 FC，并由组织块 OB1 统一管理。其中 PLC 基本程序结构如图 2-39 所示。在图 2-39 中，负责管理程序的主循环在上一个循环结束时启动。当检测到来自外部模块的警示时，启动 OB40 模块。而当 CPU 从停止到运行时，启动 OB100 模块。按照 S7 的规划，用户程序块放在功能块 FC30 ~ FC127 范围内，并由 OB1 统一管理。所以系统在安装时，首先要设计用户程序块，功能块利用语句表（STL）编程设计之后下载到整个机床的 PLC 中去，程序块与 NC 之间的数据交换通过双端 RAM（dual—portRAM）实现。

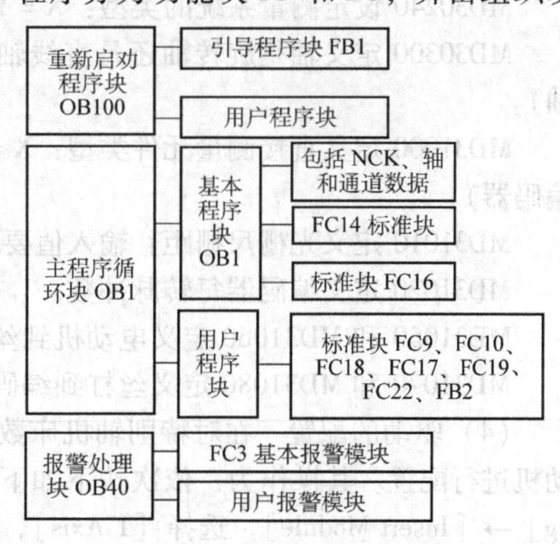

图 2-39　PLC 基本程序结构

（3）840D 系统参数设定和调整　西门子 840D 是一个开放性很强的数控系统，因而它的参数很多。其控制参数由机床数据（MD）与设定数据（SD）组成。机床数据（MD）主要由通用、特别通道和特别轴等机床数据组成；设定数据（SD）由通用、特别轴和特别通道设定数据组成。840D 参数调整就是对这些数据进行调整。下面就根据 MC1600 加工中心对通用机床数据、特别通道机床数据和特别轴机床数据中要设定的主要数据进行分析设定。

1）通用机床数据的设定。

MD10000 定义机床轴名称：X1、Y1、Z1、B1、W1、Q1、C1。

MD10050 定义系统循环时间：0.004s。

MD10350 定义快速输入点的数值：4。

MD10720 定义默认工作方式：7。

MD11300 定义返回参考点的操作方式：0。

MD18082 定义刀库中刀具数量：60。

修改 MD18000 后面的通用机床数据时，会造成 DRAM 区的重新分配，致使数据丢失。因此在对此类数据修改完成后，要先存档（Archive）。存档之后再加载，系统就会自动进行数据分配。

2）特别通道机床数据设定。

MD20050 定义通道中几何轴分配：1、2、3。

MD20060 定义通道中几何轴名称：X、Y、Z。

MD20070 定义通道中几何轴编号：1、2、3、4、5、6、7。

MD20080 定义通道中通道轴名称：X、Y、Z、B、W、Q、C。

MD20700 定义 NC 启动时是否返回参考点：0（表示不返回参考点）。

MD22550 定义刀具偏置生效方式：1（表示换刀后立即生效）。

3）特别轴机床数据设定。

MD30110 定义电动机轴的物理模块位置：C=1、X=2、Y=3、Z=4、B=5、W=6、Q=7。

MD30130 定义轴输出类型：1（1 表示数字方式）。

MD30240 设定测量系统的类型：X=Y=Z=B=W=Q=C=1（1 表示增量测量系统）。

MD30300 定义轴是旋转轴还是直线轴：X=Y=Z=W=0，B=Q=C=1（0 表示直线轴）。

MD31000 定义直接测量元件类型：X=Y=Z=B=W=1，Q=C（1 表示光栅尺，0 表示编码器）。

MD31010 定义光栅尺栅距：输入值要和实际值相符。

MD31020 定义编码器每转脉冲数。

MD31050 和 MD31060 定义电动机到丝杠的减速比。

MD31070 和 MD31080 定义丝杠到编码器的减速比。

（4）驱动的配置　在对特别轴机床数据设定的同时，还需要对各个轴的驱动模块和电动机进行配置。其操作为：依次按下如下键［Start Up］→［Machine Data］→［Drive Config］→［Insert Module］，选择［1 Axis］，再按［OK］键。在［Select Power Section］界面下的［ACTIVE］中选择［YES］，切换到各个轴，输入相应驱动模块的订货号。设定参数应符合表 2-7（实际驱动模块的位置如图 2-39 所示）；在 Drive 栏中选择电动机类型，按［FDD］→［MotorController］→［Motor Selection］，选择相应进给轴电动机的订货号，用［Drive +］或［Drive-］选下一轴电动机，再按［MSD］，选择主轴电动机订货号……三个电动机全部选完后，按［<<］→［Boot File］→［BootFile/NCK-Reset］→［SaveBootfile］→［SaveAll］。［NCK-Reset］上电成功后，611D 各模块上的红灯 LED 均灭，各轴即可转动。

以上只是对 840D 数控系统众多参数中一些重要数据的设定调整作了简单的介绍。840D 系统是开放性很强的数控系统，所以其参数特别多，很多参数都必须结合具体机床、具体线路进行调整，这里就不再叙述了。

表 2-7　机床驱动模块与电动机类型配置表

模块实际位置	机床轴号	ACTIVE	轴逻辑驱动号	电动机类型 主轴/进给轴	电流
1	C	YES	7	MSD	70/140A
2	X	YES	1	FDD	28/56A
3	Y	YES	2	FDD	28/56A
4	Z	YES	3	FDD	28/56A
5	B	YES	4	FDD	28/56A
6	W	YES	5	FDD	18/36A
7	Q	YES	6	FDD	18/36A

5. 系统调试

当数控系统安装完成后，必须详细检查各电气元件的接线和机械设备的连接后才能送电。严格按照资料上要求的启动顺序操作。先调整基本的机床数据，确定各个轴的软硬限位设定数据；进而调整有关各个轴的编码器和光栅尺数据，建立全闭环控制；然后调试工作台自动交换系统，机械手自动换刀系统和主轴自动换档系统，手轮的安装以及切削液的控制等各个部分；最后对各个轴的滚珠丝杠螺距误差和反向间隙误差进行调整和补偿。

2.5　改造中常见的问题

在工厂中实际考察时，发现数控系统的选择存在下面一些问题：

1）功能选择不合适。要么是所选择系统的功能远远多于改造后机床所需的功能，要么是一些必需的系统功能没有购买。前者会造成成本浪费，后者会造成功能的短缺，影响其他功能的使用而需再次购买。

2）系统档次与机床档次不匹配。造成了系统功能的浪费或机床的优良性能发挥不出来。

3）数控系统、电动机及驱动器的品种和牌号太杂，在连接各部件时会出现输入/输出信号不匹配及在传送中信号产生滞后现象，如电动机换向信号的滞后。这些问题的解决，关键在于要根据机床本身的精度、结构、性能要求和价位，扬长避短地选择合适的数控系统。

4）数控系统参数的设置尽量全面，有关精度方面的参数一定要仔细测量后再输入系统。

目前市场上供应的数控系统，其基本功能都具备，只是各自都在某些方面具有优势，而每台数控机床又都有其独特的优点和缺点，需要综合考虑数控系统的各方面使之匹配机床。一般情况下应遵循下列原则：

1）根据数控机床的类型选择数控系统的型号。如对车、铣、磨等类型机床应用不同的数控系统。

2）根据数控机床的性能指标进行选择。如支持的最小移动单位、刀补数量等。尽量选择既能满足性能指标要求，性价比又较高的系统。

3）基本功能和选择功能的选择。如果基本功能能满足要求，尽量不购买选择功能。但功能要一次订全，避免装机后因不能增补一些功能而造成整体功能降低。

4）优先考虑能成套提供进给伺服系统和主轴驱动器的厂家及内置的系统。

国内外有很多品牌的数控系统，日本的 FANUC 系统、德国的西门子系统是使用最为广泛的数控系统，一般在大型、高速、高精度的机床中使用。国产的数控系统功能较简单、性能较稳定、价格便宜，一般用于经济型的数控机床。表 2-8 中简单介绍了 4 种数控系统的主要性能指标，供用户参考。

表 2-8　数控系统主要性能指标

性能指标	日本 FANUC 系统		德国西门子 SINUMERIK 系统	广州数控设备厂 GSK928 系统		华中数控世纪星 HNC 系统	
	0i-TB	0i-MB	802S	TC	MC	21T	21M
控制轴数/轴	2	3	3 ~ 4	2	4	2	3 ~ 4
联动轴数/轴	2	3	3 ~ 4	2	3	2	3 ~ 4
最小移动单位/μm	1	0.1	1	1	10	1	
进给倍率修调（%）	0 ~ 150		0 ~ 180	0 ~ 150		0 ~ 150	0 ~ 200
刀具补偿组数/组	32	400	64	9	8	99	
反向间隙补偿/μm	1		1	1 ~ 10		10	
编程与加工同步	可以		可以	不行	可以	可以	不行
加工区域干涉报警	无		有	无		有	
多段 MDI 功能	具备		具备	无		无	
图形显示	2D/3D		2D/3D	2D	无	2D/3D	
PLC 功能	内置		内置	无		内置	
可靠性	高		高	一般		较高	
指令功能	丰富		丰富	简单		完整	

第3章　伺服系统的改造设计

3.1　伺服系统概述

伺服系统是机械运动的驱动设备，以电动机为控制对象，以控制器为核心，以电力电子功率变换装置为执行机构，在自动控制理论的指导下组成的电气传动自动控制系统。这类系统控制电动机的转矩、转速和转角，将电能转换为机械能，实现机械的运动要求。具体在数控机床中，伺服系统接收数控系统发出的位移、速度指令，经变换、放大与整形后，由电动机和机械传动机构驱动机床坐标轴、主轴等运动，带动工作台及刀架，通过轴的联动使刀具相对工件产生各种复杂的机械运动，从而加工出所要求的复杂形状工件。

进给伺服系统是数控装置和机床机械传动部件间的联系环节，是数控机床的重要组成部分。它包含机械、电子、驱动（早期产品还包含液压）等各种部件，并涉及强电与弱电控制，是一个比较复杂的控制系统。在现有技术条件下，CNC装置的性能已相当优异，并正在迅速向更高水平发展，而数控机床的最高运动速度、跟踪及定位精度、加工表面质量、生产率及工作可靠性方面的问题主要就出现在伺服系统上。可见，提高伺服系统的技术性能和可靠性，对于数控机床具有重要意义。

一般主轴驱动系统只要满足主轴调速及正反转功能即可，但当要求机床有螺纹加工功能、准停功能和恒线速加工等功能时，就对主轴提出了较高的位置控制要求。此时，主轴驱动系统也可称为主轴伺服系统。

位置控制系统通常分为开环、半闭环和闭环控制三种。开环控制不需要位置检测与反馈，半闭环和闭环控制需要有位置检测与反馈环节，是基于反馈控制原理工作的。

3.1.1　伺服系统的类型

按有没有控制测量反馈环节，伺服系统可分为开环和闭环两大类。按测量元件是安装在丝杠上或电动机轴上检测角位移还是安装在工作台上检测直线位移，又分为半闭环和闭环系统。

1. 开环控制系统

图3-1所示为开环控制系统原理图。开环控制系统主要由驱动控制环节（环形分配器与加减速电路）、执行元件（步进电动机）和机床（滚珠丝杠、工作台等）三大部分组成。其功能是每输入一个指令脉冲，步进电动机就旋转一定角度。步进电动机的旋转速度取决于指令脉冲的频率，转角的大小由指令脉冲数目决定。由于系统中没有位置检测安装及反馈线路，因此，开环控制系统的精度较差，但由于该系统机构简单，易于调整，在精度不太高的场合中仍得到较为广泛的应用。

2. 闭环、半闭环控制系统

图3-2所示为闭环控制系统原理图。闭环系统主要有执行元件（伺服电动机）、检测器（光栅、脉冲编码器）、比较线路、伺服放大线路和传动元件五部分组成。其工作原理是根

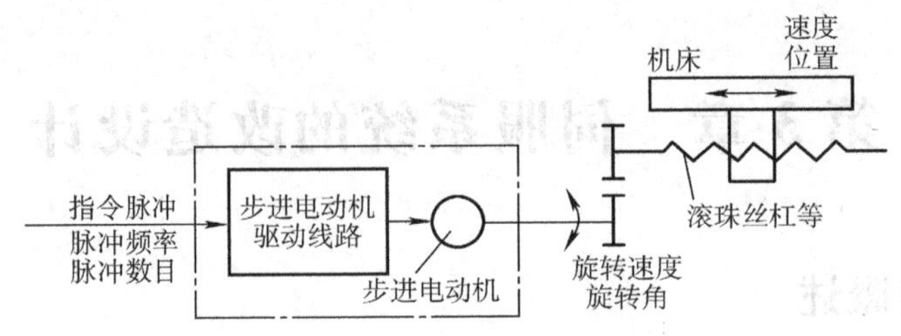

图 3-1　开环控制系统原理图

据来自检测反馈信号与指令信号比较的结果进行速度和位置的控制。部分数控机床使用半闭环控制系统，其检测反馈是从伺服电动机轴或滚珠丝杠上取得的（检测元件为旋转变压器、圆光栅、脉冲编码器等）。对高精度或大型机床，经常直接从安装在工作台等移动部件上的检测安装中取得反馈信号（检测元件为长感应同步器、长光栅、编码尺等），称为闭环控制系统。由于丝杠和工作台间传动误差的存在，半闭环伺服系统的精度要比闭环伺服系统的精度低一点，但比闭环系统简单，易调整。

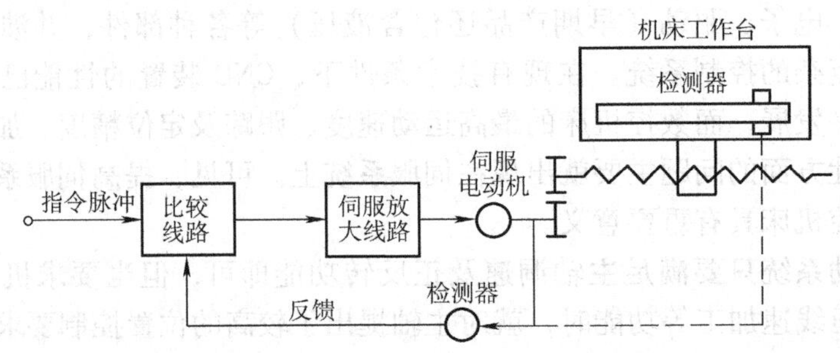

图 3-2　闭环控制系统原理图

3.1.2　执行元件的类型

1. 伺服系统对执行元件的要求

高性能的伺服系统为高速加工提供了保障，同时也要求执行元件具有高精度、高的快速响应性、较宽的调速范围、大转矩等特点。执行元件将信号转换为机械运动，是伺服系统中重要的组成部分，其性能将直接影响机床的加工质量。伺服系统的执行元件有三种，分别是步进电动机、直流伺服电动机和交流伺服电动机。一般需根据使用环境来选择合适的伺服电动机。在数控机床中，伺服系统按使用场合可分为进给伺服系统和主轴伺服系统。

（1）对进给伺服电动机的要求

1）调速范围宽和低速平稳性。要求速比应大于1:10 000，速度低达0. 1r/min时无爬行。

2）负载特性要硬。要求即使在低速时也具有大的负载能力和过载能力（电动机在数分钟内过载4 ~6 倍不烧坏）。

3）反应速度快，保证电动机在0. 2s 以内从静止起动，升速到1 500r/min。因此，要求电动机惯量小、堵转力矩大、机电时间常数小和起动电压小，加速度高达4 000rad/s^2 以上。

4）可频繁地起动、制动和反转。

（2）对主轴伺服电动机的要求

1）根据各种不同要求，能在一定范围内保持恒转矩或恒功率输出，调速范围在 1:(100 ~1 000）为恒转矩，在 1:10 为恒功率。经功率放大后，在 2. 2 ~250kW 范围内。

2）具有一定的过载能力，为额定值的 1. 2 ~1. 5 倍，过载时间为几分钟至半小时。

3）电动机体积小。

4）电动机温升要低，振动与噪声要小。

2. 步进电动机

（1）特点

1）步进电动机分转子与定子两大部分。转子是一个有许多齿的铁心或者具有永磁磁极，由硅钢片或其他软磁材料组成，无绕组。定子也由硅钢片或软磁材料制成，上有多相控制绕组。步进电动机由专用电源供给电脉冲，它既不是正弦交流也不是恒定的直流，而是脉冲电流，故又叫脉冲马达。它的转速与脉冲频率成正比，改变输入频率，可实现无级调速。

2）步进电动机能把数字量直接变成模拟量，直接控制执行元件的位移量。它是一种将脉冲信号变换成角位移（或线位移）的电磁元件，它的角位移与输入脉冲个数成正比，在时间上与输入脉冲同步，它能将指令脉冲变换成输出轴的不连续旋转，每外加一个脉冲信号，它就转动一步。由于步进式的运动，故称之为步进电动机。

3）只要控制输入脉冲的数量、频率及电动机绕组通电相序，便可获得所需的转角、转速及转动方向。在一定的频率范围内，各种运行方式都能方便地任意改变，且不会丢步。

4）有自整步的能力。在无脉冲输入时，只要维持控制绕组电流不变，气隙磁场就能使转子保持原有位置而处于定位状态。

5）没有一周的累积误差，故定位精度高。不过齿距间的相邻误差还是存在的。

6）转子转动惯量小，响应快。

上述特点只要在其负载能力范围内，都不会因电源电压、电流值、负载、温度变化而变化，因此，在数控机床上获得了广泛的应用。

步进电动机的缺点是响应速度、输出转矩、跳变频率、最高频率等性能不太理想。

（2）分类　按输出转矩大小，可分为伺服（快速）步进电动机与功率步进电动机；按励磁相数，可分为三相、四相、五相、六相、八相多种；按工作原理，可分为永磁式和反应式两大类。反应式步进电动机应用较为普遍，可分为顺轴式（又称多段式或轴向间隙式）和垂轴式（又称单段式或径向间隙式），如图 3-3 和图 3-4 所示。为消除或削弱运行中的低频振荡，在电动机轴上一般均装有惯性盘、摩擦片及弹簧组成的阻尼器。

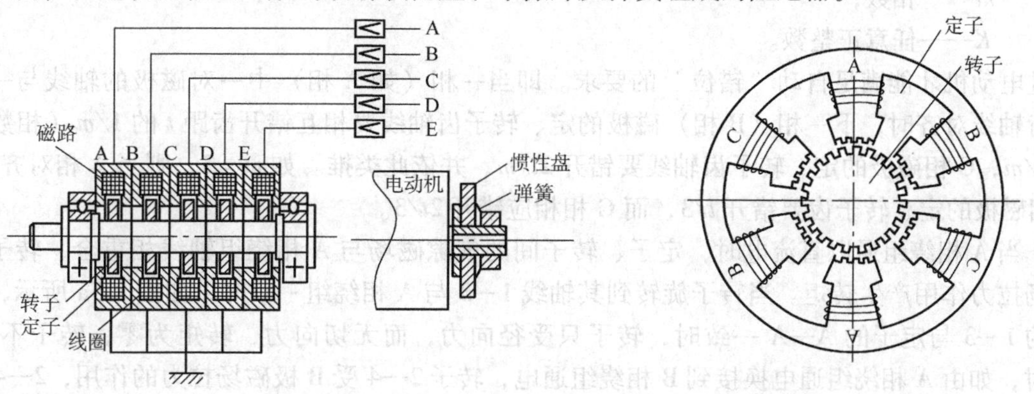

图 3-3　顺轴式　　图 3-4　垂轴式

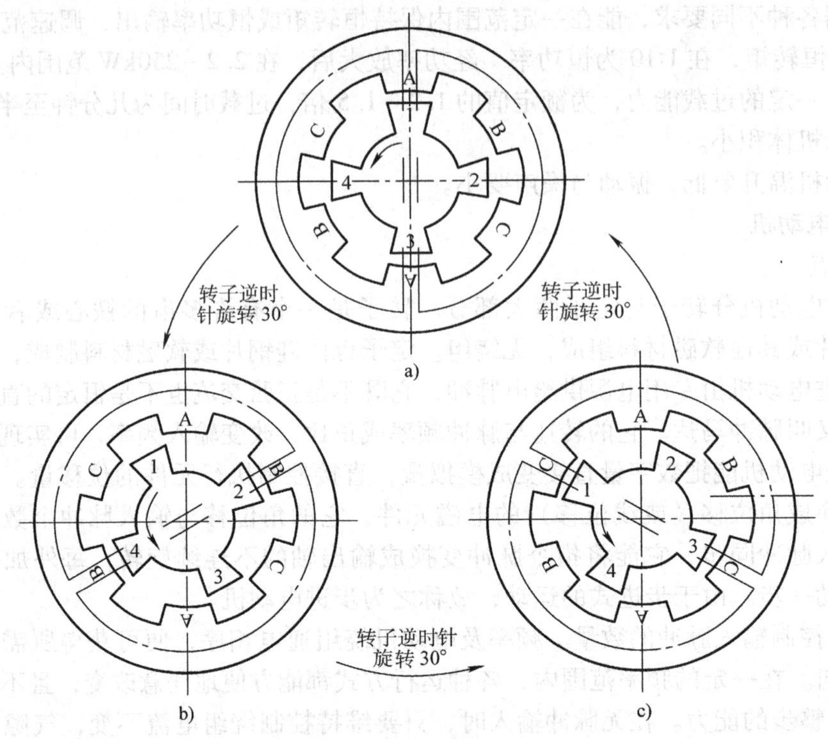

图 3-5　反应式步进电动机工作原理

a）A 相通电　b）B 相通电　c）C 相通电

（3）工作原理　图 3-5 所示为反应式步进电动机工作原理图。在电动机定子上绕有绕组 A、B、C 的三对磁极，分别被称为 A 相、B 相、C 相。这种步进电动机称为三相步进电动机。定子、转子铁心上有许多小齿，定子与转子的齿距相等，齿宽也必须相等，但转子的齿数必须满足下列关系式

$$\frac{Z_r}{2mp}=K\pm\frac{1}{m}$$

式中　Z_r——转子齿数；

p——定子上的磁极对数；

m——相数；

K——任意正整数。

步进电动机才能满足自动“错位”的要求。即当一相（如 A 相）中一对磁极的轴线与一转子齿轴线对齐时，下一相（B 相）磁极的定、转子齿轴线要相互错开齿距 t 的 $1/m$（相数），即 t/m，C 相磁极的定、转子齿轴线要错开 $2t/m$，并依此类推。如 $m=3$，则当 A 相对齐时，B 相磁极的定、转子齿要错开 $t/3$，而 C 相相应错开 $2t/3$。

当 A 相绕组通以直流电时，定子、转子间的气隙磁场与 A 相绕组轴线相重合，转子受磁场拉力作用产生转矩。当转子旋转到其轴线 1—3 与 A 相绕组一致时，如图 3-5a 所示，转子的 1—3 与定子的 A—A 一致时，转子只受径向力，而无切向力，转矩为零，转子不动。此时，如由 A 相绕组通电换接到 B 相绕组通电，转子 2—4 受 B 极磁场拉力的作用，2—4 就要转到与 B—B 一致的位置，转子在空间转过 30°（图 3-5b）。图 3-5c 为 C 相通电。当 A、

B、C 三个磁极的绕组依次轮流通电时，则 A、B、C 三对磁极就依次产生磁场吸引转子转动，转向为逆时针。如按 A→C→B→A 顺序通电，转子就按顺时针方向一步、一步（30°）转动。这是单相轮流通电方式。

从一相通电换接到另一相通电称为一拍，每一拍转子旋转的角度称为步距角。如两相 A、B 同时通电，则转子相应轴线力图与 A、B 两相合成磁场的轴线相一致。如按 AB→BC→CA→AB 方式通电时，步距角与按 A→B→C→A 方式通电相同，称为三相双三拍方式。而按 A→AB→B→BC→C→CA→A 顺序供电时，称为三相六拍运行方式，此时步距角为前述方式的一半，即为 15°。可见，仅供电方式由三相三拍变成三相六拍时，就可将步距角缩小一半，为此，步距角 θ 的数值可由下式求出（以 $\theta=0.75°$、$1.5°$、$3°$常用）

$$\theta=\frac{360°}{NZ_{\mathrm{r}}}=\frac{t}{Km}$$

式中　N——转子运行拍数（$N=Km$）；

Z_{r}——转子齿数；

t——齿距；

m——相数；

K——状态系数，$K=1$ 相邻两次通电的相数一样，$K=2$ 为单双相轮流通电。

三相单三拍方式稳定性较差，容易丢步；三相双三拍方式由于两相同时通电，力矩大，定位精度高，且每拍只改变一相，另一相锁定，不易失步；三相六拍方式也能保证每拍都有一相锁定，不易失步，但步进电动机每转所需的步数是单三拍制或双三拍制的 2 倍。

（4）直线步进电动机　直线步进电动机相当于把电动机的定子和转子圆柱面展开（图 3-6a）成直线，成为定尺和滑尺（图 3-6b）。根据输入脉冲的个数与频率，得到位移和速度，由于直接得到的是直线运动，故不需通过滚珠丝杠把旋转运动变为直线运动。它适用于小型机床。

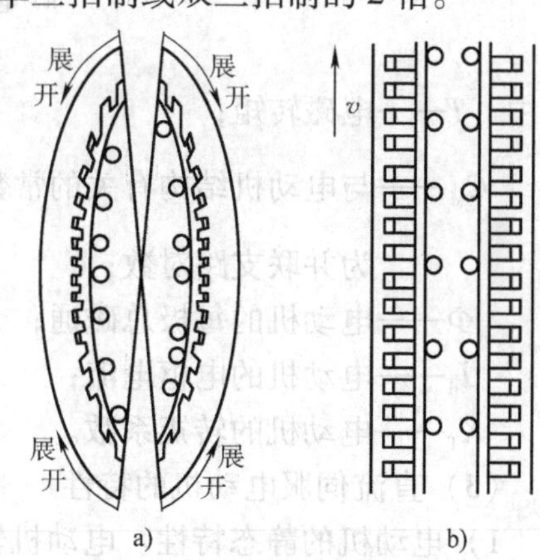

图 3-6　直线步进电动机

a）定子和转子圆柱面

b）展开成定尺和滑尺

3. 直流伺服电动机

（1）直流伺服电动机的结构　直流伺服电动机（图 3-7）主要包括定子、转子、电刷三大部分。定子磁极磁场由定子的磁极产生。根据产生磁场的方式，直流伺服电动机可分为永磁式和他励式。永磁式磁极由永磁材料制成，他励式磁极由冲压硅钢片叠压而成，外绕线圈，通以直流电流便产生恒定磁场。转子又叫电枢，由硅钢片叠压而成，表面嵌有线圈，通以直流电时，在定子磁场作用下产生带动负载旋转的电磁转矩。为使所产生的电磁转矩保持恒定方向，转子能沿固定方向均匀地连续旋转，电刷与外加直流电源相接，换向片与电枢导体相接。

（2）直流伺服电动机的工作原理　直流伺服电动机的工作原理与普通他励直流电动机相同，不同点只是它做得比较细长，以便满足快速响应的要求。图 3-8 所示分别为传统型电磁式（他励式）和永磁式直流伺服电动机的两种类型。

由电机学原理，电磁转矩 T 可按下式计算

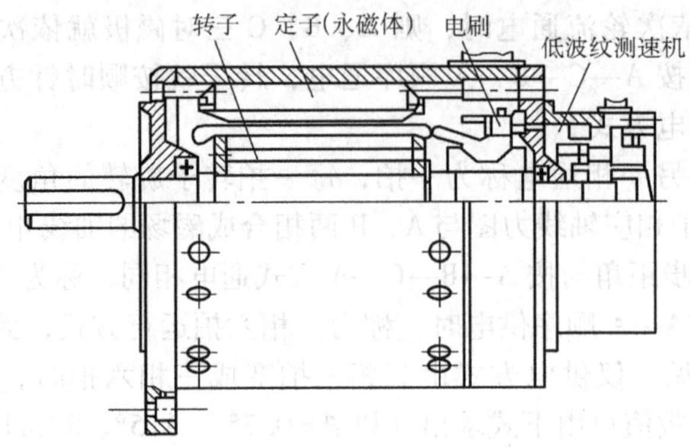

图 3-7 直流伺服电动机

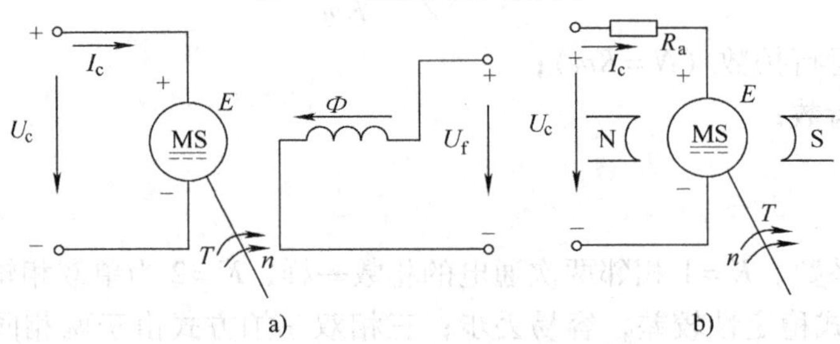

图 3-8 直流伺服电动机的接线图

a) 电磁式（他励式） b) 永磁式

$$T = K_T I_d = C_M \Phi I_d$$

式中 T——电磁转矩；

C_M——与电动机结构有关的常数，$C_M = \frac{pN}{2\pi a}$，N 为电枢绕组的导体数，p 为极对数，a 为并联支路对数；

Φ——电动机的每极总磁通；

I_d——电动机的电枢电流；

K_T——电动机的转矩系数。

（3）直流伺服电动机的特性

1）电动机的静态特性。电动机转速与转矩的关系为

$$n = \frac{U_c}{C_e \Phi} - \frac{R_a}{C_e C_M \Phi^2} T \tag{3-1}$$

式中 n——电动机转速；

U_c——电枢电压；

C_e——与电动机结构有关的常数；

T——电磁转矩；

Φ——每极总磁通；

R_a——电枢电阻。

C_M——与电动机结构有关的常数，$C_M = 9.55C_e$

式（3-1）称为电动机的机械特性，它描述了电动机的转速与转矩之间的关系。

2）电动机的动态特性。在数控机床的进给驱动系统中，电动机经常处于频繁的起动、反向、制动等过渡工作状态，电动机的动态品质直接影响着生产率、加工精度和工件表面质量。电动机轴上的转矩平衡方程式为

$$T - T_s = J\frac{d\omega}{dt}$$

式中　T——电磁转矩；

T_s——总阻转矩，即电动机本身阻转矩和负载转矩之和；

J——转动惯量；

ω——角速度；

t——时间。

由上式可知，当电磁转矩 T 大于总阻转矩 T_s 时，表示电动机在加速；当电磁转矩 T 小于 T_s 时，表示电动机在减速。根据理论分析，为了取得平稳的、无振荡单调的调速过程，电动机特性应满足

$$t_m \geqslant 4t_e \text{ 且 } t_m = \frac{\omega_0}{T_s/J}$$

式中　t_m——电动机机械时间常数（s）；

t_e——电动机电气时间常数（s）；

ω_0——理想空载角速度（rad/s）。

为了使过程响应迅速，应减小 t_m。减小 t_m 的有效方法就是提高伺服电动机的转矩-惯量比（T_s/J），即对小惯量电动机，应从结构上减小转子转动惯量 J；对大惯量电动机，应从结构上提高起动转矩 T_q。

力矩-惯量比标志着电动机本身的加速性能。直流小惯量伺服电动机，由于减小了惯量，大大提高了动态过程中电动机的快速响应特性。而大惯量电动机也就是力矩电动机，既能维持一定的惯量，以便与机械传动机构的惯量相匹配，又设法从结构上提高了起动转矩 T_q，因此，它比一般伺服电动机更优越，在数控机床上获得了广泛应用。

3）直流电动机的特性曲线。直流电动机的速度-转矩特性曲线如图 3-9 所示。这也是该电动机的机械特性曲线。直流电动机速度-转矩特性可分为三个区。

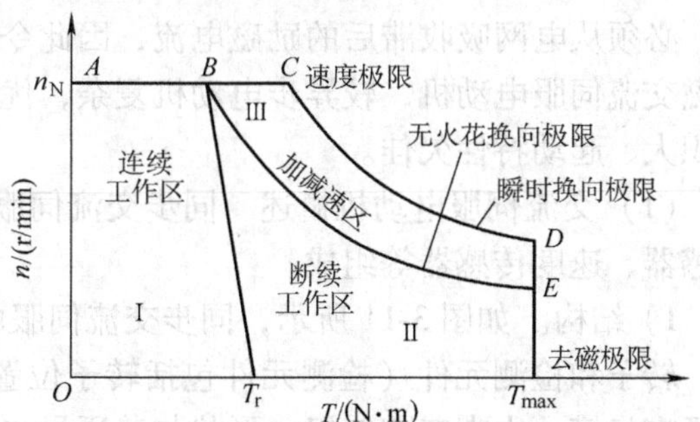

图 3-9　直流电动机速度-转矩特性曲线

连续工作区Ⅰ：电动机通常以连续工作电流长期工作，连续电流值受发热极限限制。

断续工作区Ⅱ：电动机工作为接通-断开的断续工作方式，换向器与电刷工作于无火花的换向区。它可承受低速大转矩的工作状态。

加减速区Ⅲ：电动机只能用作加速或减速，工作一段极短的时间。

图 3-10 所示为直流电动机的载荷-工作周期（$md - t_R$）曲线图。载荷-工作周期曲线是直流电动机的断续工作特性曲线，它表明断续工作时允许的转矩过载倍数 T_{md} 与导通-断开时

间比之间的关系。如图中点 A，在导通时间 t_R 时，允许的过载为 d，此时转矩过载倍数 T_{md} 为 160%。

对一定的导通时间 t_R，导通-断开时间越小，即导通时间短，发热少，允许的过载倍数 T_{md} 就越大。根据该曲线即可求出导通时间和转矩过载倍数。

4）直流伺服电动机的调速控制。由直流伺服电动机的机械特性公式可以看出，改变电枢电压、励磁电流（电磁式）或电枢回路电阻即可改变电动机的转速。

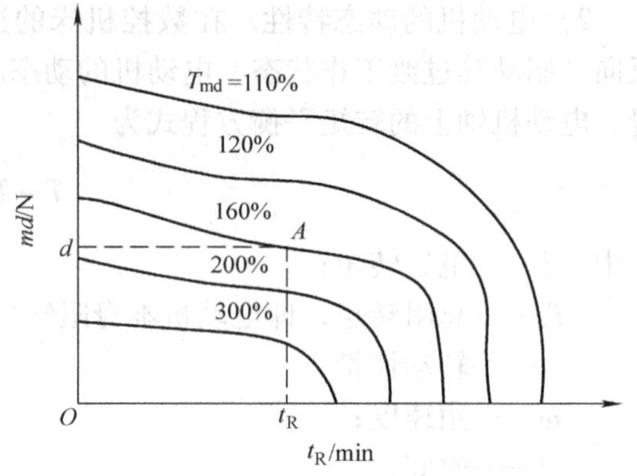

图 3-10　直流电动机的载荷-工作周期曲线

调压调速的实现方法有很多，例如 SCR-D、PWM-D 等，最常用的是 PWM-D（脉冲宽度直流）调速系统。

5）直流伺服电动机的特点。直流伺服电动机具有良好的起动、制动和调速特性，可方便地在宽范围内实现平滑无级调速，故多用在对伺服电动机的调速性能要求较高的生产设备中。

4. 交流伺服电动机

直流电动机存在一些固有的特点，如电刷和换向器易磨损，需经常维护；换向器换向时会产生火花，使电动机的最高速度受到限制，应用环境也因此受到限制；结构复杂，制造困难，所用钢铁材料消耗大，制造成本高。而交流电动机，特别是笼型异步电动机没有上述缺点，且转子转动惯量较直流电动机小，使得动态响应更好。在同样体积下，交流电动机输出功率比直流电动机提高 10% ~70%。此外，交流电动机的容量比直流电动机大，可达到更高的电压和转速。

交流伺服电动机有异步交流伺服电动机（IM）和同步交流伺服电动机（SM）。异步交流伺服电动机其结构简单，质量轻，价格便宜。缺点是不能经济地实现范围较广的平滑调速，必须从电网吸收滞后的励磁电流，因此令电网功率因数变坏。同步交流伺服电动机是指永磁交流伺服电动机，较异步电动机复杂，优点是结构简单、运行可靠、效率较高，缺点是体积大、起动特性欠佳。

（1）交流伺服电动机概述　同步交流伺服电动机（SM）由永磁同步电动机、转子位置传感器、速度传感器等组成。

1）结构。如图 3-11 所示，同步交流伺服电动机（又称永磁交流伺服电动机）主要由定子、转子和检测元件（检测元件包括转子位置传感器及其测速发电机）三部分组成。其中定子有齿槽，内有三相绕组，形状与普通异步电动机的定子相同。但其外圆呈多边形，且无外壳，以利于散热，避免电动机发热对机床精度的影响。

转子由多块永久磁铁和铁心组成，气隙磁密较高，极数较多。同一种铁心和相同的磁铁块数可以装成不同的极数。

2）工作原理。如图 3-12 所示，一个两极永磁转子（也可以是多极的），当定子三相绕组通上交流电源后，就产生一个旋转磁场，图中用另一对旋转磁极表示，该磁极磁场将以同步转速 n_s 旋转，转子也将以同步转速 n_s 与旋转磁场一起旋转。当转子加上负载转矩之后，

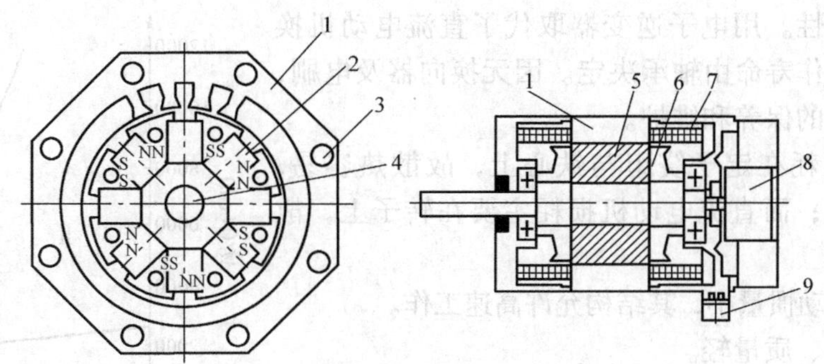

图 3-11　永磁交流伺服电动机的结构

1—定子　2—永久磁铁　3—轴向通风孔　4—转轴　5—转子
6—压板　7—定子三相绕组　8—脉冲编码器　9—出线盒

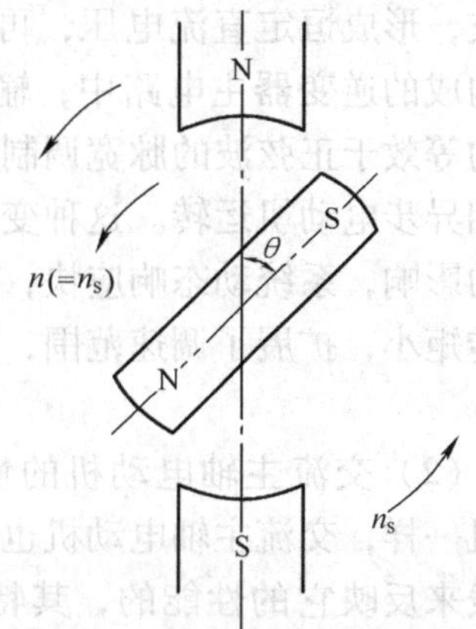

图 3-12　永磁交流伺服电动机工作原理

转子磁极轴线将落后定子磁场轴线一个 θ 角，随着负载增加，θ 角也随之增大，负载减小时，θ 角也减小，只要不超过一定限度，转子始终跟着定子的旋转磁场以恒定的同步转速 n_s 旋转。转子速度 $n_r = n_s = 60f/p$，即由电源频率 f 和磁极对数 p 所决定。

当负载超过一定极限后，转子不再按同步转速旋转，甚至可能不转，这就是同步电动机的失步现象，此负载的极限称为最大同步转矩。

永磁交流伺服电动机起动困难，不能自起动的原因有两点：一是由于本身存在惯量，虽然当三相电源供给定子绕组时已产生旋转磁场，但转子仍处于静止状态，由于惯量作用跟不上旋转磁场的转动，在定子和转子、转子磁场之间存在相对运动时，转子受到的平均转矩为零；二是定子、转子磁场之间转速相差过大。为避免此种情况，一般可在转子上装笼型起动绕组，使永磁同步电动机像异步电动机那样产生起动转矩，当转子速度上升到接近同步转速时，定子磁场与转子永久磁极相吸引，使之与其同步速旋转，即所谓的异步起动，同步运行。而永磁同步电动机中多无起动绕组，只是在设计时降低转子转动惯量或采用多极，使定子旋转磁场的同步转速不很大。另外，也可在速度控制单元中采取措施，让电动机先在低速下起动，然后再提高到所要求的速度。

3）性能。

①　永磁交流伺服电动机的性能可用转矩-速度特性曲线来反映。转矩-速度特性曲线如图 3-13 所示。在连续工作区中，速度和转矩的任何组合都可以连续工作。但连续工作区的划分受到一定条件的限制。一般来说，有两个主要条件：一是供给电动机的电流是理想的正弦波；二是电动机工作是在某一特定温度下得到这条连续工作极限线的，如温度变化则是另一条曲线，这是由于所用的磁性材料的负温度系数所致。至于断续工作区的极限，一般受到电动机供给电压的限制。

永磁交流伺服电动机的机械特性比直流伺服电动机的机械特性要硬，其直线更接近水平线。另外，断续工作区范围更大，尤其在高速区，有利于提高电动机的加、减速能力。

② 高可靠性。用电子逆变器取代了直流电动机换向器和电刷，工作寿命由轴承决定。因无换向器及电刷，也省去了此项目的保养和维护。

③ 主要损耗在定子绕组与铁心上，故散热容易，便于安装热保护；而直流电动机损耗主要在转子上，散热困难。

④ 转子转动惯量小，其结构允许高速工作。

⑤ 体积小、质量轻。

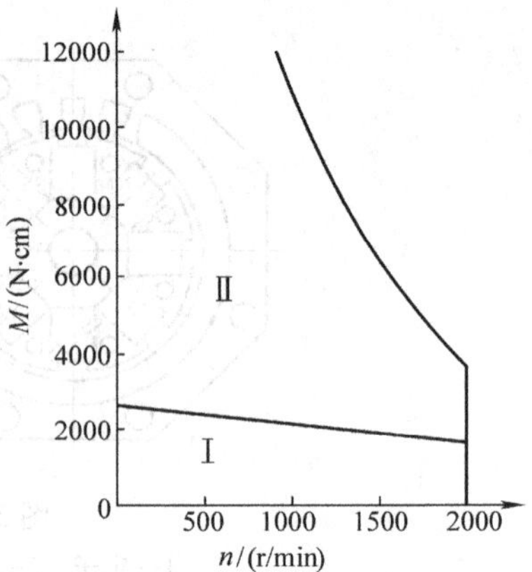

图 3-13　永磁交流伺服电动机的转矩-速度特性曲线

Ⅰ—连续工作区　Ⅱ—断续工作区

4）交流伺服电动机的调速控制。正弦波脉宽调制（SPWM）变频器属于交－直－交变频装置，它先将50Hz交流电经整流变压器转换到所需电压后，经整流和电容滤波，形成恒定直流电压，再送入常用6个大功率晶体管构成的逆变器主电路中，输出三相频率和电压均可调整的等效于正弦波的脉宽调制波（SPWM波），即可拖动三相异步电动机运转。这种变频器结构简单，电网功率因数接近于1，且不受逆变器负载大小的影响，系统动态响应快，输出波形好，使电动机可在近似正弦波的交变电压下运行，脉动转矩小，扩展了调速范围，提高了调速性能，因此在数控机床的交流驱动中得到了广泛应用。

（2）交流主轴电动机的性能　和直流主轴电动机一样，交流主轴电动机也是由功率－速度关系曲线来反映它的性能的，其特性曲线如图3-14所示。

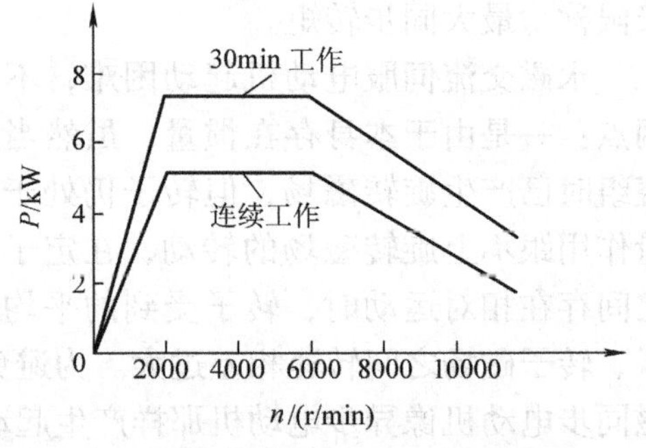

图 3-14　交流主轴电动机的特性曲线

从图3-14中曲线可见，交流主轴电动机的特性曲线与直流主轴电动机类似：在基本速度（如图3-14所示，2000r/min）以下为恒转矩区域，而在基本速度的范围内（2000～6000r/min）为恒功率区域。但有些电动机，当基本速度超过某一定值（如图3-14所示，6000r/min）之后，其功率-速度曲线向下倾斜，不能保持恒功率。对于一般主轴电动机，这个恒功率的速度范围只有1∶3的速度比。另外，交流主轴电动机也有一定的过载能力，一般为额定值的1.2～1.5倍，过载时间则从几分钟到半小时不等。

5. 直流伺服电动机与交流伺服电动机的比较

直流伺服电动机和交流伺服电动机都可作为控制系统中的执行元件，但应根据各自的特点和使用的具体情况，合理选用。

1）机械特性。直流伺服电动机的机械特性是线性的，在不同控制电压下，机械特性相互平行，而且特性很硬；但交流伺服电动机的机械特性是非线性的，特性的斜率随着控制信号的不同而变化，机械特性较软，特别是在低速段更加严重。

2）快速响应性。主要是考虑电动机的机电时间常数。由于直流伺服电动机的转子有电枢和换向器，其惯量较大，但由于其机械特性很硬，即在相同的空载转速下，堵转转矩大得多，因此总的来看，直流伺服电动机的机电时间常数比交流伺服电动机的机电时间常数大得不多，但在带较大负载时，直流伺服电动机的机电时间常数就要比交流伺服电动机的小。

3）体积、质量和效率。由于交流伺服电动机的转子电阻较大，损耗大、效率低，而且通常运行在椭圆形旋转磁场的情况下，反向磁场的阻转矩作用使得电动机的有效转矩减小，这就使得电动机的利用程度降低。因此在同样输出功率时，交流伺服电动机要比直流伺服电动机的体积大、质量大、效率低。这样它只适用于 0.5～100W 的小功率控制系统中，而在几十到几个千瓦的功率较大的控制系统中，较多地采用直流伺服电动机。

4）结构复杂性、运行可靠性及对系统的干扰等。由于直流伺服电动机需要电刷和换向器，使得其结构变得复杂，工作的稳定性和可靠性都较差，而且换向器上产生的火花引起的无线电干扰会影响其他系统的正常工作，同时由于电刷与换向器之间的摩擦增加了电动机的阻力矩。使电动机工作不稳定并产生较大的死区，影响电动机的灵敏性；而交流伺服电动机结构简单，运行可靠，在不易检修的地方使用时，优点更加突出。

3.2　步进电动机的选择计算方法及驱动器的选择

步进电动机是一种用电脉冲信号进行控制，并将电脉冲信号转换成相应的角位移的执行器。其角位移量与电脉冲数成正比，其转速与电脉冲频率成正比，通过改变脉冲频率就可以调节电动机的转速。如果停机后某些相的绕组仍保持通电状态，则电动机具有自锁能力。目前，步进电动机主要用于经济型数控机床的进给驱动，一般用于开环控制结构。

3.2.1　步进电动机的选用原则

选用步进电动机时，通常希望步进电动机的输出转矩大，起动频率和运行频率高，步距误差小，性能价格比高。但增大转矩与快速运行存在一定矛盾，高性能与低成本存在矛盾，因此实际选用时，必须全面考虑。

首先，应考虑系统的精度和速度的要求。为了提高精度，希望脉冲当量小。但是脉冲当量越小，系统的运行速度越低。故应兼顾精度与速度的要求来选定系统的脉冲当量。在脉冲当量确定以后，又可以此为依据来选择步进电动机的步距角和传动机构的传动比。

其次，对位移误差的要求。步进电动机的步距角从理论上说是固定的，但实际上还是有误差的。此外，负载转矩也将引起步进电动机的定位误差。应将步进电动机的步距误差、负载引起的定位误差和传动机构的误差全部考虑在内，使总的误差小于数控机床允许的定位误差。

第三，步进电动机的特性曲线。对步进电动机参数选择有影响的步进电动机的特性曲线包括起动矩频特性曲线和反映转矩与连续运行频率之间关系的工作矩频特性曲线。

已知负载转矩，可以在起动矩频特性曲线中查出起动频率。这是起动频率的极限值，实际使用时，只要起动频率小于或等于这一极限值，步进电动机就可以直接带负载起动。

若已知步进电动机的连续运行频率 f，就可以从工作矩频特性曲线中查出转矩 M_{dm}，这也是转矩的极限值，有时称为失步转矩。也就是说，若步进电动机以运行频率 f 运行，它所拖动的负载转矩必小于 M_{dm}，否则就会导致失步。

第四，步进电动机的选择既要满足快速进给的要求，又要满足切削进给的要求。在这两种情况下，对转矩和进给速度有不同的要求。若要求进给驱动装置有如下性能，在切削进给时的转矩为 T_e，最大切削进给速度为 v，在快速进给时的转矩为 T_k，最大快速进给速度为 v_k，可按下面的步骤来检查步进电动机能否满足要求：

1）将进给速度值转变成电动机的工作频率

$$f=\frac{1000v}{60\delta}$$

式中　v——进给速度（m/min）；

δ——脉冲当量（mm）；

f——步进电动机工作频率。

在上式中，若将最大切削进给速度 v_e 代入，可求得在切削进给时的最大工作频率 f_e；若将最大快速进给速度 v_k 代入，就可求得在快速进给时的最大工作效率 f_k。

2）根据 f_e 和 f_k 在工作矩频特性曲线上找到与其对应的失步转矩值 T_{dme} 和 T_{dmk}。若有 $T_e < T_{dme}$，且 $T_k < T_{dmk}$，就表明电动机满足要求，否则就不能满足要求。

表 3-1 给出了一些常用的反应式步进电动机的性能参数，供读者参考。

表 3-1　反应式步进电动机的性能参数

项目 型号	相数	步距角/（°）	电压/V	相电流/A	最大静转矩/（N·m）	空载起动频率/Hz	运行频率/Hz
75BF001	3	1.5/3	24	3	0.392	1750	12 000
75BF003	3	1.5/3	30	4	0.882	1250	12 000
90BF001	4	0.9/1.8	80	7	3.92	2000	8000
90BF006	5	0.18/0.36	24	3	2.156	2400	8000
110BF003	3	0.75/1.5	80	6	7.84	1500	7000
110BF004	3	0.75/1.5	30	4	4.9	500	7000
130BF001	5	0.38/0.76	80	10	9.3	3000	16 000
150BF002	5	0.38/0.76	80	13	13.7	2800	8000
150BF003	5	0.38/0.76	80	13	15.64	2600	8000

3.2.2　步进电动机的驱动

1. 步进电动机的工作方式

由上面可知，步进电动机的工作方式和一般电动机不同，是采用脉冲控制方式工作的。只有按一定规律对各相绕组轮流通电，步进电动机才能实现转动。数控机床中采用的功率步进电动机有三相、四相、五相和六相等，工作方式有单 m 拍，双 m 拍、三 m 拍及 $2m$ 拍等，m 是电动机的相数。所谓单 m 拍是指每拍只有一相通电，循环拍数为 m；双 m 拍是指每拍同时有两相通电，循环拍数为 m；三 m 拍是指每拍有三相通电，循环拍数为 m；$2m$ 拍是各拍既有单相通电，也有两相或三相通电，通常为 1～2 相通电或 2～3 相通电，循环拍数为 $2m$。反应式步进电动机的工作方式见表 3-2。一般电动机的相数越多，工作方式越多。若按和表 3-2 相反的顺序通电，则电动机反转。

表 3-2　反应式步进电动机的工作方式

相数	循环拍数	通电规律
三相	单三拍	A→B→C→A
	双三拍	AB→BC→CA→AB
	六拍	A→AB→B→BC→C→CA→A
四相	单四拍	A→B→C→D→A
	双四拍	AB→BC→CD→DA→AB
	八拍	AB→ABC→BC→BCD→CD→CDA→DA→DAB→A
五相	单五拍	A→B→C→D→E→A
	双五拍	AB→BC→CD→DE→EA→AB
	十拍	A→ABC→BC→BCD→CD→CDE→DE→DEA→EA→EAB→AB
六相	单六拍	A→B→C→D→E→F→A
	双六拍	AB→BC→CD→DE→EF→FA→AB
	三六拍	ABC→BCD→CDE→DEF→EFA→FAB→ABC
	十二拍	AB→ABC→BC→BCD→CD→CDE→DE→DEF→EF→EFA→FA→FAB→AB

由步距角计算式可知，循环拍数越多，步距角越小，从而定位精度越高。另外，通电循环拍数和每拍通电相数对步进电动机的矩频特性、稳定性等都有很大的影响。步进电动机的相数也对步进电动机的运行性能有很大影响。为提高步进电动机的输出转矩、工作频率和稳定性，可选用多相步进电动机，并采用 $2m$ 拍工作方式。但双 m 拍和 $2m$ 拍工作方式功耗都比单拍的大。

2. 步进电动机驱动电路

从计算机输出口或从环形分配器输出的信号脉冲功率很小，需要进行功率放大，使脉冲电流达到 1～10A 才足以驱动步进电动机旋转。与一般功放不同的是功放中的负载为步进电动机的绕组，是感性负载，从而带来由于较大电感会影响快速性和感应电势带来的功率管保护等问题。功率放大器最早采用单电压驱动电路，后来出现了双电压（高低压）驱动电路、斩波电路、调频调压和细分电路等。

（1）单电压驱动电路　单电压驱动电路的优点是线路简单，缺点是电流上升不够快，高频时带负载能力低，其电路图如图 3-15 所示。图中 L 为步进电动机励磁绕组的电感，R_a 为绕组电阻并串接一电阻，为了减小回路的时间常数 $L/(R_a+R_c)$，电阻 R_c 并联一电容 C（可提高负载瞬间电流的上升率），从而提高电动机的快速响应能力和起动性能。续流二极管 VD 和阻容吸收回路 RC，是功率管 VT 的保护线路。

（2）高低压驱动电路　高低压驱动电路的特点是供给步进电动机绕组有两种电压：一种是高电压 U_1，由电动机参数和晶体管特性决定，一般在 80V 至更高范围；另一种是低电压 U_2，即步进电动机绕组额定电压，一般为几伏，不超过 20V。图 3-16 所示为高低压驱动电路的原理图。在相序输入信号 I_H、I_L 到来时，VT_1、VT_2 同时导通，给绕组加上高压 U_1 以提高绕组中电流上升率，当电流达到规定值时，VT_1 关断、VT_2 仍然导通（t_H 脉宽小于 t_L），则自动切换到低压 U_2。该电路的优点是：在较宽的频率范围内有较大的平均电流，能产生较大且稳定的平均转矩。其缺点是：电流波顶有凹陷，电路较复杂。

（3）斩波驱动电路　高低压驱动电路的电流波形的波顶会出现凹形，造成高频输出转矩的下降，为了使励磁绕组中的电流维持在额定值附近，又出现了斩波驱动电路，其原理如图 3-17 所示。环形分配器输出的脉冲作为输入信号，若为正脉冲，则 VT_1、VT_2 导通，由于 U_1 电压较高，绕组回路又没串电阻，所以绕组中的电流迅速上升，当绕组中的电流上升到额定值以上某一数值时，由于采样电阻的反馈作用，经整形、放大后送至 VT_1 的基极，使 VT_1 截止。接着绕组由 U_2 低压供电，绕组中的电流立即下降，但刚降至额定值以下时，由于采样电阻 R 的反馈作用，使整形电路无信号输出，此时高压前置放大电路又使 VT_1 导通，电流又上升。如此反复进行，形成一个在额定电流值上上下波动呈锯齿状的绕组电流波形，近似恒流，所以斩波电路也称为斩波恒流驱动电路。锯齿波的频率可通过调整采样电阻 R 和整形电路的电位器来调整。斩波驱动电路虽然复杂，但它的优点比较突出，即绕组的脉冲电流边沿陡，快速响应好；功耗小，效率高；输出恒定转矩；减少了步进电动机共振现象的发生。

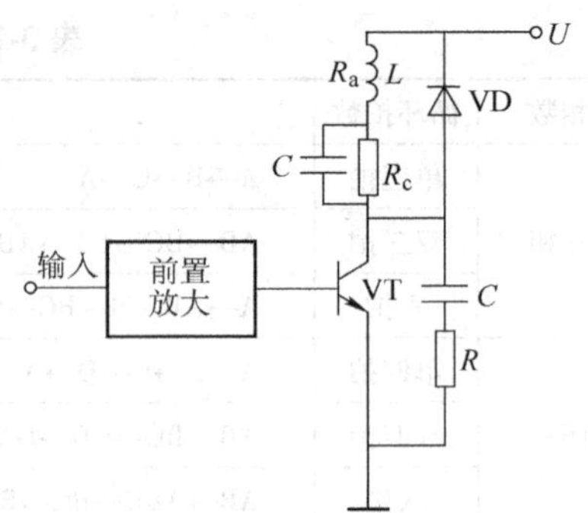

图 3-15　单电压驱动电路

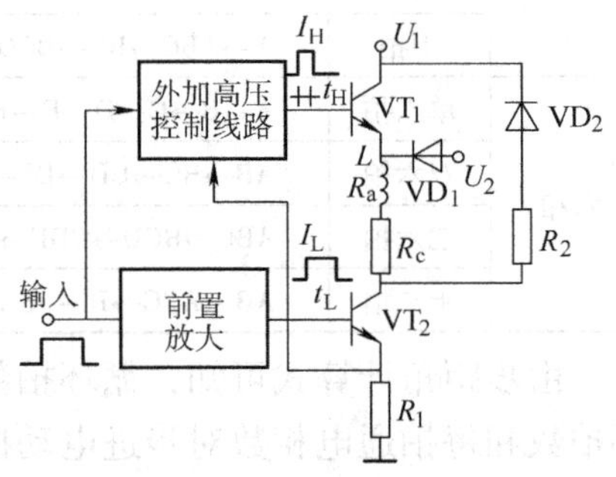

图 3-16　高低压驱动电路

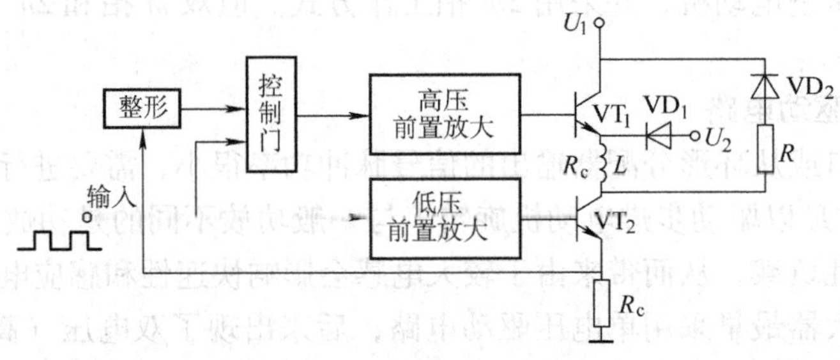

图 3-17　斩波驱动电路

从上述驱动电路来看，为了提高驱动系统的快速响应，采用了提高供电电压、加快电流上升沿的措施。但在低频工作时，步进电动机的振荡加剧，甚至失步。可采用电压随频率变化，即调频调压电路来解决。

3. 步进电动机驱动系统的特点

步进电动机不能直接接到直流电源上工作，而必须使用专用设备——步进电动机驱动器。步进电动机驱动系统的性能，除与电动机本身的性能有关外，也在很大程度上取决于驱动器的优劣。

通常步进电动机驱动器由逻辑控制电路、功率驱动电路、保护电路和电源组成。步进电动机驱动器一旦接收来自控制器的方向信号和步进脉冲，控制电路就按预先设定的电动机通电方式产生步进电动机各相励磁绕组导通或截止信号。控制电路输出的信号功率很低，不能提供步进电动机所需的输出功率，必须进行功率放大，这就是步进电动机驱动器的功率驱动部分。功率驱动电路向步进电动机控制绕组输入电流，使其励磁形成空间旋转磁场，驱动转子运动。保护电路在出现短路、过载、过热等故障时，迅速停止驱动器和电动机的运行。

步进电动机驱动器的特点主要体现在以下几个方面：

1）各相绕组都是开关工作。多数电动机绕组都是连续的交流或直流供电，而步进电动机各相绕组都是脉冲式供电，所以绕组电流不是连续的而是断续的。

2）步进电动机各相绕组都是在铁心上的线圈，所以都是比较大的电感。绕组通电时，电流上升受到限制，因此影响电动机绕组电流的大小。

3）绕组断电时，电感中磁场的储能将维持绕组中已有的电流不能突变，结果使应该电流截止的相不能立即截止。为使电流尽快衰减，必须设计适当的续流回路。绕组导通和截止过程都会产生较大的反电势，而截止时的反电势将对驱动器功率器件的安全产生十分有害的影响，使整个系统的使用受到影响。

4）电动机运行时在各相绕组中将产生旋转电势，这些电势的方向和大小将对绕组电流产生很大的影响。由于旋转电势基本上与电动机转速成正比，转速越高，电势越大，绕组电流越小，从而使电动机输出转矩随着转速升高而下降。

5）电动机绕组中有感应电势、互感电势、旋转电势。这些电势与外加电压共同作用于功率器件。当其叠加结果使电动机绕组两端的电压大大超过电源电压时，使驱动器工作条件更为恶劣。

6）混合式步进电动机的绕组必须用双极性电源供电，也就是说，绕组有时需通正向电流，有时需通反向电流。

根据以上特点，步进电动机的驱动器必须要保证步进电动机绕组有足够的电压、电流和正确的波形，而且同时要保证驱动器功率器件安全运行，还应有较高的效率、较小的功耗、较低的成本。

4. 步进驱动伺服系统精度分析及改善措施

步进电动机与驱动电路组成的开环进给系统，具有结构简单、控制方便、价格便宜、性能可靠等优点，广泛应用于经济型数控机床，以及旧设备的数控改造中。

步进驱动开环系统控制原理如图 3-18 所示。该系统中没有反馈检测装置，其前向通道中的各种误差无法通过反馈信息来补偿，从而直接导致了输出位置误差。因此，对开环进给系统的精度进行分析，并采取必要的措施加以改善，对提高系统性能大有好处。

图 3-18　步进驱动开环系统控制原理图

（1）精度分析　在步进驱动系统中影响伺服精度的主要因素包括以下几个方面：

1）步进电动机的步距误差。步距误差直接影响工作台的定位精度。步距误差的主要影响因素包括步进电动机定子和转子的分齿精度、加工装配精度及气隙不均匀程度等。在开环控制系统中，步距误差无法测量和补偿。因此在选用步进电动机时，应充分考虑它对系统精度的影响。

2）步进电动机的动态误差。步进电动机单步运行时，存在明显振荡现象。当工作在较低频率区间（300～500Hz）时，会出现低频共振，导致步进电动机失步，严重影响伺服精度。

3）齿隙误差。在开环进给传动链中，齿轮传动、滚珠丝杠螺母副等均存在传动间隙，它会造成工作台反向运动时，电动机空走而工作台不移动。

4）滚珠丝杠螺距误差。滚珠丝杠的螺距不可能绝对准确，加上热摩擦及扭转等因素的影响，必定存在一定误差，使得控制装置反馈计算的位置信息与工作台实际位置存在差别。此外，还包括滚珠丝杠、螺母支架、轴承等机械部件因受力变形和热变形引起的机械传动误差等。

（2）改善措施

1）选择性能良好、精度较高的零部件。步进电动机和滚珠丝杠螺母副是步进驱动系统的重要零部件，其性能和制造精度直接影响伺服系统精度，因此，应优先选择步距角较小的步进电动机和精密的传动副。

2）采用开环补偿型控制方式。对于精度要求较高的数控机床，针对开环伺服系统存在的不足，通过对开环控制方式进行改进而采用开环补偿型控制方式。即选用步进电动机开环伺服机构作为基本控制方式，并在此基础上附加一套工作台位移检测装置，如直线光栅或感应同步器等，通过装在工作台上的直线位移检测装置的反馈信号来校正机械传动误差。当系统中没有传动误差时，只有开环部分工作；当系统出现传动误差时，反馈电路将出现一定数目的附加脉冲，用以补偿步进电动机多走或少走的步数。

3）采用细分驱动电路。步进电动机的性能指标与所配备的驱动电源有很大关系。细分是在换相时不将绕组全部电流通入或关断，只改变其中的一部分，使绕组电流成为阶梯波。采用细分驱动电路后相当于减小了系统的脉冲当量，使步距角减小、运行更加平稳、提高分辨率、实现精确定位，并可以减小步进电动机在低频运行时的振动和噪声。

4）螺距误差软件补偿。针对滚珠丝杠螺距误差对开环进给系统定位精度的影响，可采用软件方法实现螺距误差补偿。螺距误差补偿程序通常包括在位置控制程序中，在控制系统算出反馈的工作台当前位置时，用螺距误差补偿程序实现反馈增量的补偿及位的补偿。

5）齿隙误差软件补偿。为消除或减少齿隙误差对机床精度的影响，在数控装置内存中设有若干个地址，专供存储各轴上的齿隙值。当机床的某个轴被指令改变方向时，数控装置会自动读取该轴的齿隙值，坐标位移指令值进行补偿修正，使机床准确定位在指令位置上。

3.2.3 步进电动机的计算选择方法

1. 步进电动机的选择方法

步进电动机一般按照图 3-19 所示步骤进行选择。

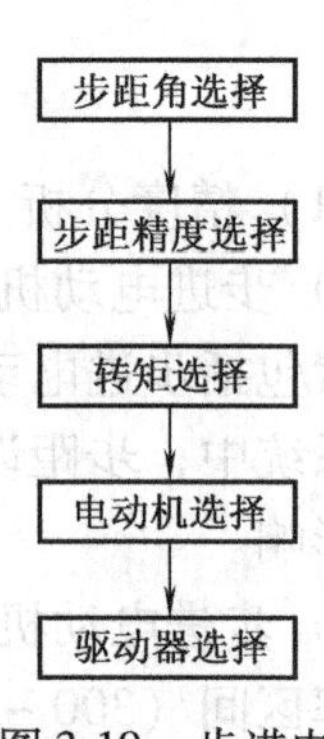

图 3-19 步进电动机的选型过程

（1）步距角选择 步距角的公式为

$$\theta = \frac{360°\delta}{it}$$

式中 δ——脉冲当量（mm/Hz）；

i——传动比；

t——丝杠螺距（mm）。

目前市场上步进电动机的步距角一般有 0.36°/0.72°（五相电动机）、0.9°/1.8°（二、四相电动机）、1.5°/3°（三相电动机）。步距角可选择最接近计算结果的标准值。如果还要细分，可在驱动器上设置。电动机相数越小，所承受的负载转矩也越小。若电动机负载惯量大时，低频共振现象会比较突出（尤其是单三拍运行方式）。

（2）步距精度选择　一般经数控化改造后的数控机床都是开环控制系统，系统的精度主要取决于步进电动机的步距精度和传动件的定位误差。在步进电动机产品样本中给出的步距精度是在空载情况下转子离开准确位置的最大偏移量，是静态误差。系统的动态误差是在频率发生突变及低频和高频振荡过程中存在的实际位置与理论位置之差。在实际运转中，转子的最终运动质量（影响加工工件的表面精度）可以采用细分电路控制。

静态误差 $\Delta\beta_J$ 公式为

$$\Delta\beta_J = \Delta\beta + \Delta\beta_c + \Delta\beta_f$$

式中　$\Delta\beta$——选定电动机的步距误差（°）；

$\Delta\beta_c$——传动件的累积误差（°）；

$\Delta\beta_f$——由摩擦负载引起的随机误差（°），且 $\Delta\beta_f = \frac{m\beta}{2\pi}\arcsin\frac{Me_2}{M_m}$，其中 m 为拍数，Me_2 为系统干摩擦转矩（N·m），M_m 为步进电动机最大静转矩（N·m）。

一般的要求是

$$\Delta\beta_J < \pm\frac{m\beta}{4}$$

（3）转矩选择　转矩的选择包括最大静转矩、定位转矩和起动转矩的计算和选择。

1）最大静转矩 M_{max} 的计算。步进电动机工作时，所需转矩有空载起动时折算到电动机轴上的加速度转矩 M_{amax}、折算到电动机轴上的摩擦转矩 M_f、由丝杠预紧所引起的折算到电动机轴上的摩擦转矩 M_0、切削时折算到电动机轴上的加速度转矩 M_{at} 和折算到电动机轴上的切削负载转矩 M_t。

快速空载起动所需转矩为

$$M_{空} = M_{amax} + M_f + M_0$$

切削时所需转矩为

$$M_c = M_{at} + M_f + M_0 + M_t \tag{3-2}$$

快速进给时所需转矩为

$$M_s = M_f + M_0$$

一般情况下，M_{max} 发生在切削时所需转矩，可以按照式（3-2）计算。

2）定位转矩的选择。定位转矩与电源、矩角特性的形状及要求的位置精度有关。反应式步进电动机在绕组不通电时，没有定位转矩；永磁式步进电动机在绕组不通电时，仍有较小的定位转矩。但是定位转矩的值较小，一般不予计算。

3）起动转矩计算。步进电动机带动负载运行时，所需负载转矩小于最大静转矩。若要能较准确地选择电动机，就需要由根据最大静转矩推算出起动转矩或根据

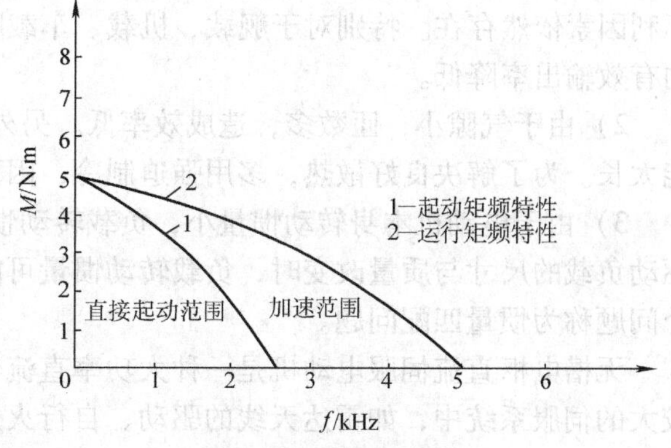

图 3-20　起动矩频特性

电动机说明书提供的起动矩频特性（图 3-20），找出起动频率。然后在图 3-20 中画出总摩擦负载 $M_m = M_f + M_0$，得到起动频率 f_1。即电动机可在小于 f_1 的频率范围内带动负载 M_m 直接起动。

（4）步进电动机驱动器的选择　在选择电动机驱动器时，要求输入脉冲信号的频率小于 f_{min}，宽度大于 Δt。这时就要复核 f_1 是否在 f_{min} 的范围内，$1/f_1$ 是否大于 Δt。根据电动机的电流，配用大于或等于此电流的驱动器。如果需要低振动或高精度时，可配用细分型驱动器，对于大转矩电动机，尽可能用高压型驱动器，以获得良好的高速性能。

3.3　直流伺服电动机的选择计算方法

3.3.1　直流电动机及特点

在伺服系统中使用的直流伺服电动机，按转速的高低可分为两类高速直流伺服电动机和低速大扭矩宽调速电动机。

1. 高速直流伺服电动机

高速直流伺服电动机又分为普通直流伺服电动机和高性能直流伺服电动机。在 20 世纪 60 年代末，出现了两种高性能的小惯量高速直流伺服电动机。下面介绍这两种电动机的主要特点。

（1）小惯量无槽电枢直流伺服电动机　无槽电枢直流伺服电动机又称表面绕组电枢直流电动机。这种电动机与普通电动机在结构上的不同之处在于电枢的铁心表面无槽，电枢绕组直接用环氧树脂粘接在光滑的铁心表面上（故称为表面绕组），并用玻璃丝带加固，使电枢绕组与铁心成为一个坚实的整体。由于转子采用无槽结构，电枢绕组均匀分布在铁心表面上，大大缩小了电枢直径，减小了转子的转动惯量。

小惯量无槽电枢直流伺服电动机具有以下优点：

1）转子转动惯量小，是普通电动机的 1/10，电磁时间常数小，反应快。

2）转矩-惯量比大，过载能力强，最大转矩可比额定转矩大 10 倍。

3）低速性能好，转矩波动小，线性度好，摩擦小，调速范围可达数千。

但是，作为伺服系统的执行元件，高速小惯量电动机还存在一些缺点，例如：

1）由于其转速高，作为伺服系统的执行元件仍需减速器，齿轮间隙给系统带来的种种不利因素依然存在。特别对于舰载、机载、车载陀螺稳定伺服系统，过大的减速比使电动机的有效输出率降低。

2）由于气隙小，匝数多，造成效率低。另外由于惯量小，热容量也较小，过载时间不能太长。为了解决良好散热，多用强迫制冷，因而体积、质量、噪声都较大。

3）由于电动机本身转动惯量小，负载转动惯量可能要占系统总惯量中较大成分。当所驱动负载的尺寸与质量改变时，负载转动惯量可能发生变化，从而影响系统的动态性能。这个问题称为惯量匹配问题。

无槽电枢直流伺服电动机是一种大功率直流伺服电动机，主要用于需要快速动作，功率较大的伺服系统中，如雷达天线的驱动、自行火炮、导弹发射架驱动、计算机外围设备以及数控机床等方面。

(2) 空心杯电枢直流伺服电动机　无槽电枢直流伺服电动机由于存在电枢铁心，故在实现快速动作的电子设备中，存在转动惯量太大的问题。空心杯电枢直流伺服电动机则是一种转动惯量更小的直流伺服电动机，称之为“超低惯量伺服电动机”。它的特点是：

1）低转动惯量。由于转子无铁心，且壁薄而细长，其转动惯量很小，起动时间常数小，可达 1ms 以下。转矩-惯量比很大，角加速度可达 $10^6 rad/s^2$。

2）灵敏度高，快速性能好，速度调节方便，其起动电压在 100mV 以下，可完成每秒钟 250 个起-停循环。

3）损耗小，效率高。因转子中无磁滞和涡流造成的损耗，故其效率可达 80% 或更高。

4）由于绕组在气隙中均匀分布，不存在齿槽效应，转矩波动小，低速运转平稳，噪声很小。

5）绕组的散热条件好，其电流密度可取到 $30A/mm^2$。

6）转子无铁心，电枢电感很小，因此换向性能很好，几乎不产生火花，大大提高了使用寿命。

空心杯电枢直流伺服电动机在国外已系列化生产，输出功率从零点几瓦到几千瓦，多用于高精度的伺服系统及测量装置等设备中。如电视摄像机、各种录音机、X-Y 函数记录仪、数控机床等。

2. 低速大扭矩宽调速电动机

低速大扭矩宽调速电动机是在过去军用低速力矩电动机经验的基础上发展起来的一种新型电动机。相对于前面的小惯量电动机而言（国内文献中也有称它为大惯量电动机），大扭矩宽调速电动机具有下列特点：

1）高的转矩-惯量比，从而提供了极高的加速度和快速响应。

2）高的热容量，使电动机在自然冷却全封闭的条件下，仍能长时间过载。

3）电动机所具有的高转矩和低速特性使得它与机床丝杠很容易直接耦合。这样不仅解决了齿轮减速器的间隙给系统带来的种种不利影响，而且从负载端看，电动机惯量折算到负载端的系数为 1，而不是像高速电动机传动比为 i 时折算为 i^2 倍。所以系统总的转矩-惯量比值不一定降低，系统仍有较高的动态性能。

4）由于精心选择电刷的材料，且电刷的接触面积大，使得电动机在大的加速度和过载情况下，仍有良好的换向。

5）电动机采用耐高温的 H 级绝缘材料，且具有足够的机械强度，以保证有长的寿命和高的可靠性。

6）采用能承受重载荷的轴和轴承，使得电动机在加、减速和低速大转矩时能承受最大峰值转矩。

7）电动机内装有高精度和高可靠性的反馈元件——脉冲编码器或多极旋转变压器和测速发电机。

总之，大扭矩宽调速电动机具有许多优点。近年来，在高精度数控机床和工业机器人伺服系统中获得了越来越广泛的应用。尤其是北京机床研究所按日本富士通 FANUC 公司的许可证制造的 FANUC-BESK 系列直流伺服电动机应用最为广泛。

宽调速直流伺服电动机虽然具有上述特点，但是，对它进行控制不如步进电动机简单，快速响应性能也不如小惯量电动机。宽调速直流伺服电动机转子由于采用良好的绝缘，耐温可达150~200℃。转子温度高，热量通过转轴传到丝杠，若不采取措施，丝杠热变形将影响传动精度。此外，电动机电刷易磨损，维修、保养也存在一定的问题。

3. 永磁直流伺服电动机特点

1）高性能的铁氧体具有大的矫顽力和足够的厚度，能承受高的峰值电流以满足快的加减速的要求。

2）大惯量的结构使电动机在长期过载工作时具有大的热容量。

3）低速高转矩和大惯量结构可以与机床进给丝杠直接连接。

4）一般没有换向极和补偿绕组，通过仔细选择电刷材料和磁场的结构，使得在较大的加速度状态下有良好的换向性能。

5）绝缘等级高，从而保证电动机在反复过载的情况下仍有较长的寿命。

6）在电动机轴上装有精密的测速发电机、旋转变压器或脉冲编码器，从而可以得到精密的速度和位置检测信号，以反馈到速度控制单元和位置控制单元。

3.3.2　直流伺服电动机的技术数据

1）空载起动电压 U_0 是指在额定励磁电压和空载的情况下，使转子在任意位置开始连续转动所需的最小控制电压，称为空载始动电压。空载起动电压小，则灵敏度高。空载起动电压以额定控制电压的百分比表示，一般为额定电压的2% ~12%，小功率电动机 U_0 较大。

2）机电时间常数 τ_m。在额定励磁电压和空载情况下，加以阶跃的额定控制电压。电动机由静止状态加速到空载转速63.2%所需要的时间称为机电时间常数。这个性能指标是衡量电动机响应速度的，该值越小，说明响应越快速、灵敏。通常，伺服电动机的机电时间常数应小于0.03s。

1. 对直流伺服电动机的要求

在伺服系统中，电动机的转速和工作状态要根据指令信号改变，因此伺服系统中使用的直流电动机叫做直流伺服电动机。根据伺服在系统中的作用和特点，系统对它的性能提出了下列要求：

1）尽可能高的响应频率，亦即尽可能减小转子的转动惯量，增加转矩-惯量比。

2）良好的平稳性。

3）尽可能宽的调速范围。

4）机械特性的硬度 $\Delta T/\Delta n$ 的数值尽可能大。

5）换向器和电刷间的接触火花尽可能小，以减小伺服噪声。

6）过载能力强。

2. 直流伺服电动机的选用原则和选用计算

电磁式直流伺服电动机在起动时首先要接通励磁电源，然后再加电枢电压，以避免电枢绕组因长时间流过大电流而烧坏电动机。这是因为如果先加电枢电压，电枢电流 $I_a=U_c/R_a$，电压 U_c 全部加在电枢电阻 R_a 上，而 R_a 很小，造成电枢电流 I_a 过大，极易烧坏电动机。

在电磁式直流伺服电动机运行过程中，绝对要避免励磁绕组断线，以免造成电枢电流过大和“飞车”事故。

永磁式直流伺服电动机的性能很大程度上取决于永磁材料的优劣。大多数永磁材料的机械强度不高，易于破碎。在安装和使用这类电动机时，要注意防止剧烈的振动和冲击，否则容易引起永磁体内部磁畴排列的混乱，使永磁体退磁。另外，尽量远离热源，因为有些永磁材料的温度系数较高，磁性能易受温度变化的影响。

根据负载条件选择电动机。一般情况下，首先计算出加在电动机轴上的负载转矩及负载转动惯量。负载转矩 M_L 按下式计算

$$M_L = \sum M_R + M_{MC} + M_a$$

式中　$\sum M_R$——克服各种摩擦转矩的总和；

M_{MC}——机械加工切削力的转矩；

M_a——机械部分加速度转矩。

负载转动惯量（圆柱直线运动物体、齿轮传动）按下式计算

$$J_L = i_G^2(J_C + J_{SP} + J_{T+W}) + J_G$$

式中　i_G——齿轮传动比；

J_C——联轴器转动惯量；

J_{SP}——丝杠转动惯量；

J_{T+W}——工作台与工件折算到丝杠轴上的转动惯量；

J_G——齿轮减速器的转动惯量。

然后按照下列方法选择电动机：

（1）根据负载的性质选择电动机

1）恒转矩负载特性的机械，应选用机械特性为硬特性的电动机。

2）恒功率负载特性的机械，选用可调节励磁的直流电动机或带有机械变速的异步电动机较为合适。

（2）电动机主要尺寸和额定功率及转速间的关系

$$S_c = K_A D^2 l_c n$$

式中　D——电枢直径（mm），对于直流电动机，电枢直径是指转子外径，对于一般结构的交流电动机，则是指定子内径；

l_c——铁心的计算长度（mm）；

n——同步转速（r/min）；

K_A——利用系数，它的大小反映了电动机有效材料的利用程度。

上式说明，在相同功率下，转速越高，电动机尺寸越小，所用材料越少，价格降低，所以一般电动机都设计成高额定转速，但是生产机械的工作转速低，需要用电气调速或机械减速装置降低转速，因此必须合理地确定转速比和电动机的额定转速。

（3）数控机床电动机转速的选择　数控机床的调速范围较宽，调速精度较高，选用电动机的最高转速应当与数控机床的需要相适应，其调速方法和基速确定都应从充分合理利用功率来考虑。

3. 直流电动机调速方式的选择

由直流伺服电动机的机械特性公式（3-1）可以看出，改变电枢电压、励磁电流（电磁式）或电枢回路电阻即可改变电动机的转速。数控机床的速度控制单元常采用前两种方法，经常采用第一种方法来实现伺服电动机或主轴电动机的调速。现分析如下：

（1）改变电枢电压 U_c　当改变电枢电压 U_c 调速时，励磁电流保持在额定值，即 $\Phi =$

Φ_{nom}。电动机转速（见 3.1.2 节）为

$$n = \frac{U_c}{C_e\Phi} - \frac{R_a}{C_e C_M \Phi^2}T$$

整理后，上式还可表示成为

$$n = \frac{U_c}{C_e\Phi} - \frac{R_a}{C_e C_M \Phi}I_d = n_0 - \Delta n$$

此式表明，改变电枢电压 U_c 时，理想空载转速 n_0 将改变。由于 U_c 始终只能小于电枢额定电压 U_{nom}，故 $n_0 \leqslant U_{0nom}$（U_{0nom}为理想空载电枢额定电压）即此时电动机转速一定小于额定值 n_N。这就表明，改变 U_c 只能实现向基速以下的调速（图 3-21）。图 3-21 中随着电压的减小，转速下降，机械特性不变，稳定性好。这种方法简称调压调速。

电磁转矩 T 与电枢电流 I_d 的关系可表示为

$$T = C_M \Phi I_d \tag{3-3}$$

由式（3-3）可发现，在调速过程中，若保持电枢电流 I_d 不变，Φ 不变，则转矩 T 为恒定值，即改变电枢电压 U_c 的调速属于恒转矩调速。

（2）改变励磁磁通 Φ　当改变励磁电流，即改变磁通 Φ 调速时，通常保持电枢电压 $U_c = U_{nom}$不变。而励磁电流总是向减小一方调整，即 $\Phi \leqslant \Phi_{nom}$。根据机械特性可知，此时的 n_0将随 Φ 的下降而迅速上升，机械特性斜率 β 将变大，也就是特性将变“软”。调速的结果是减弱磁通将使电动机转速升高。这种调速方法的机械特性曲线如图 3-22 所示。

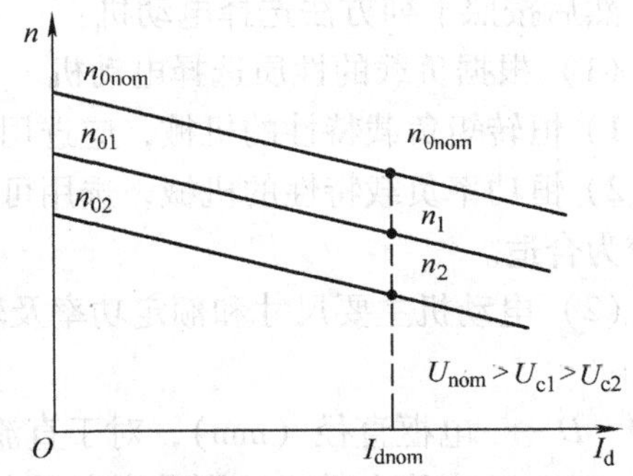

图 3-21　调压调速时的转速特性

由式（3-3）可见，由于调速过程中，电压 U_c 不变，若电枢电流也不变，则调速前后功率是不变的，故调磁调速属于恒定功率调速。

调磁调速因其调速范围较小，常常作为调速的辅助方法，而主要的调速方法是调压调速。若采用调压与调磁两种方法互相配合，可以获得更宽的调速范围，又可充分利用电动机的容量。

（3）改变电枢回路电阻调速　一般是在电枢回路中串接附加电阻。只能实现有级调速，但是附加电阻的损耗较大，电动机的机械特性较软，一般应用于少数小功率场合。工程上常用的主要是前两种调速方法。

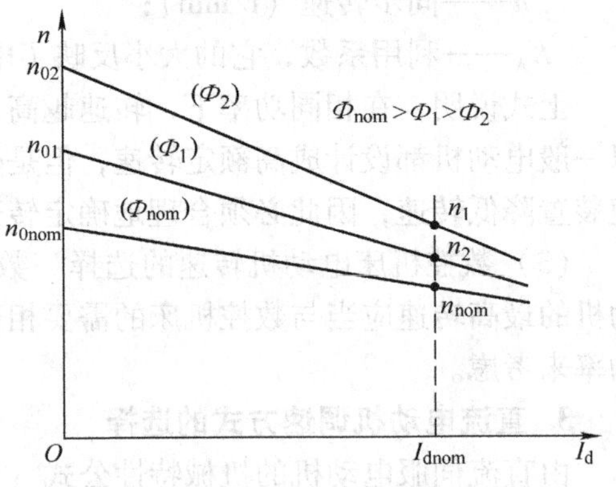

图 3-22　调磁调速的转速特性

3.4　交流伺服电动机的选择计算方法

随着新型大功率电力电子器件，新型变频技术、现代控制理论以及微机数控等在实际应用中取得的重要进展，交流伺服电动机以其坚固耐用、经济可靠及动态响应性能好等优点，越来越广泛地应用于数控机床的进给系统中。在日本、欧洲、美国形成一个生产交流伺服电动机的新兴产业。德国在 1988 年生产的机床进给驱动中，交流伺服电动机驱动已占 80%。日本 1985 年销售的交流与直流电动机驱动系统之比为 3∶1。机床主轴驱动中，采用交流电动机的占销售总量的 90%。

3.4.1　交流电动机的选择原则和选择计算

交流伺服电动机的电源是两相的，但通常的电源是三相的或是单相的，这样就要将电源移相之后才能使用。对于三相有中性线的电源，可取一相电压及其他两相之间的线电压分别作为励磁电压和控制电压；对于三相无中性线的电源，可利用三相变压器二次的相电压和线电压形成 90°相位移的电源系统。如果只有单相电源，则需要通过移相电容产生两相电源，通过对电容值的合理选择，可以使励磁电压和控制电压正好相差 90°的电角度。通常，移相电容为零点几微法到几十微法。

在控制系统中，控制信号通常通过放大器加到交流伺服电动机的控制绕组上。这样，大的控制电流和控制功率就会增大放大器的负担，使放大器的体积和质量增大。可以通过在控制绕组两端并联电容的方法，提高控制相的功率因数，从而减小放大器输出的无功电流，减小放大器的负担。

交流伺服电动机为了满足控制性能的要求，转子电阻通常都设计得比较大，而且经常工作在低速段和不对称状态，因此它的损耗比一般电动机大，发热多，效率低。为了保证其温升不超过允许值，在安装时应改善散热条件，如将电动机安装在面积足够大的金属支架上，以保证通风良好，远离其他热源。

伺服电动机是根据负载条件来选取的。加在电动机轴上的负载主要有负载转矩和负载惯量，其中负载转矩包括切削转矩和摩擦转矩。负载转矩应小于所选择电动机的额定转矩，负载转矩与加速转矩之和应等于所选择电动机的最大转矩。

加速转矩应考虑负载惯量和电动机惯量的匹配，同时还应考虑连续过载时间在所选电动机的允许范围内，负载快速运动时所需的电动机转速应在电动机的最高转速之内。这样可使电动机在机床的伺服系统中工作性能得以充分发挥。交流电动机的选择一般按照下述步骤进行选择：

1. 额定转速 n_N 的选择

$$n_{max} = \frac{v_{max}}{Bi}$$

式中　v_{max}——最大进给速度；

B——丝杠螺距（mm）；

i——传动比。

取额定转速 $n_N \geqslant n_{max}$。

2. 折算到电动机轴上的转动惯量 J_Z 的选择

（1）负载惯量的计算　在实际工程中，用飞轮转矩 GD_Z^2 代替转动惯量进行计算。

$$GD_Z^2 = \delta GD_M^2 + GD_L^2 i^2$$

式中　GD_Z^2——折算到电动机轴上的总飞轮转矩（$N \cdot m^2$）；

GD_M^2——电动机轴上的飞轮转矩；

GD_L^2——实际负载飞轮转矩；

δ——$\delta = 1.1 \sim 1.25$（中间传动轴越多，值越大）。

若以加速时间最短为制约条件，则

$$GD_M^2 = GD_L^2$$

$$GD_L^2 = 4W\left(\frac{\Delta r}{2\pi \times 10^3}\right)^2$$

$$GD_Z^2 = (\delta + i^2)\ 4W\left(\frac{\Delta r}{2\pi \times 10^3}\right)^2$$

式中　W——重力（N）；

Δr——转动半径（m）。

由飞轮转矩和转动惯量的关系

$$J_Z = \frac{GD_Z^2}{4g}$$

式中　J_Z——转动惯量（$kg \cdot m^2$）。

g——重力加速度（$9.8m/s^2$）。

可计算出 J_Z。

（2）负载惯量的选择

$$J_N \geqslant J_Z，且\ J_Z = \frac{GD_Z^2}{4g}，\ GD_N^2 = 4gJ_N$$

式中　GD_N——额定飞轮转矩。

（3）额定转矩 M_N 的选择

1）负载转矩 M_L 计算

$$M_L = \frac{F\Delta r}{2\pi\eta \times 10^3} = \frac{(F_A + \mu W)\ \Delta r}{2\pi\eta \times 10^3}$$

式中　F_A——工作台的轴向运动力（N）；

W——工作台重力（N）；

μ——摩擦因数；

Δr——电动机每转线位移量，$\Delta r = B/i$，其中 B 为丝杠螺距（mm），i 为传动比，$i = \frac{n_{丝杠}}{n_{电动机}}$；

η——传动效率。

2）额定转矩的选择

$$M_N \geqslant 2M_L$$

根据以上计算公式，代入具体数值后得到额定转速 n_N、额定转动惯量 J_N、额定转矩 M_N、最大转矩 M_{max}。按这些参数选择符合性能要求的伺服电动机。以上参数确定后，对电动机进行验算。

（1）速度运行参数　由所选电动机的速度及转矩特性图（图 2-23），可知定位时间 t_0

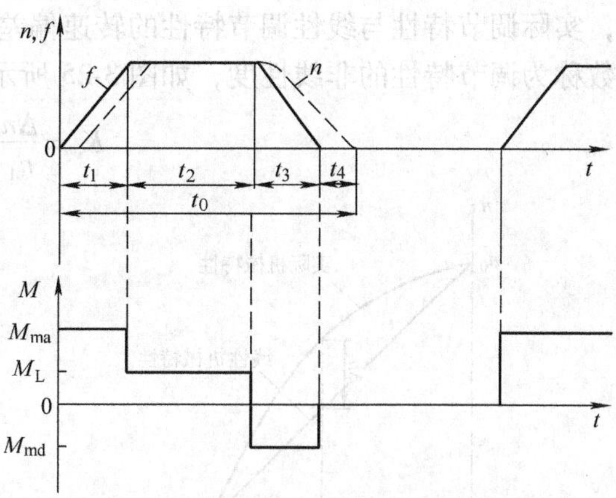

$$t_0 = t_1 + t_2 + t_3 + t_4$$

式中　t_1——加速时间；

t_2——恒速时间；

t_3——减速时间；

t_4——整定时间，$t_4 = (0.08 \sim 0.16)s$。

图 3-23　电动机的速度及转矩特性图

$$t_1 = t_3 = \frac{t_0 - t_2 - t_4}{2}$$

（2）加减速转矩　设加减速转矩相等，则使速度变化的转矩为

$$M_a = \frac{GD_N^2 + GD_L^2}{375} \frac{n_{max}}{t_1}$$

式中　M_L——负载转矩。

则加速转矩为

$$M_{ma} = M_L + M_a$$

减速转矩为

$$M_{md} = M_L - M_a$$

要求 $M_{ma} < M_{max}$ 和 $M_{md} < M_{max}$

（3）连续工作转矩计算　连续工作时电动机应有的转矩是

$$M = \sqrt{\frac{M_{ma}^2 t_1 + M_L^2 (t_0 - t_4 - 2t_1) + M_{md}^2 t_3}{3}}$$

要求 $M < M_N$

如果以上条件都满足，说明预选电动机满足要求。

3.4.2　交流伺服电动机的技术数据

除空载起动电压 U_o 和机电时间常数 t_m 两项技术指标外，交流伺服电动机还有另外两项重要的技术指标。具体介绍如下：

（1）机械特性的非线性度 K_m　在额定励磁电压下，任意控制电压时的实际机械特性与线性机械特性在 $T_e = T_d/2$（T_d 为堵转转矩）时的转速偏差与空载转速之比的百分数称为机械特性的非线性度，如图 3-24 所示。通常 $K_m \leqslant 10\% \sim 20\%$，即

$$K_m = \frac{\Delta n}{n_0} \times 100\%$$

（2）调节特性的非线性度 K_v　在额定励磁电压和空载情况下，当有效信号系数 $\alpha_e = 0.7$

时，实际调节特性与线性调节特性的转速偏差与有效信号系数 $\alpha_e = 1$ 时的空载转速之比的百分数称为调节特性的非线性度，如图 3-25 所示，通常 $K_v \leqslant 20\% \sim 25\%$，即

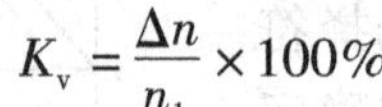

$$K_v = \frac{\Delta n}{n_1} \times 100\%$$

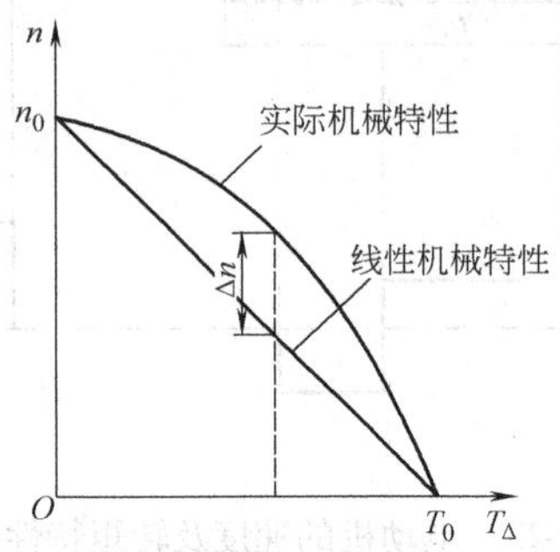

图 3-24　机械特性非线性度曲线

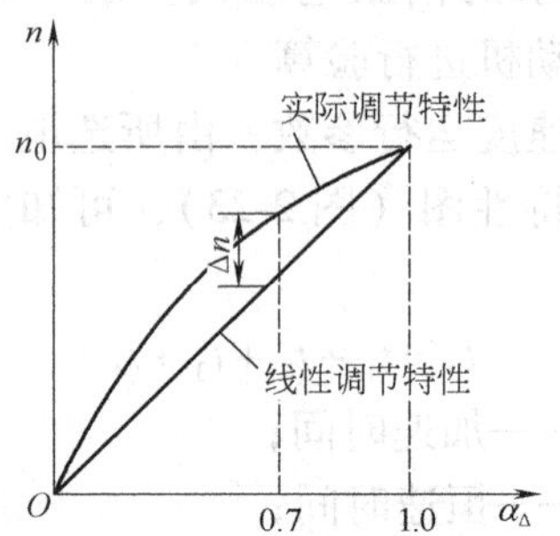

图 3-25　调节特性的非线性度曲线

交流伺服电动机的调速可以通过三种方法实现：改变磁极对数、改变转差率调速和变频调试。变频调速是平滑改变定子供电电压频率而使转速平滑变化的调速方法。变频调速使电动机从高速到低速其转差率都很小，因而变频调速的效率和功率因数都很高。

正弦波脉宽调制（SPWM）变频是交流调速方式中较常用的一种方式。SPWM 变频器结构简单，系统动态响应好，输出波形好，能很好地提高调速性能，在数控机床的交流驱动中得到了广泛应用。

图 3-26 所示为 SPWM 变频调速系统框图。速度（频率）给定器给定信号，用以控制频率、电压及正反转；平稳起动回路使起动加、减速时间可随机械负载情况设定达到软起动目的；函数发生器是为了在输出低频信号时，保持电动机气隙磁通一定，补偿定子电压降的影响；电压频率变换器将电压转换为频率，经分频器、环形计数器产生方波，和经三角波发生器产生的三角波一并送入调制电路；电压调节器产生频率与幅度可调的控制正弦波，送入调制电路，它和电压检测器构成闭环控制；在调制回路中进行 PWM 变换产生三相的脉冲宽度调制信号；在基极回路中输出的信号至功率晶体管基极，对 SPWM 的主回路进行控制，实现对永磁交流伺服电动机的变频调速；电流检测器为过载保护而设。

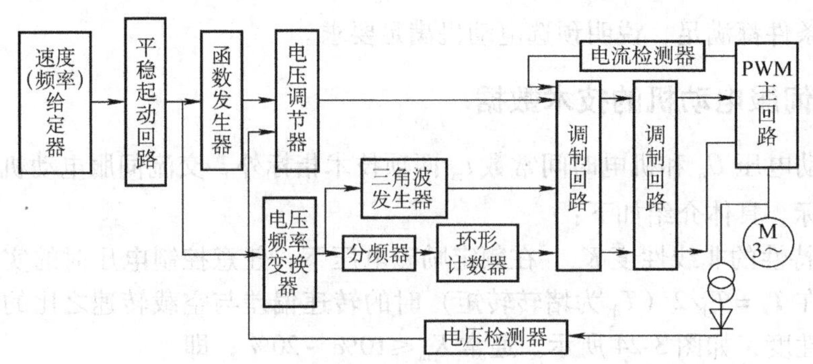

图 3-26　SPWM 变频调速系统框图

3.5　变频器的选择

3.5.1　变频器的分类与特点

对交流电动机实现变频调速的装置叫变频器，其功能是将电网电压提供的恒压恒频 CVCF（Constant Voltage Constant Frequency）交流电变换成变压变频 VVVF（Variable Voltage Variable Frequency）交流电，变频伴随变压，对交流电动机实现无级调速。变频器分为交—交变频器和交—直—交变频器，其中交—交变频器又可以按照相数分为单相和双相变频器，按环流情况分为有环流和无环流变频器，按输出波形分为正弦波和方波变频器。交—直—交变频器可以按无功能量处理方式分为电压型和电流型变频器；按调压方式分为脉冲幅度调制型和脉冲宽度调制型，前者又分为相位控制调压和直流斩波调压型。

交—交变频器与交—直—交变频器的结构对比如图 3-27 所示。交—交变频器没有明显的中间滤波环节，电网交流电被直接变成可调频调压的交流电，又称为直接变频器。而交—直—交变频器先把电网交流电转换成直流电，经过中间滤波环节之后，再进行逆变才能转换为变频变压的交流电，故称为间接变频器，两者的比较情况见表 3-3。在数控机床上，一般采用交—直—交变频器。交—直—交变频器有明显的中间滤波环节，按照这个中间滤波环节是电容性还是电感性可以将交—直—交变频器划分为电压（源）型或电流（源）型。两者的比较见表 3-4。

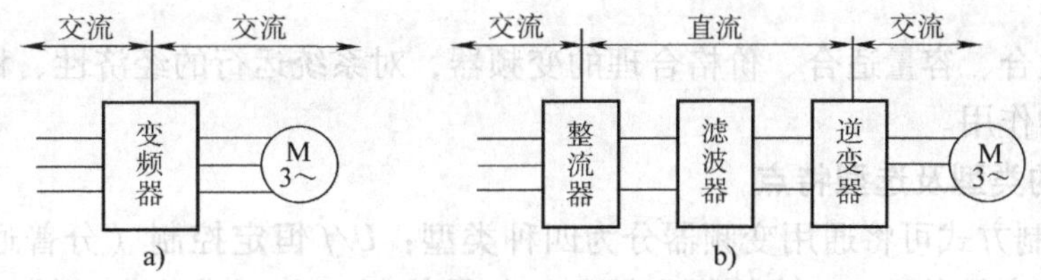

图 3-27　两种类型的变频器

a）交—交变频器　b）交—直—交变频器

表 3-3　交—交变频器与交—直—交变频器的主要特点比较

比较内容＼变频器	交—交变频器	交—直—交变频器
换能方式	一次换能，效率较高	二次换能，效率略低
换流方式	电网电压换流	强迫换流或负载换流
装置元件数量	较多	较少
元件利用率	较低	较高
调频范围	输出最高频率为电网频率的 1/3 ~ 1/2	频率调节范围宽
电网功率因数	较低	如用可控整流桥调压，则低频低压时功率因数较低，如用斩波器或 PWM 方式调压，则功率因数高
使用场合	低速大功率拖动	可用于各种拖动装置，稳频稳压电源和不停电电源

表 3-4　电流型与电压型交—直—交变频器的主要特点比较

比较内容 \ 变频器	电　流　型	电　压　型
直流回路滤波环节	电抗器	电容器
输出电压波形	决定于负载，当负载为异步电动机时，近似正弦形	矩形
输出电流波形	矩形	决定于逆变器电压与负载电动机的电势，有较大的谐波分量
输出动态阻抗	大	小
再生制动	尽管整流器电流为单向，但 L_d 上电压反向容易，再生制动方便，主回路不需附加设备	整流器电流为单向且 C_d 上电压极性不易改变，再生制动困难，需要在电源侧设置反并联有源逆变器
过流及短路保护	容易	困难
动态特性	快	较慢，如用 PWM 则快
对晶闸管要求	耐压高，对关断时间无严格要求	耐压一般可较低，关断时间要求短
线路结构	较简单	较复杂
适用范围	单机、多机拖动	多机拖动、稳频稳压电源或不停电电源
均指简单的晶闸管三相六拍变频器波形，既不用 PWM，也不进行多重化		

3.5.2　变频器的选择

选择型式适合、容量适合、价格合理的变频器，对系统运行的经济性、稳定性和可靠性起着至关重要的作用。

1. 变频器的类型及选型特点

1）根据控制方式可将通用变频器分为四种类型：*U/f* 恒定控制（分普通功能型和具有转矩控制功能的高性能型）、转差频率控制、矢量控制（分不带速度反馈型和带速度反馈型）和直接转矩控制。要根据生产机械的类型、调速范围、静态速度精度、起动转矩的要求，决定选用哪种控制方式的变频器最合适。所谓合适是既要满足工艺和生产的基本条件和要求，又要经济实用。

2）按变频器内部直流电源的性质分为两种。电流型变频器属于1200导电型，适用于频繁急加减速的大容量电动机的传动控制，主电路不需要附加任何设备就可以实现电动机的再生发电制动；电压型变频器属于1800导电型，适用于多台电动机并联运行的传动控制，但需要在电源侧附加反并联逆变器，才可实现电动机的再生发电制动。

3）按安装形式不同可分为四种，可根据受控电动机功率及现场安装条件选用合适类型。第一种是固定式（壁挂式），功率多在 37kW 以下；第二种是书本型，功率为 0.2～37kW，占用空间相对较小，安装时可紧密排列；第三种是装机/装柜型，功率为 45～200kW，需要附加电路及整体固定壳体，体积较为庞大，占用空间相对较大；第四种是柜型，控制功率为 45～1500kW，除具备装机/装柜型特点外，相比较占用空间更大。

4）从变频器的电压等级来看，有单相 AC 230V，也有三相 AC 208～230V、AC 380～460V、AC 500～575V、AC 660～690V 等级，应根据电动机的额定电压选择。

5）变频器的防护常见有 IP10、IP20、IP30、IP40 等级，分别能防止 $\phi 50$、$\phi 12$、$\phi 2.5$、$\phi 1$ 固体物进入。根据变频器使用的不同场所选择相应的防护等级，以防止鼠害、异物等进入。

6）从调速范围及精度而言，变频器 FC（频率控制）调速范围为 1∶25，VC（矢量控制）调速范围为 1∶100 ~ 1∶1000，SC（伺服控制）调速范围为 1∶4000 ~ 1∶1000。一般选用 FC 方式即可满足生产要求。

7）从变频器的最高输出频率来看，有 50Hz、60Hz、120Hz、240Hz 或更高，应根据电动机的调速最大值进行选择。

8）对于风机和泵类负载，由于低速时转矩较小，对过载能力和转速精度要求较低，故选用价廉的变频器。

9）对于希望转矩具有恒转矩特性，但在转速精度及动态性能方面要求不高的负载，可选用无矢量控制型变频器。

10）对于低速时要求有较硬的机械特性，并要求有一定的调速精度，但在动态性能方面无较高要求的负载，可选用不带速度反馈的矢量控制型变频器。

11）对于某些在调速精度和动态性能方面都有较高要求，以及要求高精度同步运行等负载，可选用带速度反馈的矢量控制型变频器。

变频器选型时，应兼顾上述各点要求，根据负载特性和生产现场的情况正确选择合适的型式。

2. 变频器选择的问题分析

（1）变频器的容量选择　变频器容量选择的基本原则是负载电流不超过变频器额定电流。大多数变频器容量可从三个角度表述：额定电流、可用电动机功率和额定容量。由于变频的过载能力没有电动机过载能力强，所以电动机有过载时，损坏的首先是变频器（如果变频器的保护功能不完善的话）。所以在选择变频器时，变频器的额定电流是一个准确反映半导体变频装置负载能力的关键参数。

1）变频器驱动单个电动机时的容量选择。变频器供给电动机的是脉动电流，电动机在额定运行状态下，用变频器供电比用工频电网供电电流要大，所以选择变频器电流或功率要比电动机电流或功率大一个等级，一般为

$$P_{cn} \geqslant 1.1P_M, \; I_{cn} \geqslant 1.1I_{max}$$

式中　P_{cn}——变频器额定功率（kW）；

P_M——电动机额定功率（kW）；

I_{cn}——变频器额定电流（A）；

I_{max}——电动机额定电流（A）。

2）变频器驱动多台电动机时的容量选择。多台电动机由单个变频器供电时，在同时起动时所需电流最大。一般情况下，功率较小的电动机（小于 7.5kW）采用直接起动，功率较大的则使用变频器功能实行软起动。此时，变频器输出的额定电流按下式进行计算

$$I \geqslant I\sum_{i=1}^{m} I_m + \sum_{i=1}^{n} I_n/K_g$$

式中　$\sum_{i=1}^{m} I_m$——所有直接起动电动机的堵转电流之和；

$\sum_{i=1}^{n} I_n$——所有软起动电动机的额定电流之和；

K_g——变频器容许过载倍数（1.3～1.5）。

需要着重指出的是，确定变频器容量前应仔细了解设备的工艺情况及电动机参数，例如潜水电泵、绕线转子电动机额定电流要大于普通笼型异步电动机额定电流等。应保持在无故障状态下，负载总电流均不允许超过变频器的额定电流。

（2）电动机用通用变频器起动　电动机用通用变频器起动时，其起动转矩与工频电源起动相比多数变小，负载有时无法起动；在低速运转区的转矩也比额定转矩减小。主要是因为低频时变频器输出电压偏低造成电动机输出转矩降低。此时，需要增大变频器和电动机的容量，具体容量增大倍数由变频器和电动机的额定输出转矩与负载得到的实际转矩之比确定。

（3）把工频电网运转中的电动机切换到变频器运转　把工频电网运转中的电动机切换到变频器运转时，电动机必须完全停止以后，才可切换到变频器侧重新起动。否则会产生过大的电流冲击和转矩冲击，导致供电系统跳闸和设备损坏。但有些设备从电网切换到变频器时又不允许完全停止，此时必须选择备有相应控制装置的变频器，使电动机未停止就能切换到变频器侧，即切离电网后，变频器与电动机同步后，再输出功率。

例 1　有一台油泵采用变频器控制，电动机型号为 JR127-10，115kW，$U_e = 380V$，$I_e = 231A$，使用 FRN10P7-4EX 变频器。运行中发现有时虽然给定频率高，但实际频率调不上去，变频器经常跳闸。经检查，变频器的额定电流为 210A，而油泵电动机的运行电流在 220A 左右波动，驱动转矩达到极限设定，使频率不能上调，运行电流大于变频器的额定电流，致使变频器过流跳停，其原因是变频器容量偏小所至。

油泵为恒转矩负载，最好选用驱动转矩极限范围宽的 G7 变频器。选择 FRN160G7-4EX 变频器，额定电压为 400V，额定输出电流为 304A，驱动转矩极限为 150%。改用 ERN150G7-4EX 后，上述问题再也没有发生过。

例 2　如选用 4kW 西门子电动机作为工件转轴电动机，选用与电动机配套的 4kW 变频器 MM400，它的控制线接口如图 3-28 所示。

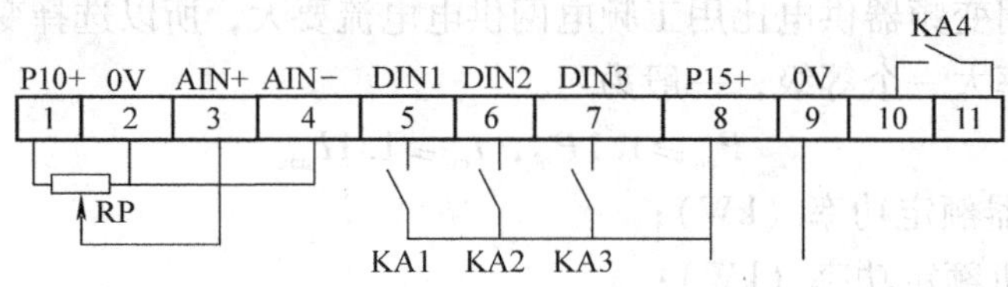

图 3-28　变频器的控制线连接

该变频器的输出频率（和电动机转速）可通过下列 5 种方法之一来控制：

1）通过面板给定频率设定值。

2）高分辨率的模拟量设定值（电压输入）。

3）外部电位器控制电动机转速。

4）通过二进制输入的固定频率。

5）串行接口控制。

在这里，选用第 2）种控制方法，也就是模拟量输入来控制电动机的转速。西门子数控系统 NC 单元的 ECU 上输出的主轴给定信号 0～10V 的电压模拟量。可以将此信号直接与变频器控制线的 2、3 引脚相连。具体连接是：首先将变频器本身的端子 2（0V）和端子 4 连接在一起，然后将由数控系统的 ECU 单元上输出的主轴给定信号 0～10V 电压模拟量输入到端子 2（0V）和端子 3（AIN +）之间，最后在变频器的引脚 5 和 8 之间接入一个控制继电器，可以用来控制变频器本身的起动和停止。连接如图 3-29 所示。

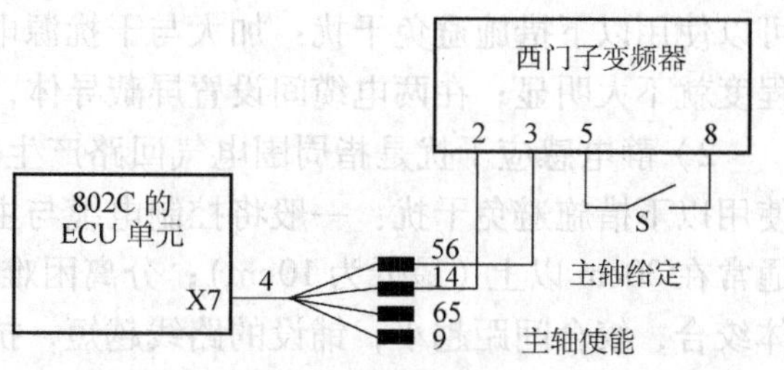

图 3-29　数控系统与变频器的连接

将变频器参数 P006 设定为 001，即为模拟量控制。通过 P021 和 P022 设置为最小和最大输出频率。参数 P023 设定为 0，即电压 0～10V 有效，则每伏电压变化对应的频率值为（P022～P021）/10，单位为 Hz。

3.5.3　变频器选择中的注意事项

1）变频器功率值与电动机功率值相当时最合适，以利于变频器高效率运转。

2）当变频器的功率分级与电动机功率分级不同时，变频器的功率要尽可能接近电动机的功率，但应略大于电动机的功率。

3）当电动机处于频繁起动、制动工作或处于重载起动且较频繁工作时，可选取大一级的变频器，使变频器长期、安全运行。

4）经测试，电动机实际功率确实有富余，可以考虑选用功率小于电动机功率的变频器，但要注意瞬时峰值电流是否会造成过电流保护动作。

5）当变频器与电动机功率不相同时，必须相应调整节能程序的设置，以便达到较高的节能效果。

6）变频器的额定容量及参数是针对一定的海拔高度和环境温度而标出的，一般指海拔 1000m 以下，温度在 40℃或 25℃以下。若使用环境超出该规定，在根据变频器参数确定型号前要考虑由此造成的降容因素。

7）当电动机有瞬停再起动要求时，要确认所选变频器具有此项功能。因为变频器停电而停止运行，当瞬间突然来电再开起时，电动机的频率如不适当，会引起过电压、过电流动作，造成故障停机。

8）当有传感器配合变频器调速控制时，应注意传感器输出的信号类型和信号量大小是否与变频器使用的调速信号相一致。

在实际的选型中，需综合上述多种因素和生产现场的具体要求，选定电动机的容量和变频器的型号与参数，完成核心设备的选择工作。

3.5.4　干扰的危害

数控机床中存在强电和弱电装置，因此也存在许多干扰。下面只对其中重要的干扰作说明。

1）静电耦合干扰是指控制电缆与周围电气回路的静电容耦合在电缆中产生电势的干扰。

可以使用以下措施避免干扰：加大与干扰源电缆的距离，达到导体直径40倍以上时，干扰程度就不大明显；在两电缆间设置屏蔽导体，再将屏蔽导体接地。

2）静电感应干扰是指周围电气回路产生的磁通变化在电缆中感应出电势的干扰。可以使用以下措施避免干扰：一般将控制电缆与主回路电缆或其他动力电缆分离铺设，分离距离通常在30cm以上（最低为10cm）；分离困难时，也可将控制电缆穿过铁管铺设；将控制导体绞合，绞合间距越小，铺设的路线越短，抗干扰效果越好。

3）电波干扰是指控制电缆成为天线，由外来电波在电缆中产生电势所造成的干扰。可以使用以下措施避免干扰：同上述的1）和2）两项所述，必要时将变频器放入铁箱内进行电波屏蔽，屏蔽用的铁箱要接地。

4）接触不良干扰是指变频器控制电缆的电接头及继电器触头接触不良，电阻发生变化产生的干扰。可以使用以下措施避免干扰：对继电器触头接触不良，采用并联触头或镀金触头继电器或选用密封式继电器；对电缆连接头应定期做拧紧加固处理。

5）电源线传导干扰是指各种电气设备从同一电源系统获得供电时，由其他设备在电源系统直接产生电势造成的干扰。可以使用以下措施避免干扰：变频器的控制电源由另外系统供电；在控制电源的输入侧装设线路滤波器；装设绝缘变压器，且屏蔽接地。

6）接地干扰是指机体接地和信号接地所造成的干扰。对于弱电压电流回路及任何不合理的接地均可诱发各种意想不到的干扰，比如设置两个以上接地点，接地处会产生电位差，产生干扰。可以使用以下措施避免干扰：速度给定的控制电缆取一点接地，接地线不作为信号的通路使用；电缆的接地在变频器侧进行，使用专设的接地端子，不与其他接地端子共用，并尽量减少接地端子引接头的电阻，一般不大于100Ω。

3.6　位置和速度传感器的使用

3.6.1　位置传感器概述

对位置精度要求不高的数控设备，开环系统即可满足要求。位置精度要求较高时，均应采用闭环系统。

数控机床对位置检测装置的要求是：

1）寿命长，抗干扰能力强。

2）使用维护方便。

3）便于与计算机联接。

数控机床全部采用电传感器性质的位置检测元件，即能将被测对象的位置变化量转换成电信号，经数字化处理后再送入计算机。位置检测包括直线位置检测和旋转位置检测。常用的旋转位置检测元件有旋转变压器、光电盘和编码盘等。常用的直线位置检测元件有光栅、磁尺和感应同步器。

3.6.2　位置传感器的应用

1. 旋转变压器

旋转变压器是一种间接测量装置，由于它具有结构简单、动作灵敏、工作可靠、对环境条件要求低、输出信号幅度大和抗干扰能力强等特点，所以在连续控制系统中得到了普遍使用。

（1）结构和工作原理　旋转变压器又叫同步分解器，它是一种控制用的微电机，在结构上与两相绕线式异步电动机相似，由定子和转子组成。定子绕组为变压器一次，转子绕组为变压器二次。励磁电压接到二次，感应电动势由一次输出。常用的励磁频率为400Hz、500 Hz、1000 Hz、2000 Hz及5000 Hz。

（2）旋转变压器的应用　感应电动势 E_2 为

$$E_2 = nU_1 = nU_m \sin\omega t \cdot \sin\theta \tag{3-4}$$

式中　U_1——有效电压；

n——旋转变压器的变化；

θ——转子幅值偏转角；

U_m——定子输入电压最大值。

因此，旋转变压器转子绕组输出电压的幅值是严格地按转子幅值偏转角 θ 的正弦规律变化的，其频率和励磁电压的幅值相同。

根据式（3-4），测量旋转变压器二次绕组的感应电动势 E_2 的幅值或相位的变化，可知 θ 角的变化。如果将旋转变压器装在数控机床的丝杠上，当 θ 角从0°变化到360°时，表示丝杠上的螺母走了一个螺距，这样就间接地测量了丝杠直线位移（螺距）的大小。在数控机床伺服系统中，往往用来测量机床的主轴及伺服轴运动等。测全长时，可加一只计数器，累计所走的螺距数，折算成位移总长度。为区别正反向，再加一只相敏检波器以区别不同的转向。另外，还可以用3个旋转变压器按10:1和100:1的比例相互配合串接，组成精、中、粗3级旋转变压器测量装置。这样，如果转子以半周期直接与丝杠耦合，即“精”同步，结果使丝杠位移10mm，“中”测旋转变压器工作范围为100mm，“粗”测旋转变压器的工作范围为1000mm。为了使机床滑板按要求值到达一定位置，须用电气转换电路，在实际值不断接近要求值的过程中使旋转变压器从“粗”转换到“精”，最后位置检测精度由“精”旋转变压器决定。

2. 感应同步器

感应同步器根据用途不同和结构特点分成直线式和旋转式（圆盘式）两大类。直线式由定尺和滑尺组成，旋转式由定子和转子组成，前者用于测量工作机构的直线位移，后者用于测量旋转角度。

定尺和滑尺通常以优质碳素钢作为基体，一般选用导磁材料，其膨胀系数尽量与所安装的主机体相近。在基体上用绝缘的粘合剂贴上铜箔，用光刻或化学腐蚀方法制成方形开口平面绕组。然后喷涂一层耐腐蚀的绝缘清漆层，以保护层面。在滑尺的绕组周围常贴一层铝箔，防止静电干扰。安装时，定尺组件分别安装在机床的不动和移动部件上，例如工作台和床身；滑尺安装在机床上，并自然接地。

为了弥补感应同步器在停电时丧失数据的缺点，有时在一个标尺上制作3种不同节距的绕组，用3套测量系统，按粗、中、细分档定位，可以得到绝对坐标测量系统。

目前生产的直线式感应同步器有标准式、窄式、带式和三速式等多种，其主要参数见表3-5。

用于测角位移的圆形感应同步器，其工作原理与直线式相同，所不同的是定子（相当于定尺）、转子（相当于滑尺）及绕组形状不同，结构上可分为圆形及扇形两种。

表 3-5　美国 Frand 公司感应同步器参数

感应同步器类型		检测周期	精度	重复精度	滑尺（定子）			定尺		电压传递系数①
					阻抗/Ω	输入电压/V（交流）	最大允许功率/W	阻抗/Ω	输入电压/V（交流）	
直线式	标准式	2 mm	±0.025 mm	0.25μm	0.9	1.2	1.5	4.5	0.027	44
		0.1in②	±0.0001in	10×10^{-6}in	1.6	0.8	2.0	3.3	0.042	43
	窄式	2 mm	±0.005 mm	0.5μm	0.53	0.6	0.6	2.2	0.008	73
	三速式	4000mm 100mm 2 mm	±7.0 mm ±0.15 mm ±0.005 mm	0.5μm	0.95	0.8	0.6	4.2	0.004	200
	带式	2 mm	±	0.01μm	0.5	0.5		10	0.0065	77
旋转式	12/720	1°	±1″	0.1″	8			4.5		120
	12/360	2°	±1″	0.1″	1.9			1.6		80
	7/360	2°	±3″	0.3″	2.0			1.5		145
	3/360	2°	±4″	0.4″	5.0			3.3		500
	2/360	2°	±9″	0.9″	8.4			6.3		2000

① 电压传递系数的定义是滑尺输入电压与定尺输出电压之比，即：电压传递系数＝动尺的输入电压∶定尺的输出电压，电磁耦合度则等于电压传递系数的倒数。

② 1in＝0.0254m。

3. 光栅测量装置

计量光栅有长光栅和圆光栅两种，是数控机床和数显系统常用的检测元件。光栅是利用光的透射、衍射现象制成的光电检测元件，也称光电脉冲发生器。它主要由标尺光栅和光栅读数头两部分组成。通常，标尺光栅固定在机床活动部件上（如机床底座）。当工作台移动时，标尺光栅和光栅读数头产生相对移动。

（1）光栅尺的构造与种类　光栅尺包括标尺光栅和指示光栅，它们是一条刻有均匀密集线纹的透明玻璃片或长条形金属镜面。对于长光栅，这些线纹相互平行，线纹之间的距离相等，该间距称为栅距；对于圆光栅，这些线纹是等栅距角的向心条纹。栅距和栅距角是决定光栅性质的基本参数。常用的透射长光栅条纹密度有 25 条/mm、50 条/mm、100 条/mm 和 250 条/mm 四种，某些特殊用途的光栅可达 1000 条/ mm。对于直径为 70mm 的圆光栅，一周内刻线为 100～768 条；若直径为 100 mm，一周内刻线为 600～1024 条。

（2）光栅读数头　图 3-30 所示为光栅读数头的组成原理图。无论是长光栅还是圆光栅，其读数头都是由光源、透镜、标尺光栅、指示光栅、光敏元件和电子细分电路组成。读数头光源采用白炽灯泡，白炽灯泡发出辐射光线，经过透镜变为平行光束，照射光栅尺。光敏元件接受透过光栅尺的光强信号，并将其转换成相应的电压信号。由于光敏元件产生的电压信号比较微弱，在长距离传递时，很容易被各种干扰信号淹没，造成传递失真，所以，首先应将电压信号进行电压和功率放大。

根据不同要求，读数头常安装两个或四个光敏元件，供检测电路辨向和对测量值细分。

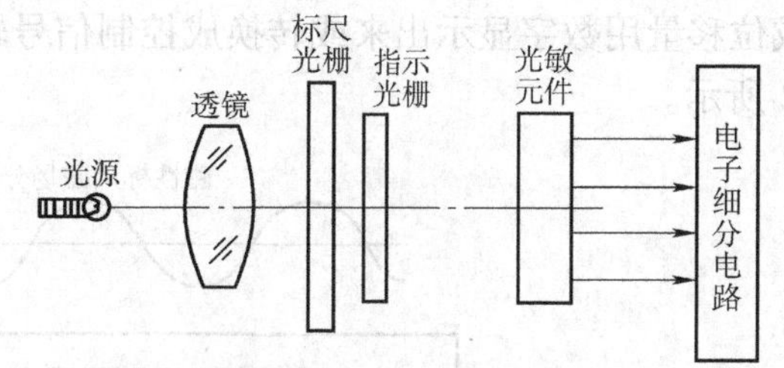

图 3-30　光栅读数头

上面介绍的光栅读数头是垂直入射式读数头，还有分光读数头、反射光读数头和镜像读数头，此处不再介绍。

(3) 光栅读数——摩尔条纹　光栅读数是利用摩尔条纹的形成原理进行的。图 3-31 所示为摩尔条纹形成原理图。将指示光栅和标尺光栅叠合在一起，中间保持 0.01～0.1mm 的间隙，并将指示光栅和标尺光栅的线纹相互交叉保持一个很小的夹角 θ，如图 3-31 所示。当光源照射光栅时，在 a—a 线上，两块光栅的线纹彼此重合，形成一条横向透光亮带；在 b—b 线上，两块光栅的线纹彼此错开，形成一条不透光的暗带。这些横向明暗相间出现的亮带和暗带就是摩尔条纹。

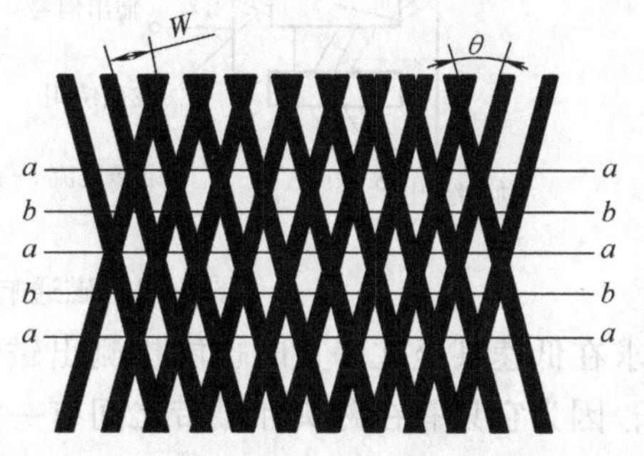

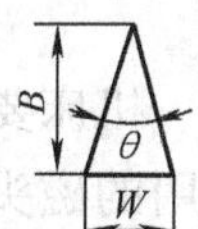

图 3-31　摩尔条纹形成原理图

两条暗带或两条亮带之间的距离叫摩尔条纹的间距 B，设光栅的栅距为 W，两光栅线纹的夹角为 θ，则它们之间的几何关系为

$$B = \frac{W}{2\sin(\theta/2)}$$

因为夹角 θ 很小，所以可取 $\sin(\theta/2) \approx \theta/2$，故上式可改写成

$$B = \frac{W}{\theta}$$

由上式可见，θ 越小，B 越大，相当于把栅距 W 扩大了 $1/\theta$ 倍后，转化为摩尔条纹。例如，栅距 $W = 0.01\text{mm}$，夹角 $\theta = 0.001\text{rad}$，则摩尔条纹的间距 $B = 10\text{mm}$。这说明，不需要复杂的光学系统和电子系统处理，就可以把光栅的栅距 W 放大 1000 倍并转变成横向移动的摩尔条纹。

不难理解，如果两块光栅相对移动一个栅距，则光栅某一固定点的光强按明→暗→明规律变化一个周期，即摩尔条纹移动一个摩尔条纹的间距。因此，光电元件只要读出移动的摩尔条纹数目，就可以知道光栅移动了多少栅距，也就知道了运动部件的准确位移量。

光栅具有精度高，响应速度较快等优点，是一种非接触式检测装置。但它对外界环境条件要求高，使用时需注意加强维护和保养。

4. 磁尺测量装置

磁尺又称磁栅，磁尺测量装置是将一定波长的方波和正弦波信号用记录磁头记录在用磁性材料制成的磁性标尺上，作为测量基准。在测量时，拾磁磁头相对磁性标尺移动，并将磁性标尺上的磁化信号转换成电信号，再送到检测电路中去，把拾磁磁头相对于磁性标尺的位置或位移量用数字显示出来或转换成控制信号输送到数控装置中。磁通响应型磁头结构如图3-32所示。

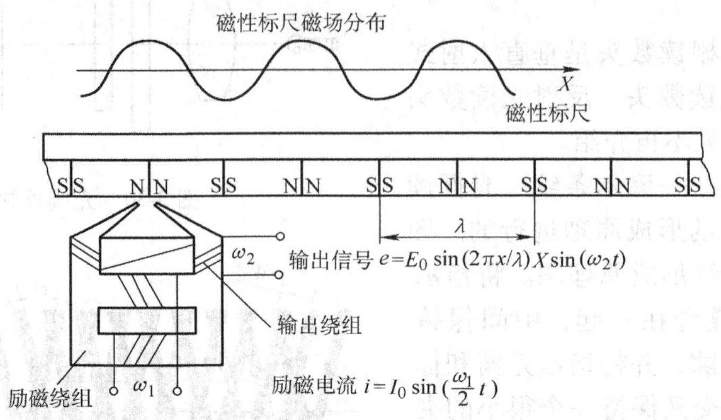

图3-32　磁通响应型磁头

机床要求在低速甚至在静止时也能检测出磁性标尺上的磁信号，所以不能使用一般录音机用的磁头，因为它只有在磁头和磁带之间有一定相对速度时才能读取磁化信号。机床上使用的磁头叫做磁通响应型磁头。磁通响应型磁头是一个可饱和铁心的磁性调制器。它用软磁材料制成，上面绕有两组串联的励磁绕组和两组串联的拾磁绕组。当励磁绕组通以$I_0\sin$（$\omega_1 t/2$）的高频励磁电流时，产生两个方向相反的磁通Φ_1，与磁性标尺作用于磁头的磁通Φ_0叠加，在拾磁绕组上就感应出载波频率为高频励磁电流2倍频率的调制信号输出，其输出电势为

$$e = E_0\sin(2\pi x/\lambda)X\sin\omega_2 t$$

式中　E_0——常数；

λ——磁化信号节距；

x——磁头在磁性标尺上的位移量。

由此可见，输出信号与磁头和磁性标尺的相对速度无关，而由磁头在磁性标尺上的位置所决定。

使用单个磁头读取磁性标尺上的磁信号，不但输出信号小，而且对磁性标尺上的磁化信号的波长和波形要求较高。所以，实际上总是将几十个磁头以一定方式串联，构成多间隙磁头。多间隙磁头中，所有磁头之间的间隔均为$\lambda/2$，这样得到的总输出是每个磁头输出信号的叠加。这样不但增大了输出信号的强度，同时也降低了对磁性标尺的精度要求。

3.6.3　位置传感器的安装和调试

1. 磁尺和光栅的安装注意事项

磁尺和光栅都是高精度的检测元件，若安装不好，会影响精度。安装的关键，对于磁尺而言，由于磁尺与磁头已做成一体，当它们各自与固定部件和移动部件紧固安装时，应保证磁尺与移动部件的运动方向平行度公差为0.01 mm/全长，否则，由于不平行造成磁尺本体与磁头错位或产生扭曲，从而影响测量精度，甚至不能正常工作。磁尺在车床上的安装如图3-33所示。磁尺固定在床身上，固定面要经过机械加工，保证与运动方向平行，安装基准面

的直线度要小于 0.01mm/250mm。磁头经连接板固定在床鞍上。数显表可安装在悬挂的操纵箱内或固定的支架上，注意防振、防高温、防潮等。

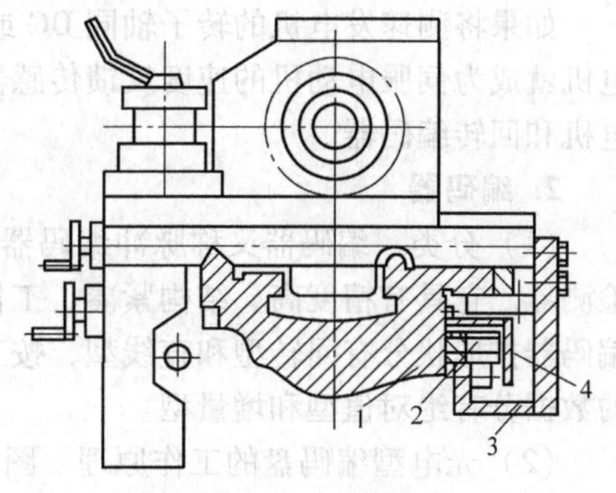

图 3-33　磁尺的安装
1—垫块　2—磁尺　3—连接板　4—磁尺防护罩

2. 感应同步器安装使用的注意事项

1）感应同步器在安装时必须保持两尺平行、两平面间的间隙约为 0.25mm，倾斜度小于 0.5°，装配面波纹度在 0.01mm/250mm 以内。滑尺移动时，晃动的间隙及平行度误差的变化小于 0.1mm。

2）感应同步器大多装在容易被切屑及切削液浸入的地方，所以必须加以防护，否则切屑夹在间隙内，会使滑尺和定尺的绕组刮伤或短路，使装置发生误动作及损坏。

3）同步回路中的阻抗和励磁电压不对称以及励磁电流失真超过 2% 时，将对检测精度产生很大的影响，因此在调整系统时，应加以注意。

4）由于感应同步器感应电势低，阻抗低，所以应加强屏蔽以防止干扰。

3.6.4　速度传感器

自动化测量及控制设备中，速度传感器是一个重要而关键的部件。速度传感器的灵敏度、精确度和可靠性，直接影响和决定了设备的反应速度、准确性和可靠性。脉冲编码器、测速发电机是电气传动系统中常用的速度传感器。

1. 测速发电机

测速发电机（TG）有直流和交流两种，可根据实际情况进行选用。在伺服系统中多采用直流测速发电机。为了提高检测的灵敏度，通常将测速发电机直接连接在电动机轴上。图 3-34 所示为直流测速发电机的工作原理。当位于磁场中的线圈旋转时，在线圈的两端将产生感应电势 E，根据法拉第定律可以得到

$$E = K_{\mathrm{i}}\omega$$

式中　K_{i}——测速发电机的增益（V·s）；
ω——电枢的角速度（rad/s）。

当直流测速发电机拖动负载时，电枢的旋转线圈便会产生电流，破坏了输出电压与转速的线性度，使发电机的输出特性产生误差。因此，为保证直流测速发电机的测速精度，应尽可能使测速发电机在低负载下工作，即工作在转速变化范围小而负载电阻较大的场合。

测速发电机有线性度好、灵敏度高和输出信号强等优点，故广泛用于工业自动检测和自动调节电动机转速，检测范围 20～400r/min，精度 0.2%～0.5%。

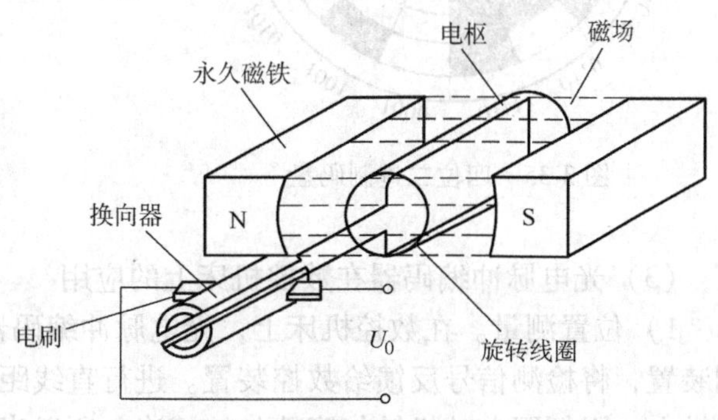

图 3-34　直流测速发电机工作原理

如果将测速发电机的转子轴同 DC 或 AC 伺服电动机的转子轴直接连在一起，则测速发电机就成为伺服电动机的速度反馈传感器。现在很多 DC 和 AC 伺服电动机中配置了测速发电机和回转编码器。

2. 编码器

（1）分类　编码器又称脉冲编码器，它是一种直接用数字代码表示角位移及线位移的检测器。它具有精度高、结构紧凑、工作可靠等优点，是数控伺服系统中常用的检测器件。编码器按形状分有回转型和直线型，按工作原理分有光电式、电刷式和电磁式，按检测得到的数据分有绝对值型和增量型。

（2）光电型编码盘的工作原理　图 3-35 所示为绝对值光电编码盘，它是一个四位二进制码盘。图 3-35 中每两个同心圆环之间的区域称为码道。最外圈称 1 码道，紧接的环区称 2 码道……码盘由透明区和不透明区按一定编码规律构成，对应于每一条码道有一个光电元件。当码盘处于不同的角位置时，光电转换器的输出就呈现不同的如图 3-33 所示的四位二进制码，码盘能分辨的最小角度为

$$\alpha = 360°/2^4 = 360°/16 = 22.5°$$

若 n 是码盘的位数，则

$$\alpha = 360°/2^n$$

位数 n 越大，能分辨的角度越小，测量也就越精确，但对码盘的制造要求就越严格。

码盘的代码化方式有多种，但一定要防止出现误读，而且要容易进行代码变换。最常用的是格雷二进制码盘，如图 3-36 所示。其特点是在从一个计数状态变到下一个计数状态的过程中，只有一位码改变，因此在格雷码的译码器中，不易产生误读，与纯二进制码相比，误读误差最小。

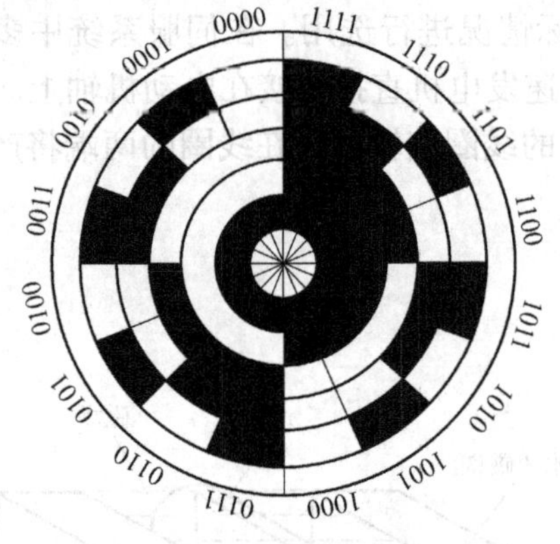

图 3-35　四位二进制码盘

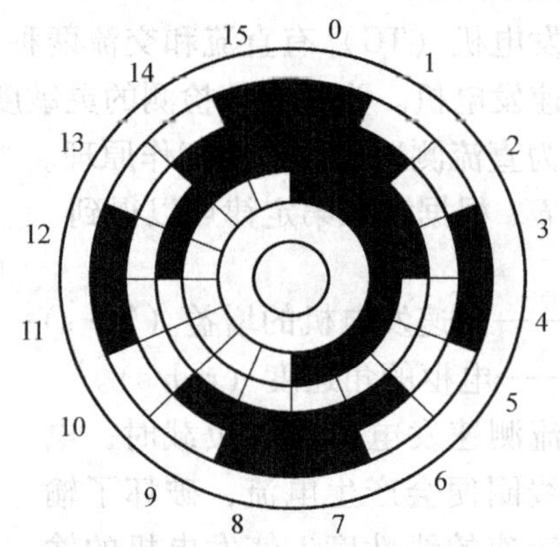

图 3-36　格雷二进制码盘

（3）光电脉冲编码器在数控机床上的应用

1）位置测量。在数控机床上，光电脉冲编码器用在数字比较伺服系统中，作为位置检测装置，将检测信号反馈给数控装置。进行直线距离测量时，可将光电编码器装到伺服电动机轴上。因伺服电动机轴与滚珠丝杠相连，所以当伺服电动机转动时，由滚珠丝杠带动工作台或刀具移动。这时，光电编码器的转角对应直线移动部件的移动量，因此可根据滚珠丝杠的导程来计算移动部件的位移量。

2）转速测量。转速可由光电编码器发出的脉冲频率或脉冲周期测量。用脉冲频率法测转速，是在给定的时间内对光电编码器发出的脉冲计数然后由下式求出其转速，即

$$n=\frac{N_1}{N}\times\frac{60}{t}$$

式中　t——测速采样时间（s）；

N_1——t 时间内测的脉冲数；

N——编码器每转脉冲数。

图 3-37 所示为用脉冲频率法测转速原理图。在给定 t 时间内，使门电路选通，编码器输出的脉冲允许进入计数器计数，这样可以算出 t 时间内光电编码器的平均转速。

图 3-38 所示为用脉冲周期法测转速原理图。当编码器输出脉冲正半周期时，导通门电路，标准时钟脉冲通过控制门进入计数器计数，由计数编码器可得出转速 n，即

$$n=\frac{60}{2N_2NT}$$

式中　N——编码器每转脉冲数；

N_2——编码器一个脉冲间隔内，标准时钟脉冲输出个数；

T——标准时钟脉冲周期（s）。

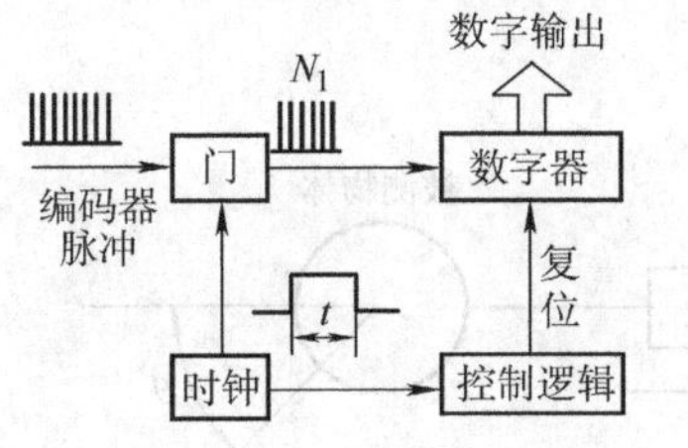

图 3-37　用脉冲频率法测转速原理简图

图 3-38　用脉冲周期法测转速原理简图

（4）新型光学旋转编码器　ERN1387 是德国海德汉公司专门用于伺服驱动系统每转 2048 个信号周期的光学扫描编码器。它是基于精细光电扫描原理工作的，其测量基准是周期性结构分度的玻璃径向圆光栅，明暗相间的线条组成增量信号轨道，而参考标记在另外一条轨道上。离转动的主光栅盘很近的地方是指示光栅，它上面有五个区域，其中一个用于参考信号，其余四个用于检测，它们在相位上相互间隔四分之一光栅周期，由 LED 和聚光透镜组成的光源发出准直光线投射过这些区域。当主光栅盘转动时，这些光线被调制，其光强由硅光电池检测，可将发光强度的变化转换成为正弦形状的电信号。

ERN1387 所提供的信号经后续电路处理后，其中两路是每转 2048 周期的相位相差 90°的对称于零点的正、余弦增量信号 A-AD 和 B-AD，一路是参考信号 R。该两路正、余弦增量信号可为速度及位置控制提供位置信息。参考标记用来提供位置信号的基准，并可在电动机重新起动后寻找上次选定的参考点。

电动机在起动前，必须有一个绝对位置值供电子换向用。因此除增量信号外，ERN1387 另外两路信号是根据附加的换向轨道 Z_1 提供每转一个周期的相位相差 90°的一路正弦信号和一路余弦信号 C-AD 和 D-AD，以感知开机期间转子的位置。对于正弦换向，带 Z_1 轨道的旋

转编码器只需要一个细分单元和信号转换开关，从 Z_1 轨道提供准确度为 ±5°的转子绝对位置。

3. 光纤多普勒速度计

在光纤传感器中，根据频率调制原理可以制作光纤多普勒速度计。频率调制基于多普勒效应。由于光的传播不依赖于弹性介质，因此，光的多普勒效应是研究光源和被测者之间的相对运动对接收光的频率所产生的影响。如果频率为 f_0 的光入射到相对于探测器速度为 v 的运动物体上，则从运动物体反射的光频率近似为

$$f_s = \frac{f_0}{1-\dfrac{v}{c}} \approx \left(1+\frac{v}{c}\right)f_0$$

式中 f_s——接收光的频率（Hz）；

c——光波波速（mm/s）。

图 3-39 所示为典型的激光多普勒测速系统。光源激光频率为 f_0，通过分光器后进入光纤探测器。一部分由探测器射出，射出的方向与被测对象的运动方向成 θ 角，被测对象的散射光由于多普勒效应发生频移，其频率为 $f_0+\Delta f$，并向四周放射。其中一部分反射光被同一探测器接收返回，另一部分反射光在探测器端面就被反射回光纤，其频率保持不变，作为参考光。将反射光频率 $f_0+\Delta f$ 和参考光频率 f_0 一起通过分光器和光纤由光电转换器件接收并分离出频率差信号。

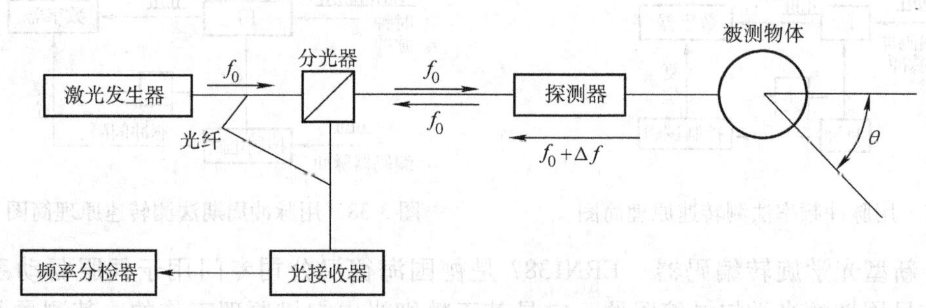

图 3-39 典型的激光多普勒测速系统

$$\Delta f = \frac{2v}{\lambda\cos\theta}$$

式中 v——被测对象的速度；

λ——光的波长；

θ——发射光和被测物体运动方向的夹角。

光纤多普勒测速的优点是系统的灵敏度高，系统无需用光学器件进行零位调整。

4. 霍尔式转速传感器

将半导体薄片置于磁感应强度为 B 的磁场中，在薄片的两端面通以电流 I，则在垂直于电流和磁场方向上产生霍尔电势 U_H，这种现象称之为霍尔效应。图 3-40 所示为霍尔效应原理图。霍尔效应的产生是由于运动电荷受磁场中洛伦兹力作用的结果。

霍尔电势表示为

$$U_H = K_H IB$$

式中 K_H——霍尔元件的灵敏度，它与材料的性质和几何尺寸有关［$V \cdot m^2/(A \cdot s)$］；

I——电流（A）；

B——磁感应强度（T）。

具有霍尔效应的元件称为霍尔元件。将霍尔元件、放大器、温度补偿电路以及稳压电源等做在一个芯片上，形成霍尔传感器。霍尔传感器尺寸小、外围电路简单、频响宽、动态特性好、使用寿命长，广泛应用于自动控制领域。用霍尔元件测量转速的原理如图 3-41 所示。在被测物体上粘上多对小磁钢，霍尔元件固定在小磁钢的附近。当被测物体转动时，每当一个小磁钢转过霍尔元件时，霍尔元件就输出一个相应的脉冲。测量单位时间内的脉冲个数，就可以计算出被测物体的转速。

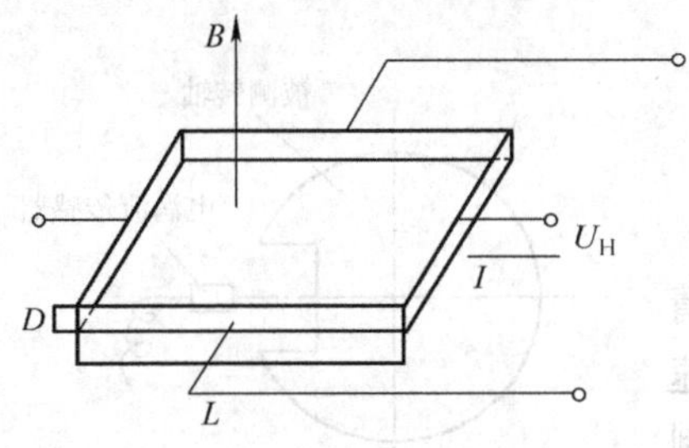

图 3-40 霍尔效应原理图

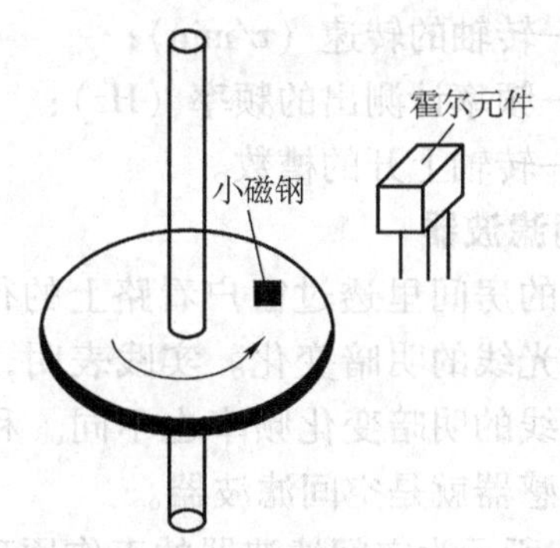

图 3-41 霍尔元件测量转速原理图

5. 电容式转速传感器

电容式转速传感器的结构原理如图 3-42 所示，当电容极板与齿顶相对时，电容量最大；而电容极板与齿隙相对时，电容量最小。当齿轮旋转时，电容量发生周期性变化，通过电路即可获得脉冲信号，由频率计显示的频率可计算转速大小。设齿数为 Z，则转速为

$$n = \frac{60f}{Z}$$

式中 f——频率计显示的频率（Hz）；

n——被测齿轮的转速（r/min）。

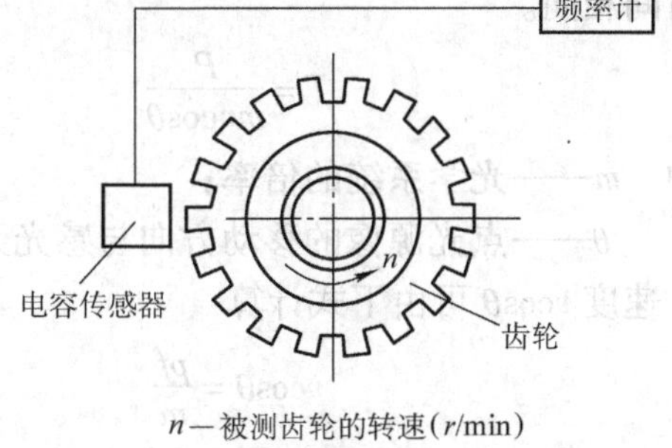

图 3-42 电容式转速传感器的结构原理

6. 光电式转速传感器

光电式转速传感器由安装在被测轴（或与被测轴直接相连的输入轴）上的开孔圆盘、光源、光敏元件和缝隙板组成。图 3-43 所示为光电式转速传感器原理图。开孔圆盘上有 20、30、60、……个小孔。开孔圆盘旋转一周，光敏元件接受光的次数等于盘上的光孔数。若开孔数为 m，记录过程时间为 t，总脉冲数为 N，则转速为

$$n = \frac{N}{mt} \times 60 = \frac{60N}{mt}$$

光电式转速传感器跟计数器配套使用，检测范围可达 10r/min，精度 1r/min。

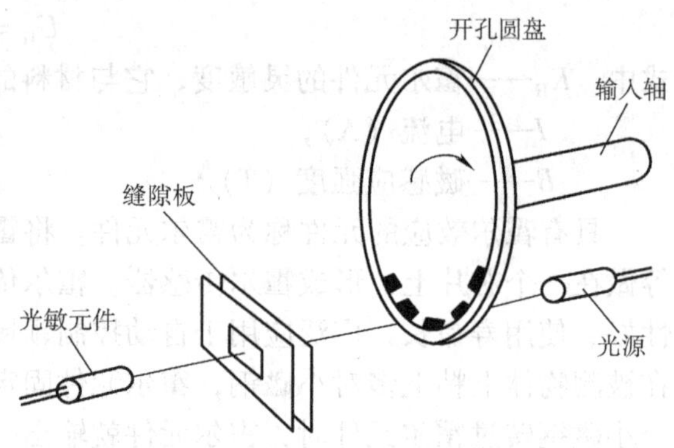

图 3-43　光电式转速传感器原理图

7. 电涡流式转速传感器

电涡流式转速传感器不仅可以用于测量距离，还可以测量转速。图 3-44 所示为电涡流测速原理图。在转轴上开一个或多个槽，旁边安装一个电涡流传感器。当转轴转动时，电涡流传感器改变与转轴之间的距离，于是输出也周期性改变，此变化信号经过变换、放大后，用频率计测出变化的频率，就可以计算出转轴的转速

$$n=\frac{60f}{m}$$

式中　n——转轴的转速（r/min）；

f——频率计测出的频率（Hz）；

m——转轴上开的槽数。

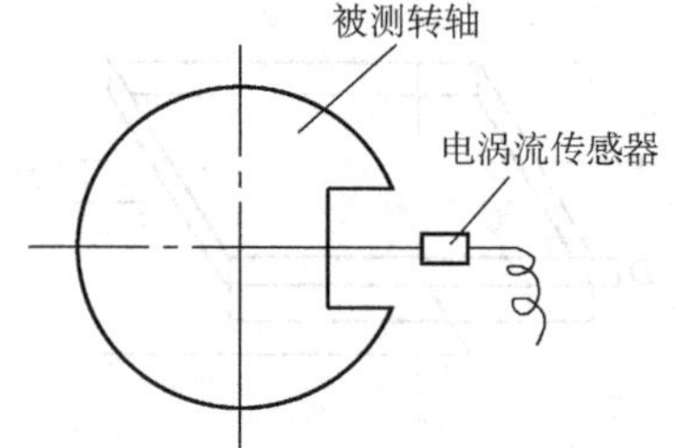

图 3-44　电涡流测速原理图

8. 空间滤波器

在黑暗的房间里透过窗户看路上的行人，人的眼睛能够感受到光线的明暗变化。实践表明，行人的走路速度不同，光线的明暗变化频率也不同。利用这种现象制作的速度传感器就是空间滤波器。

图 3-45 所示为空间滤波器的工作原理图。以点光源为研究对象，当点光源以速度 v 移动时，输出波形的周期 T 和点光源的像在梳状感光元件上移动一个节距 p 所需时间相同。

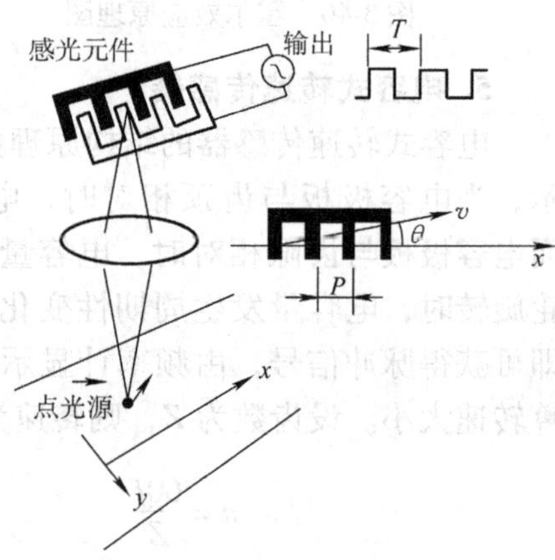

图 3-45　空间滤波器的工作原理图

$$T=\frac{P}{mv\cos\theta}$$

式中　m——光学系统的倍率；

θ——点光源像的移动方向与感光元件的夹角。

速度 $v\cos\theta$ 可由下式计算

$$v\cos\theta=\frac{pf}{m}$$

式中　f——输出波形的频率（Hz）。

由上式可以求出物体移动的速度 v

$$v=\frac{pf}{m\cos\theta}$$

3.7　主运动伺服系统的改造

3.7.1　主轴驱动

1. 对主轴驱动的要求

机床主轴驱动和进给驱动有很大差别。机床主传动主要是旋转运动，无需丝杠或其他直

线运动装置。因此，在早期的数控机床上采用三相感应电动机配上多级变速箱作为主轴驱动的主要方式。现在的数控机床对主轴驱动提出了更高的要求。

（1）足够的输出功率　数控机床的主轴负载性质近似于“恒功率”，也就是当机床的主轴转速高时，输出转矩较小；主轴转速低时，输出转矩大，即要求主轴驱动装置也要具有“恒功率”的性质。可是当主轴电动机工作在额定功率、额定转速时，按照一般电动机的原理，不可能在电动机为额定功率下进行恒功率的宽范围调速。因此，往往需在主轴的机械部分增加一或两档机械变速档，以提高低速的转矩，扩大恒功率的调速范围；或者降低额定输出功率，扩大恒功率调速范围。要求主传动电动机应有 2.2 ~250kW 的功率范围，即要求既能输出大的功率，又要求主轴结构简单，所以原来的驱动方案不能满足要求。

（2）调速范围的要求　为保证数控机床适用于各种不同的刀具、加工材质，适应于各种不同的加工工艺，要求主轴驱动装置具有一定的调速范围，一般较低的要求为 1:100，高的要求为 1:1000 以上。

（3）速度精度和快速性的要求　一般要求静差度小于 5%，更高的要求为小于 1%。如果速降过大，则加工的质量就会受影响，比如表面粗糙度高。主轴驱动装置有时也用在定位功能上，这就要求它也具有一定的快速性。

（4）定位功能　为了使数控车床等具有螺纹车削功能，要求主轴能与进给驱动实现同步控制；在加工中心上，为了自动换刀，还要求主轴能进行高精度的准停控制；为了保证端面加工的表面质量，要求主轴具有恒线速度表面切削功能；有的数控机床还要求具有角度分度控制功能。

为了实现上述的种种要求，在前期的数控机床上多采用直流主轴驱动系统，但由于直流电动机具有换向限制，大多数系统恒功率调速系统具有调速范围小的缺点。到了 20 世纪 70 年代末至 80 年代初开始采用交流驱动系统，现在国际上新生产的数控机床绝大部分采用交流主轴驱动系统。

2. 直流主轴驱动系统

（1）电动机结构与性能　为了满足上述数控机床对主轴驱动的要求，直流主轴电动机的结构与永磁式直流伺服电动机不同。因为要求主轴电动机有大的输出功率，所以在结构上不做成永磁式，而与普通直流电动机相同，为他励式。其示意图如图 3-46 所示。由图可见，直流主轴电动机也是由定子和转子两大部分组成的。转子与永磁直流伺服电动机相同，由电枢绕组和换向器组成。而定子则完全不同，它由主磁极和换向极组成。有的主轴电动机的主磁极不但有主磁极绕组，还带有补偿绕组。

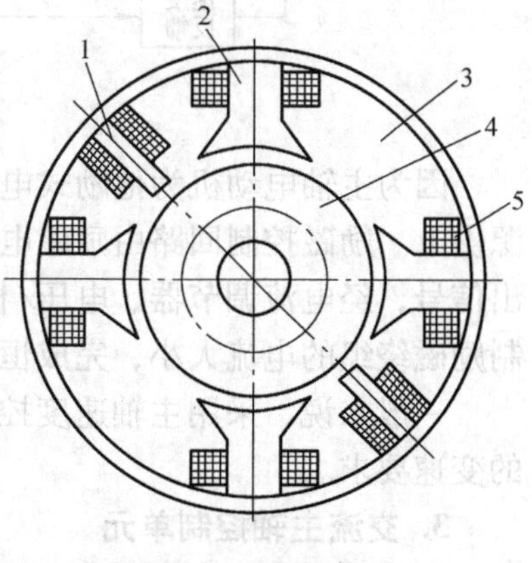

1 2 3 4 5

图 3-46　直流主轴电动机结构示意图

1—换向极　2—主磁极　3—定子
4—转子　5—线圈

这类电动机在结构上的特点是，为了改变换向性能，在电动机定子齿上都有换向极；为缩小体积，改善冷却效果，采用了轴向强迫通风冷却或热管冷却。在电动机的尾部，一般都安装有测速发电机作为速度反馈元件。

直流主轴电动机的性能主要表现在转矩-功率特性曲线上，如图 3-47 所示。在基本转速 n_j 以下时，属于恒转矩调速范围（1 区），改变电枢电压来调速；在基本转速以上，属于恒功率调速范围（3区），采用控制励磁的调速方式调速。一般来说，恒转矩速度范围与恒功率速度范围之比为1:2。另外，一般的直流主轴电动机都有过载能力，大都以能过载150%（即连续额定电流的1.5倍）为指标。至于过载时间，则根据生产厂的不同有较大差别，从1～30min不等。

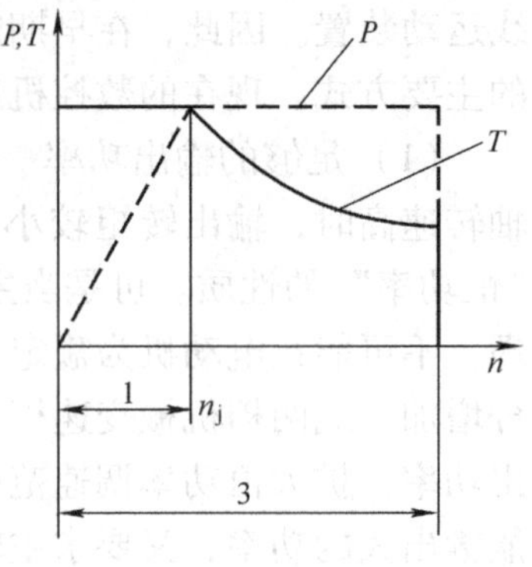

图3-47　直流电动机特性曲线

（2）直流主轴速度控制单元　直流主轴速度控制单元的框图如图3-48所示。主轴伺服系统一般没有位置系统，它只是一个速度控制系统。直流主轴速度单元也是由速度环和电流环构成的双环速度控制系统，用控制主轴电动机的电枢电压来进行恒转矩调速。控制系统的主回路采用反并联可逆整流电路，因为主轴电动机的容量较大，所以主回路的功率开关元件大都采用晶闸管元件。直流主轴电动机调速还包括恒功率调速，它是由框图中上半部分的励磁控制回路完成的。

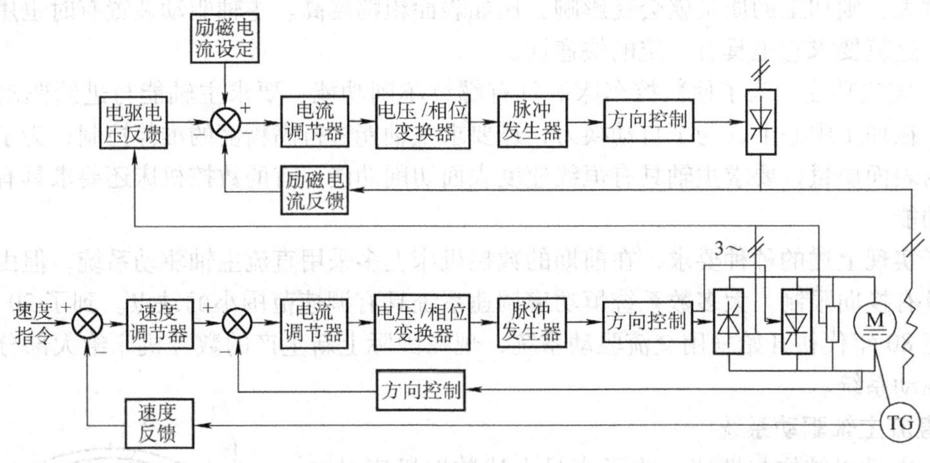

图3-48　直流主轴速度控制单元

因为主轴电动机为他励式电动机，励磁绕组与电枢绕组无直接关系，需要由另一直流电源供电。励磁控制回路由励磁电流设定电路、电枢电压反馈电路及励磁电路组成。三者的输出信号，经电流调节器、电压/相位变换器来决定晶闸管控制极的触发脉冲的相位，从而控制励磁绕组的电流大小，完成恒功率控制的调速。

一般来说，采用主轴速度控制单元之后，只需要二级机械变速，即可满足一般数控机床的变速要求。

3. 交流主轴控制单元

（1）交流主轴电动机结构与性能　交流主轴电动机采用专门设计的感应电动机的结构形式，为增加输出功率、缩小电动机尺寸的目的，采用定子铁心在空气中直接冷却的方法，没有机壳。同时在定子铁心上做有轴向孔以利通风。所以，电动机外形呈多边形而不是圆形。交流主轴电动机结构和普通异步电动机的比较，如图3-49所示。转子结构多为带斜槽的铸铝结构，与一般笼型异步电动机相同。在电动机轴尾部同轴装有检测用脉冲发生器。

（2）交流电动机的调速　由电机学基本原理可知，交流电动机的同步转速为

$$n_0 = \frac{60f_1}{p}$$

异步电动机的转速为

$$n = \frac{60f_1}{p}(1-S) \quad = n_0(1-S)$$

式中 f_1——定子供电频率（Hz）；

p——电动机定子绕组磁极对数；

S——转差率。

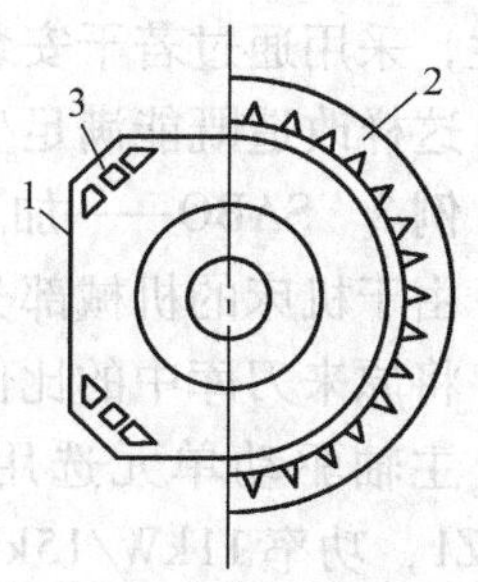

图 3-49　交流主轴电动机与普通异步电动机比较示意图
1—交流主轴电动机
2—普通异步电动机
3—冷却通风孔

由上式可知，调速方法可分为两类。第一类是改变同步转数 n_0 的调速，它分为两种方法，一是改变电动机磁极对数 p，由于 p 是整数，所以只能得到级差很大的有级调速，这不能满足数控机床的要求；二是改变电动机供电频率 f_1，这可得到平滑的无级调速，是一种高效型交流调速，范围宽、精度高，是数控机床常用的方法。第二类为不改变同步转速的调速，常用的有调压调速和电磁调速。由于有转差功率损耗，效率低、特性软，不适合数控机床调速。

从以上分析中可知，改变电源频率的调速是一种最有前途的调速方案，但是在调速过程中，如果频率从工频往下调节，则 Φ_m 上升，将导致铁心过饱和而使励磁电流迅速上升，铁心过热，功率因数下降，电动机带负载能力降低。因此，必须在降低频率的同时，降低电压，以保持 Φ_m 不变。这就是恒磁通变频调速中的“调速控制”。

3.7.2　主运动系统的改造方法

1. 主传动系统的改造

1）一般大型机床多用直流电动机拖动，变速范围宽，主轴箱结构简单，振动和噪声较小，加工工件精度较高，不需要改造。中小型机床的主传动采用普通交流电动机拖动，普通交流电动机拖动属于开环控制的有级调整。机床加工精度要求不高时，一般也不需要改造；如果自动化程度要求较高、经常要求变速，并且要求变速特性较好的场合，可用交流异步电动机的变频系统增加一个变频器，实现主轴的自动无级变速。

2）普通机床进行数控改造时，主轴调速一般有自动和手动两种方案可供选择。自动方案是在主轴电路上增加主轴变频器，通过在程序中指令设定，调整变频器输出频率，从而达到改变电动机运行频率和速度的目的。采用变频器变频的最大优点是，可以采用机床原来的主轴普通电动机方便地进行转速调控，因而改造成本较低；缺点是普通电动机通过变频在较低转速运行时，运行稳定性较差，不利于提高零件的加工精度，因此，采用此种方法进行主轴变速时，不能设定太低的转速。如果零件加工确实需要在低转速情况下进行，且加工精度有一定要求，则应将主轴电动机更换为专用变频电动机。如果采用手工变速方案，则不需要对主轴传动系统的电路做任何改制，只需要在变速的程序段指令前加暂停指令（G04 或 M0），使机床暂时停止运行，手工调整主轴箱转速后，继续执行后面程序指令加工零件即可。

2. 主轴变速系统的改造

主轴加装光电脉冲发生器，用于进给控制和主轴调速的数字反馈。考虑到数控改造的经济性，采用通过若干安装在各传动轴上的电磁离合器的吸合和分离组合来实现主轴有级变速。这样改造既能满足生产加工的需要，又能节省改造经费。

例 3 SABO——加工中心的主轴数控改造

由于机床的机械部分完好，只改造电动机的连接部分。另外，为了以后维修方便以及统一，将原来刀库中的比例阀改用电磁阀代替。

主轴驱动单元选用日本安川 CIMR-VMS201 驱动单元，主轴电动机为安川 UAASXA-15CZ1，功率 11kW/15kW，连续运行功率 11kW，30min 运行功率达 15kW；额定转速 1500r/min，最高转速 6000r/min。

该主轴伺服脉冲采用 0～10V 电压，配合正反转指令，实现主轴电动机的正反转。该主轴还带有定向功能，由磁感应开关、放大器、定向卡，以及主轴定向指令信号来实现主轴定向。该主轴在额定转速以下为恒转矩调速，额定转速以上为恒功率调速。主轴机械有四档变速，主轴电动机变速比分别为 1∶1、1∶2、1∶4、1∶8，即将主轴速度分为四个范围：$0<S\leqslant$ 306r/min 时，齿数比为 1∶8；307r/min $<S\leqslant$ 689r/min 时，齿数比为 1∶4；690r/min $<S\leqslant$ 1539r/min 时，齿数比为 1∶2；1540r/min $<S\leqslant$ 4000r/min 时，齿数比为 1∶1。

由上可知，由于主轴电动机与机械换档相配合，即使主轴转速在低速时，主轴电动机的转速也可保持在较高的转速范围内，从而保证了主轴的切削功率，提高了加工精度。由 S 指令来实现主轴电动机变速及机械换档。

3.8 进给伺服系统的改造

进给伺服系统是 CNC 系统中的一个重要组成部分，它的性能直接决定了 CNC 系统的快速性、稳定性和精确性。进给伺服系统是以位置为控制对象的自动控制系统，且是以对速度控制为前提的。对于位置闭环控制的进给系统，速度控制单元是位置环的内环，它接收位置控制器的输出，并将这个输出作为速度环路的输入命令，去实现对速度的控制；对于性能好的速度控制单元，它将包含速度控制及加速度控制，加速度控制环路是速度环路的内环；对速度控制而言，如果接收速度控制命令、接收反馈实际速度并进行速度比较，以及速度控制器功能都是微处理器及相应软件来完成的，那么速度控制单元常称为速度数字伺服单元；对于加速度环路亦是如此。对于位置控制，若位置比较及位置控制器都由计算机完成，也是数字伺服系统。目前，在高性能 CNC 系统中，位置、速度和加速度是数字伺服，在全功能中档数控系统中，位置环控制是由计算机完成的，速度环是模拟伺服。此时，位置控制器输出的往往是数字量，需经 D/A 转换后，作为速度环的输入命令。

3.8.1 进给伺服系统的概述

伺服系统亦称随动系统，是一种能够跟踪输入的指令信号进行动作，从而获得精确的位置、速度或力输出的自动控制系统。数控机床的进给伺服系统是以机床移动部件的位置和速度为控制量，接收来自插补装置或插补软件生成的进给脉冲指令，经过一定的信号变换及电压、功率放大、检测反馈，最终实现机床工作台相对于刀具运动的控制系统。

数控机床的进给伺服系统是数控装置和机床运动部件的联系环节，其性能很大程度上决定了数控机床的性能，研究与开发性能优良的进给伺服系统是现代数控机床的关键技术之一。

进给伺服系统的高性能在很大程度上决定了数控机床的高效率、高精度。因此，数控机床对进给伺服系统的位置控制、速度控制、伺服电动机、机械传动等方面都有很高的要求。

（1）高精度　为了满足数控加工精度的要求，关键是保证数控机床的定位精度和位移精度。

1）位移精度。进给伺服系统的位移精度是指指令脉冲要求机床进给的位移量和该指令脉冲经伺服系统转化为工作台实际位移量之间的符合程度。两者误差越小，伺服系统的位移精度越高。目前，数控机床伺服系统的位移精度可达到在全程范围内 ±5μm，一般数控机床的脉冲当量为0.005～0.01mm/脉冲，高精度的数控机床其脉冲当量可达0.001 mm/脉冲，甚至更高。

2）定位精度。进给伺服系统的定位精度是指输出量能复现输入量的精确程度。进给伺服系统的定位精度一般要求能达到1μm，甚至0.1μm。

精度是对伺服系统的一项重要性能要求。影响伺服系统精度的因素很多，如系统组成组件本身的误差、系统本身的结构形式，以及输入指令信号的形式等。人们主观上总是希望伺服系统在任何情况下运行时，其输出量的误差都为零，但实际上是不可能的，只要保证系统的误差满足精度指标就可以了。

（2）稳定性　进给系统的稳定性是指当作用在系统上的扰动信号消失后，系统能够恢复到原来的稳定性状态下运行，或者系统在输入的指令信号作用下，系统能够达到新的稳定状态的能力。稳定性是系统本身的一种特性，取决于系统的结构及组成组件的参数（如惯性、刚度、阻尼、增益等），与外界作用信号（包括指令信号和扰动信号）的性质或形式无关。对进给伺服系统要求有较强的抗干扰能力，保证进给速度均匀、平稳。稳定性直接影响数控加工的精度和表面粗糙度。

（3）快速响应无超调　快速响应是衡量伺服系统动态性能的一项重要性能指标，它反映了系统的跟踪精度。为了保证轮廓切削精度和低的加工表面粗糙度，对进给伺服系统除要求有较高的定位精度外，还要求有良好的快速响应特性，即要求跟踪指令信号的响应要快。一方面，在伺服系统处于频繁起动、制动、加速、减速等动态过程中，要求加、减速度足够大，以缩短过渡过程时间，一般在200ms以内，甚至小于几十毫秒，且速度变化不应有超调；另一方面，当负载突变时，过渡过程恢复时间要短且无振荡。

（4）宽调速范围　调速范围是指机械装置要求电动机能提供的最高转速和最低转速之比。数控加工过程中，为保证在任何情况下都能得到最佳切削条件，就要求伺服系统具有足够宽的调速范围和优异的调速特性。经过机械传动后，电动机转速的变化范围即可转化为进给速度的变化范围。对一般数控机床而言，进给速度范围在0～24m/min时，即可满足加工要求。具体技术要求如下：

1）在1～2400mm/min，即1:2400调速范围内，要求均匀、稳定、无爬行，且速降小。

2）在1mm/min以下时，具有一定的瞬时速度，但瞬时速度要低。

3）在零速时，即工作台停止运动时，要求电动机有电磁转矩以维持定位精度，使定位误差不超过系统的允许范围，即电动机处于伺服锁定状态。

（5）低速大转矩　数控机床加工的特点是在低速时进行重切削。因此，要求进给伺服系统在低速时要有大的转矩输出，以满足切削加工的要求。

3.8.2 进给伺服系统的分析

1. 进给伺服系统的数学模型

进给伺服系统的结构如图 3-50 所示。在图 3-50 中，位置控制器执行比例控制算法。控制器本身可以是微处理器，也可以是由硬件构成的脉冲比较电路或相位比较电路。从传递函数的角度来看，位置控制器相当于一个比例环节，其比例系数是 K_P。

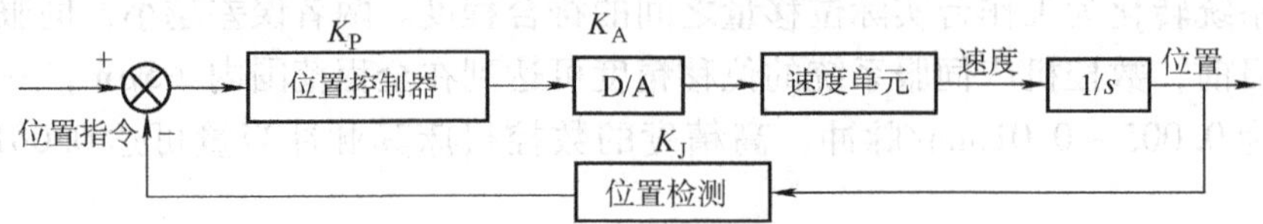

图 3-50　进给伺服系统的结构

位置控制器输出的是数字量，必须经过 D/A 转换之后才能控制速度单元，D/A 转换也相当于一个比例环节，其比例系数是 K_A。

从位置环的角度来看，速度单元可以等效为一惯性环节 $K_V(T_Vs+1)$（T_V 为惯性时间常数，K_V 为速度单元的放大倍数）。

速度单元输出的量是速度量，这一速度量经过积分环节 1/s 后成为角位移量。

位置检测环节是指位置传感器（光电编码器、旋转变压器）和后置处理电路。这个环节也可以看作是一个比例环节，比例系数是 K_J。

将各环节的传递函数置换图 3-50 中的框图，就得到了动态结构图，如图 3-51 所示。

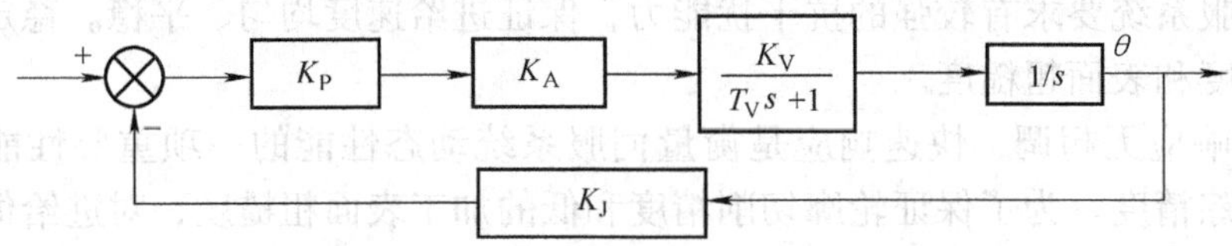

图 3-51　进给伺服系统动态结构图

在图 3-51 中，前向通道的传递函数

$$G_1(s) = K_PK_A\frac{K_V}{T_Vs+1}\frac{1}{s} \tag{3-5}$$

利用前向通道的传递函数 $G_1(s)$，可以将图 3-51 简化成图 3-52。

根据自动控制原理可知，图 3-52 所示系统的闭环传递函数是

$$G(s) = \frac{G_1(s)}{1+K_JG_1(s)} \tag{3-6}$$

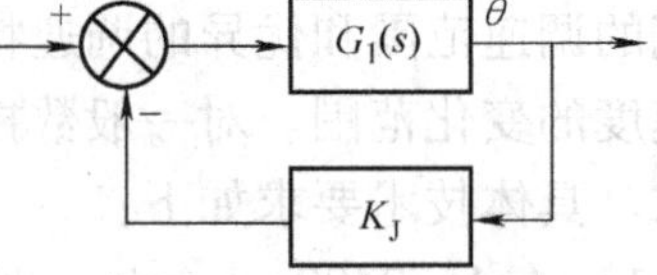

图 3-52　简化的动态结构图

将式（3-5）代入式（3-6），并令 $K=K_PK_VK_A$，得

$$G(s) = \frac{1/K_J}{\frac{T_V}{KK_J}s^2+\frac{1}{KK_J}s+1} \tag{3-7}$$

式（3-7）表明，半闭环进给伺服系统是一个典型的二阶系数，可引入下列一些新的参数来描述二阶系统，令

$$\frac{KK_{\mathrm{J}}}{T_{\mathrm{V}}} = \omega_{\mathrm{n}}^{2} \tag{3-8}$$

$$\frac{1}{T_{\mathrm{V}}} = 2\zeta\omega_{\mathrm{n}} = 2\sigma \tag{3-9}$$

式中　σ——衰减系数；

ω_{n}——无阻尼自然角频率；

ζ——系统的阻尼比。

引入这些参数后式（3-7）可以变成

$$G(s) = \frac{K/T_{\mathrm{V}}}{s^{2} + 2\zeta\omega_{\mathrm{n}}s + \omega_{\mathrm{n}}^{2}} \tag{3-10}$$

2. 进给伺服系统的动、静态性能分析

（1）动态性能　由式（3-10）可知，进给伺服系统是一个典型的二阶系统，阻尼比 ζ 是描述系统动态性能的重要参数。下面分欠阻尼（$0<\zeta<1$）、临界阻尼（$\zeta=1$）和过阻尼（$\zeta>1$）三种情况进行分析。

1）欠阻尼。若 $0<\zeta<1$，就称系统是欠阻尼的。在这种情况下，进给伺服系统的传递函数有一对共轭复极点，传递函数可以写成

$$G(s) = \frac{K/T_{\mathrm{V}}}{(s+\zeta\omega_{\mathrm{n}}+j\omega_{\mathrm{d}})(s+\zeta\omega_{\mathrm{n}}-j\omega_{\mathrm{d}})} \tag{3-11}$$

式中　ω_{d}——阻尼角频率，$\omega_{\mathrm{d}} = \omega_{\mathrm{n}}\sqrt{1-\zeta^{2}}$。

在这种情况下，系统对于斜坡输入信号的跟踪响应是要经历振荡的，如图 3-53 所示。

2）过阻尼。若阻尼比 $\zeta>1$，则称为过阻尼。在这种情况下，进给伺服系统的传递函数有一对不相同的实数极点，传递函数可以写成

$$G(s) = \frac{K/T_{\mathrm{V}}}{(s+r_{1})(s+r_{2})} \tag{3-12}$$

式中　$r_{1} = r_{2} = (-\zeta \pm \sqrt{\zeta^{2}-1})\omega_{\mathrm{n}}$。

在这种情况下，系统对输入信号的响应是无振荡的，其对斜坡输入信号的响应如图 3-54 所示。

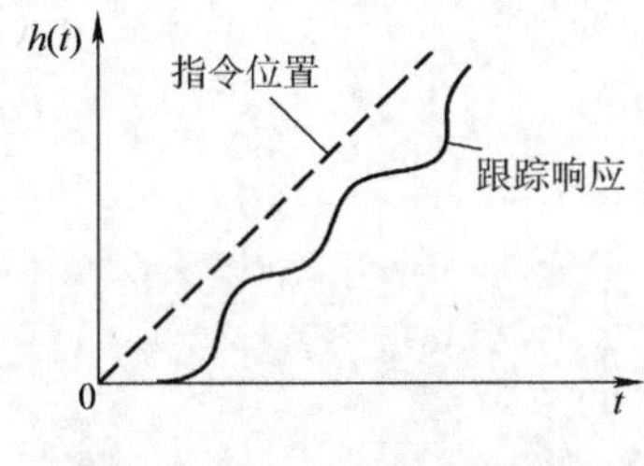

图 3-53　$\zeta<1$ 时的斜坡响应

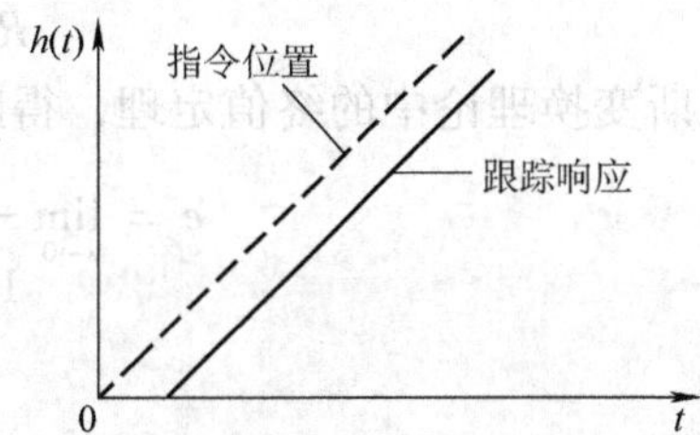

图 3-54　$\zeta>1$ 时的斜坡响应

3）临界阻尼。若阻尼比 $\zeta=1$，则称为临界阻尼。在临界阻尼的情况下，进给伺服系统的传递函数有一对相同的实数极点，传递函数可以写成

$$G(s) = \frac{K/T_{\mathrm{V}}}{(s+\omega_{\mathrm{n}})^2} \tag{3-13}$$

在这种情况下，系统对输入信号的响应也是无振荡的，其对斜坡输入信号的响应与过阻尼时的情况差不多。

由于数控机床的伺服进给控制不允许出现振荡，故欠阻尼的情况是应当避免的；临界阻尼是一种中间状态，若系统参数发生了变化，就有可能转变成欠阻尼，故临界阻尼的情况也是应当加以避免的。由此得出结论：数控机床的进给伺服系统应当在过阻尼的情况下运行。

将式（3-8）代入式（3-9）中，可以得出阻尼比的表达式

$$\zeta = \frac{1}{2}\frac{1}{\sqrt{KK_{\mathrm{J}}T_{\mathrm{V}}}} \tag{3-14}$$

根据过阻尼（$\zeta > 1$）的要求，可以得出

$$K < \frac{4}{K_{\mathrm{J}}T_{\mathrm{V}}} \tag{3-15}$$

由图 3-50 可知，K_{V} 和 K_{A} 的大小都是固定的，所以对于位置控制器的增益 K_{P} 来说，应满足式（3-16）

$$K_{\mathrm{P}} < \frac{4}{K_{\mathrm{J}}T_{\mathrm{V}}K_{\mathrm{A}}K_{\mathrm{V}}} \tag{3-16}$$

事实上，位置控制器增益 K_{P} 是数控的一个重要参数，是由系统的操作人员设定的。

（2）静态性能　进给伺服系统静态性能的优劣主要体现为跟随误差的大小。在进给伺服系统中，输入指令曲线与位置跟随响应曲线之间存在着误差，随着时间的增加，这一误差趋向于固定。这一误差就称为系统跟随误差。在一般数控系统的应用说明中，常常用“伺服滞后”来表达跟随误差，“伺服滞后”与“跟踪误差”本质是一样的，如图 3-55 所示。

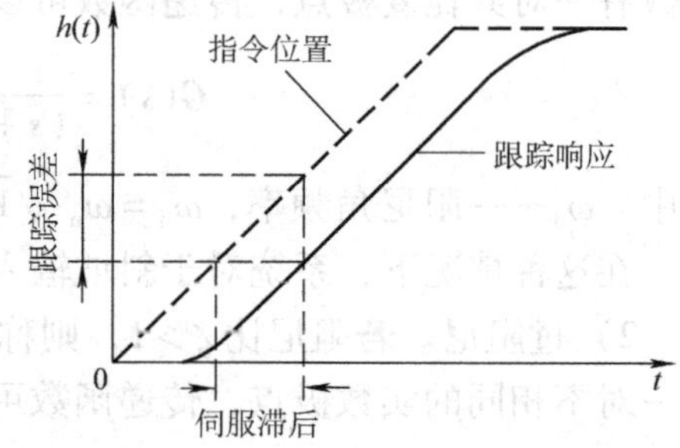

图 3-55　“伺服滞后”与“跟踪误差”

设进给伺服系统的斜坡输入指令信号为

$$r(t) = \begin{cases} vt & (t \geqslant 0) \\ 0 & (t < 0) \end{cases} \tag{3-17}$$

式中　v——指令速度。

则其拉普拉斯变换的像函数为

$$R(s) = v/s^2 \tag{3-18}$$

利用拉普拉斯变换理论中的终值定理，得跟踪误差为

$$e = \lim_{s \to 0} \frac{s}{1 + \dfrac{K_{\mathrm{P}}K_{\mathrm{A}}K_{\mathrm{V}}K_{\mathrm{J}}}{(T_{\mathrm{V}}s+1)s}} \frac{v}{s^2}$$

即

$$e = \frac{v}{K_{\mathrm{P}}K_{\mathrm{A}}K_{\mathrm{V}}K_{\mathrm{J}}} \tag{3-19}$$

从式（3-19）可以看出，伺服系统的跟随误差与位置控制器增益 K_{P} 成反比，要减小跟随误差就要增加 K_{P}。但是，由前面的分析可知，K_{P} 的增大，同时要影响到伺服系统的动态

性能，K_P 的最大值要受到式（3-16）的限制。

动态性能的要求和静态性能的要求在这里是矛盾的。若仅采用比例型的位置控制，跟随误差是无法完全消除的。设置 K_P 的大小，要同时兼顾两方面的要求。

3.8.3　进给系统的改造方法

机床数控化改造中，进给系统的改造主要是围绕着进给坐标轴进行的，一般是 X 轴、Y 轴和 Z 轴，特殊情况下还有 X′轴、Y′轴和 Z′轴。进给轴的改造与主轴类似，但是一般都不配传动齿轮或带轮，减少传动误差对加工精度的影响。一般情况下，进给系统的改造方法有：

1）计算系统的传动比和传动速度及其他参数。

2）根据系统要求选择系统的控制方式，开环、闭环或半闭环。

3）根据选定的控制方式计算、选择伺服电动机，并进行验算。

4）选择检测元件，并设置接口参数

下面以实例分析伺服系统的改造设计方法。

1. 车床进给伺服系统改造的主要步骤

（1）纵向进给系统（图 3-56）　拆去原机床的溜板箱、光杠、丝杠及安装座，配上滚珠丝杠及相应的安装装置。

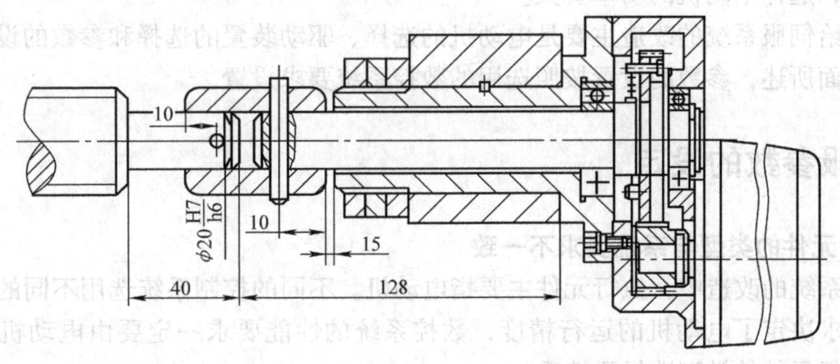

图 3-56　纵向进给系统图

选用电动机，确定减速比和保持转矩。电动机经无间隙联轴器与滚珠丝杠副相连，将拖动转矩传给滚珠丝杠副，带动拖板沿纵向往复运动。

滚珠丝杠采用可预紧安装方式，以减小或消除因丝杠自重而产生的弯曲变形，使丝杠刚度有较大提高，丝杠不会因发热而伸长。

（2）横向进给系统（图 3-57）　拆除横向丝杠，换上滚珠丝杠。确定电动机减速比、保持转矩和脉冲当量，选择电动机，通过无间隙联轴器将电动机与滚珠丝杠相连。

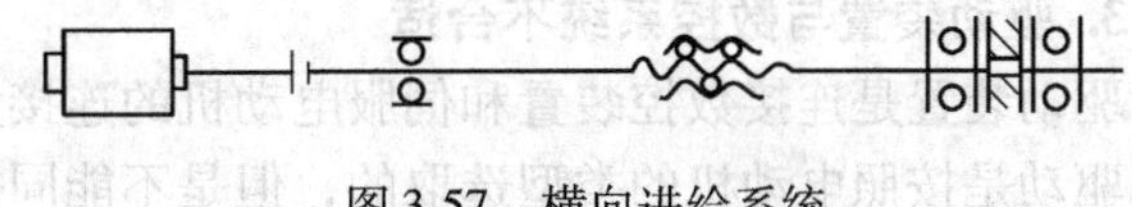

图 3-57　横向进给系统

车床进给伺服系统的改造主要是伺服电动机的选择、驱动装置的选择和参数的设置。具体的计算方法参照前面所述，参数的设置要参考数控系统的要求设置。

2. 车床伺服系统数控化改造实例

（1）纵向进给机构（Z轴）改造　拆除车床原有的手柄和丝杠螺母副，改用滚珠丝杠螺母副。为保证精度，滚珠丝杠与直线导轨采用日本原装产品，滚珠丝杠（外径×螺距）：纵向40mm×5mm，横向25mm×mm。滚珠丝杠支架和伺服电动机固定在工作台上，随工作台作纵向移动。伺服电动机选用日本东芝机械公司的MFA100MBK，功率为1kW，最大转速为2000r/min，额定转矩为0.6N·m，最大转矩达4.8N·m。伺服电动机通过联轴器直接与滚珠丝杠相连接。滚珠丝杠螺母副的安装要由丰富经验的钳工师傅施工，预紧合适以使滚珠丝杠刚性、反向间隙等达到较佳状态。

（2）横向进给机构（X轴）改造　拆除手动手轮，改造型式与纵向相同，伺服电动机型号为MFA055MBK，比纵向小，功率为0.55kW，最大转速为2000r/min，额定转矩为0.3N·m，最大转矩达2.4N·m。

3. 铣床进给伺服系统改造的主要步骤

铣床的横向和纵向进给伺服系统是类似的，最大的不同是行程不同。改造纵向和横向的进给伺服系统时，需要拆掉丝杠，确定减速比和丝杠的行程、刚度等一些数据，根据这些数据计算选择电动机。

铣床的Z轴进给比较特别，若是立式铣床，Z轴的导轨一般选择燕尾槽型导轨，因为主轴负载较大，选择电动机的功率要大。

铣床进给伺服系统的改造主要是电动机的选择、驱动装置的选择和参数的设置。具体的步骤按照前面所述，参数的设置按照选用的数控系统要求设置。

3.9　伺服参数的设定

1. 执行元件的类型与系统要求不一致

在伺服系统的改造中，执行元件主要指电动机。不同的控制系统选用不同的电动机，系统的精度要求决定了电动机的运行精度，数控系统的性能要求一定要由电动机的性能来保证。因此执行元件的类型选择要慎重。

2. 电动机参数的计算方法欠精确

目前市场上改造电动机时经常是进行简单的计算后，一是大致选一个性能参数远远大于要求的电动机，另一个是凭经验大约选一个电动机。这样，前者会造成电动机的浪费，后者很可能会选择不合适的电动机，造成电动机运转不理想，加工精度低。因此，在电动机的选择中，一定要经过参数运算，对计算结果进行验算，然后根据验算结果选择合适的电动机。

3. 驱动装置与数控系统不合适

驱动装置是连接数控装置和伺服电动机的连接元件。在选择驱动装置时经常出现的问题是，驱动是按照电动机的类型选取的，但是不能同数控装置匹配，在连接驱动装置和数控装置时无法连接，或连接上了，但是电动机的旋转情况不理想。所以，在选择驱动装置时，一要考虑其运转性能与电动机的匹配，同时也要考虑其接口数据与数控装置接口数据的匹配。

4. 检测装置与其他元件参数不匹配

位置检测装置输出检测信号给数控装置，速度检测装置输出信号给伺服系统。检测装置输出信号一般都为电信号，电信号有频率和输出电压的特征。这两个特征参数要与相应的输出对象相匹配，否则会造成改造后系统运行不正常或精度变差。

5. 车床所能切削螺纹的最大螺距与转速不匹配

由前面所述，当螺距越来越大时，允许车床主轴转速也越来越低。这就出现了使用电动机的最低不爬行转速能否满足切削大螺距螺纹的转速。因此，在选择电动机时，还需考虑螺距对转速的要求。

3.9.1 伺服系统参数设定的准备条件

1. 在进行伺服系统参数设定之前，必须了解数控机床的以下信息

1）数控系统的类型，如 FANUC 0i 系统或 SIEMENS802D 系统等。

2）伺服电动机的类型及规格。

3）电动机内装的脉冲编码类型，如编码器是增量编码器还是绝对编码器。

4）系统是否使用分离型位置检测装置，如是否采用独立型旋转编码器或光栅尺作为伺服系统的位置检测装置。

5）机床丝杠的螺距，进给电动机与丝杠的传动比。

6）机床的检测单元（如 0.001mm）。

7）CNC 的指令单位（如 0.001mm）。

2. 常用参数

CNC 系统是通用的数控机床控制装置，某一型号的 CNC 系统适用于同类各种型号规格的机床。对于某种具体规格的机床，必须将机床的规格及控制参数输入 CNC 系统，CNC 系统将根据输入的参数进行相应的控制，使所选配的 CNC 系统适用于该机床的控制。

CNC 系统控制参数涉及 CNC 系统功能的各个方面，它使系统与机床的配接灵活、方便、适用范围广。不同系统控制参数的数量不同，CNC 系统制造厂对每一个参数的含义均有严格的定义，在其安装与调试手册中有详细说明。这些参数由机床厂在机床与系统机电联调时设置，一般不允许机床使用单位改变。这些参数存放在 CNC 系统的掉电保护 RAM 中，机床使用者应将所有参数的设置抄录下来，作为备份。

3. 伺服控制参数

一般情况下可以参考下列项目设定伺服参数：

1）检测倍乘比的设定。

2）指令倍乘比的设定。

3）最大切削进给速度的设定。

4）快速移动的速度设定。

5）手动进给速度的设定。

6）位置增益的设定。

7）速度增益的设定。

8）积分时间常数的设定。

9）到位、定位范围的设定。

10）跟随误差的设定。

11）加减速时间常数的设定。

12）返回机床参考点的速度和方向的设定。

4. 主轴控制参数

主轴控制参数一般包括下列几项：

1）分段无级调速各档最高主轴转速的设定。

2）换挡时主轴转动的方式、大小及方向的设定。

3）主轴编码器每转脉冲数的设定。

4）恒转速控制时最低主轴转速的设定。

5）主轴最高转速的设定。

6）主轴准停时速度与方向的设定。

7）主轴准停时控制增益的设定。

8）主轴准停时位置范围的设定。

9）当执行S功能时，CNC送给PLC的S代码的设定。

不同数控系统的参数设定差别很大，用户应该详细阅读其手册。

3.9.2 FANUC 伺服系统参数的设定

1. 伺服参数的初始化设定方法

1）在紧急停止状态，接通电源。

2）设定显示伺服设定调整画面的参数。

	#7	#6	#5	#4	#3	#2	#1	#0
3111								SVS

#0（SVS）{0：不显示伺服调整画面。1：显示伺服调整画面。

3）暂时切断电源，再次开通电源。

4）按下面顺序，先按[SYSTEM]键再按[▷]键再按［SV. PARA］键，显示伺服参数的设定画面，如图3-58所示。

5）使用光标，翻页键，输入初始化设定时必要的参数。

	SERVO SETTING	X AXIS	YAXIS	
(1)	INITIAL SET BIT	00000000	00000000	⇐ PRM 2000
(2)	MOTOR ID NO.	47	47	⇐ PRM 2020
(3)	AMR	00000000	00000000	⇐ PRM 2001
(4)	CMR	2	2	⇐ PRM 1820
(5)	FEED GEAR N	1	1	⇐ PRM 2084
(6)	(N/M) M	125	125	⇐ PRM 2085
(7)	DIRECTION SET	111	111	⇐ PRM 2022
(8)	VELOCITY PULSE NO.	8192	8192	⇐ PRM 2023
(9)	POSITION PULSE NO.	12500	12500	⇐ PRM 2024
(10)	REF COUNTER	8000	8000	⇐ PRM 1821

图3-58　数字伺服系统设置画面

① 初始设定位。

	#7	#6	#5	#4	#3	#2	#1	#0
2000					PRMCAL		DGPRM	PLC01

#3（PRMCAL）1：进行参数初始设定时，自动变成 1。根据脉冲编码器的脉冲数自动计算下列值：PRM 2043（PK1V）、PRM2044（PK2V）、PRM2047（POA1）、PRM2053（PPMAX）、PRM 2054（PDDP）、PRM2056（EMFCMP）、PRM2057（PVPA）、PRM 2059（EMFBAS）、PRM 2074（AALPH）、PRM 2076（WKAC）。

#1（DGPRM）0：进行数字伺服参数的初始化设定。

1：不进行数字伺服参数的初始化设定。

#0（PLC01）0：使用 PRM 2023、2024 的值。

1：在内部把 PRM 2023、2024 的值乘以 10 倍。

② 伺服电动机 ID。选择所使用的电动机 ID 号，按照电动机型号和规格号（中间 4 位：A06B－××××－B×××）。

注意：伺服轴以两轴为一组控制，所以，对于连续的伺服控制轴号（奇数和偶数），必须统一指定用 HRV1 或 HRV2、HRV3 的电动机类型号。

③ 任意 AMR 功能

	#7	#6	#5	#4	#3	#2	#1	#0	
PRM 2001	AMR7	AMR6	AMR5	AMR4	AMR3	AMR2	AMR1	AMR0	轴形

注意：原始设定为“00000000”。

④ CMR。

PRM　1820	指令倍乘比

a. CMR 为 1/2～1/27 时：设定值＝1/CMR＋100。

b. CMR 为 0.5～48 时：设定值＝2×CMR。

⑤ 切断电源，然后再打开电源。

⑥ 进给齿轮比 N/M（F. FG）。

PRM　2084	柔性进给齿轮的 n
PRM　2084	柔性进给齿轮的 m

设定半闭环 α 脉冲编码器
（注 1） $\dfrac{\text{F. FG 分子（≤32 767）}}{\text{F. FG 分母（≤32 767）}} = \dfrac{\text{电动机每转所需的位置反馈脉冲数}}{\text{1 000 000（注 2）}}$ （约分数）

注意：a. 对分子和分母，最大设定值是 32 767。

b. 对柔性齿轮比，αi 脉冲编码器假定电动机每转有 1 000 000 个脉冲。

c. 如果计算电动机转速时使用了 π 值，比如使用齿轮和齿条，假定 π 值近似为 355/113。

⑦ 移动方向。

PRM 2022 | 电动机回转方向 |

a. 111：正方向（时针方向）。

b. －111：逆方向（时针方向）。

⑧ 速度脉冲数，位置脉冲数（表 3-6）。

表 3-6　串行 α i 脉冲编码器或串行 α 脉冲编码器的参数设定

	参数号	设定单位 1/1000mm		设定单位 1/1000mm	
		闭环	半闭环	闭环	半闭环
高分辨率的设定	2 000	×××× ×××0		×××× ×××1	
外装检测器	1815	0010 0010	0010 0000	0010 0010	0010 0000
速度反馈脉数	2023	8192		819	
位置反馈脉数	2 024	NS	12 500	NS/10	1 250

注：1. NS 为电动机一转的位置反馈脉冲数（4 倍后）。

2. 闭环时，也要设定 PRM2002#3 = 1，#4 = 0。

⑨ 参数计数器。

PRM 1821 | 各轴的参数计数器的容量（0 ~ 99 999 999） |

⑩ FSSB 显示和设定画面。

6）将电源关闭，然后再接通。

通过一个高速串行总线（FSSB：FANUC 串行伺服总线）连接 CNC 控制单元到多个伺服放大器，只用一根光缆，可显著减少机床电气的电缆使用量。

轴设定会根据轴和放大器内部之间关系自动计算并输入到 FSSB 设定画面，参数 1023、1905、1910 ~ 1919、1936 和 1937 会按计算结果自动定义。

2. 伺服调整画面说明

（1）参数设定　设定显示伺服调整画面的参数。

	#7	#6	#5	#4	#3	#2	#1	#0
3111								SVS

#0（SVS）0：不显示伺服设定调整画面。

1：显示伺服设定调整画面。

（2）伺服调整画面的显示

1）先按 SYSTEM 键再按 ▷ 键然后按［SV. PARA］键。

2）按软键［SV. TUM］，选择伺服调整画面（图 3-59）。

① 功能位：PRM2003。

② 回路增益：PRM1825。

③ 调整开始位：在伺服自动调整功能中使用。

④ 设定周期：在伺服自动调整功能中使用。

⑤ 积分增益：PRM2043。

伺服调整画面				01234 N12345	
参数的设定					
① 功能位	00000000	报警 1	00000000	⑨	
② 回路增益	3000	报警 2	00000000	⑩	
③ 调整开始位	0	报警 3	10000000	⑪	
④ 设定周期	50	报警 4	00000000	⑫	
⑤ 积分增益	113	报警 5	00000000	⑬	
⑥ 比例增益	−1015	回路增益	2999	⑭	
⑦ 滤波器	0	位置偏差	556	⑮	
⑧ 速度增益	125	实际电流%	10	⑯	
		实际RPM	100	⑰	
〔SV 设定〕	〔SV 调整〕	〔 〕	〔 〕	〔操作〕	

图 3-59 伺服调整画面

⑥ 比例增益：PRM2044。

⑦ 滤波器：PRM2067。

⑧ 速度增益：　　设定值 $=\dfrac{(\text{PRM 2010})\ +256}{256}\times 100\%$。

⑨ 报警 1：诊断号 200 号。

⑩ 报警 2：诊断号 201 号。

⑪ 报警 3：诊断号 202 号。

⑫ 报警 4：诊断号 203 号。

⑬ 报警 5：诊断号 204 号。

⑭ 回路增益：显示实际的回路增益。

⑮ 位置偏差：显示实际的位置偏差量（诊断号 300）。

⑯ 实际电流%：显示额定电流的百分比%。

⑰ 实际 RPM：显示电动机实际转速。

3.9.3 SIEMENS 伺服系统参数设定

1. 参数菜单

具有相关功能的参数存储在装置中参数组的结构菜单中，因而一个菜单代表装置全部参数中的一套参数。一个参数也有可能列入几个菜单中，如图 3-60 所示。参数表指明，一个参数所列入的菜单，通过配置给每个菜单的菜单号，使其赋值生效。

2. 菜单级

参数菜单有几个菜单级，第 1 级包含主菜单（表 3-7）。它们对所有参数输入源有效（PMUP，OP1S，SIMOVIS 现场总线接口）。主菜单用 P60 菜单选择参数进行选择。2 级和 3 级菜单使参数组有更大范围的结构。它们用于 OP1S 操作面板进行装置的参数设置。

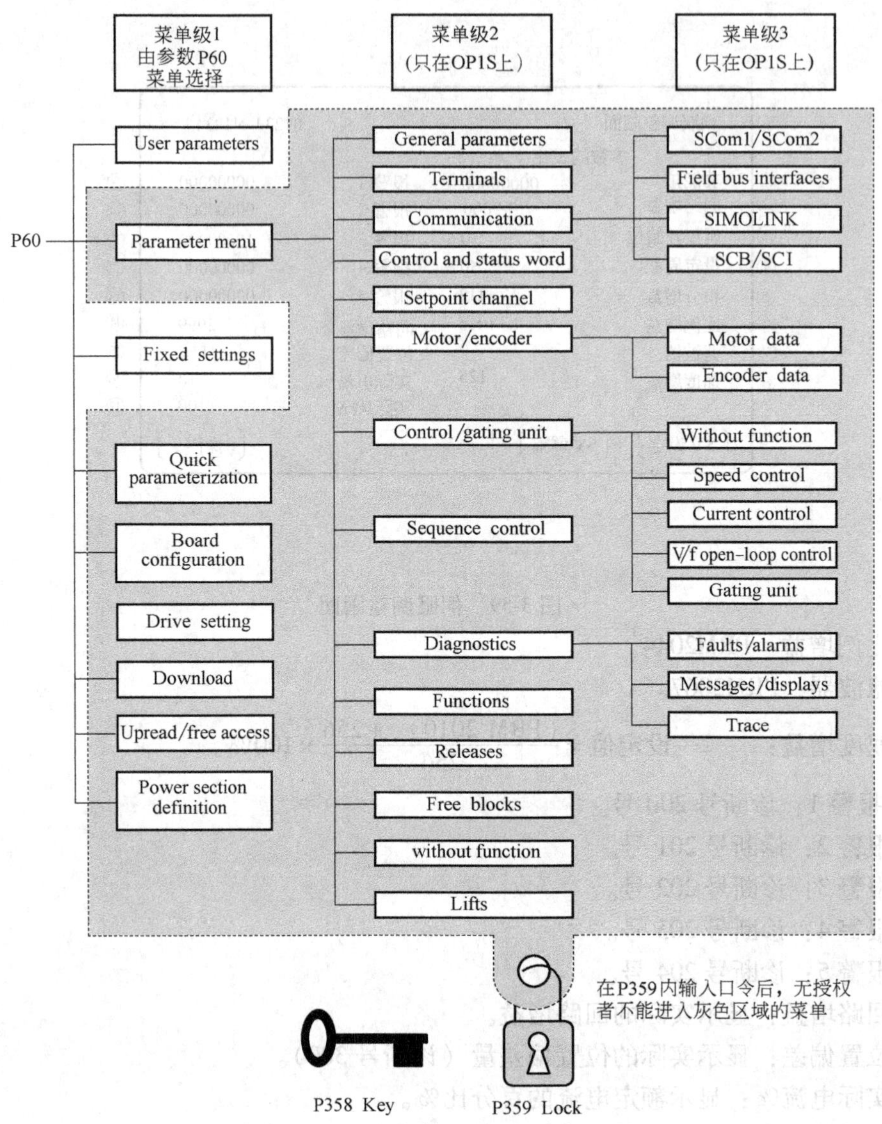

图 3-60 参数菜单

表 3-7 主菜单

P60	菜单	说明
0	用户参数	自由组合菜单
1	参数菜单	包含全部参数组 使用 OP1S 操作面板获得功能进一步扩展结构
2	固定设置	用于完成参数恢复到工厂设置或用户设置
3	快速参数设置	用于具有参数模块的快速参数设置 当选择此参数值，装置转到状态 5 “系统设置”
4	板的配置	用于配置选件板 当选择此参数值，装置转到状态 4 “板的配置”

（续）

P60	菜单	说明
5	系统设置	用于说明重要电动机、编码器和控制数据的参数设置 当选择此参数值，装置转到状态 5 “系统设置”
6	写入	用于从 OP1S、PC 或自动化装置中写入参数 当选择此参数值，装置转到状态 6 “写入”
7	读取/自由存储	包含全部参数组且不受更多菜单的限制，用于自由存储所有参数 用 OP1S、PC 或自动化装置去读取所有参数
8	功率部分定义	用于定义功率部分（仅在书本型装机装柜型装置需要） 当选择此参数值，装置转到状态 8 “功率部分定义”

3. 用户参数

原则上，参数固定地配置在菜单中。然而，“用户参数” 菜单有专门状态，此菜单配置的参数是不固定的，可以改变，因而可以按照需要，输入所需的参数并根据需要排列结构。

这些包含在“用户参数” 菜单中的参数在参数 P360（Select Userparam）中被选用。参数 P360 带标号且允许输入 100 个参数号，因而送入参数号的顺序定义了它们在“用户参数” 菜单中出现的顺序。如果参数号大于 999 的参数包含在此菜单中，它们以通常的符号用 OP1S 送入（用数字取代字母）。

4. 锁和钥匙

为防止出现装置不希望的参数设置和为了保护存储的参数设置，可以用自己定义的口令参数去限制参数的存储，如 P358 钥匙，P359 锁。

如果 P358 和 P359 的值不相符，则仅有“用户参数” 和 “固定设置” 菜单能用参数 P60（菜单选择）来选择。这意味着，在“用户参数” 和 “固定设置” 菜单中已有使能的参数可用操作器存储。当 P358 和 P359 有相同的参数值时，这些限制将取消。

当使用锁和钥匙功能时，应该按下列方法进行：

1）在“用户参数” 菜单中采用钥匙参数 P358（P360. × =358）。

2）在锁参数 P359 的 2 个参数标号中设计自己的专用口令字。

3）返回“用户参数” 菜单。

这取决于钥匙参数 P358（与 P359 一样或不一样）的设置，然后可以离开此菜单，同时可以执行或不执行进一步的参数设置。

注意：若忘记口令字，仅在执行参数回到工厂设置（“固定设置”）菜单时，所有参数的存取才被恢复。

5. 参数的可变性

存储在装置中的参数仅在一定条件下才能改变。在参数改变以前，必须满足表 3-8 所列的可以改变参数的条件。

表 3-8　可以改变参数的条件

条件	备注
必须包含有一个功能数据组，或一个电动机数据组或一个 BICO 参数（用在参数号中大写字母未定义）	只读参数（用在参数号中小写字母未定义）不能改变
参数的存储必须得到用于改变参数的源的同意	由 P053 参数存取设定
必须选择一个包含有参数变更的菜单	菜单赋值显示在参数表的每个参数中
装置必须处于允许改变参数的状态	在参数表中说明改变参数所允许的状态

注意：装置当前状态可访问参数 R001。

6. 通过 PMU 进行参数设置

参数设置单元 PMU 在装置上直接对变频器和逆变器进行参数设置、操作和监控。它是基本装置的固定组成部分。它具有 4 位 7 段数码显示和几个按键。

在需要一个小号的成组参数和用于快速设置简单参数的场合，PMU 应该优先被选用。PMU 操作单元见表 3-9

表 3-9　PMU 操作单元

操作键	含义	功能
I	开机键	传动系统接电（电动机控制使能） 如果故障，回到故障显示
O	关机键	传动系统断电；通过 OFF1、OFF2 或 OFF3（P554 ~ 560）决定于参数设定
⌒	反转键	传动系统转向的改变 此功能用 P571 和 P572 激活
P	切换键	按一定的顺序在参数号、参数标号和参数值之间进行转换（在松开按键时起作用） 如果激活故障显示：故障确认
△	增大键	用于增加所选择的值 点动：信号逐步增加 按紧：信号快速增加
▽	减小键	用于减小所选择的值 点动：信号逐步减小 按紧：信号快速减小
P + △	切换键和增大键同时使用	如果激活参数号级，在最后选择参数号和操作显示之间跳入或跳出（r000） 如果激活故障显示，切换到参数号级 如果激活参数值级，参数值显示超过 4 位数，则将显示向右移位（如果左边存在其他不可见的数字，则左边数字闪烁）
P + ▽	切换键和减小键同时使用	如果激活参数号级，直接跳入工作显示（r000） 如果激活参数值级，参数值显示超过 4 位数，则将显示向左移位（如果右边存在其他不可见的数字，则右边数字闪烁）

因为 PMU 仅有一个 4 位 7 段显示，故参数的 3 个描述元素参数号、参数标号（如果参数有标号）和参数值不能同时显示。因而需要在各个描述元素之间进行切换。切换通过切换键来实现，切换键如图 3-61 所示。在选好所希望的级别后，可用增大键或减小键来实现调整。

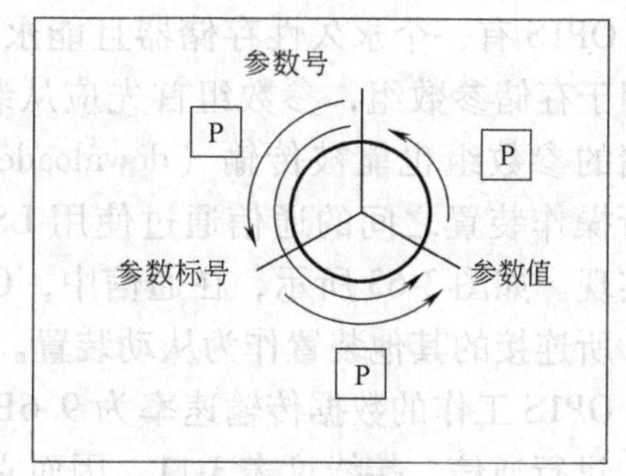

图 3-61　切换键

利用切换键可以改变：①从参数号到参数标号；②从参数标号到参数值；③从参数值到参数号。如果参数没有标号，便直接跳到参数值。

注意：在一般情况下，改变参数值时立即有效。如果是需要确认的参数（在参数表中用“ * ”号标记），这个改变要在从参数值到参数号切换后有效。

通过 PMU 实现参数改变在操作切换键后总是安全地存储在 EEPROM 中（在断电时能保护）。

3. 9. 4　通过 OP1S 进行参数输入

1. 概述

图 3-62 所示 OP1S 操作面板是一个可选择的输入/输出单元，可以实现装置的参数设定和启动。参数设置通过正文显示可以方便地实现。表 3-10 列出了其配件的订货号。

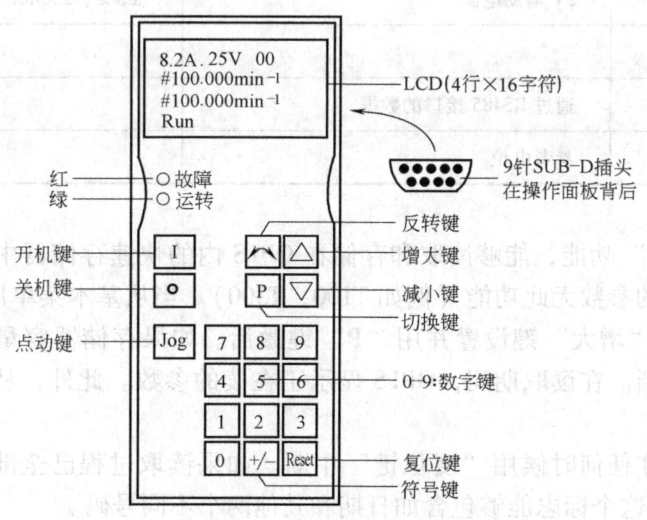

图 3-62　OP1S 操作面板

表 3-10　OP1S 配件订货号

原件名称	订货号
OP1S	6SE7090-0 × × 84-2FK0
连接电缆 3m	6S × 7010-0AB03
连接电缆 5m	6S × 7010-0AB05
用于装在柜门上的适配器，包括 5m 电缆	6S × 7010-0AA00

OP1S 有一个永久性存储器且能永久存储全套参数。因而能够用于存储参数组，参数组首先应从装置中读取（upread），所存储的参数组也能被传输（downloaded）到其他装置中。OP1S 和所操作装置之间的通信通过使用 USS 协议的串行接口 RS485 来实现。如图 3-63 所示，在通信中，OP1S 承担着主动装置的功能，所连接的其他装置作为从动装置。

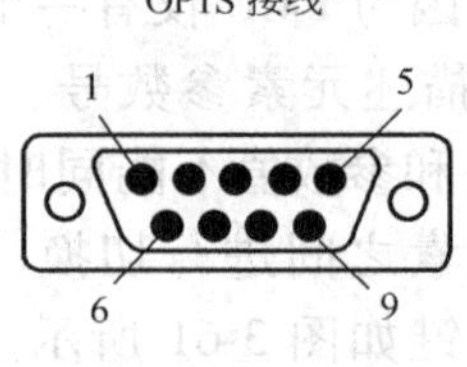

图 3-63　OP1S 接线图

OP1S 工作的数据传输速率为 9.6B/s 和 19.2B/s，它可以同 32 台从动装置（地址 0 ~ 31）进行通信，接线见表 3-11。因而它不仅可用于点到点耦合，也可以用于总线配置。它有 5 种语言可供正文选择，可通过所选用的从动装置的相应参数的选择来实现。

表 3-11　OP1S 接线

针	名称	意义	范围
1			
2			
3	RS485 P	通过 RS485 接口的数据	
4			
5	N5V	地	
6	P5V	5V 辅助电源	±5%，200mA
7			
8	RS485N	通过 RS485 接口的数据	
9		参考电位	

2. OP 读取

利用“OP 读取”功能，能够读取和存储在 OP1S 内的快速存储器中所连接的从动装置参数。插入工艺板的参数无此功能（例如 T100，T300）。当从基本菜单启动时，“OP 读取”功能用“减小”或“增大”键设置并用“P”键激活。如果存储器容量不够时，这个过程用出错的信息来中断。在读取期间，OP1S 显示正在读的参数。此外，从动装置号码显示在右侧的顶部。

这个过程可以在任何时候用“复位键”中断。如果读取过程已全部完成，用户需要进入所存储的 ID 中。这个标志能够包含如日期和其他两个不同号码。

当按下“P”键激活时，“读取 OK”信息出现而且显示转换到基本菜单。

3. OP 写入

利用“OP 写入”功能，能够将存储在 OP1S 中的参数组写入到所连接的从动装置中。插入的工艺板的参数不考虑在内（例如 T100，T300）。当从基本菜单启动时，“OP 写入”功能用“减小”或“增大”键设置并用“P”键激活。

存储在 OP1S 中的参数组之一必须用“减小”键或“增大”键来选择（显示在第二行）。用“P”键确认所选择的 ID。从动装置 ID 用“减小”键或“增大”键来显示。写入过程用“P”键激活。在写入期间，OP1S 显示正在写入的参数。

这个过程可在任何时间用“复位键”停止。如果写入过程已完成，则出现“写入 OK”信息并显示回到基本菜单。在写入数据组已被选择后，如果存储的软件版本同装置软件版本不一致时，在大约 2s 后出现故障信息。然后，询问操作人员是否停止写入。

YES：“写入”过程停止；

NO：“写入”过程执行。

4. 参数显示和参数修正

1）利用数字键或“减小”或“增大”键，能从参数级中直接选择参数号。

2）参数号以三位数表示。若是四位数参数号，则第 1 位（1，2 或 3）不显示。用字母（P，H，U 等）来表示其特性。

3）当送入参数号时，如果发现参数并不存在，则出现“NO PNU”信息。

4）不存在的参数用“增大”或“减小”键跳过。

5）参数如何显示取决于参数形式。例如，带或不带标号参数，带或不带标号正文和带或不带选择正文。

6）参数号、参数标号和参数值级之间的转换用“P”键实现。

7）如果没有参数标号，则跳过这一级，用“增大”或“减小”键直接修正参数标号和参数值。但参数值以二进制形式显示是个例外。在这种情况下，用“增大”或“减小”来选择并用数字键（0 或 1）来修正。

8）如果标号用数字键送入，在按下“P”键以前，其值一定不被接受。如果“增大”或“减小”键用于修正号码，其值立即生效。在按下“P”键以前，输入的参数值不被接收且不能回到参数号。在所有情况下所选用的级别用光标来标明。如果选用一个错误的参数值，旧的值在按下“复位”键时得以恢复。故“复位”键能用于返回上一级，即，参数值→“复位”→参数标号→“复位”→参数号。

9）可以改变的参数以大写字母表示，不能改变的只读参数以小写字母表示。如果在专门条件下才能改变的参数或使用数字键输入了一个错误的值，则相应有下列信息，即：

①“值不允许”错误的数值输入。

②“值 < >最小/最大”值太大或太小。

③“P53/P927?”没有参数存储极限。

④“工作状态?”仅在“系统设置”状态下能够改变值。按下“复位”键，信息被消除且旧值再次复原。

注意：参数变化利用电源故障保护，通常存储在连接到 OP1S 的单元的 EEPROM 中。

3.9.5　华中 HSV-160 系列伺服系统参数设置

1. 功能菜单

HSV-160 有各种参数，通过这些参数可以调整或设定驱动器的性能和功能。本节介绍了各参数的用途和功能，了解这些参数对最佳地使用和操作驱动器是至关重要的。

HSV-160 参数分为两类（表 3-12），一类为运动参数，一类为控制参数。分别对应运动参数模式和控制参数模式，可以通过驱动器面板按键或计算机串口来查看、设定和调整这些参数。

表 3-12 参数分组说明

类别	分组	参数号	简要说明
控制参数模式	功能选择	0 ~ 15	可以选择输入/输出信号定义，内部控制功能选择方式等
运动参数模式	调节	0 ~ 6、11、24 ~ 28、34	可设置各种因子和常数，可选择配套电动机参数等
	位置控制	12 ~ 14、22、23、33	可设置位置指令脉冲输入方式、脉冲分/倍频等
	速度/转矩控制	7 ~ 10、15 ~ 21、32	可设置速度/转矩的输入/输出增益，零漂调整、转速/转矩限制以及转矩指令滤波时间常数等

2. 运动参数模式

H SV-160 型伺服提供了 35 种（其中有 3 种为保留）运动参数，见表 3-13，定义如下：

表 3-13 中的出厂值以适配登奇电机厂 GK6060-6（3N · m、2000r/min）电动机的驱动器为例，其中第 0、2、3 项的参数在其他型号中可能不一样。

适用方式中，P 代表位置控制方式，S 代表速度方式，T 代表转矩方式。

表 3-13 HSV-160 型伺服运动参数一览表

参数号	名称	适用方法	参数范围	出厂值	单位
0	位置比例增益	P	1 ~ 32 767	3 000	0.01Hz
1	位置前馈增益	P	0 ~ 100	0	%
2	速度比例增益	P、S	5 ~ 32 767	2560	
3	速度积分时间常数	P、S	1 ~ 1 000	20	ms
4	速度反馈滤波因子	P、S	0 ~ 4	0	
5	最大力矩输出值	P、S、T	1　32 767	28 000	
6	加减速时间常数	P、S	1 ~ 10 000	200	ms
7	速度指令输入增益	S	10 ~ 32 767	20 000	
8	速度指令零漂补偿	S	-1 023 ~ 1 023	0	
9	力矩指令输入增益	T	10 ~ 32 767	32 767	
10	力矩指令零漂补偿	T	-1 023 ~ 1 023	0	
11	定位完成范围/到达速度	P	0 ~ 32 767	100	
12	位置超差范围	P	0 ~ 32 767	20 000	脉冲
13	位置指令脉冲分频分子	P	1 ~ 32 767	1	
14	位置指令脉冲分频分母	P	1 ~ 32 767	1	
15	正向最大力矩输出值	P、S、T	1 ~ 32 767	28 000	32767 对应伺服驱动器正向最大输出电流
16	负向最大力矩输出值	P、S、T	-32 767 ~ -256	-28 000	-32767 对应伺服驱动器负向最大输出电流
17	最高速度限制	P、S	0 ~ 30 000	25 000	0.1r/min

（续）

参数号	名称	适用方法	参数范围	出厂值	单位
18	系统过载力矩设置	P、S、T	1~32 767	20 000	32 767 对应伺服驱动器正向最大输出电流
19	软件过热时间设置	P、S	1~32 767	20 000	0.25ms
20	内部速度	S	-30 000~30 000	0	0.1r/min
21	JOG 运行速度	P、S	-5 000~5 000	3 000	0.1r/min
22	位置指令脉冲输入方式	P	0~2	1	
23	控制方式选择	P、S、T	0~3	0	
24	伺服电动机磁极对数	P、S、T	1~4	3	
25	编码器分辨率	P、S、T	0~3	2	
26	编码器零位偏移量	P、S、T	-32 767~32 767	0	脉冲
27	电流控制比例增益	P、S	10~32 767	2 560	
28	电流控制积分时间	P、S	1~127	5	ms
29	保留				
30	保留				
31	保留				
32	转矩指令滤波时间常数	P、S	0~255	0	0.1ms
33	位置前馈滤波时间常数	P、S	0~255	4	0.1ms
34	用户密码	P、S	-32 767~32 767	0	密码为 1 230

注意：22、23、24、25、26 五项需要参数 PA-34 输入 1230 保存，断电才有效。其余参数在线有效，不能自动保存，需要保存参数时将 PA-34 输入 1230 保存即可。

（1）表 3-14 为与调节有关的参数

表 3-14 调节参数一览表

参数号	名称	功能	默认参数	参数范围
0	位置比例增益	①设定位置环调节器的比例增益 ②设置值越大，增益越高，刚度越大，相同频率指令脉冲条件下，位置滞后量越小。但数值太大可能会引起振荡或超调 ③参数数值由具体的伺服系统型号和负载情况确定	3 000	1~32 767，单位为 0.011/s
1	位置前馈增益	①设定位置环的前馈增益 ②设定为 100% 时，表示在任何频率的指令脉冲下，位置滞后量总是为 0 ③位置环的前馈增益大，控制系统的高速响应特性提高，但会使系统的位置不稳定，容易产生振荡 ④不需要很高的响应特性时，本参数通常设为 0	0	0~100 表示范围为 0~100%
2	速度比例增益	①设定速度调节器的比例增益 ②设置值越大，增益越高，刚度越大。参数数值根据具体的伺服驱动系统型号和负载值情况确定。一般情况下，负载惯量越大，设定值越大 ③在系统不产生振荡的条件下，尽量设定较大的值	2 560	1~32 767

（续）

参数号	名称	功能	默认参数	参数范围
3	速度积分时间常数	①设定速度调节器的积分时间常数 ②设置值越小，积分速度越快。参数数值根据具体的伺服驱动系统型号和负载情况确定。一般情况下，负载惯量越大，设定值越大 ③在系统不产生振荡的条件下，尽量设定较小的值	20	1 ~1 000ms
4	速度反馈滤波因子	①设定速度反馈低通滤波器特性 ②数值越大，截止频率越低，电动机产生的噪声越小。如果负载惯量很大，可以适当减小设定值。数值太大，造成响应变慢，可能会引起振荡 ③数值越小，截止频率越高，速度反馈响应越快如果需要较高的速度响应，可以适当减小设定值。	0	0 ~5
5	最大输出转矩设置	①设置伺服电动机的内部转矩限制值 ②设置值是电动机允许的最大输入额定电流 ③任何时候，这个限制都有效 ④1 ~32 767 表示设定范围：0 ~100% 的伺服驱动器最大输出电流	28 000	1 ~32 767
6	加减速时间常数	①设置值是表示电动机从 0 ~2 000r/min 的加速时间或从 2 000 ~0r/min 的减速时间。 ②加减速特性是线性的	200	1 ~32 000ms
11	定位完成范围/到达速度	1. 位置控制方式 ①设定位置控制方式下定位完成脉冲范围 ②本参数提供了位置控制方式下驱动器判断是否完成定位的依据，当位置偏差计数器内的剩余脉冲数小于或等于本参数设定值时，驱动器认为定位已完成，到位开关信号为 ON，否则为 OFF ③在位置控制方式时，输出位置定位完成信号 2. 速度控制方式 ①设置到达速度 ②在速度控制方式下，如果电动机速度小于本设定值，则速度到达开关信号为 ON，否则为 OFF ③在位置控制方式下，不用此参数 ④与旋转方向无关	100	0 ~30 000 脉冲 0 ~20 000 (0.1r/min)
24	伺服电动机的磁极对数	设定伺服电动机的磁极对数 1：电动机的磁极对数为 1 2：电动机的磁极对数为 2 3：电动机的磁极对数为 3 4：电动机的磁极对数为 4	3	1 ~4
25	编码器分辨率	设定伺服电动机的光电编码器线数 0 ：编码器分辨率 1 024 脉冲/r 1 ：编码器分辨率 2 000 脉冲/r 2 ：编码器分辨率 2 500 脉冲/r 3 ：编码器分辨率 6 000 脉冲/r 若选用省线式编码器，则 STA-15 设置为 1，STA-2 设置为 1	2	0 ~3

（续）

参数号	名称	功能	默认参数	参数范围
26	编码器零位偏移量	设定编码器零位偏移量 配登奇电动机时设为 0 配常华电动机或华工电动机时设为 -1250	0	-32 767 ~ 32 767
27	电流控制比例增益	①设定电流环的比例增益 ②若电动机运行中出现较大的电流噪声或嚣叫声时，可以适当减小设定值 ③设置值太小，会使速度响应滞后	2 560	10 ~32 767
28	电流控制积分时间	①设定电流环的积分时间 ②若电动机运行中出现较大的电流噪声或嚣叫声时，可以适当增大设定值 ③设置值太大，会使速度响应滞后	0	1 ~127
34	用户密码	修改参数后，需先输入密码 1230，再保存参数	1 230	-32 767 ~32 767

（2）表 3-15 为与位置控制有关的参数

表 3-15　位置控制参数一览表

参数号	名称	功能	默认参数	参数范围
12	位置超差检测范围	①设置位置超差报警检测范围 ②在位置控制方式下，当位置偏差计数器的计数值超过本参数值时，伺服驱动器给出位置超差报警	20 000	0 ~32 767 脉冲
13	位置指令脉冲分频分子	①设置位置指令脉冲的分倍频（电子齿轮） ②在位置控制方式下，通过对 13、14 参数的设置，可以很方便地与各种脉冲源相匹配，以达到用户理想的控制分辨率（即角度/脉冲） ③ $PG=4NC$ P——输入指令的脉冲数 G——电子齿轮比 N——电动机旋转圈数 C——光电编码器线数/转，本系统 $C=2\ 500$	1	1 ~32 767
14	位置指令脉冲分频分母	见参数 13	1	1 ~32 767
22	位置指令脉冲输入方式	①设置位置指令脉冲的输入形式 ②通过参数设定为 3 种输入方式之一 0：两相正交脉冲输入 1：脉冲 + 方向 2：CCW 脉冲/CW 脉冲 ③CCW 是从伺服电动机的轴向观察，反时针方向旋转，定义为正向 ④CW 是从伺服电动机的轴向观察，顺时针方向旋转，定义为反向	0	0 ~2

（续）

参数号	名称	功能	默认参数	参数范围
23	控制方式选择	用于选择伺服驱动器的控制方式 0：位置控制方式，接收位置脉冲输入指令 1：模拟速度控制方式，接收模拟速度指令 2：模拟转矩控制方式，接收模拟转矩指令 3：内部速度控制方式，由参数 20 设定数字速度指令	0	0～3
33	位置前馈滤波时间常数	①设定前馈指令的滤波时间常数 ②时间常数越小，控制系统的响应特性变快，会使系统不稳定，容易产生振荡 ③不需要很低的响应特性时，本参数通常设为 4	5	0～255 表示范围为 0～25.5ms

注意：在位置控制方式下，HSV-160 接收三种形式的位置指令脉冲，可通过“位置指令脉冲输入方式”参数（参数 PA-22）来选择，见表 3-16。

表 3-16　位置指令脉冲形式

参数号	信号输入引脚	脉冲形式		位置指令脉冲输入设置
		正转	反转	
22	CP 控制端子－14、15，DIR 控制端子－16、17	A B	A B	0（正交脉冲）
		CP DIR	CP DIR	1（脉冲＋方向）
		CW CCW	CW CCW	2（CW＋CCW）

（3）表 3-17 为与速度/转矩控制有关的参数

表 3-17　速度/转矩控制参数一览表

参数号	名称	功能	默认参数	参数范围
7	速度指令输入增益	①设置模拟速度指令的电压值与转速的关系。设定值为＋10V 电压对应的转速值（单位 0.1r/min） ②只在模拟速度输入方式下有效	25 000	0～32 000
8	速度指令零漂补偿	在模拟速度控制方式下，利用本参数可以调节模拟速度指令输入的零漂。调整方法如下 ①将模拟控制输入端与信号地短接 ②设置本参数值，至电动机不转	0	－1 024～1 023
9	转矩指令输入增益	①设置模拟转矩指令的电压值与转矩的关系。设置值为＋10V 电压对应的转矩值 ②只在模拟转矩输入方式下有效 ③0～32 767 对应 0～100% 伺服驱动器最大输出电流	32 767	0～32 767

（续）

参数号	名称	功能	默认参数	参数范围
10	转矩指令零漂补偿	在转矩控制方式下，利用本参数可以调节模拟转矩指令输入的零漂。调整方法如下 ① 模拟控制输入端与信号地短接 ②设置本参数值，至电动机不转	0	-1 024 ~ 1 023
15	CCW 转矩限制	①设置伺服电动机 CCW 方向的内部转矩限制值 ②设置值是电动机希望的最大输入电流 ③任何时候，这个限制都有效 ④如果设置值超过系统允许的最大输出转矩设置值，则实际转矩限制为系统允许的最大输出转矩 ⑤0 ~ 32 767 对应范围为 0 ~ 100% 伺服驱动器正向最大输出电流	28 000	0 ~ 32 767
16	CW 转矩限制	①设置伺服电动机 CW 方向的内部转矩限制值 ②设置值是电动机希望的最大输入电流 ③任何时候，这个限制都有效 ④如果设置值超过系统允许的最大输出转矩设置值，则实际转矩限制为系统允许的最大输出转矩 ⑤ -32 767 ~ -1 对应范围为 -100% ~0 伺服驱动器负向最大输出电流	-28 000	-32 767 ~ -1
17	最高速度限制	①设置伺服电动机的最高限速值 ②与旋转方向无关 ③如果设置值超过额定转速，则实际最高限速为额定转速	25 000	0 ~ 32 000（单位为 0.1r/min）
18	允许的过载水平	①设置伺服电动机的过载保护转矩值 ②设置值是电动机允许的长期过载输入电流 ③任何时候，这个限制都有效。 ④1 ~ 32 767 表示设定范围为 0 ~ 100% 伺服驱动器最大输出电流	20 000	1 ~ 32 767
19	软件过载时间设定	①设置系统允许的过载时间值 ②设置值是单位时间计数值，单位为 0.25ms，例如设定为 20 000，则表示允许的过载时间为 5s ③任何时候，这个限制都有效	20 000	0 ~ 32 767
20	内部速度	①设置内部速度 ②内部速度控制方式下，选择内部速度作为速度指令	0	-30 000 ~ 30 000（单位为 0.1r/min）
21	JOG 运行速度	①设置 JOG 操作的运行速度	3 000	-5 000 ~ 5 000（单位为 0.1r/min）
32	转矩指令滤波时间常数	①设转矩指令滤波时间常数 ②时间常数越小，控制系统的响应特性变快，会使系统不稳定，容易产生振荡 ③不需要很低的响应特性时，本参数通常设为 0	0	0 ~ 255 表示范围为 0 ~ 25.5ms

3. 控制参数模式

表3-18 列出了 HSV-160 型伺服 16 种（其中有 3 种为保留）控制参数，定义如下：

表 3-18　HSV-160 型伺服控制参数一览表

参数号	名称	功能	默认参数	说明
0	STA-0	速度监视增益选择：选择速度监视信号的全范围值	0	0：全范围值为 2047r/min 1：全范围值为 8191r/min
1	STA-1	位置指令脉冲方向或速度指令输入取反	0	0：正常 1：反向
2	STA-2	是否允许反馈断线报警	1	0：允许 1：不允许
3	STA-3	是否允许系统超速报警	0	0：允许 1：不允许
4	STA-4	是否允许位置超差报警	0	0：允许 1：不允许
5	STA-5	是否允许软件过热报警	0	0：允许 1：不允许
6	STA-6	是否允许由系统内部启动 SVR-ON 控制	0	1：允许 0：不允许
7	STA-7	是否允许主电源欠电压报警	0	0：允许 1：不允许
8	STA-8	保留	0	
9	STA-9	保留	0	
10	STA-10	保留	0	
11	STA-11	保留	0	
12	STA-12	是否允许伺服电动机过热报警	1	0：允许 1：不允许
13	STA-13	保留	0	
14	STA-14	保留	0	
15	STA-15	省线式编码器选择	0	0：不选择省线式编码器 1：选择省线式编码器

第 4 章　机械结构的改造设计

数控机床机械结构主要由以下几个部分组成：主传动系统及主轴部件、进给传动系统、自动换刀装置、基础件、实现某些动作和辅助功能的系统及装置。此外，为了提高数控加工的可靠性，现代数控机床还配有刀具破损监控装置及加工精度检测监控装置等。

4.1　数控机床的机械结构特点

数控机床机械结构的特点如下：

1. 高刚度和高抗振性

为满足数控机床高速度、高精度、高生产率、高可靠性和高自动化程度的要求，与普通机床相比，数控机床具有更高的静、动刚度和更好的抗振性。例如，有的国家规定数控机床的刚度系数比普通机床至少高 50% 以上。

2. 减少机床热变形的影响

机床的热学特性是影响加工精度的重要因素之一。由于数控机床主轴转速、进给速度远高于普通机床，而大切削用量产生的炽热切屑对工件和机床部件的热传导影响较普通机床严重，且热变形对加工精度的影响往往难以由操作者修正。因此，数控机床常采用如下措施减少热变形的影响。

1）改进机床布局和结构设计，采用热对称结构设计机床布局和结构。

2）对机床发热部位采取散热、风冷和液冷等控制温升的办法来吸收热源发出的热量。

3）在大切削量切削时，掉在工作台、床身等部件上的炽热切屑是一个重要热源。现代机床，特别是加工中心和数控车床普遍采用多喷嘴、大流量切削液来冷却并排除这些炽热的切屑，并对切削液用大容量循环散热或用冷却装置制冷以控制温升。

4）预测热变形规律，建立数学模型存入计算机中进行实时热位移补偿。

3. 传动系统的机械结构大为简化

数控机床的主轴驱动系统和进给驱动系统分别采用交、直流主轴电动机和伺服电动机驱动。这两类电动机调速范围大，并可无级调速，因此使主轴箱、进给变速箱及其传动系统大为简化。箱体结构简单，齿轮、轴承和轴类零件的数量大为减少，甚至不用齿轮，由电动机直接连接主轴或滚珠丝杠。

4. 高传动效率和无间隙的传动装置

数控机床在很高的进给速度下，要求工作平稳，并有高的定位精度。因此，对进给系统中的机械传动装置要求具有高寿命、高刚度、无间隙、高灵敏度和低摩擦阻力的特点。目前，数控机床进给驱动系统中常用的机械传动装置主要有滚珠丝杠副、静压蜗杆蜗母条和预加载荷双齿轮齿条三种。

5. 低摩擦因数的导轨

机床导轨是机床基本结构的要素之一。从机械结构方面说，机床的加工精度和使用寿命很大程度上取决于机床导轨的质量，而对数控机床的导轨则有更高的要求。例如，高速进给时不振动，低速进给时不爬行，有高的灵敏度，能在重负载下长期连续工作，耐磨性要高，精度保持性要好等。现代数控机床使用的导轨，从类型来说虽仍是滑动导轨、滚动导轨和静压导轨三种，但在材料和结构上已起了“质”的变化，不同于普通机床的导轨。

6. 实现工艺复合化和功能集成化的新结构

现代数控机床的机械结构除应有高的动静刚度、小的热变形、高精度、低摩擦阻力、高传动效率等共同特点和要求外，传动系统的机械结构大为简化，但同时开发和采用了不少新结构和新装置，以实现工艺复合化和功能集成化的要求。

4.2 典型机械部件的设计和改造

机械部件的设计主要是根据机床的类型和操作的方法来完成的。不同的机床其机械部件的特点及功能也是完全不同的。本节分别以车床和铣床为例说明机械部件的设计和改造。

4.2.1 卧式车床的数控化改造

对现有的卧式车床进行数控化改造，主要应该解决的问题是：如何将机械传动的进给机构和手工控制的刀架转位进给部件改造成由数控系统控制的刀架自动转位以及自动进给的自动加工车床，即经济型数控车床。

经济型数控车床，主要依靠两方面来保证和提高被加工零件的精度：一是系统的控制精度，二是机床本身的机械传动精度。数控车床的进给传动系统，由于必须对 X、Z 轴进给位移的位置度同时实现自动控制，所以，数控车床与卧式车床相比，应具有更好的精度，以确保机械传动系统的传动精度和工作平稳性。

1. 车床机械结构改造的特点

（1）纵向滚珠丝杠　纵向滚珠丝杠必须采用三点式支承形式。步进电动机的布置，可放在丝杠的任一端。由于拆除了进给箱，可在原安装进给箱处布置步进电动机和减速齿轮，也可在滚珠丝杠的左端设计一个专用轴承支承座，而在丝杠托架处布置步进电动机和减速箱。机床改造常采用后一种布置方案。车床纵向传动结构的布置如图 4-1 所示。

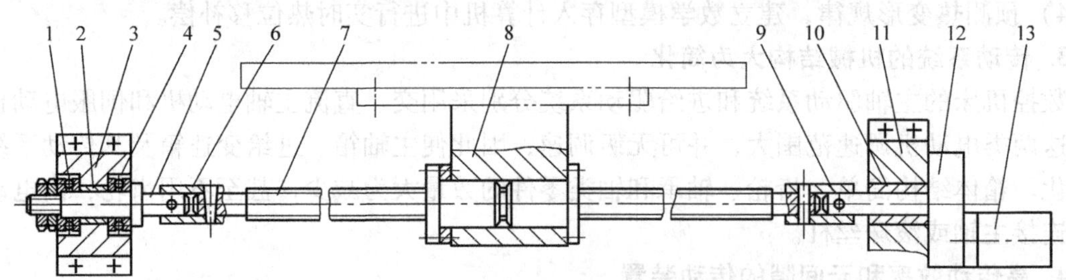

图 4-1　车床纵向传动结构的布置

1、4—推力球轴承　2、10—径向滑动轴承　3—左端轴承座　5—左接杆　6、9—联轴套
7—滚珠丝杠螺母副　8—螺母座　11—丝杠托架　12—消隙减速箱　13—步进电动机

在丝杠的左端设计了一个专用轴承支承座，采用一个轴套式滑动轴承作为径向支承，在滑动轴承的两侧分别布置一对推力球轴承，承受两个方向的轴向力。支承短轴与滚珠丝杠通过联轴套连接起来。滚珠丝杠的右端通过联轴套和减速箱的输出轴连接，在丝杠托架上布置

一个轴套式滑动轴承作为径向支承，减速箱固定在丝杠托架上。滚珠丝杠的中间支承为滚珠螺母，与床鞍直接连接。

（2）横向滚珠丝杠　横向滚珠丝杠也采用三点支承形式。步进电动机一般都安装在床鞍的后部。靠近操作者一端，布置一根支承短轴，通过一个联轴套与滚珠丝杠连接起来。利用车床原横向进给丝杠的滑动轴套作为径向支承，并对原支承处进行适当改装，布置一对推力球轴承，以实现轴向支承。在远离操作者的一端，用一个联轴套和一根连接短轴把滚珠丝杠与减速箱输出轴连接起来。滚珠螺母直接固定在中滑板上。车床横向传动的支承结构如图 4-2 所示。

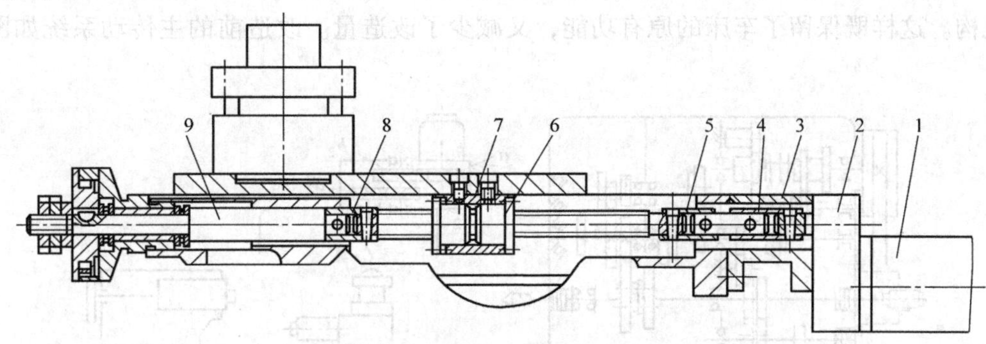

图 4-2　车床横向传动的支承结构

1—步进电动机　2—消隙减速箱　3—支承架　4、5、8—联轴套
6—滚珠丝杠螺母副　7—螺母座　9—支承短轴

（3）导轨副　为减少运动部件移动时的摩擦阻力，尤其是减少静摩擦阻力，床鞍和刀架移动部件的导轨可粘贴摩擦因数低的聚四氟乙烯软带。

（4）主轴脉冲发生器　改造后的简易数控车床需要自动加工螺纹时，可以在主轴后端同轴安装或者异轴安装一个主轴脉冲发生器，作为主轴位置的信号反馈元件，目的是用来检测主轴转角的位置，并且将其变化情况输送给数控装置，使其能按照所需加工的螺距进行处理。

（5）安装电动卡盘　为了提高经济型数控车床的加工效率，还可考虑采用电动三爪自定心卡盘装置。这种装置也可与数控装置的收发信电路相配合，实现自动夹紧、松开，提高加工过程的自动化程度。

2. 数控化改造对机械传动系统的要求

数控改造对机械传动系统的要求为：

1）尽量采用低摩擦的传动副，如滚动导轨和滚珠丝杠螺母副，以减小摩擦力。

2）选用最佳的降速比，为达到数控机床所要求的脉冲当量，使运动位移尽可能地快速达到跟踪指令的要求。

3）尽量缩短传动链以及用预紧的办法提高传动系统的刚度。

4）尽量消除传动间隙，以减小反向行程误差，如采用消除间隙的联轴器和消除传动齿轮间隙的机构等。

5）尽量满足低振动和高可靠性方面的要求。为此应选择间隙小、传动精度高、运动平稳、效率高，以及传递转矩大的传动元件。

从应用的方面考虑，结合目前国内大多数工矿企业的现状，卧式车床改造可以采用更换滚珠丝杠来替代原机床上的T形螺纹丝杠，也可对原车床上T形螺纹丝杠加以修复，但此时，必须相应修配与此相配合的螺母，尽量减小其间隙，提高其配合精度。

3. 机械传动系统的改造内容

一般说来，如原车床的工作性能良好，精度尚未降低，则应尽量保留机床的传动系统，使改造后的数控车床同时具有计算机控制和原机床操作的双重功能。如原车床使用时间较长，运动部件磨损严重，除了对导轨精度进行修复外，还应将传动部件拆除或更换，以确保改造后车床的传动精度。以卧式车床CA6140为例，分析车床的数控化改造。

（1）主传动系统　对卧式车床进行数控改造时，一般可保留原有的主传动系统和变速操纵机构。这样既保留了车床的原有功能，又减少了改造量。改造前的主传动系统如图4-3所示。

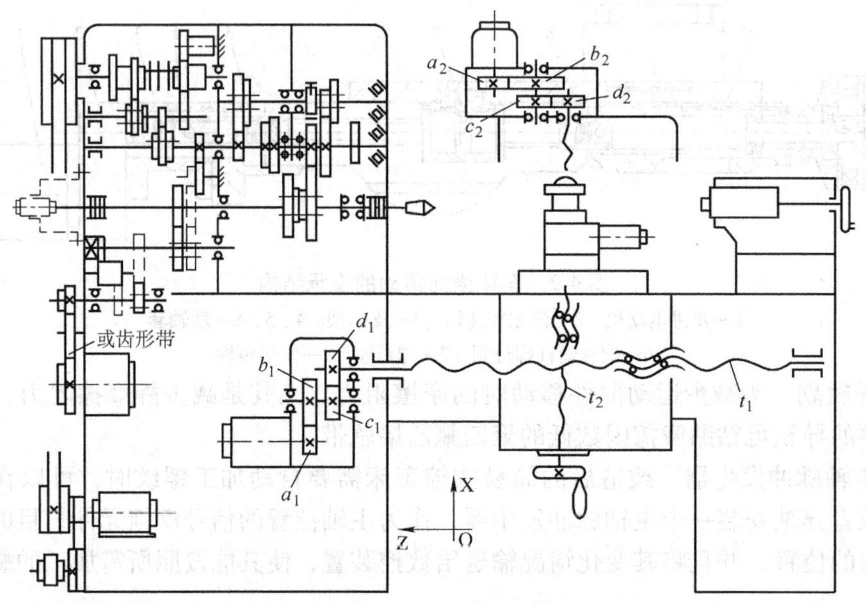

图4-3　CA6140型车床改造前的主传动系统

如果要提高车床的自动化程度，或者所加工工件的直径相差较大、批量相对集中，需在加工过程中自动变换切削速度，可用双速或者四速电动机替代原车床的主电动机。由于多速电动机的功率是随转速的变化而变化的，所以应选择功率较大一些的电动机，但随之电动机的尺寸也变大了，机床改造相对麻烦些。改造后的主传动系统如图4-4所示。

（2）主轴脉冲发生器的加装　经济型数控车床上加工螺纹或丝杠，需要配置主轴脉冲发生器作为车床主轴位置信号的反馈元件，它与车床主轴同步转动，发出主轴转角位置变化信号，输送到数控系统。数控系统按照所需加工的螺距进行计算处理，从而控制机床纵向或横向步进电动机运转，实现加工螺纹的目的。

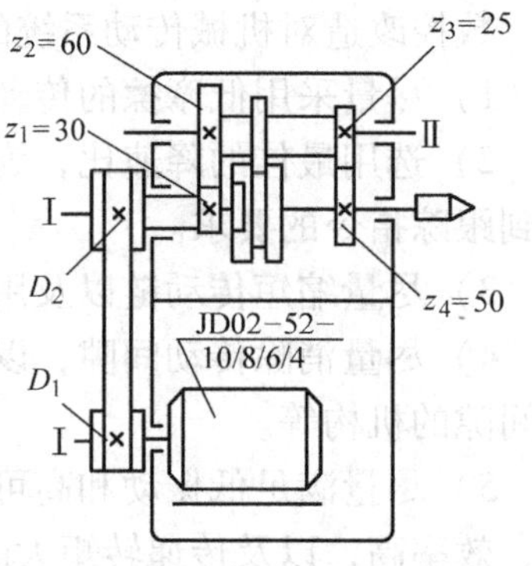

图4-4　改造后的车床主传动系统

在使用主轴脉冲发生器时，受到步进电动机频率的限制。如采用1 000Hz工作频率，加工3mm螺距的螺纹时，步进电动机频率为 300Hz，而主轴脉冲发生器频率为 1 000Hz，所以若车床主轴转速为 $n=\frac{1\ 000\times60}{300}\text{r/min}=200\text{r/min}$，即车床主轴转速不得超过 200r/min。如果主轴脉冲发生器的频率提高到 2 000Hz，转速也仅达到 400r/min。由此可知，当螺距越大时，允许的车床主轴转速也就越低。

1）主轴脉冲发生器的安装。主轴脉冲发生器的安装，通常采用同轴安装和异轴安装两种方式。

脉冲编码器可直接安装在主轴的后方，与主轴同轴安装，如图 4-5 所示。这种安装方式结构简单，缺点是安装后不能加工穿出车床主轴孔的零件。

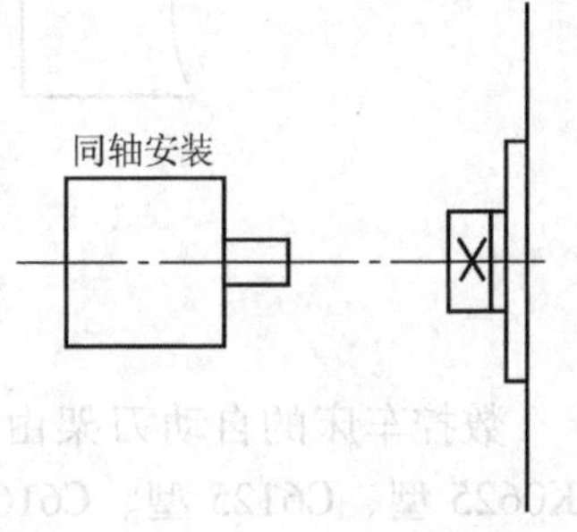

图 4-5　脉冲编码器的同轴安装

脉冲编码器也可装在主轴箱内或主轴箱的后端上，并通过一对传动比为 1∶1 的齿轮或同步齿形带与主轴联系起来，即异轴安装，如图 4-6 所示。工作时，脉冲编码器与主轴同步旋转，数控装置控制进给步进电动机，准确地配合主轴的旋转而产生进给运动。保证主轴每转一转，螺纹车刀移动一个螺纹导程，同时还保证每次进给都在工件的同一点切入。这种异轴安装较同轴安装麻烦，需配一对同步平带轮及同步平带，但却避免了同轴安装的缺点。目前经济型数控系统改造卧式车床，采用同轴安装主轴脉冲发生器还是比较适合的。

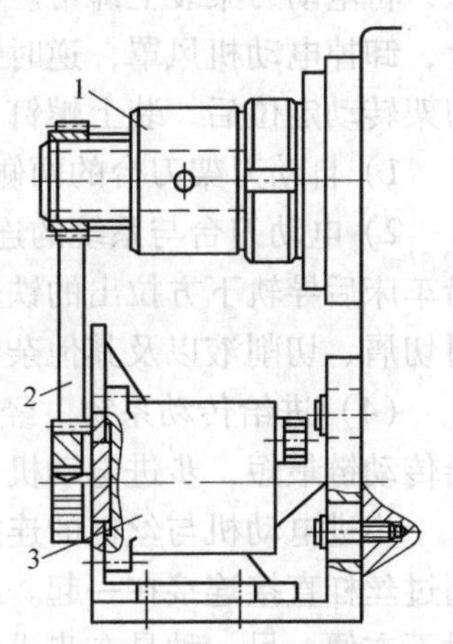

图 4-6　脉冲编码器的异轴安装

1—主轴　2—同步齿形带

3—脉冲编码器

2）主轴脉冲发生器的传动连接方式。主轴脉冲发生器从传动连接方面分为刚性连接和柔性连接。所谓刚性连接就是指常用的轴套方式连接，这种连接对连接件的制造精度和安装精度要求较高。因为同轴度误差的影响，会引起主轴脉冲发生器轴的偏扭，造成信号不准，严重时甚至损坏内部光栅盘。

另一种连接方式为柔性连接，主轴与主轴脉冲发生器之间用弹性元件连接，常用的元件为波纹管和橡胶管。连接方式如图 4-7 所示。这是较为适用的连接方式。

采用柔性连接，在实现角位移传递的同时，又能吸收车床主轴的部分振动，从而使得主轴脉冲发生器转动平稳、传递信号准确。

3）主轴脉冲发生器安装注意事项。主轴脉冲发生器属光学元件，安装摆放时应小心轻放，不能有较大的冲击和振动，以防损坏玻璃光栅盘，造成报废。注意主轴脉冲发生器的最高允许转速，车床主轴的转速必须小于此转速，以免损坏脉冲发生器。

通常在加工螺纹时，将其安装上，不使用时将其断开，避免不必要的磨损和信号干扰，以延长主轴脉冲发生器的使用寿命。

（3）自动回转刀架的安装　快速准确地换刀是每一台数控机床所必须具备的功能。在经济型数控车床上大都使用四方、五方或六方自动转位刀架。按其工作原理可分为螺旋转位刀架、十字槽转位刀架、凸台棘爪式转位刀架、电磁式转位刀架及液压式转位刀架。目前使用最多的是螺旋转位刀架。

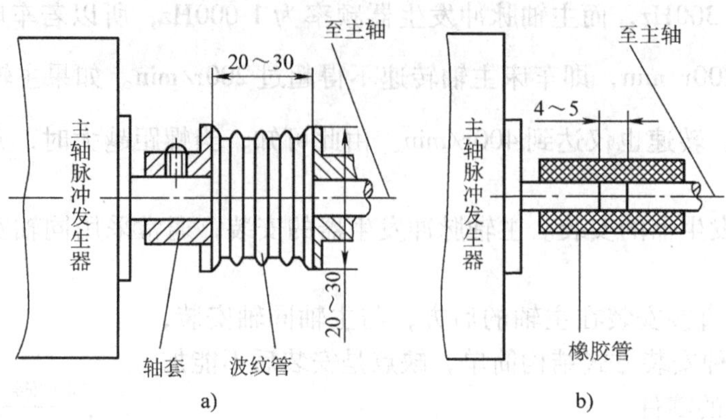

图 4-7　脉冲发生器的连接方式

a）波纹管连接　b）橡胶管连接

数控车床的自动刀架由专门厂家生产，如 LD4—I 型系列四工位自动刀架分别适用于 CK0625 型、C6125 型、C616 型数控车床等。

电动刀架的安装较方便，产品出厂时已备有连接孔。改造时将卧式车床上的原刀架拆下，将电动刀架装上即可。在进行普通车床数控改造时，去掉车床小滑板，置刀架于中滑板上，卸掉电动机风罩，逆时针方向转动电动机，或用内六角扳手转动轴承盖处的内六角，使刀架转动定位后，装上螺钉，然后固定刀架即可。但安装时应注意以下两点：

1）自动刀架刀台的两侧面应与车床纵向、横向的进给方向平行。

2）电动刀台与系统的连线建议如下安装：沿横向工作台右侧面先走线到车床后面，再沿车床后导轨下方拉出的铁丝滑线走线到系统。其好处在于避免走线杂乱无章，而使得加工时切屑、切削液以及其他杂物磕碰电动刀架连线。

（4）进给传动系统　经济型数控车床使用步进电动机来执行机床的进给运动。为使进给传动链最短，步进电动机应与进给运动的丝杠连接。

步进电动机与丝杠的连接方式有两种：一种是与丝杠直接连接，即步进电动机的输出轴通过丝杠直接连接在一起。此方法结构简单，但运行位移的脉冲当量不一定合适，编程计算时不方便；另一种是在步进电动机输出轴端配置减速器，使减速器输出轴通过连接套与丝杠直接连接在一起。一般改造常采用后一种连接方式。

卧式车床进行数控改造时，一般脉冲当量取横向 0.005mm，纵向 0.01mm。对于控制精度要求较高的车床，需要较小脉冲当量，则要求改造时选用较小脉冲当量的步进电动机。换言之，机床数控改造后，经济型数控车床的脉冲当量是一个不可改变的确定值。对于一般常规加工来说，如此改造是能够满足其加工的；对于特殊加工，如数控修整加工，以及数控技术与 SN 弹性砂轮抛磨技术相结合，单一的脉冲当量就显示出不足。所以，对于有特殊加工要求的车床改造，可采用以下结构形式的进给系统，以实现多脉冲当量的任意选择，如图 4-8 和图 4-9 所示。

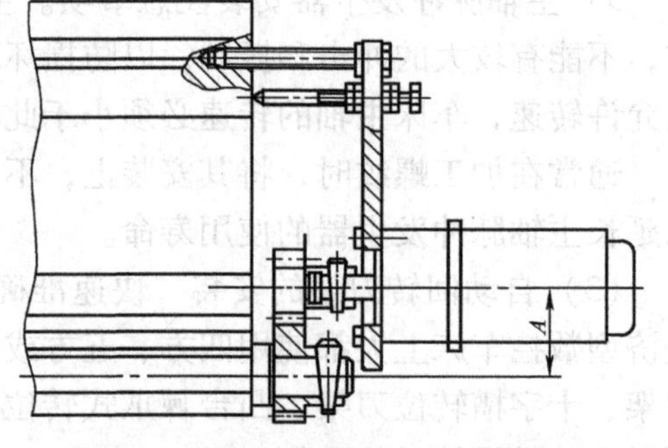

图 4-8　多脉冲当量的进给系统改造

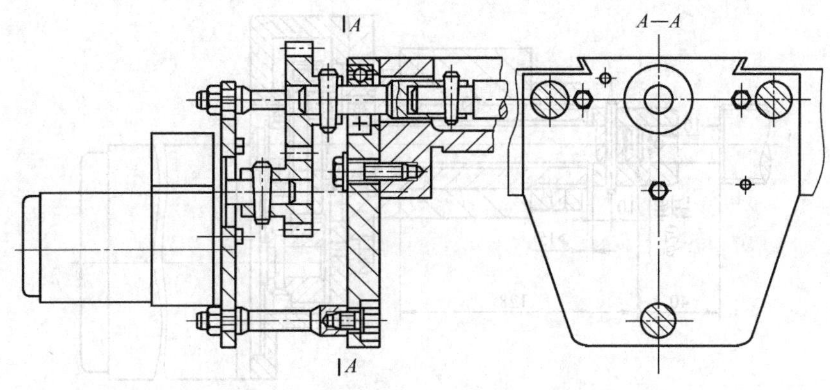

图 4-9　多脉冲当量的横向进给系统

在图 4-8 中，若设中心距

$$A = \frac{(z_1 + z_2)m}{2} = 67.5\text{mm}$$

其中 $m=1.5\text{mm}$，当齿数和 $z_1+z_2=90$ 时，以横向脉冲当量计算为例：

$i=z_1/z_2=45/45$ 时，脉冲当量为 0.005mm；

$i=z_1/z_2=40/50$ 时，脉冲当量为 0.004mm；

$i=z_1/z_2=30/60$ 时，脉冲当量为 0.002 5mm；

$i=z_1/z_2=18/72$ 时，脉冲当量为 0.001 25mm。

纵向改造亦同此，脉冲当量分别为 0.01mm、0.008mm、0.005mm 和 0.002 5mm。当同时更换横向、纵向传动系统相应齿数的齿轮时，就可实现不同的脉冲当量。

1）横向进给系统。图 4-10 所示为用于 C620、C618、C616、C630 车床的横向进给系统改造图。此结构紧凑，并可保留车床原横向手动功能。

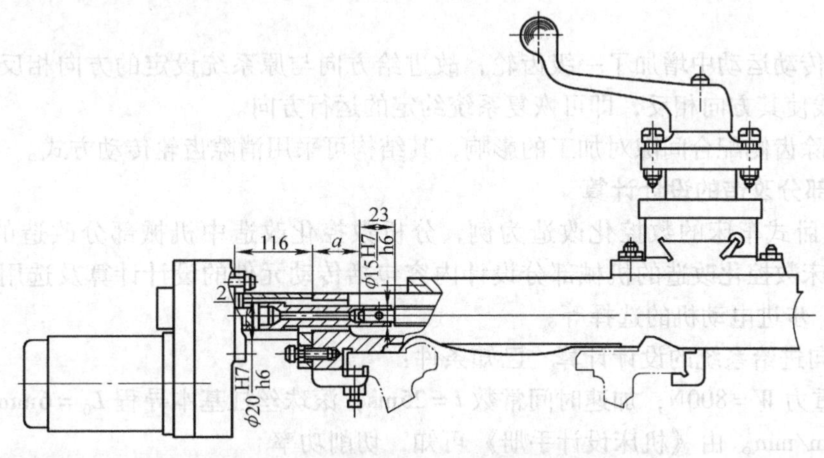

图 4-10　横向进给系统改造结构图

2）纵向进给系统。纵向进给系统改造结构图如图 4-11 所示。其关键在于保证改造后的步进电动机转子与丝杠的同轴度要求。此结构简捷紧凑，改造后可保留车床原纵向手动功能。

应用滚珠丝杠替换原车床的普通丝杠进行改造时，横向传动系统如图 4-12 所示，纵向

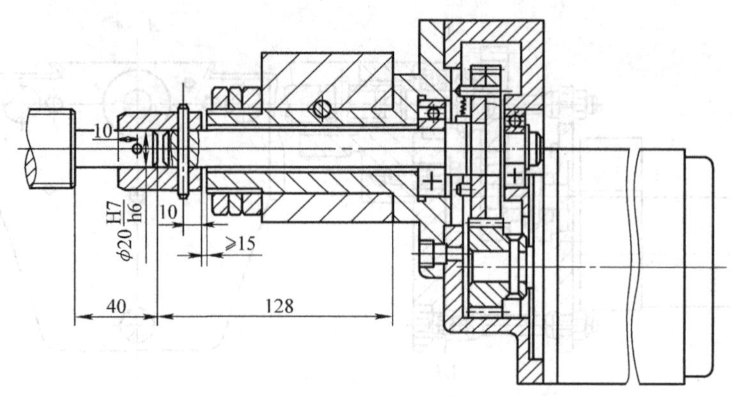

图 4-11　纵向进给系统改造结构图

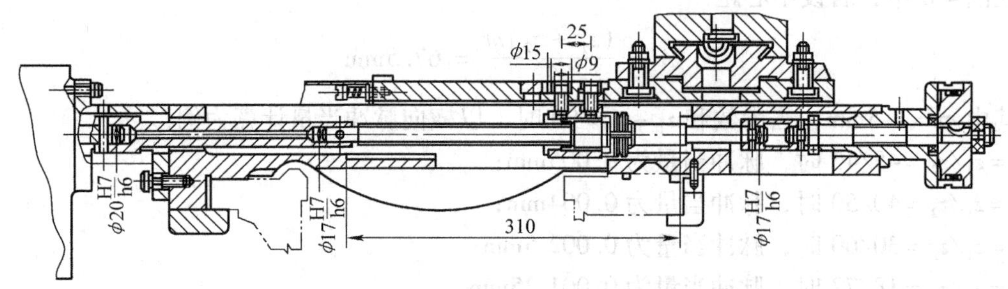

图 4-12　横向传动系统

传动系统如图 4-13 所示。

改造时的注意事项：

1）两坐标方向须同时改换齿轮，保证横向、纵向脉冲当量之比恒定为 1∶2，以方便编程。

2）由于传动运动中增加了一级齿轮，故进给方向与原系统设定的方向相反，调整步进电动机的接线使其方向相反，即可恢复系统约定的运行方向。

3）为消除齿侧配合间隙对加工的影响，其结构可采用消隙齿轮传动方式。

4. 机械部分改造的设计计算

以 C616 卧式车床的数控化改造为例，分析数控化改造中机械部分改造的设计计算。C616 卧式车床数控化改造的机械部分设计内容包括传动元件的设计计算及选用、运动部件的惯性计算、步进电动机的选择等。

（1）纵向进给系统的设计计算　已知条件：

工作台重力 $W=800\text{N}$，加速时间常数 $t=25\text{ms}$，滚珠丝杠基本导程 $L_0=6\text{mm}$，快速进给速度 $V_{\max}=2\text{m/min}$。由《机床设计手册》可知，切削功率

$$P_{\text{C}} = P\eta K$$

式中　P——电动机功率，查机床说明书，$P=4\text{kW}$；

η——主传动系统总效率，一般为 0.75～0.85，取 $\eta=0.8$；

K——进给系统功率系数，取 $K=0.96$。

则 $P_{\text{C}}=4\times0.8\times0.96\text{kW}=3.072\text{kW}$

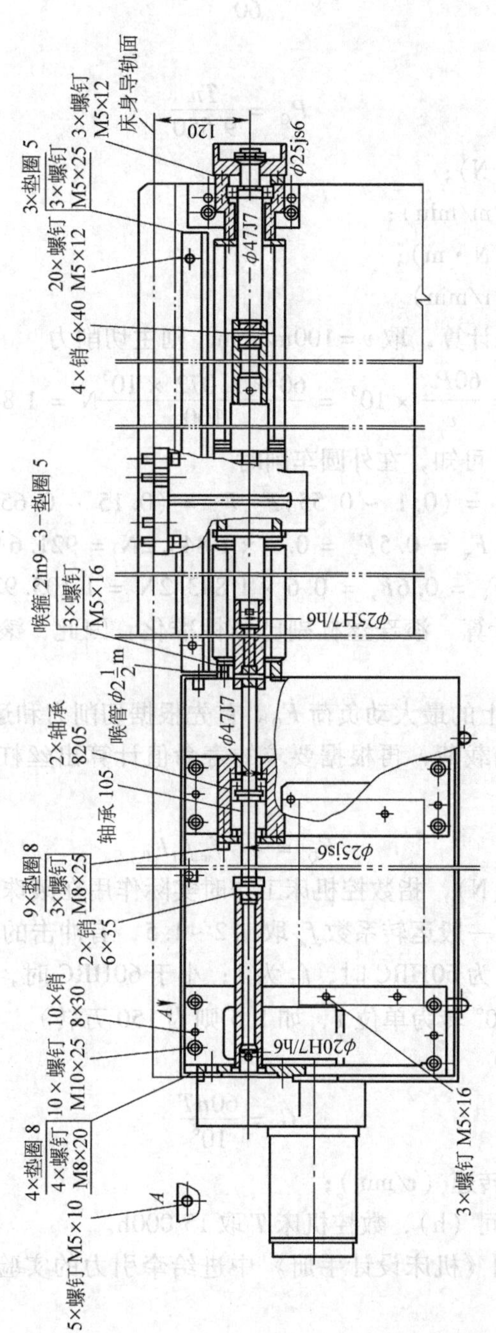

图 4-13　纵向传动系统

3×垫圈 5
3×螺钉 M5×25
3×螺钉 M5×12
床身导轨面
120
φ25js6
φ47J7
20×螺钉 M5×12
4×销 6×40
喉箍 2in9-3-垫圈 5
3×螺钉 M5×16
φ25H7/h6
喉管 φ2 1/2 m
φ47J7
2×轴承 8205
轴承 105
φ25js6
9×垫圈 8
3×螺钉 M8×25
2×销 6×35
10×销 8×30
10×螺钉 M10×25
φ20H7/h6
4×垫圈 8
4×螺钉 M8×20
A
5×螺钉 M5×10
3×螺钉 M5×16

切削功率应按在各种加工情况下经常遇到的最大切削力（或转矩）和最大切削转速（或转速）来计算，即

$$P_C = \frac{F_Z v}{60} \times 10^{-3}$$

或

$$P_C = \frac{Tn}{9\ 550}$$

式中 F_Z——主切削力（N）；

v——切削速度（m/min）；

T——切削转矩（N · m）；

n——主轴转速（r/min）。

设按最大切削速度来计算，取 $v=100$m/min，则主切削力

$$F_Z = \frac{60P_C}{v} \times 10^3 = \frac{60 \times 3.072 \times 10^3}{100}\text{N} = 1\ 843.2\text{N}$$

由《机床设计手册》可知，在外圆车削时

$$F_x = (0.1 \sim 0.55)F_z, F_y = (0.15 \sim 0.65)F_z$$

取

$$F_x = 0.5F_z = 0.5 \times 1\ 843.2\text{N} = 921.6\text{N}$$

$$F_y = 0.6F_z = 0.6 \times 1\ 843.2\text{N} = 1\ 105.92\text{N}$$

（2）滚珠丝杠设计计算　滚珠丝杠副已经标准化，因此，滚珠丝杠副的设计归结为滚珠丝杠副型号的选择。

1）计算作用在丝杠上的最大动负荷 F_Q。首先根据切削力和运动部件的重力引起的进给抗力，计算出丝杠的轴向载荷，再根据要求的寿命值计算出丝杠副应能承受的最大动载荷 F_Q。

$$F_Q = \sqrt[3]{G} f_w f_H F_P$$

式中 F_P——工作负载（N），指数控机床工作时实际作用在滚珠丝杠上的轴向力；

f_w——运转系数，一般运转系数 f_w 取 1.2 ~ 1.5，有冲击的运转 f_w 取 1.5 ~ 2.5；

f_H——硬度系数，为 60HRC 时，f_H 为 1；小于 60HRC 时，$f_H > 1$；

G——寿命（以 10^6 转为单位 1，如 1.5 则为 150 万转）。

寿命 G 可按下式计算

$$G = \frac{60nT}{10^6}$$

式中 n——滚珠丝杠的转速（r/min）；

T——使用寿命时间（h），数控机床 T 取 15 000h。

工作负载的数值可用《机床设计手册》中进给牵引力的实验公式计算，对于三角形或综合导轨

$$F_p = kF_x + f'(F_z + W)$$

式中 F_x、F_z——切削分力；

W——移动部件的重力（800N）；

k——考虑颠覆力矩影响的系数，$k=1.15$；

f'——导轨上的摩擦因数，$f'=0.15\sim0.18$，取$f'=0.16$。

则
$$F_p=[1.15\times921.6+0.16\times(1\,843.2+800)]\text{N}=1\,482.752\text{N}$$

当机床以线速度 $v=100\text{m/min}$，进给量 $f=0.3\text{mm/r}$，车削直径 $D=80\text{mm}$ 的外圆时，丝杠的转速

$$n=\frac{vf}{\pi DL_0}\times10^3=\frac{100\times0.3}{3.14\times80\times6}\times10^3\text{r/min}=19.9\text{r/min}$$

则
$$G=\frac{60nT}{10^6}=\frac{60\times19.9\times15\,000}{10^6}\text{万转}=17.91\text{万转}$$

根据工作负载 F_p、寿命 G，取 $f_w=12$，$f_H=1$，计算出滚珠丝杠副承受的最大动负荷

$$F_Q=\sqrt[3]{G}f_wf_HF_p=\sqrt[3]{17.91}\times1.2\times1\times1\,482.752\text{N}=4\,655.3\text{N}$$

由 F_Q 查滚珠丝杠的产品样本或《机床设计手册》，选择丝杠的型号。例如参照某厂滚珠丝杠的产品样本，选择滚珠丝杠的直径为32mm，型号为CDM3206-3-P3，其额定动载荷是20 500N，强度足够用。

2）效率计算。根据机械原理，丝杠螺母副的传动效率 η_0 为

$$\eta_0=\frac{\tan\gamma}{\tan(\gamma+\phi)}$$

式中　γ——螺纹的螺纹升角，该丝杠为3°25′；

ϕ——摩擦角，ϕ 约等于10′。

则
$$\eta_0=\frac{\tan(3°25')}{\tan(3°25'+10')}=0.953$$

3）刚度验算。滚珠丝杠工作时受轴向力和扭矩的作用，将引起基本导程 L_0 的变化，因滚珠丝杠受扭时引起的导程变化量很小，可忽略不计，故工作负载引起的导程变化量 ΔL_0 为

$$\Delta L_0=\pm\frac{F_pL_0}{ES}$$

式中　E——弹性模量，对于钢，$E=20.6\times10^6\text{N/cm}^2$；

S——滚珠丝杠截面积，按丝杠螺纹底径确定 d，若 $d=2.77\text{cm}$，则 $S=\frac{\pi}{4}\times2.77^2\text{cm}^2=6.023\text{cm}^2$。

其中，“+”用于拉伸时，“-”用于压缩时。

则
$$\Delta L_0=\pm\frac{1\,482.752\times0.6}{20.6\times10^6\times6.023}\text{cm}=\pm7.07\times10^{-6}\text{cm}$$

丝杠1m长度上导程变形总量误差 $\Delta L_{总}$ 为

$$\Delta L_{总}=\frac{100}{L_0}\Delta L_0=\frac{100}{0.6}\times7.07\times10^{-6}\mu\text{m/m}=11.78\mu\text{m/m}$$

因3级精度丝杠允许的螺距误差为15μm/m，故此丝杠的精度足够。

（3）确定齿轮传动比　根据系统的脉冲当量，选步进电动机的步距角 $\theta=0.75°$，则

$$i=\frac{0.75\times6}{360\times0.01}=1.25$$

取齿轮齿数 $z_1=24$，$z_2=30$，齿轮模数 $m=2\text{mm}$，齿轮传动时效率 $\eta_i=0.98$。

（4）步进电动机的选择

1）负载转动惯量估算。折算到步进电动机轴上的转动惯量可按下式估算

$$J_F = J_1 + \frac{J_2 + J_3}{i^2} + \frac{W}{i^2 g}\left(\frac{180\delta}{\pi\theta}\right)^2$$

式中　J_F——折算到电动机轴上的转动惯量（$kg \cdot cm^2$）；

J_1——齿轮 z_1 的转动惯量（$kg \cdot cm^2$）；

J_2——齿轮 z_2 的转动惯量（$kg \cdot cm^2$）；

J_3——丝杠的转动惯量（$kg \cdot cm^2$）。

δ——估算参数。

对于材料为钢的圆柱形零件，其转动惯量可按下式估算

$$J = 7.8 \times 10^{-4} D^4 L$$

式中　D——圆柱零件的直径（cm）；

L——零件轴向长度（cm）。

所以

$$J_1 = 7.8 \times 10^{-4} \times 4.8^4 \times 1 kg \cdot cm^2 = 0.414 kg \cdot cm^2$$

$$J_2 = 7.8 \times 10^{-4} \times 6^4 \times 1 kg \cdot cm^2 = 1.01 kg \cdot cm^2$$

$$J_3 = 7.8 \times 10^{-4} \times 3.2^4 \times 140 kg \cdot cm^2 = 11.45 kg \cdot cm^2$$

$$\frac{W}{i^2 g}\left(\frac{180\delta}{\pi\theta}\right)^2 = \frac{800}{1.25^2 \times 9.8} \times \left(\frac{180 \times 0.01}{3.14 \times 0.75}\right)^2 kg \cdot cm^2 = 0.299 kg \cdot cm^2$$

负载转动惯量

$$J_F = \left[0.414 + \frac{(1.01 + 11.45)}{1.25^2} + 0.299\right] kg \cdot cm^2 = 8.687 kg \cdot cm^2$$

2）负载转矩计算及最大静转矩选择。根据能量守恒原理，电动机等效负载转矩

$$T_F = \frac{F_P L_0 \times 10^{-3}}{2\pi\eta_0\eta_i i} = \frac{1482.752 \times 6 \times 10^{-3}}{2\pi \times 0.953 \times 0.98 \times 1.25} N \cdot m = 1.2 N \cdot m$$

若不考虑起动时运动部件惯性的影响，则起动转矩

$$T_q = \frac{T_F}{(0.3 \sim 0.5)}$$

取安全系数为 0.3，则 $T_q = 1.2 N \cdot m / 0.3 = 4 N \cdot m$

对于工作方式为三相六拍的步进电动机

$$T_{jmax} = \frac{T_q}{0.866} = 4.62 N \cdot m$$

因数控机床对动态性能要求较高，确定电动机最大静转矩时应满足快速空载起动时所需转矩 T 的要求

$$T = T_{amax} + T_f + T_0$$

式中　T_{amax}——空载快速起动时所需的转矩（$N \cdot m$）；

T_f——克服摩擦所需转矩（$N \cdot m$）；

T_0——丝杠预紧所引起的折算到电动机轴上的附加转矩（$N \cdot m$）。

当工作台快速移动时，电动机的转速

$$n_{max} = \frac{v_{max} i}{L_0} = \frac{2\,000 \times 1.25}{6} r/min = 416.7 r/min$$

由动力学可知

$$T_{amax} = J_F\varepsilon$$

式中　ε——角加速度，计算公式为 $\varepsilon = \frac{\pi n}{30t}$。

则
$$T_{amax} = J_F\varepsilon = 8.687 \times 10^{-4} \times \frac{3.14 \times 416.7}{30 \times 0.025}\text{N}\cdot\text{m} = 1.516\text{N}\cdot\text{m}$$

$$T_f = \frac{Wf'L_0 \times 10^{-3}}{2\pi\eta_0\eta_i i} = \frac{800 \times 0.16 \times 6 \times 10^{-3}}{2\pi \times 0.953 \times 0.98 \times 1.25}\text{N}\cdot\text{m} = 0.0175\text{N}\cdot\text{m}$$

$$T_0 = \frac{F_0L_0 \times 10^{-3}}{2\pi\eta_0\eta_i i} = \frac{494.25 \times 6 \times 10^{-3}}{2\pi \times 0.953 \times 0.98 \times 1.25}\text{N}\cdot\text{m} = 0.406\text{N}\cdot\text{m}$$

式中　F_0——预加载荷，一般为最大轴向载荷的 1/3，即 $F_P/3$。

则
$$T = T_{amax} + T_f + T_0 = (1.516 + 0.0175 + 0.406)\text{N}\cdot\text{m} = 1.940\text{N}\cdot\text{m}$$

3）步进电动机的最高工作频率

$$f_{max} = \frac{1000v_{max}}{60\delta} = \frac{1000 \times 2}{60 \times 0.01}\text{Hz} = 3333.33\text{Hz}$$

根据计算综合考虑，查表选用 110BF003 型步进电动机。

（5）横向进给系统的设计计算　已知条件：工作台重力 $W = 300\text{N}$，时间常数 $t = 25\text{ms}$，滚珠丝杠基本导程 $L_0 = 4\text{mm}$（左旋），快速进给速度 $v_{max} = 1\text{m/min}$。由于横向进给系统的设计计算与纵向类似，故计算过程略。

选择滚珠丝杠型号 CDM2004LH-2.5-P3；减速齿轮 $z_1 = 18$、$z_2 = 30$；步进电动机型号 110BF003。

5. 安装调整中应注意的问题

1）利用螺母的间隙调整装置调整丝杠副间隙时，应使调整后产生的预紧力以丝杠副最大负载的 1/3 为宜。在实际调整中，可以把车床处于最大工作负载，使丝杠内部仍不产生间隙，或者间隙量小于 0.01mm，而且运转灵活，并以此作为螺母间隙调整装置预紧量的判断标准。

2）传动丝杠轴线上各联轴套上的锥销孔应按十字分布方式进行配作。这是因为同一联轴套上分布的锥销孔都按同一方向加工时，往往会引起轴心线的直线度误差增大，从而使安装在传动丝杠上各零件间的同轴度误差增大，产生传动附加载荷，影响丝杠副的传动性能。

3）消除齿轮间隙的方法很多，用调整中心距的方法是最简便的一种。安装时将大齿轮所在支承架转动中心与丝杠对中，首先固定，然后把电动机小齿轮按无间隙啮合，调整好中心距，再固定。

4）滚珠丝杠副的制造精度要求高，加工工艺比较复杂，都是由专业工厂按系列化进行生产的。因此，在进行设备改造时，要按厂家生产标准进行选择。选择合适以后，再决定被改造设备的其他相关部分的结构和尺寸。

5）主轴脉冲发生器的引出轴与车床主轴按 1:1 无间隙柔性连接传动，连接后应保证两者有很好的同步性。安装中要注意主轴脉冲发生器是玻璃器件，不能随意敲打碰撞。使用中，车床主轴转速不能超过主轴脉冲发生器的最高许用转速。

4.2.2　铣床的数控化改造

铣床的应用十分广泛，主要用于加工平面或成形表面。若要在立式铣床上加工圆弧、凸轮一类平面曲线时，就要借助于圆工作台、分度头等机床附件，并对机床进行相应调整。加工精度较低，机床调整费事。所以对铣床进行数控化改造的也较多，改造的目的一方面为提高加工精度，另一方面是利用数控方法加工任意圆弧面和凸轮的曲面。

铣床的数控化改造，一般主要解决进给系统的数控化，主传动系统保持不变。其改装的方法和程序与卧式车床基本相同。下面只对机械部分的改动说明如下：

1. 工作台的进给运动

因为改造后的机床主要加工圆弧、凸轮一类平面曲线的轮廓，所以采用微机数控系统实现三坐标两轴联动控制，工作台纵向（X 轴）、横向（Y 轴）及垂直方向（Z 轴）的运动分别由步进电动机经过一级齿轮减速后，由滚珠丝杠螺母副拖动。

由于铣削时作用在电动机轴上的负载转矩较大，所以要选择大功率的步进电动机，而大功率步进电动机的驱动较困难。步进电动机没有过载能力，在高速运动时转矩下降很多，容易丢步。要使改造后的铣床进给伺服性能较好，在改造中也常采用直流伺服电动机驱动。铣床改造前的结构如图 4-14 所示。

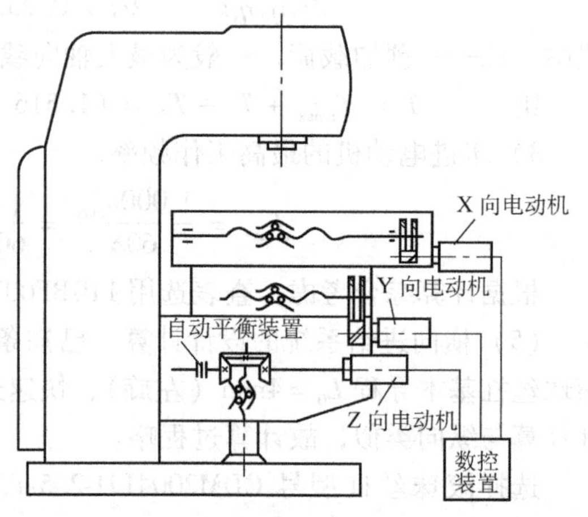

图 4-14　铣床改造前结构简图

2. 结构设计

1）应尽量消除齿轮副和丝杠副的间隙，齿轮采用双片薄齿轮错齿法消除间隙。除采用间隙消除装置外，也可以用软件补偿进给量的方法消除，以提高加工工件的精度。

2）若采用直流伺服电动机作驱动元件，伺服电动机的轴端为光轴，齿轮与电动机轴、电动机轴与传动轴采用锥环无键连接较方便。图 4-15 所示为采用无键连接消隙联轴器的结构。

图 4-15 中 2、3 为与锥面相互配合的锥环，当拧紧螺钉 6 经压盖 4 施加轴向力时，由于锥环之间的楔紧作用，内外环分别产生径向弹性变形，靠摩擦力使轴与套筒连接在一起，消除了配合间隙。根据所传递转矩的大小，选取锥环的对数。这种连接方式的特点是不需要开键槽，而且两连接件之间的相对角度可任意调节，配合无间隙，因而对中性好。

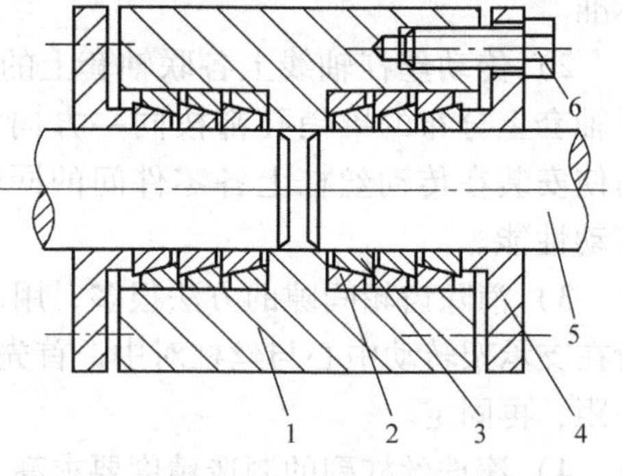

图 4-15　消隙联轴器
1—套筒　2、3—锥环　4—压盖
5—轴　6—螺钉

为了能补偿因同轴度及垂直度误差引起的“憋劲”现象，可采用挠性联轴器，如图 4-16 所示。柔性片 4 用螺钉和球面垫圈 3 与两边的联轴套 2 相连，通过柔性片传递转矩。柔性片每片厚0.25mm，材料为不锈钢，可根据传递转矩大小选取片数，两端的位置偏差由柔性片的变形抵消。

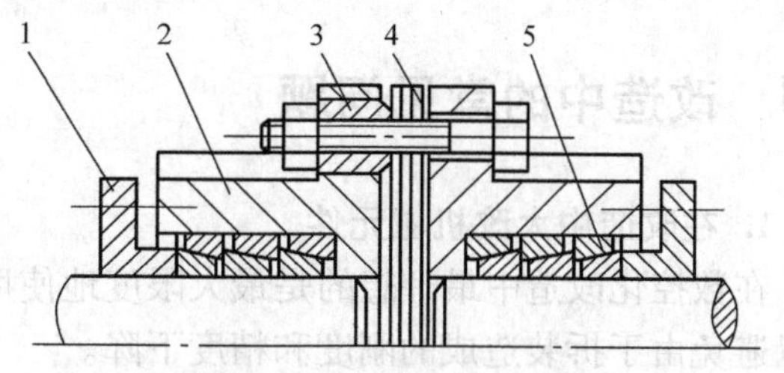

图4-16 挠性联轴器

1—压盖 2—联轴套 3—球面垫圈 4—柔性片 5—锥环

3）升降台式铣床工作台重，而且铣削力也较大，垂直丝杠要配备功率较大的驱动电动机比较难选，因此可在工作台上加配重或平衡液压缸来平衡（图4-17）。

此外，滚珠丝杠没有自锁能力，垂直坐标不能锁住，工作台会自动下降，通常采用超越离合器和摩擦离合器产生制动达到自锁。图4-18所示为采用超越离合器的自动平衡装置。由驱动电动机通过联轴器带动锥齿轮2、3使升降丝杠转动，使工作台上升或下降。锥齿轮3同时带动锥齿轮4，这一部分是自动平衡机构。其工作原理是：锥齿轮4转动时通过锥销带动单向超越离合器的星轮5，当工作台上升时，星轮的转向是使滚子6与外壳7错开方向，外壳不转，摩擦片不起作用；当工作台下降时，星轮的转向使滚子6楔紧在星轮与外壳7之间，使外壳7随着锥齿轮4转动，通过花键与外壳连在一起的内摩擦片与固定的外摩擦片之间产生相对运动，因为内外摩擦片之间由弹簧压紧，有一定的摩擦阻力，从而起到阻尼作用，使上升与下降的力量得以平衡。

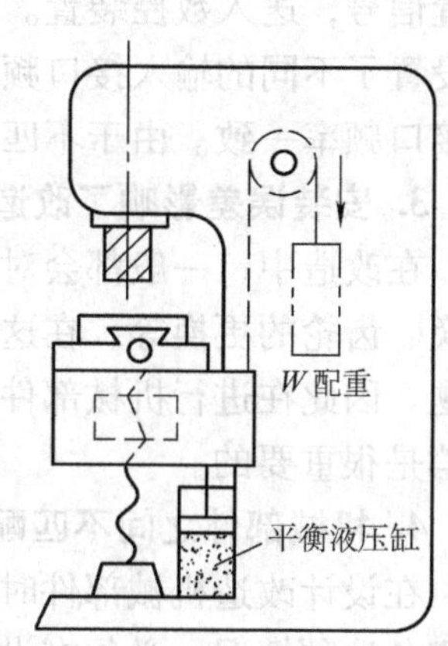

图4-17 工作台平衡示意图

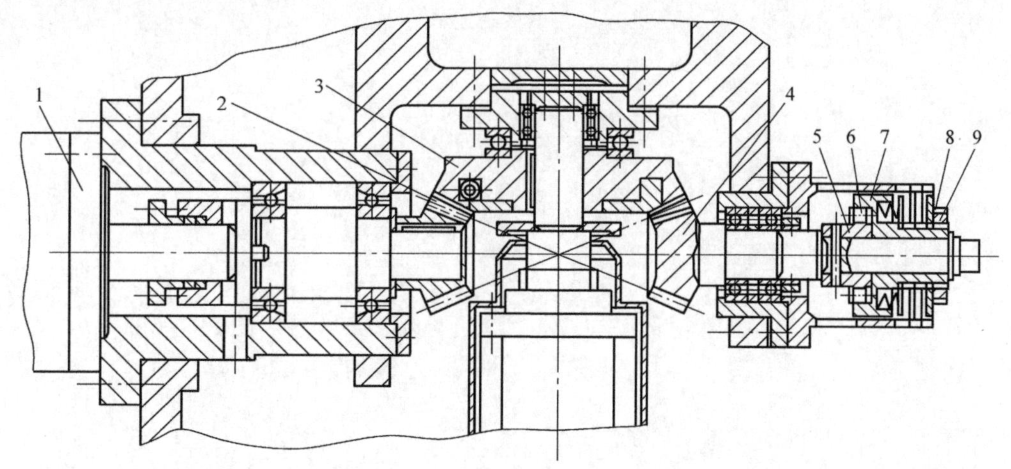

图4-18 采用超越离合器的自动平衡装置

1—驱动电动机 2、3、4—锥齿轮 5—星轮 6—滚子 7—外壳 8—螺母 9—锁紧螺钉

3. 具体的改造计算方法

铣床和车床机械部分改造的具体计算方法是类似的，只是计算时选择的参数或使用的算式不同。因此限于篇幅，本书不再细述具体的改造计算方法，参考前面车床的计算方法就可以了。

4.3 改造中的常见问题

1. 在改造中大改机械元件

在数控化改造中最理想的是最大限度地使用原有元件。这样一方面节约成本，另一方面可以避免由于拆装造成的刚度和精度下降。

2. 车床加装了主轴脉冲编码器时，其频率与电动机的脉冲频率不匹配

作为车床主轴位置信号的反馈元件，主轴脉冲编码器要与主轴同步转动，发出主轴转角位置信号，送入数控装置。在与数控系统的连接中，不同的数控系统，或相同的数控系统由于设置了不同的输入接口频率，要求与其相接的脉冲编码器的输出脉冲频率与数控装置的输入接口频率一致。由于不匹配造成信号接收不良，影响螺纹的加工。

3. 安装误差影响了改造后机床的刚度和精度

在改造中，一般都会对机床进行机械结构上的改造，比如丝杠的更换、丝杠支承轴承的更换、齿轮的更换等。在这些部件的更换中，势必会产生安装定位误差和连接件之间的间隙问题。因此在进行机械部件的改造中，对改造中出现的装配和改造进行精度的检测与误差的补偿是很重要的。

4. 机械部件之间不匹配

在设计改造机械部件时，有时会出现不同设计者设计的部件不能装配在一起的问题。为了避免这种情况，必须在设计出改造图样后进行校核。

第 5 章　电气系统的改造设计

5.1　数控机床电气控制系统

5.1.1　电气控制技术的发展概述

电气控制技术是随着科学技术的发展、生产工艺不断提出新的要求而不断发展的，从手动控制到自动控制、从简单的控制设备到复杂的自动控制系统、从有触头的硬接线控制系统到以计算机为中心的存储控制系统。现代电气控制技术已综合应用了计算机、自动控制、电子技术、自动检测等先进的科学技术成果。作为产生机械动力的电动机拖动，其拖动方式已由初期的集中拖动发展成为单独拖动，后又发展成为多电动机拖动。

随着电力拖动方式的演变和发展，电力拖动的控制方式也由手动控制向自动控制方向发展。最初出现的是继电接触器控制系统，它是由接触器、继电器、按钮、行程开关等组成的控制系统。这种控制具有使用的单一性，当程序变更时，就需重新接线；而且这种控制是断续的，不能连续反映信号的变化，故称为断续控制。这种系统具有结构简单、价格低廉、维护容易、抗干扰能力强的优点。同时，这种断续控制由于采用固定的接线方式，存在灵活性差、触头易损坏、可靠性差、难以适应频繁操作的缺点。普通机床使用的方式即为断续控制。

为使控制系统获得更好的静态和动态特性，采用了反馈控制系统，它由连续控制元件组成，系统不仅能反映信号的通或断，而且能反映信号的大小和变化，称为连续控制系统。这种控制系统往往采用晶闸管作为控制元件，故称为晶闸管控制系统。20 世纪 70 年代出现了用软件手段来实现各种控制功能、以微处理器为核心的新型工业控制器——可编程序控制器。它把计算机的功能完备，灵活性、通用性好等优点和继电接触器控制系统的操作方便、价格低、简单易懂等优点结合起来，成为一种适应工业环境的通用控制装置，并独具一格地采用以继电器梯形图为基础的形象编程语言和模块化的软件结构。现在，可编程序控制器已由最初的逻辑控制为主发展到能进行模拟量控制，具有数字运算、数据处理和通信联网等功能，已成为电气自动化控制中应用最为广泛的控制装置。

5.1.2　数控机床电气控制系统的组成

一台典型的数控机床其全部的电气控制系统如图 5-1 所示。

1）数据输入装置是将指令信息和各种应用数据输入数控系统的必要装置。它可以是穿孔带阅读机（已很少使用）、3.5 软盘驱动器、CNC 键盘（一般输入操作）、数控系统配备的硬盘及驱动装置（用于大量数据的存储保护）、磁带机（较少使用）、PC 机等。

2）数控系统是数控机床的中枢，它将接到的全部功能指令进行解码、运算，然后有序地发出各种需要的运动指令和各种机床控制指令，直至运动和功能结束。

3）可编程序控制器是机床各项功能的逻辑控制中心。它将来自 CNC 的各种运动及功能

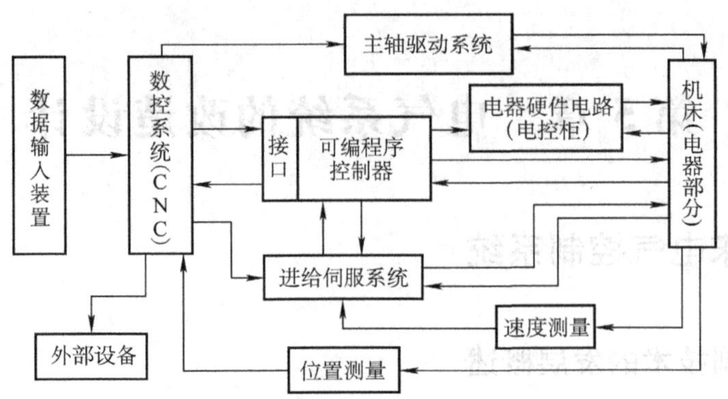

图 5-1　数控机床电气控制系统

指令进行逻辑排序，使它们能够准确、协调有序地安全运行；同时将来自机床的各种信息及工作状态传送给 CNC，使 CNC 能及时准确地发出进一步的控制指令，如此实现对整个机床的控制。

当代 PLC 多集成于数控系统中，这主要是指控制软件的集成化，而 PLC 硬件在规模较大的系统中往往采取分布式结构。PLC 与 CNC 的集成是采取软件接口实现的，一般系统都是将二者间各种通信信息分别按指定的存放地址存储，由系统对所有存储单元的信息状态进行实时监控，根据各接口信号的现时状态加以分析判断，据此作出进一步的控制命令，完成对运动或功能的控制。

不同厂商的 PLC 有不同的 PLC 语言和不同的语言表达形式，因此力求熟悉某一机床 PLC 程序的前提是先熟悉该机床的 PLC 语言。

4）主轴驱动系统接受来自 CNC 的驱动指令，经速度与转矩（功率）调节输出驱动信号驱动主电动机转动，同时接收速度反馈，实施速度闭环控制。它还通过 PLC 将主轴的各种现实工作状态“通告”CNC，用以完成对主轴的各项功能控制。

5）进给伺服系统接受来自 CNC 对每个运动坐标轴分别提供的速度指令，经速度与电流（转矩）调节输出驱动信号驱动伺服电动机转动，实现机床坐标轴运动，同时接收速度反馈信号实施速度闭环控制。它也通过 PLC 与 CNC 通信，通报现时工作状态，并接受 CNC 的控制。

6）电器硬件电路主要包括电源的生成、控制电路、隔离继电器部分及各类执行电器（继电器、接触器）。但是一些进口机床柜中还自配具有一定逻辑控制的专用组合型继电器，一旦这类元件出现故障，除了更换之外，还可以将其去除而由 PLC 逻辑取而代之。

7）机床（电器部分）包括所有的电动机、电磁阀、制动器、各种开关等。它们是实现机床各种动作的“执行者”和机床各种现实状态的“报告员”。

8）速度测量通常由集装于主轴和进给电动机中的测速发电机来完成。它将电动机实际转速匹配成电压值送回伺服驱动系统作为速度反馈信号，与指令速度电压值相比较，从而实现对速度的精确控制。

这里应注意测速反馈电压的匹配连接，并且不要拆卸测速机。由此引起的速度失控，多是由于测速反馈线接反或者断线所致。

9）位置测量装置在较早期的机床上使用直线或圆形感应同步器或者旋转变压器，而现代机床多采用光栅尺和数字脉冲编码器作为位置测量元件。它们对机床坐标轴在运行中的实际位置进行直接或间接的测量，将测量值反馈到 CNC 并与指令位移相比较直至坐标轴到达指令位置，从而实现对位置的精确控制。

10）外部设备一般指 PC 计算机、打印机等输出设备，多数不属于机床的基本配置。

5.1.3　数控机床电气控制系统的特点

在自动化程度不断提高和产品生产工艺要求不断创新的今天，电气设备控制系统逐步向减少机械部件，提高生产效率，减轻工人劳动强度，实现产品从设计到制造全部自动化的方向发展。

目前，在数控机床中都使用了现代电气控制系统。采用以 PC 机控制技术为主的现代电气控制系统，不仅保留了传统控制系统的优点，同时具有体积小、功能强、通用性和灵活性强、使用维护方便等特点。由于现代电气控制系统能用软件实现逻辑控制，可以省去大量的控制电器及线路连接，又能实现继电接触器系统难以完成的功能，当改变控制要求和参数时只需改动程序的相应部分，外部线路基本上不用改动，因而也节省了资源。同时因执行程序时间短，一些电器元件的触头可以用无触头开关来代替，所以整个系统的动作频率高、寿命长，这些都较好地克服了传统控制系统存在的缺点。

数控机床中电气控制系统除了对机床辅助运动和辅助动作控制外，还包括对保护开关、各种行程开关、极限开关的控制，以及在操作盘上对所有按键、操作指示灯以及波段开关等的控制。在数控机床中，可编程序控制器代替机床上传统强电控制系统中大部分的机床电器，从而实现对主轴、换刀、润滑、冷却、气动、液压等系统的逻辑控制。可编程序控制器与数控装置合为一体时，称为内装式 PLC，当其位于数控装置外时，称为独立式 PLC。

当然，电气控制系统的核心还是数控装置。数控装置输出控制量中的离散控制量被送往机床电器逻辑控制装置。除数控系统外，其他电气控制部分的连接是较复杂的。

5.1.4　PLC 在数控机床中的作用

1. PLC 在数控系统中的分类

数控系统中的 PLC 可分为内装式 PLC 和独立式（或称外置式）PLC 两种 。内装式 PLC 多用于单微处理器 CNC 系统中，独立式 PLC 主要用于多微处理器 CNC 系统中。两者都是配合 CNC 装置实现对刀具轨迹控制和机床顺序控制的。

（1）内装式 PLC（Built-in Type）　内装式 PLC 是专门为实现数控机床顺序控制而设计制造的，与 CNC 设计为一体，通过 CNC 的输入/输出接口实现信号的传送。图 5-2 所示为内装式 PLC 的 CNC 系统，具有以下几个特点：

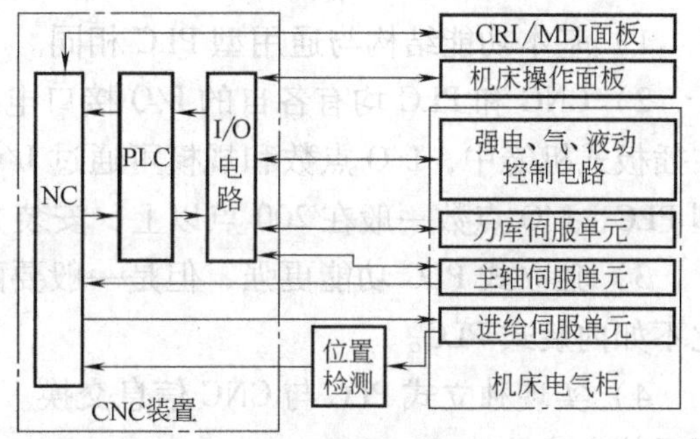

图 5-2　内装式 PLC

1）系统整体结构紧凑。内装式 PLC 可以认为是 CNC 的一种基本功能，其性能指标如 I/O 点数、扫描时间、程序容量、每步的执行时间、功能指令等，是根据所属的 CNC 系统的规格、性能、适用机床的类型等确定的。因此，内装式 PLC 具有结构紧凑、功能针对性强、技术指标合理、实用等优点，比较适用于单台数控机床的控制。

2）与 CNC 共用电源及 I/O 接口。在数控装置内部，内装式 PLC 可与 CNC 共用一个 CPU，也可单独使用一个专用的 CPU。

① 共用 CPU 可充分地利用 CNC 装置中的处理器来完成 PLC 功能，并且使用元器件较少，因此 PLC 的 I/O 点数不可能太多，规模也比较有限，适用于 PLC 功能相对简单的场合。

② 专用 CPU 则具有单独的 CPU 专门负责 PLC 的功能，功能较强，较适合于规模较大、逻辑复杂、动作速度要求较快的控制场合；其硬件电路可与 CNC 电路制作在同一块印制电路板上，也可单独制成一个附加板，不需单独配备 I/O 接口；PLC 控制部分以及 I/O 电路所用的电源也由 CNC 装置提供，不需另备电源。

3）可靠性强。采用内装式 PLC 结构时，CNC 系统可以具有梯形图编辑和传送等高级控制功能。两者之间没有连线，信息交换量大，可靠性强。

4）体积小，调试方便。内装式 PLC 可利用数控系统的显示器和键盘进行梯形图或语句表的编程调试，不需配置专门的编程设备。

用于内装式 PLC 系统的数控系统有 FANUC 公司的 0 系统（PMC-L/M）、3 系统（PCD）、6 系统（PC-A、PC-B）、10/11 系统（PMC-I）和 15 系统（PMC-N）；以及 SIEMENS 公司的 SINUMERIK 810/820 系统。

（2）独立式 PLC（Stand-alone Type）　所谓独立式 PLC，一般采用通用型 PLC，它完全独立于 CNC 装置，具有完备的硬件和软件功能，能够独立完成 CNC 系统要求的控制任务。图 5-3 所示为独立式 PLC 的 CNC 系统，具有以下几个特点：

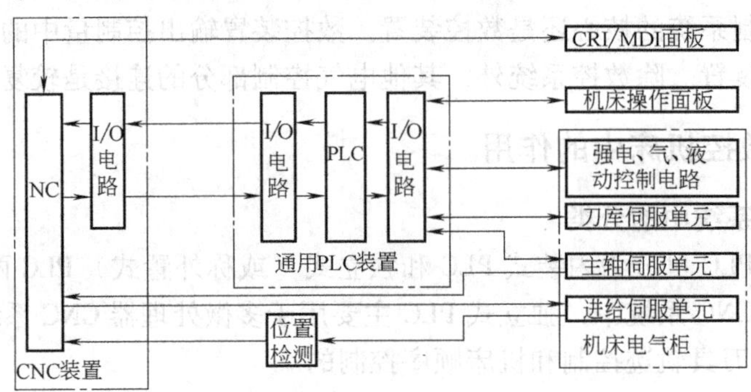

图 5-3　独立式 PLC

1）基本功能结构与通用型 PLC 相同。

2）CNC 和 PLC 均有各自的 I/O 接口电路，并且独立式 PLC 一般采用模块化结构，装在插板式机笼中，I/O 点数和规模可通过 I/O 模块插板的增减灵活配置。一般采用中型或大型 PLC，I/O 点数一般在 200 点以上，安装方便，功能易于扩展和变换。

3）独立式 PLC 功能更强，但是一般要配置单独的编程设备，且成本相对较高，其性价比不如内装式 PLC。

4）实现独立式 PLC 与 CNC 信息交换。其信息的交换可以是 I/O 接口对接式，也可以采用通信方式。

① 对接式是将 CNC 的 I/O 通过连线与 PLC 的 I/O 连接起来，适应于 CNC 与各种 PLC

的信息交换。连线多，信息交换量少。

② 通信方式连线少，信息交换量大而且非常方便。但 CNC 与 PLC 必须采用同一通信协议，通常应是采用同一家公司的产品。

生产通用型 PLC 的厂家有很多，应用较多的有 SIEMENS 公司 SIMATIC S5、S7 系列，日本立石公司 OMROM SYSMAC 系列，FANUC 公司 PMC 系列，三菱公司 FX 系列等。

2. PLC 与外部的信息交换

PLC 处于 CNC 和 MT 之间，与 CNC 和 MT 的信息交换包括以下几个部分，如图 5-4 所示。

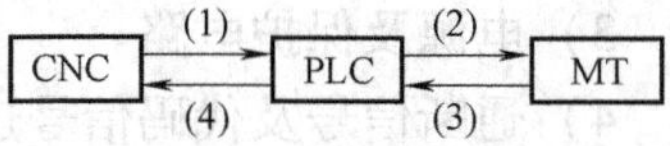

（1）“CNC”→“PLC”　CNC 的输出信号可直接送入 PLC 的寄存器内，可以用开关量信号完成。如 CNC 所需执行的 M、S、T 代码指令信号都作为 PLC 的输入信号，其地址和含义是由 CNC 厂家确定的，设计人员不可更改和删除，只可使用。

图 5-4　PLC 与 CNC/MT 信号传输

（2）“PLC”→“MT”　PLC 输出的信号经继电器、接触器、电磁阀后对回转工作台、刀库、机械手以及液压泵等装置进行控制。并且开关输出信号的含义及其所占用的地址是由设计工作人员定义的。

（3）“MT”→“PLC”　MT 侧的控制信号（由按钮、倍率开关、行程开关、接近开关、压力继电器等提供）可通过 PLC 的输入接口送往 PLC 中，经过逻辑运算后，输出给控制对象。除了 CNC 特定的信号如急停、进给保持、循环起动、回参考点减速、坐标轴的地址分配等之外，多数信号的含义和其所占用的 PLC 地址，都是由数控机床电气设计人员按要求定义的。

（4）“PLC”→“CNC”　经 PLC 处理完成的信号送至 CNC 中。所有经 PLC 送到 CNC 中的信息地址与含义均由 CNC 厂家确定，设计人员不可更改和删除，只能使用。

3. 数控机床 PLC 的控制对象

数控机床的控制可分为两部分：一是对坐标轴运动的位置控制，一是对数控机床加工过程的顺序控制。即数控机床中的 PLC 处于数控系统 NC 侧和机床 MT 侧之间。NC 侧包括 CNC 系统的硬件和软件以及与 CNC 系统连接的外围设备。MT 侧指机床机械部分及其液压、气压、冷却、润滑、排屑等辅助装置，也包括机床操作面板、继电器线路、机床强电线路等。PLC 处于 CNC 和 MT 之间，对 NC 侧和 MT 侧的输入、输出信号进行处理。

PLC 在数控机床中有 4 种不同的配置方式：

1）PLC 在机床的一侧，代替了传统的继电器、接触器逻辑控制，PLC 有（$m+n$）个输入/输出点。

2）PLC 在电气控制柜中，PLC 有 n 个输入/输出点。

3）PLC 在电气控制柜中，而输入/输出接口在机床一侧，这种配置方式使 CNC 与机床接口的电缆大为减少。

4）通过通信模块，用 1 根通信线代替了 PLC 与 CNC 的连线。这种方式简化了连线，在现代的控制中应用越来越广泛。

4. PLC 与数控机床的关系

NC 与 PLC 是数控机床的两个控制器。NC 实现对刀具相对于工件各坐标轴几何运动规律的数字控制，而机床辅助设备的控制是由 PLC 来完成的。它是在数控机床运行过程中，根据 CNC 内部标志以及机床的各控制开关、检测元件、运行部件的状态，按照程序设定的控制逻辑对诸如刀库运动、换刀机构、切削液等的运行进行控制，具体的控制包括对机床的控制及对外围电路的控制，两个控制器与机床的电气系统和检测系统，以及它们两者之间的信息交换。它们的接口方式遵循国际标准 ISSO 4336—1981（E）《机床数字控制－数控装置和数控机床电气设备之间的接口规范》的规定，接口分为 4 种类型：

1）与驱动命令有关的连接电路。

2）数控装置与测量系统和测量传感器间的连接电路。

3）电源及保护电路。

4）通断信号及代码信号连接电路。

（1）对机床的控制

1）操作面板的控制。操作面板分为系统操作面板和机床操作面板。系统操作面板的控制信号先是进入 NC，然后由 NC 送到 PLC，从而控制数控机床的运行。机床操作面板控制信号是直接进入 PLC 中控制机床的运行。

2）机床外部开关输入信号。将机床侧的开关信号输入到 PLC 中进行逻辑运算。这些开关信号，包括很多检测元件信号，如行程开关、接近开关、模式选择开关等。

3）输出信号控制是指 PLC 的输出信号经外围控制电路中的继电器、接触器、电磁阀等输出给控制对象。

4）T 功能实现。系统送出 T 指令给 PLC，经过译码，在数据表内检索，找到 T 代码指定的刀号，并与主轴刀号进行比较。如果不符，发出换刀指令，刀具换刀，换刀完成后，系统发出完成信号。

5）M 功能实现。系统送出 M 指令给 PLC，经过译码，输出控制信号，控制主轴正反转和起动停止等。M 指令完成，系统发出完成信号。

（2）对外围电路的控制　数控机床通过 PLC 对机床的辅助设备进行控制，而 PLC 是通过对外围电路的控制来实现对辅助设备的控制的。

1）PLC 接受 NC 的控制信号以及外部反馈信号，经过逻辑运算、处理后将结果以信号的形式输出。输出信号从 PLC 的输出模块输出，每一个外部设备（使用 PLC 控制的）都是由 PLC 的一路控制信号来控制的，也就是说每一个外部设备（使用 PLC 控制的）都在 PLC 中和一个 PLC 输出地址相对应。

2）PLC 对外围设备的控制，不仅仅是要输出信号以控制设备、设施的动作，还要接受外部反馈信号，以监控这些设备设施的状态。在数控机床中用于检测机床状态的设备或元件主要有温度传感器、振动传感器、行程开关、接近开关等。

3）无论是输入还是输出，PLC 都必须要通过外围电路才能够控制机床辅助设施的动作。在 PLC 和外围电路的关系中，最重要的一点就是外部信号和 PLC 内部信号处理的对应。

5. PLC 的应用

PLC 输入端子板是将机床外部开关的端子连接转换成 I/O 模块所需的针形插座连接，这样就使外部控制信号可以输入到 PLC 中。同时，PLC 输出端子板是将 PLC 的输出信号通过针形插座转换成外部执行元件的端子连接。图 5-5 所示为内装式 PLC 的 I/O 连接方式。

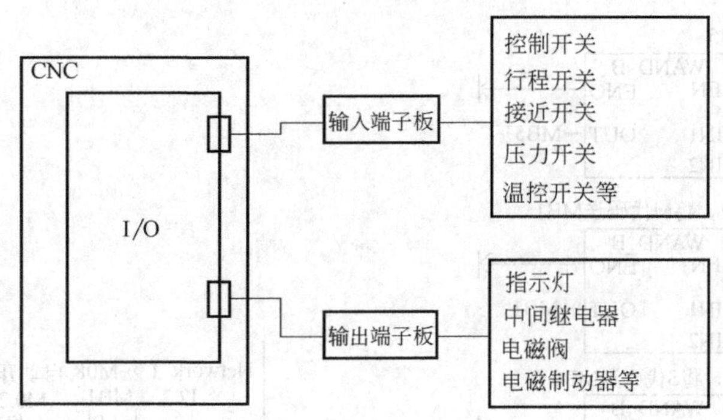

图 5-5 内装式 PLC 的 I/O 连接方式

5.1.5 PLC 程序

通过 PLC 程序使 CNC 装置、PLC 和数控机床三者紧密结合在一起，形成一个有机整体，从而控制数控机床有条不紊地工作。下面以 CK6150 数控车床为例来分析独立式 PLC 与 CNC 装置之间、PLC 与机床侧的开关量之间的 I/O 连接关系。表 5-1 为 PLC 输入端口功能，表 5-2为 PLC 输出端口功能。

表 5-1 PLC 输入端口功能

序号	PLC 输入信号	CNC 逻辑输入信号功能
1	I0. 0 ~ I0. 4	控制切削液，尾座连续左，点动左，超程解除
2	I0. 5 ~ I0. 7	联锁控制
3	I1. 0 ~ I1. 3	换刀控制
4	I1. 4 ~ I1. 5	超程报警
5	I2. 0 ~ I2. 1	急停报警
6	I2. 2 ~ I27	辅助功能控制
7	I3. 0 ~ I3. 5	辅助功能控制

表 5-2 PLC 输出端口功能

序号	PLC 输出信号	CNC 逻辑输出信号功能
1	Q0. 0 ~ Q0. 5	低速，高速，冷却，刀架正转，刀架反转，润滑的通电/断电
2	Q1. 0 ~ Q1. 7	控制卡盘的夹紧/松开，尾座的伸出/退回，主轴高速档/低速档和主轴的刹车制动
3	Q2. 0 ~ Q2. 4	控制急停报警，卡盘夹紧，X 轴超程，Z 轴超程和尾座顶紧的指示

1. PLC 主程序

图 5-6 所示为 CK6150 数控车床 PLC 控制主程序的梯形图。在 PLC 主程序中，首先把送到 CNC IB3 接口的 MST 代码与 63 接口（数控系统 I/O 接口）相连，屏蔽掉 I3. 6、I3. 7，并在 M 选通、S 选通、T 选通信号的作用下，分别将 M 代码存到 MB1、S 代码转存至 MB2、T 代码转存至 MB3；然后，无条件调用主轴控制子程序、液压卡盘和液压尾座控制子程序、冷却和润滑控制子程序、换刀控制子程序、急停和进给保持控制子程序。

2. 子程序

（1）冷却和润滑控制子程序　图 5-7 所示为冷却和润滑控制子程序梯形图。

切削液的开、关由手动旋钮 SA2（I0. 0）和 M 功能指令 M08、M09 共同控制。自动模式（I2. 5 =0）时，在 M 选通信号的作用下，判断 MB1 的值，如果等于 M08，则置位 M0. 2，如果等于 M09，则复位 M0. 2；手动旋钮 SA2 闭合（I0. 0 =1）或者 M0. 2 =1 时，开启冷却 Q0. 2。

油泵的起动、停止由定时器 T37、T38 控制。

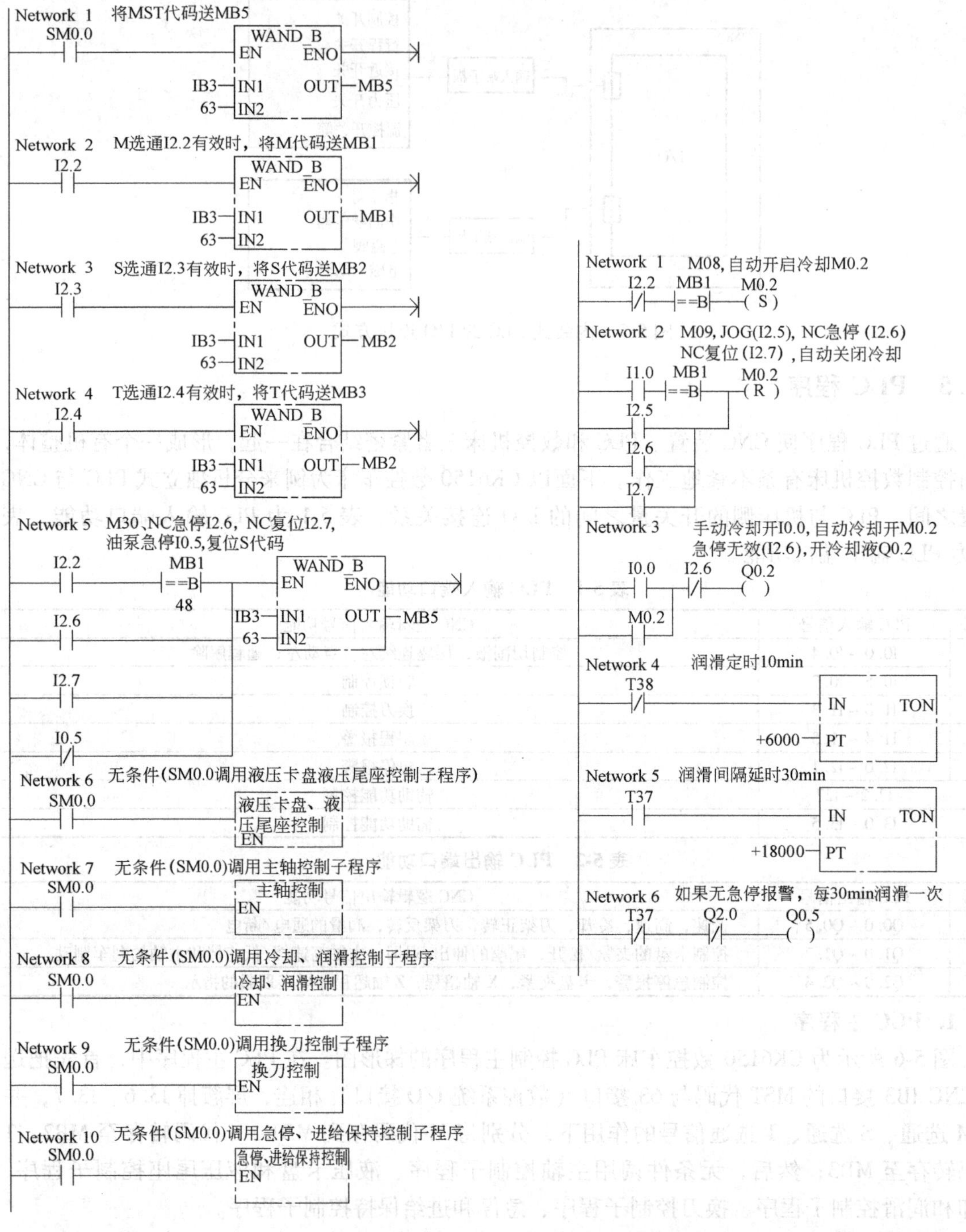

图 5-6 数控车床 PLC 控制主程序梯形图　　　　图 5-7 数控车床冷却和润滑控制 PLC 子程序梯形图

（2）换刀控制子程序　图 5-8 所示为自动换刀控制子程序梯形图。在这个梯形图中，用字节传送指令将当前刀位开关信号（I1.0 ~ I1.3）转换成当前刀号代码（1 ~ 4）存放到 MB4 中；当执行换刀指令时，在 T 选通信号的作用下，将指令刀号 MB5 与当前刀号 MB4 进行比较，如果不相等则置位 Q0.3、复位 Q0.4，刀架电动机正转直到相等，否则一直正转；

如果相等则刀架停止正转，在 Q0.3 闭合脉冲的作用下，置位 Q0.4，刀架电动机开始反转，刀架下降锁紧，定时器 T40 延时 4s 后，复位 Q0.4，换刀动作结束。

（3）液压卡盘和液压尾座控制子程序 图 5-9 所示为液压卡盘和液压尾座控制子程序梯形图，这两种动作的控制都是在手动 JOG（I2.5）方式下进行的。

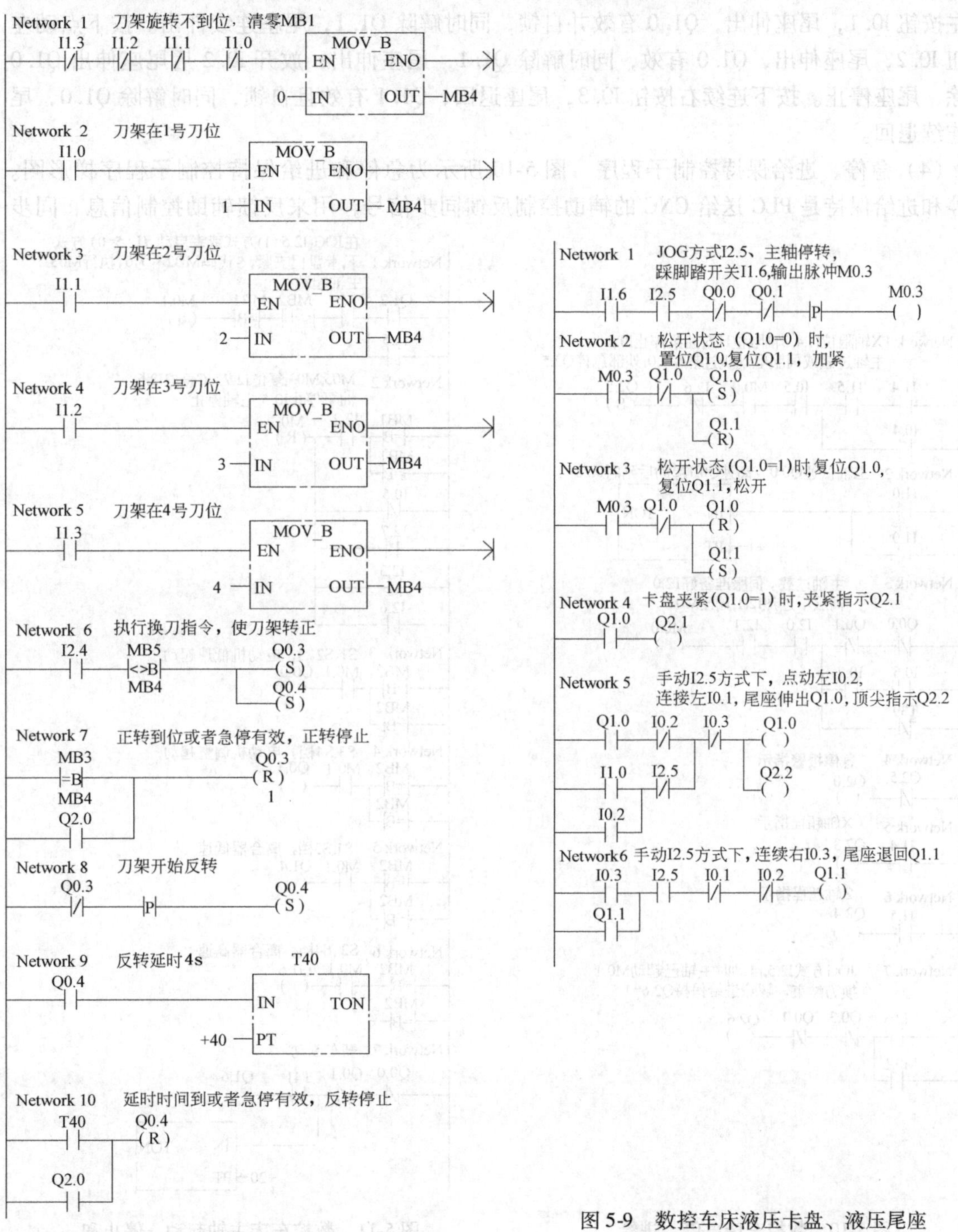

图 5-8 数控车床换刀控制 PLC 子程序梯形图

图 5-9 数控车床液压卡盘、液压尾座控制 PLC 子程序梯形图

液压卡盘的夹紧和松开是由一个脚踏开关 SQ7 控制的，第一次踩踏时夹紧，第二次踩踏时松开，因此先将这个开关的闭合信号转换成脉冲信号 M0.3，然后用 M0.3 脉冲信号去置位 Q1.0、复位 Q1.1，或者复位 Q1.0、置位 Q1.1。

液压尾座的伸出和退回由按钮 SB6（I0.1）、SB7（I0.2）、SB8（I0.3）控制。按下连续左按钮 I0.1，尾座伸出，Q1.0 有效并自锁，同时解除 Q1.1，尾座连续伸出。按下点动左按钮 I0.2，尾座伸出，Q1.0 有效，同时解除 Q1.1，尾座伸出；放开 I0.2 后尾座伸出 Q1.0 解除，尾座停止。按下连续右按钮 I0.3，尾座退回，Q1.1 有效且自锁，同时解除 Q1.0，尾座连续退回。

（4）急停、进给保持控制子程序　图 5-10 所示为急停和进给保持控制子程序梯形图。急停和进给保持是 PLC 送给 CNC 的辅助控制反馈同步信号，用来反馈辅助控制信息，同步

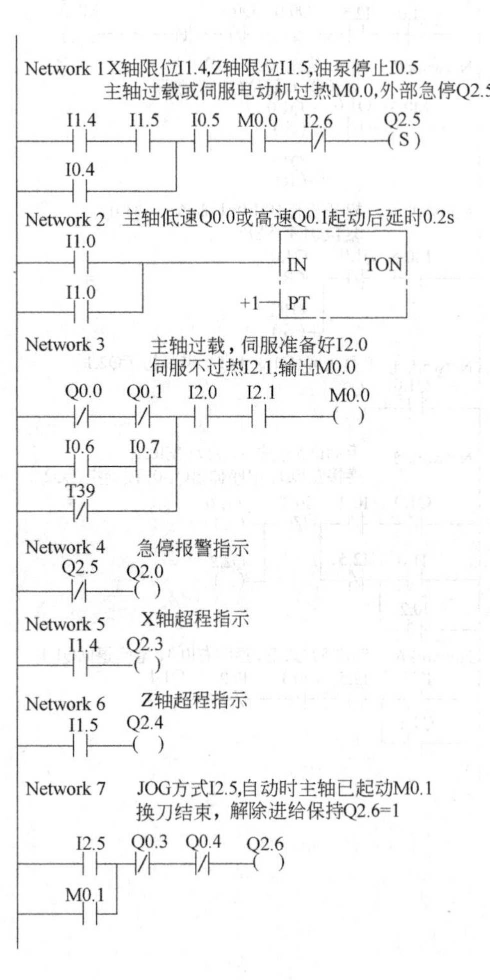

图 5-10　数控车床急停、进给保持控制 PLC 子程序梯形图

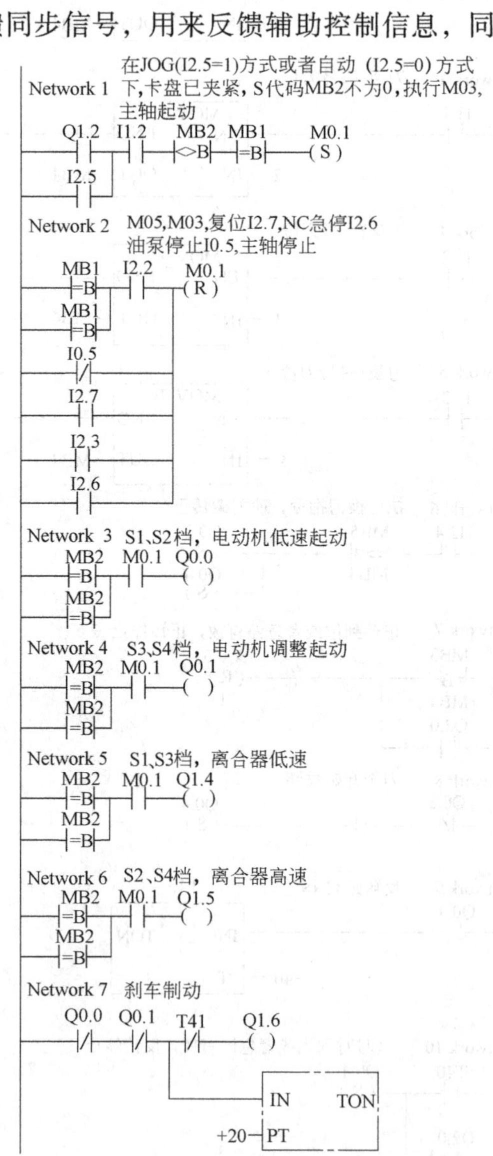

图 5-11　数控车床主轴起动、停止和换档变速控制 PLC 子程序梯形图

NC 程序的执行。

当出现 X 轴超程、Z 轴超程、油泵过载、主轴过载或者伺服电动机过热时，发出急停控制信号 Q2.5，通知 CNC 进行急停处理。

在换刀（Q0.3 =1 或 Q0.4 =1）期间，或者在自动工作方式而主轴还没有起动的情况下，向 CNC 发进给保持信号（Q2.6），使 CNC 锁定进给，保证机床安全。

（5）主轴控制子程序　图 5-11 所示为主轴起动、停止和换档变速控制子程序梯形图。首先执行 S 指令，指定速度档，然后执行 M03 指令，置位 M0.1，根据 S 指令代码 MB2 的不同，产生相应的输出组合（Q0.0、Q0.1、Q1.4、Q1.5），从而起动主轴按预定的转速运转。当执行 M05、M30（MB1 =48）指令，或者 NC 复位急停时，复位 M0.1，主轴停止并接通刹车制动电磁铁（Q1.6）制动，制动 2s 后，定时器 T41 动作，释放制动电磁铁。

5.2 电气系统的设计改造

5.2.1 电气系统的改造原理

1. 电气系统改造的现实意义

设备改造是企业提高技术装备水平的重要手段。机械设备一般由机械、液压和电气，以及其他附件组成。由于电器元件会逐渐老化，一般电气系统的无故障运行期为 5 ~7 年，随后即进入故障高发期。而一般设备的机械与液压部件通常可以使用 20 年，甚至 25 年以上，且仍能够保持较高的精度、可靠性及稳定性。从价值上讲，机械与液压部件的价值远远大于电气系统。因此，用少量的投资对原有设备的电气系统进行改造，可使旧设备再生，并获得巨大的经济效益，同时可使旧设备升值。

设备电气系统改造的另一现实意义在于原有的电气系统由于受当时技术水平的限制，与现有的系统相比，技术上落后，功能也较弱。通过改造可以提高设备的技术水平，扩展控制系统的功能。下面以捷克 SKODA W200 镗床的改造方案为例说明。

改造后，该机床的交流逻辑控制采用日本三菱 FX2 可编程序控制器来实现，从而替代了繁琐的继电器—接触器逻辑控制方式，提高了系统的稳定性与可靠性，并且维修也极为方便。

位置检测系统采用先进的光电脉冲编码器数显表，取代原来的自整角机系统。使位置检测精度由原来的 ±0.05mm 提高到 ±0.01mm。光电脉冲编码器的安装，不用做任何的机械改动，只要保留原来自整角机系统的齿轮条结构即可。数显表安装在悬挂按钮站上。

使用以上方案，已成功地为全国各厂矿企业改造了十几台此类镗床及其他设备。经过长期地实践与实地检测得出，改造后的机床具有以下优点：

1）节约能源。SKODA W200 改造前每月耗电 7860kW · h,改造后为 1350kW · h(均为两班运转）。

2）提高了平均无故障时间。此类机床在改造前，由于电气系统的故障，平均每月用于维修的时间约为 40 ~50 工时（按两班制计算）。改造以后，机床基本稳定运行可达 5 ~6 年之久，用于维修的时间将减少 400 ~500 工时，按 450 工时、每工时加工费 60 元计算，每年可节约 2.7 万元。

3）提高了产品的质量。改造前，由于各类电器故障，造成机床爬行等弊病，影响产品的加工质量。改造后，机床能适应各类产品的精加工，提高了产品质量。

4）降低噪声，改善了工人的劳动环境。

5）提高了机床的自身价值。20 世纪 70 年代初期购买此机床约 80 ~ 100 万元人民币，目前购买同类新机床约65 万美元，购买同类二手机床约 35 万美元。经测试，改造后机床的各项技术指标达到新机床出厂指标的 80% ~ 90%，比同类二手机床的各项技术指标要高；并且改造后的电气系统，采用当今世界上最先进的数字式直流调速系统及可编程序控制器。整套电气系统包括设计、安装、调试、培训，总费用不到 30 万元人民币。从以上可知，用于此类机床电气系统改造的投资大约可在 2 ~ 3 年内收回。实践表明，通过改造可以使用户以最短的时间、少量的投资，使老设备获得新生；同时可以大大改善老设备的功能、可靠性和可维修性，提高企业的产品质量，降低成本，增强企业参与市场竞争的能力。

2. 电气控制系统设计的一般原则

在电气控制系统的设计中，应遵循以下几个原则：

1）最大限度地满足生产机械对电气控制的要求，这些生产机械的生产工艺要求是电气控制设计的依据。因此在设计前，应深入现场进行调查，收集资料，并与生产过程有关人员、机械部分设计人员、实际操作人员密切配合，明确控制目的和要求，共同拟定电气控制方案，协同解决设计中出现的各种问题，使设计成果满足生产工艺要求。

2）在满足控制要求的前提下，设计方案力求简单、经济，不宜盲目追求自动化和高指标，力求使控制系统操作简单、使用与维修方便。

3）正确、合理地选用电器元件，确保控制系统安全可靠地工作，同时考虑技术进步、造型美观。

4）为适应生产的发展和工艺的改进，在选择控制设备时，设备能力应留有适当裕量。

3. 电气控制系统设计的基本内容

以电力拖动控制设备为例，分述电气原理图设计和电气工艺设计的基本内容和一般程序。

(1) 电气原理图设计内容

1）拟定电气设计任务书。设计任务书是整个系统设计的依据，也是工程竣工验收的依据，必须认真对待。设计任务书下达部门往往只对系统的功能要求、技术指标提出一个粗略轮廓，而涉及设备应达到的各项具体技术指标和各项具体要求，则是由技术领导部门、设备使用部门及承担机电设计的任务部门等几个方面共同讨论协商，最后以技术协议形式予以确定的。

在电气设计任务书中，除简要说明所设计设备的型号、用途、工艺过程、动作要求、传动参数、工作条件等外，还应说明以下主要技术指标和要求：

① 对控制精度、生产效率的要求。

② 对电气传动基本特性，运动部件数量、用途，动作顺序，负载特性，调速指标，起动、制动要求等。

③ 对自动化程度的要求。

④ 对稳定性及抗干扰的要求。

⑤ 对连锁条件及保护的要求。

⑥ 对电源种类、电压等级、频率及容量的要求。

⑦ 对设备布局、安装要求、操作台布置、照明、信号指示、报警方式等的要求。

⑧ 目标成本与经费限额。

⑨ 验收标准及验收方式。

2）选择电力拖动方案和控制方式。电力拖动方案是指根据设备加工精度、加工效率要求、生产机械的结构、运动部件的数量、运动要求、负载性质、调速要求等条件去确定电动机的类型、数量、传动方式，拟定电动机起动、调速、反向、制动等控制方案，作为电气控制原理图设计及电器元件选择的依据。因此在设计任务书下达后，要认真做好调查研究工作，要注意借鉴已经获得成功并经生产实践考验的类似设备或生产工艺的成功设计，列出多种方案，经分析比较后作出决定。

3）确定电动机类型、型号、容量、转速。拖动方案确定后，可进一步选择电动机的类型、形式、容量、额定电压与额定转速等。

4）设计电气控制原理框图，确定各部分之间的关系，拟定各部分技术指标与要求，选择控制方式。拖动方案确定后，电动机已选好，采用什么方法来实现这些控制要求就是控制方式的选择。

5）设计并绘制电气控制原理图，计算主要技术参数，合理选用元器件，编制元器件目录清单。

6）选择电器元件，制定元器件目录清单。设计电气设备制造、安装、调试所必需的各种施工图，并以此为依据编制各种材料定额清单。

7）编写设计说明书。电气原理图是整个设计的中心环节，是工艺设计和制定其他技术资料的依据。

（2）电气工艺设计内容　电气工艺设计是为了便于组织电气控制装置的制造与施工，实现电气原理图设计功能和各项技术指标，为设备的制造、调试、维护、使用提供必要的技术资料。电气工艺设计的主要内容有：

1）根据设计出的电气原理图及选定的电器元件，设计电气设备的总体配置，绘制电气控制系统的总装配图及总接线图。总图应反映出电动机、执行电路、电器箱各组件、操作台布置、电源，以及检测元件的分布情况和各部分之间的接线关系及连接方式，以供总装、调试及日常维护使用。

2）按照原理框图或划分的组件，对总原理图进行编号，绘制各组件原理电路图，列出各部件的元件目录表，并根据总图编号列出各组件的进出线号。

3）根据组件原理电路图及选定的元件目录表，设计组件电器装配图（电器元件布置与安装图）、接线图，图中应反映出各电器元件的安装方式和接线方式。这些资料是组件装配和生产管理的依据。

4）根据组件装配要求，绘制电器安装板和非标准的电器安装零件图样。这些图样是机械加工的技术资料。

5）设计电气箱，根据组件尺寸及安装要求确定电气柜结构与外形尺寸，设置安装支架，标明安装方式、各组件的连接方式、通风散热方式及开门方式等。

6）汇总总原理图、总装配图及各组件原理图等资料，列出外购件清单、标准件清单、主要材料消耗定额等。这些是生产管理和成本核算必备的技术资料。

7）编写使用维护说明书。

5.2.2　电气控制系统的改造方法

1. 电气控制部分数控化改造的具体内容

电气部分在制定改造方案之前，需以机床原有的功能、改造后希望达到的功能为依据，制定改造方案。需要考虑以下几点：

1）机床原有的辅助控制功能。即了解机床原有的电气控制功能，尽可能地在保留机床电气部分原有的布线及元器件基础上，为新增功能增加其他元器件。

2）改造后希望实现的功能。在充分考虑了改造后的功能后，才能在设计中考虑通过哪些手段实现这些功能。这部分的考虑要注重细节。

3）在数控化后，有哪些功能是可以通过PLC来实现的。在数控机床中，用PLC实现辅助控制功能不仅可以节省很多电气元件的使用，还可以简化控制电路，方便以后的维修和改造。另外，PLC的可靠性较高，在生产中的故障较少，控制的情况较好。

4）若使用PLC，是将其设置成内置的还是外置的。内置和外置PLC的特点不同，使用场合不同。

在充分考虑以上因素后，可以制定改造的具体方案。通常是从以下几方面设计的：

1）根据设计原则，拟定改造后机床的电气控制系统设计任务书。任务书中包括电气控制系统需要实现的任务，以及各任务是通过PLC实现，还是由其他电气元件实现。

2）设计电气原理图。

3）设计电气工艺。

根据电气原理图和电气工艺对电气控制系统实施改造。

2. 数控机床机电联调前期准备工作

根据数控机床的具体功能要求，需做以下前期调试工作：

1）机床电气的设计。根据机械设计人员提出的电气设计任务书，进行机床外围强电部分的电路图设计和数控系统弱电部分的设计。

2）数控系统的配置。根据机床的功能规格和参数，提供FANUC 0i系统的配置清单。

3）电器元件的订购。根据电气控制要求，提供需外购的电器元件的清单。

4）PMC程序的编制。根据机床动作设计要求，编制用户梯形图。

5）机床电柜的配作。待数控系统及其他电器元件到货后，根据电气原理图、电气元件接线图和电柜布置图进行元器件在电柜内的安装。

6）机床床身的连线。电柜配好后，可与机床本体进行连线，进行操作台、机床行程开关、伺服电动机等部件的接线工作。

3. 改造后电气系统的调试

调试分两大步，数控系统外围的调试，称为强电调试；数控系统为适应具体数控机床需要而调整机床参数、调试PLC用户程序，称为弱电调试。

（1）强电调试　在整机通电前，要断开至CNC单元、伺服单元的电源插头。这是一项安全措施，以防止不正确的电源进入造成数控系统的损坏。

1）电源电压调试。为保证人身和设备的安全，必须首先确认各种电源电压是否正常，如进线电源、DC 24V、伺服变压器副边电压等。

2）各控制回路的调试。

①　用电器的工作。对照图样，分别使各用电器正常工作，如照明回路。

②　CNC 的启动停止。以上各种电源电压正确之后，可以启动 CNC。启动停止电路如图 5-12 所示。CNC 启动后，LED 出现显示。

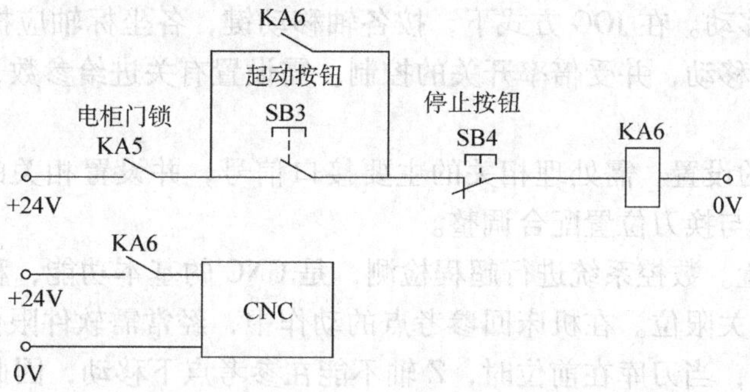

图 5-12　CNC 启动/停止控制回路

③　急停回路。按下机床操作面板上的急停按钮，检查机床是否立刻停止运动，保证机床的安全。一般情况下，超程检测由 CNC 通过参数处理（称为软件限位），所以外部的限位开关是不必要的。然而，为了避免由于伺服反馈系统发生故障而使机床移动超出软件限位值，必须安装行程限位开关（称为硬件限位）。当开关被挡铁压上后，CNC 复位并进入急停状态，伺服电动机和主轴电动机减速直至停止，机床立刻停止移动。机床急停控制回路如图 5-13 所示。移动机床工作台，检查硬件限位是否能工作。

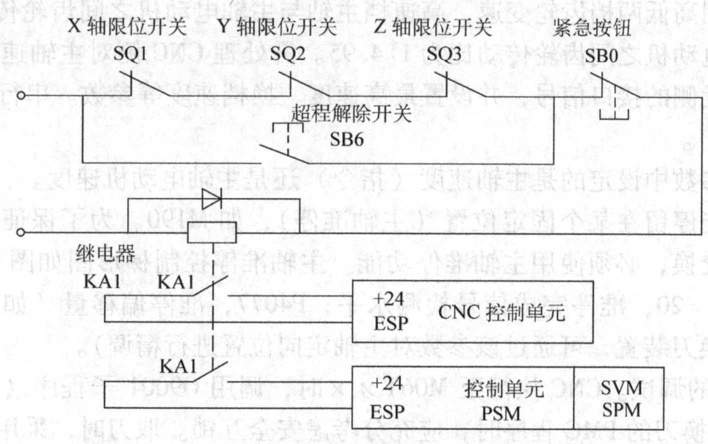

图 5-13　急停控制回路

（2）PMC 梯形图的调试　这一步需与机械工作人员密切配合，一起分析调试过程中出现的问题。更为重要的是，调试人员对各功能的接口信号和参数必须十分熟悉，有深刻的理解。对于接口信号，应该明确的是：PMC 除了与机床的各种信号装置通信外，还与 CNC 通信，将伺服系统的实际工作状态报告 CNC，并接受 CNC 的控制。下面以 FANUC 0i 系统为例，说明相关的调试。

1）传送 PMC 程序。通过 RS232 通信接口和软件 FAPT LADDER 将事先编制的 PMC 梯形图送入 CNC。

2）调试机床控制面板程序。使操作方式等按钮生效。该面板程序一经调试成功，今后若使用相同的面板，便可复制此程序。如果要自行设计制作该操作面板，则需根据接口信号重新编程调试。

3）调试机床润滑。在使各进给轴移动前，必须使机床导轨的润滑正常。因此首先通过PMC 程序调试定时润滑。

4）各进给轴的移动。在 JOG 方式下，按各轴移动键，各坐标轴应按机床参数指定的速度向正方向或反方向移动，并受倍率开关的控制。需设置有关进给参数，并处理有关接口信号。

5）各轴参考点的设置。需处理相关的主要接口信号，并设置相关的主要参数。对于 Z 轴参考点的设置，应与换刀位置配合调整。

6）轴行程的设置。数控系统进行超程检测，是 CNC 的基本功能，称为软件限位。硬件限位是指通过行程开关限位。在机床回参考点的动作中，经常需软件限位和硬件限位结合使用。若机床带有刀库，当刀库在前位时，Z 轴不能在参考点下移动，因此 Z 轴需设置第二软件限位保护。

7）主轴的调试。主轴控制单元（或称主轴放大器）接收来自 CNC 的译码指令，同时接收速度反馈实施速度闭环控制。还通过 PLC 将主轴的各种实际工作状态报告 CNC，用以完成对主轴的各项功能控制。主轴电动机控制接口为主轴串行输出（与模拟输出相对，串行输出中输出到主轴的命令值为数字数据）。同时使用外接位置编码器与 CNC 相连，用于检测主轴的位置。

① 使主轴能以指定的转速旋转，如 S500 M03。本机床由 CNC 控制主轴电动机的速度和极性。主轴采用高低两档齿轮变速，高速档主轴与主轴电动机之间齿轮传动比为 1:1；低速档主轴与主轴电动机之间齿轮传动比为 1:4.95。需处理 CNC 侧对主轴速度控制的接口信号及主轴控制单元侧的接口信号，并设置最高速度、换档速度等参数。串行主轴控制单元的参数为 4000 ~ 4351。

注意：分清参数中设定的是主轴速度（指令）还是主轴电动机速度。

② 使主轴能停留在某个固定位置（主轴准停），如 M190。为了保证刀具能准确地在主轴和刀库之间交换，必须使用主轴准停功能。主轴准停控制梯形图如图 5-14 所示。相关的参数有：P4075 = 20，准停完成信号检测水平；P4077，准停偏移量（如果定向停止位置不准，将会损坏换刀装置，可通过该参数对主轴定向位置进行精调）。

8）自动换刀的调试。CNC 执行至 M06T × ×时，调用 O9001 子程序（内含前述各换刀动作）。设计自动换刀的 PMC 程序时，应充分考虑安全互锁。取刀时，采用捷径方式。捷径取刀可采用 FAPT LADDER 提供的 ROT 指令实现。限于篇幅，此处不再列出自动选刀的梯形图。

9）其他辅助动作的调试与润滑相同。机床的其他辅助动作，诸如冷却、排屑、照明也都由 PMC 梯形图控制。

4. 普通铣床电气部分的数控化改造

机床电气的改造，是将原机床电气电路改为与数控系统连接，并受数控系统控制的电路，以实现铣床原有的升降、纵向、横向等各坐标轴的驱动，及主轴起/停和正/反转、切削液的开/关等功能；并增加了紧急停机、机床原点的设置、各坐标轴的限位等功能。

对机床电气进行改造，须拆除原机床工作台进给电动机及其相应强电线路。为实现机床

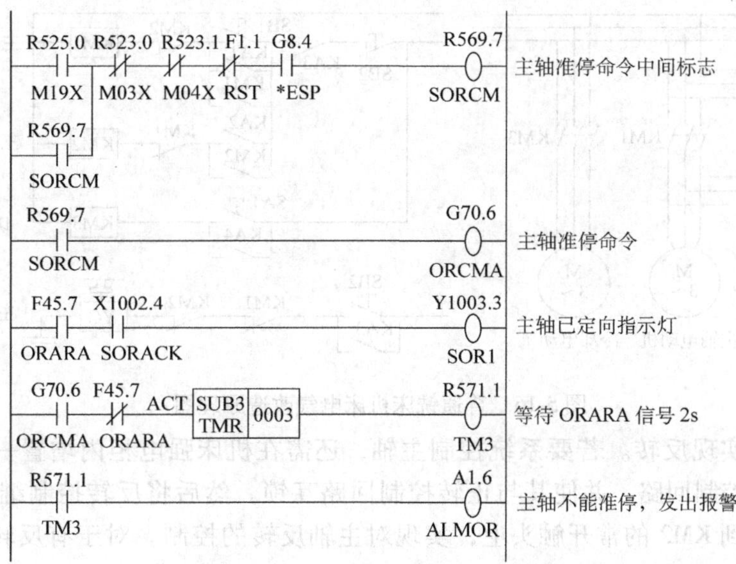

图 5-14　主轴准停控制梯形图

主轴起/停和正/反转、切削液的开/关、紧急停机、机床原点的设置、各坐标轴的限位等功能，SWAI 铣床数控系统提供有由 KA1 ~ KA4 四个继电器和接线端子排构成的附件板，通过电缆与系统控制箱相连，接受系统的控制。系统计算机的输入/输出信号如图 5-15 所示。

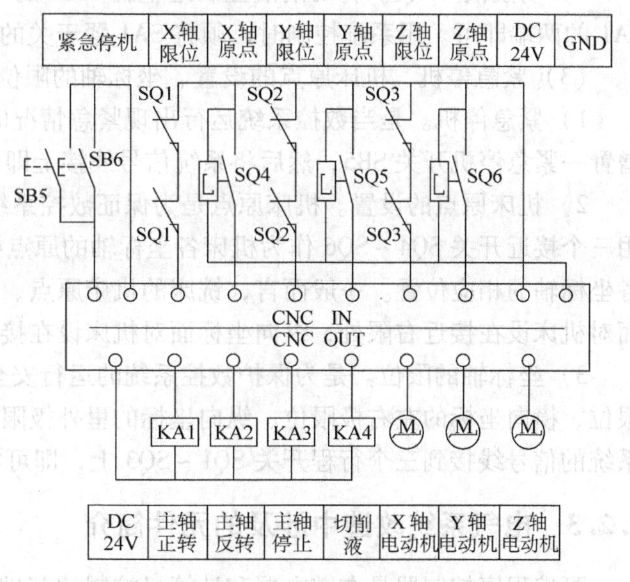

图 5-15　普通铣床数控化改造电气原理图

改造时，将附件板安装在原机床强电柜内，将控制线分别接到机床电气的受控点，其线路改造如图 5-16 所示。

（1）各坐标轴的驱动　用随机电缆分别将各轴步进电动机与系统驱动柜相应插座相连，即可实现坐标轴的驱动控制。

（2）主轴起/停和正/反转、切削液的开/关　主轴起/停和正/反转、切削液的开/关均通过系统控制 KA1 ~ KA4 四个继电器的吸合/断开，从而使机床中相应的交流接触器吸合/断开来实现。

1）主轴起动。即主轴正转，只要将主轴正转控制继电器 KA1 的一组常开触头并接到原机床起动按钮 SB1 的两端即可。

2）主轴停止。将主轴停止控制继电器 KA3 的一组常闭触头并接到停止按钮 SB2 控制主轴制动的常开触头两端即可。

3）主轴反转。原机床设置有一个主轴电动机电源反向开关，将开关转到反转位置，按

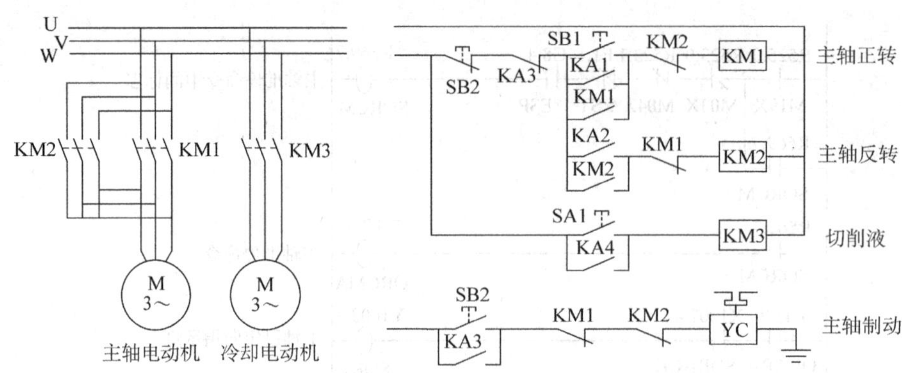

图 5-16 普通铣床机床电气改造原理图

下起动按钮即可实现反转。若要系统控制主轴，还需在机床强电柜内增置一个交流接触器 KM2，构成反转控制回路，并使其与正转控制回路互锁。然后将反转控制继电器 KA2 的一组常开触头并接到 KM2 的常开触头上，实现对主轴反转的控制。对于有反转控制回路的机床，则按上述方法将 KA2 连入机床电气柜即可。

4）切削液开/关。将切削液控制继电器 KA4 的一组常开触头并接到原机床切削液开关 SA1 的两端即可。用系统控制时，须将 SA1 置于关的位置。

（3）紧急停机、机床原点的设置、坐标轴的限位

1）紧急停机。是当数控系统运行出现紧急情况时，而采取的停机措施。只需在机床上增置一紧急停机开关 SB5，然后将系统信号线接上即可。

2）机床原点的设置。机床原点是为保证数控系统加工的精度及可靠性而设置的。系统用三个接近开关 SQ4 ~ SQ6 作为机床各坐标轴的原点检测器件，可根据实际情况将它们装在各坐标轴的相应位置。一般而言，铣床的机床原点、升降坐标系设在接近下限处，横向坐标面对机床设在接近右限处，纵向坐标面对机床设在接近外限处。

3）坐标轴的限位。是为保护数控系统的运行安全而设置的。在机床升降坐标的上下极限位、横向坐标的左右极限位、纵向坐标的里外极限位，各附设一行程开关和机械撞块。将系统的信号线接到三个行程开关 SQ1 ~ SQ3 上，即可实现对各坐标轴的运动限位。

5.2.3 电气系统改造中涉及的元件简介

可编程序控制器是在继电器和计算机控制的基础上发展而来的新型工业自动控制装置。早期的可编程序控制器在功能上只能实现逻辑控制，因而被称为可编程序逻辑控制器（Programmable Logic Controller），简称 PLC。微电子技术和微计算机的发展渗透到科学技术的各个领域，自然也促进了 PLC 的发展。微处理器用于可编程序控制器，使可编程序控制器的功能增强，它不仅可以实现逻辑控制，还能对模拟量进行控制。因此，美国电气制造协会于 1980 年将它正式命名为可编程序控制器（Programmable Controller），简称 PC。PC 这一名称在国外工业界已使用多年，但近年来 PC 又成为个人计算机的简称。因此，为了避免混淆，也可把可编程序控制器称为 PLC。

（1）PLC 的结构与工作原理

1）PLC 的基本结构。PLC 实际上是一种工业控制微机，因而它的硬件结构与一般微机

控制系统相似，其主体由微处理器（CPU）、存储器、输入模块、输出模块、电源及编程器等组件组成。图 5-17 所示为 PLC 系统构成框图。

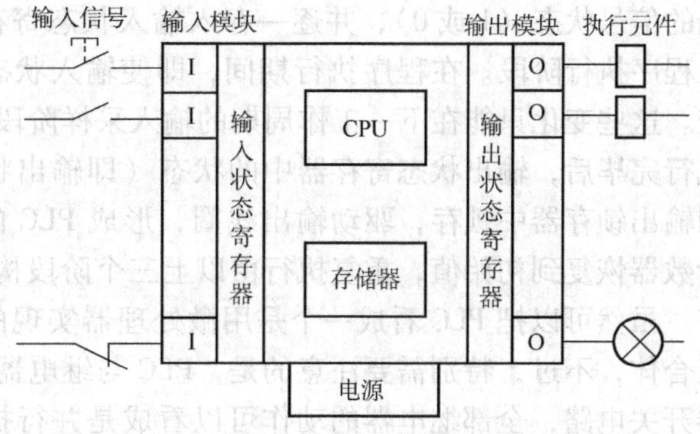

图 5-17　PLC 的系统构成

电源单元将交流电转换为 PLC 内部所需的直流电，因此电源组件具有高的抗干扰能力，适合工业现场使用，供电稳定、安全可靠。

PLC 的存储器包括只读存储器（ROM）和读写存储器（RAM）。前者用来存放系统程序，它相当于单片单板机的监控程序或个人计算机的操作系统。系统程序由生产厂家固化在 ROM 内。读写存储器用来存放用户程序，它通过外接的专用编程器写入。

输入模块主要包括光耦合器输入接口、输入状态寄存器和输入数据寄存器。输入端子接收来自各种有触头和无触头的开关量或连续变化的模拟量信号（经 A/D 转换），输入到输入状态（映像）寄存器或输入数据寄存器中。

输出模块包括输出状态（映像）寄存器、输出锁存器、光耦合器和功率放大器等部分。PLC 提供三种类型的输出，即机械触头继电器、无触头型交流开关（双向晶闸管开关）、无触头型直流开关（晶体管输出），以供驱动不同类型的负载。继电器输出型的输出接口是微电磁继电器，它提供一动合触头，可直接驱动交流接触器线圈、交流电磁阀、直流电磁铁等功率器件，而不用外加接口。

微处理器是 PLC 的控制中枢，它包括运算器和控制器。由于一般采用循环处理方式工作，对于小型 PLC，指令类型较少。不过随着 PLC 的发展，其数值运算功能也在不断增强。

编程器除了用来输入和编辑用户程序外，还可用来监视 PLC 工作时各种编程元件的工作状态。

2）PLC 的周期工作方式。PLC 是通过一种周期工作方式来完成控制的，每个周期包括输入采样、程序执行、输出刷新三个阶段。图 5-18 是 PLC 的周期工作示意图。

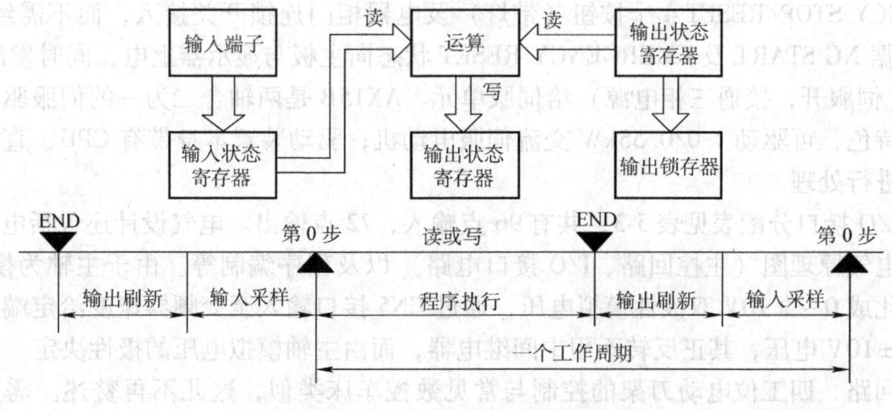

图 5-18　PLC 的周期工作示意图

输入采样阶段，当 PLC 开始周期工作时，控制器首先以扫描方式顺序读入所有的输入端的信号状态（1 或 0），并逐一存入输入状态寄存器。程序执行阶段，输入采样结束后转入程序执行阶段。在程序执行期间，即使输入状态变化，输入状态寄存器的内容也不会改变。这些变化只能在下一工作周期的输入采样阶段才被读入。输出刷新阶段，在所有的指令执行完毕后，输出状态寄存器中的状态（即输出状态继电器的状态）在输出刷新阶段转存到输出锁存器中锁存，驱动输出线圈，形成 PLC 的实际输出。在一个周期执行完后，地址计数器恢复到初始值，重复执行由以上三个阶段构成的工作周期。

虽然可以把 PLC 看成一个是用微处理器实现的许多电子式继电器、定时器和计数器的组合体，不过，特别需要注意的是，PLC 与继电器开关电路在动作顺序上的差别。对于继电器开关电路，全部继电器的动作可以看成是并行执行的，或者说是同时执行的。而 PLC 的电器动作是按程序或者说是串行的，按周期重复执行的。这使得 PLC 的输出对于输入存在滞后，因此在进行程序设计时，应充分注意它的周期工作方式。

（2）PLC 的特点　在对 PLC 的构成和工作原理有了初步了解的基础上，可归纳出 PLC 的主要特点如下：

1）通用性强。PLC 控制装置硬件是标准化的，要改变控制功能只需改变程序即可。同一台 PLC 可以用于不同的控制对象。

2）硬件设计和接线简单。能直接驱动接触器、电磁阀等线圈，可免除二次开发的困难，用户在硬件方面的设计工作只是确定 PLC 的硬件配置和外部接线而已。

3）可靠性高，抗干扰能力强。PLC 采取了一系列硬件和软件抗干扰措施，能适应有各种强烈干扰的工业现场，并具有故障自诊断能力。

4）体积小、功耗小、性价比高。

由于体积小，PLC 很容易装入机械设备内部，是实现机电一体化的理想控制设备。

电气部分改造设计实例。

某机床经数控化改造后，数控系统、伺服驱动、反馈检测全部选用东芝原装部件。通过内置式完成四工位电动刀架的手动/自动控制，并有冷却、润滑等功能。东芝数控系统结构简洁、紧凑，由主板、电源模块、显示器及伺服单元四部分组成。改造后具体的电气控制系统结构如图 5-19 所示。

电源顺序控制单元在提供系统工作电源的同时，直接将按钮面板 NC STOP/START、EMERGENCY STOP/RESET 4 个按钮（带灯）及电器柜门连锁开关接入，而不需经 I/O 口。PSCUA 根据 NC START 及 EMERGENCY RESET 状态向主板与显示器上电，同时发出 SERVO ON 信号（伺服开，接通三相电源）给伺服单元。AX15B 是两轴合二为一的伺服驱动，体积小，很有特色，可驱动 1.0/0.55kW 交流伺服电动机；驱动装置本身带有 CPU，直接对速度反馈信号进行处理。

PLC I/O 接口分配表见表 5-3，共有 96 点输入，72 点输出。电气设计还包括电气箱、按钮面板、电气原理图（主控回路、I/O 接口电路）以及程序编制等。由于主轴为模拟主轴，将指令转化成 0 ~ ±10V 双极性模拟电压，通过 CN5 接口输入至变频器速度给定端，因此变频器接受 ±10V 电压，其正反转不用中间继电器，而由主轴模拟电压的极性决定。

主控回路、四工位电动刀架的控制与常见数控车床类似，这儿不再赘述。需要指出的是，冷却泵、液压、润滑电动机的供电电路中，应附加相应额定电流值的热继电器，其常闭触点接入 PLC I/O，纳入监控范畴。

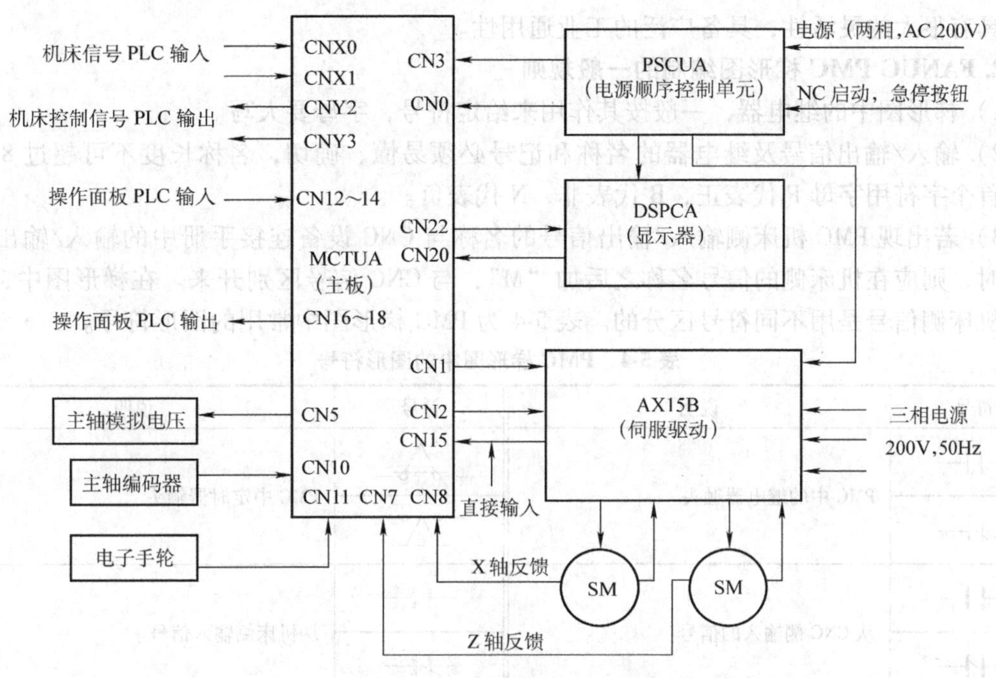

图 5-19 电气控制系统结构图

表 5-3 输入/输出接口分配表

I/O	点数	用途	地址	连接端口
输入	48	PLC 输入	X800—X82F	CN12、CN13、CN14
输入	16	直接输入	X830—X83F	CN15
输出	48	PLC 输出	YE00—YE2F	CN16、CN17、CN18
输入	32	PLC 输出	X000—X01F	CNX0、CNX1
输出	24	PLC 输出	X020—Y037	CNY2、CNY3

(3) PLC 梯形图设计　PLC 程序的设计采用常用梯形图编程方法设计，采用 TLSHIBA 专用的 B200 编程器。初步设计完成后，通过 RS232 接口与 TOSNUC70-T 连接，可以很方便地进行机床、数控系统的联机调试。然后，再用 B200 将程序灌入两片 EEPROM 中即可。

5.3 FANUC PMC 技术

5.3.1 FANUC PMC 技术概述

1. PMC 简介

PMC 与 PLC 非常相似，只因为 PMC 专用于机床，所以称为可编程序机床控制器。FANUC 系列的 PMC 有 PMC-A、PMC-B、PMC-C、PMC-D、PMC-GT 和 PMC-L 等型号。这些都是内装式 PLC，分别适用于不同的 FANUC CNC 系统。与传统的继电器控制电路相比较，PMC 的优点为：时间响应快，可靠性好，控制精度高，控制程序可根据应用场合的改变而改变，与计算机连接及维修方便；并且，由于 PMC 使用软件来实现控制，可以进行在线修改，具有很大的灵活性，具备广泛的工业通用性。

2. FANUC PMC 梯形图编制的一般规则

1）梯形图中的继电器，一般按其作用来给定符号，字母要大写。

2）输入/输出信号及继电器的名称和记号必须易懂、确切，名称长度不可超过 8 个字符，首个字符用字母 P 代表正，B 代表非，N 代表负。

3）若出现 PMC 机床侧输入/输出信号的名称与 CNC 设备连接手册中的输入/输出名称相同时，则应在机床侧的信号名称之后加“M”，与 CNC 信号区别开来。在梯形图中，CNC 侧与机床侧信号是用不同符号区分的。表 5-4 为 PMC 梯形图中常用的图形符号。

表 5-4　PMC 梯形图中的图形符号

符号	说明	符号	说明
—| |—	PMC 中的继电器触头	—o△o—	PMC 中定时器触头
—|/|—		—o▽o—	
—|| ||—	从 CNC 侧输入的信号	—| |—	从机床侧输入信号
—||/||—		—|/|—	
—○|	PMC 中的继电器线圈	—◎|	输出到机床侧的继电器线圈
—**○**|	输出到 CNC 侧的继电器线圈	—□|	PMC 中的定时器线圈

3. FANUC 系列的指令系统

FANUC 系列的 PMC 有两种指令，即基本指令和功能指令。所有指令及编程方法，都类似于通用型 PLC。CNC 型号不同，但其内装的 PMC 指令系统却完全一样，只是功能指令有所不同。

在基本指令和功能指令执行中，用一个堆栈寄存器暂存逻辑操作的中间结果。堆栈寄存器有 9 位，按先进后出、后进先出的顺序工作，如图 5-20 所示，“写”操作结果压入时，堆栈各原状态全部左移一位；相反地，“取”操作结果时，堆栈各原状态全部右移一位，最后压入的信号首先恢复读出。

4. PMC 功能指令

数控机床用的 PLC 指令必须满足数控机床信息处理和动作控制的特殊要求，例如 CNC 输出的 M、S、T 二进制代码信号的译码即 DEC；机械运动状态或液压系统动作状态的延时，即 TMR 的确定；加工零件的计数，即 CTR；刀库、分度工作台沿最短路径旋转和现在位置至目标位置步数的计算，即 ROT；换刀时数据检索，即 DSCH；数据寻址传送指令 XMOV 等。常用的有定时指令、译码指令、旋转指令等。

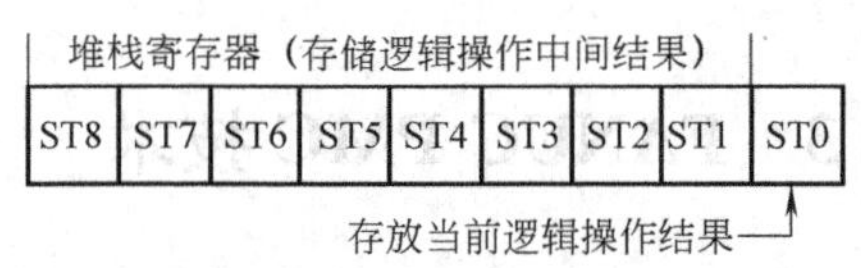

图 5-20　堆栈寄存器

（1）定时指令　在数控机床梯形图编制中，定时器是不可缺少的指令，用于顺序程序中需要与时间建立逻辑关系的场合。其功能相当于一种通用的定时继电器。

1）TMR 定时器是设定时间可以更改的延时定时器。

①　当控制条件 ACT 为 0 时，定时继电器 TM 断开；ACT 为 1 时，定时器开始计时，到达预定的时间时，定时继电器 TM 接通，如图 5-21 所示。

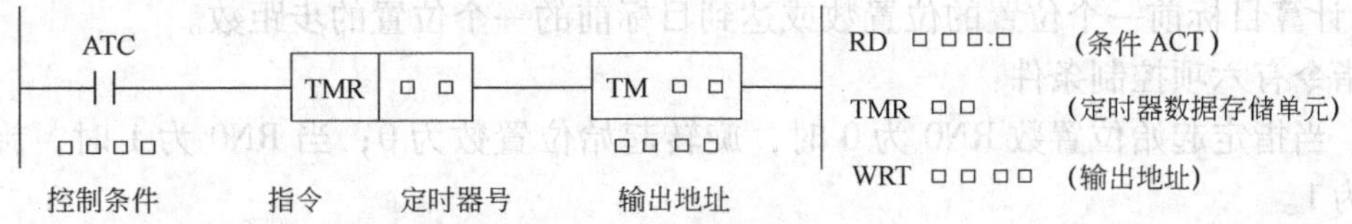

图 5-21　定时器指令格式

②　定时器的设定时间可通过数控系统 CRT/MDI 在定时器数据地址即 TMR 存储单元数据中来设定或更改，设定值用二进制数表示。图 5-22 所示为定时器梯形图，其中 4.5s 的延时数据通过手动数据输入面板在 CRT 上预先设定，由系统存入第 203 号数据存储单元。TM01 即 1 号定时继电器，其数据位为 206.6。

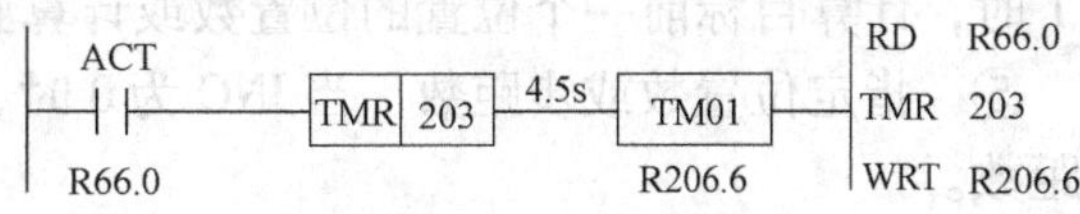

图 5-22　定时器梯形图

③　类似于独立型 PLC，不同的定时器编号范围，其定时器数据的设定单位不同。

④　定时器设定值时，先把定时时间化为 ms 单位数除以设定单位，然后以二进制数写入选定的存储单元。例如，定时器的定时时间为 4.5s，则应先用 4500ms 除以 50（为设定单位）得 90，再将 90 以二进制数表示为 01011010，存入 203 号数据存储单元。

2）TMRB 为设定时间固定的定时器，与 TMR 的区别在于 TMRB 的设定时间编写在梯形图中，在指令和定时器号的后面加上一项参数预设定时间，与顺序程序一起被写入 EPROM，所设定的时间不能用 CRT/MDI 改写。

（2）顺序程序结束指令　END1 为高级顺序程序结束指令，END2 为低级顺序程序结束指令。

1）PMC 处理高级程序和低级程序是按“时间分割周期”分段进行的。在分割周期内，高级程序都被执行一次，所剩余的时间才会执行低级程序。也就是说低级程序被分割成几等份。

2）高级程序越长，每个定时周期能处理的低级程序量就越少，就会增加低级程序的分割数，PMC 处理程序的时间就会显得越长，因此应尽量压缩高级程序的长度。

3）END1 在顺序程序中必须指定一次，其位置在高级顺序程序的末尾；当无高级顺序程序时，则在低级顺序程序开头指定。END2 在低级顺序程序末尾指定。

（3）译码指令 DEC　数控机床在执行加工程序中定义的 M、S、T 时，CNC 装置以 BCD 代码形式输出 M、S、T 代码信号。这些信号需要经过译码才能从 BCD 状态转换成具有特定功能含义的逻辑状态。

1）译码信号地址指的是 CNC 至 PMC 的二字节 BCD 码的信号地址，译码指令由译码值和译码位数两部分组成，其中译码值只能是两位数。如 M05 的译码值是 05，M30 的译码值是 30。

2）DEC 的工作原理是当控制条件 ACT 为 0 时，不译码；当控制条件 ACT 为 1 时，执行译码，当指定译码信号地址中的代码与译码规格数据相同时，输出 R1 为 1，否则为 0。R1 地址是可以随意选择的。

（4）旋转指令 ROT

1）旋转指令可以对刀库、回转工作台等实现选择最短途径的旋转方向。

2）计算当前位置和目标位置之间的步数。

3）计算目标前一个位置的位置数或达到目标前的一个位置的步距数。

该指令有六项控制条件：

① 当指定起始位置数 RN0 为 0 时，旋转起始位置数为 0；当 RN0 为 1 时，旋转起始位置数为 1。

② 指定处理数据的位数。当 BYT 为 0 时，指定 2 位 BCD 码；当 BYT 为 1 时，指定 4 位 BCD 码。

③ 选择最短路径的旋转方向。当 DIR 为 0 时，不选择，按正向旋转；当 DIR 为 1 时，选择。

④ 指定计算条件。当 POS 为 0 时，计算现在位置与目标位置之间的步距数；当 POS 为 1 时，计算目标前一个位置的位置数或计算到达目标前一个位置的步距数。

⑤ 指定位置数或步距数。当 INC 为 0 时，指定计算位置数；当 INC 为 1 时，指定计算步距数。

⑥ 执行命令。当 ACT 为 0 时，不执行 ROT 指令，R1 不变化；当 ACT 为 1 时，执行 ROT 指令，并有旋转方向输出。

（5）逻辑“与”后传输指令 MOVE　MOVE 指令是把梯形图中写入的比较数据和数据地址中存放的处理数据进行逻辑“与”运算，并将结果传输到指定地址中，也可用于消除指定地址里的 8 位信号中不需要的位。当 ACT 为 0 时，MOVE 指令不执行；当 ACT 为 1 时，MOVE 指令执行。

（6）数据检查指令 DSCH

1）DSCH 指令可对表格数据进行检索，常用于刀具 T 代码的检索。

2）指定处理数据的位数。当 BYT 为 0 时，指定 2 位 BCD 码；当 BYT 为 1 时，指定 4 位 BCD 码。

3）复位信号。当 RST 为 0 时，R1 不复位；当 RST 为 1 时，R1 复位。

4）执行命令。当 ACT 为 0 时，不执行 DSCH 指令，R1 不变化；当 ACT 为 1 时，执行 DSCH 指令，数据检索到时，R1 为 1，反之，R1 为 0。

5.3.2　FANUC 0i 系统中 PMC 介绍

1. FANUC 0i 系统中 PMC 的特点

FANUC 0i 系统为模块化结构，操作和使用较 FANUC 0 系统更为方便，其采用全字符键盘，可用 B 类宏程序编程，能够使编程简单易懂。

1）集成度更高。主 CPU 板上除了主 CPU 及外围电路之外，还集成了 FROM&SRAM 模块、PMC 控制模块、存储器和主轴模块、伺服模块等，因此其控制单元的体积更小，便于安装排布。

2）使用存储卡存储和输入机床参数。PMC 程序使复制参数、复制梯形图、机床调试等程序更快捷，减少调试时间，提高机床的生产率。

3）FANUC 0i 系统使用编辑卡编写、修改梯形图，操作方便，利于现场改造。

4）PMC 程序指令更丰富、方便。与 0MD 系统相比，0i 系统的 PMC 程序基本指令执行周期短，容量大，功能指令更丰富，使用更方便。

2. FANUC 0iB 数控系统中的 PMC 接口

FANUC 0iB 数控系统包括主板和I/O板两部分，两块电路板并排插在系统框架内。I/O 板的主要功能为提供与机床的 I/O 接口、手轮接口、以太网的数据服务接口。

1）I/O 连接，即输入/输出接口。系统的 I/O 板上共有内置的 4 个机床 I/O 接口，即 CB104 ~ CB107。提供的 I/O 总点数是 96/64。当机床点数的规模超过这个数量时，可以通过 I/O LINK 连接一些分布式机床外设。

2）数控系统 PMC 的物理输入/输出点连接的是 I/O 板的接口 CB104 ~ CB107，输入点的机床连接如图 5-23 所示。输入电路包括电平转换和光电隔离，RV 表示接收电路。

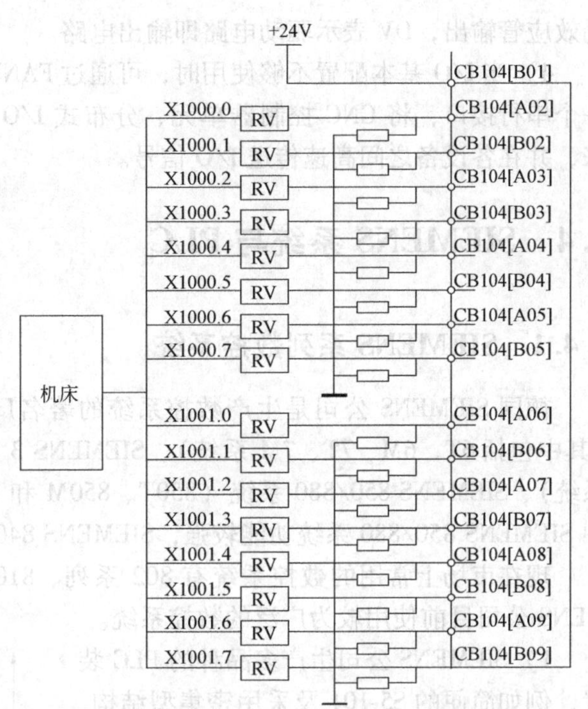

图 5-23　输入点的机床连接图

3）输出点的电气连接图如图 5-24 所示。输出电路以输出元件的不同分为晶体管输出和

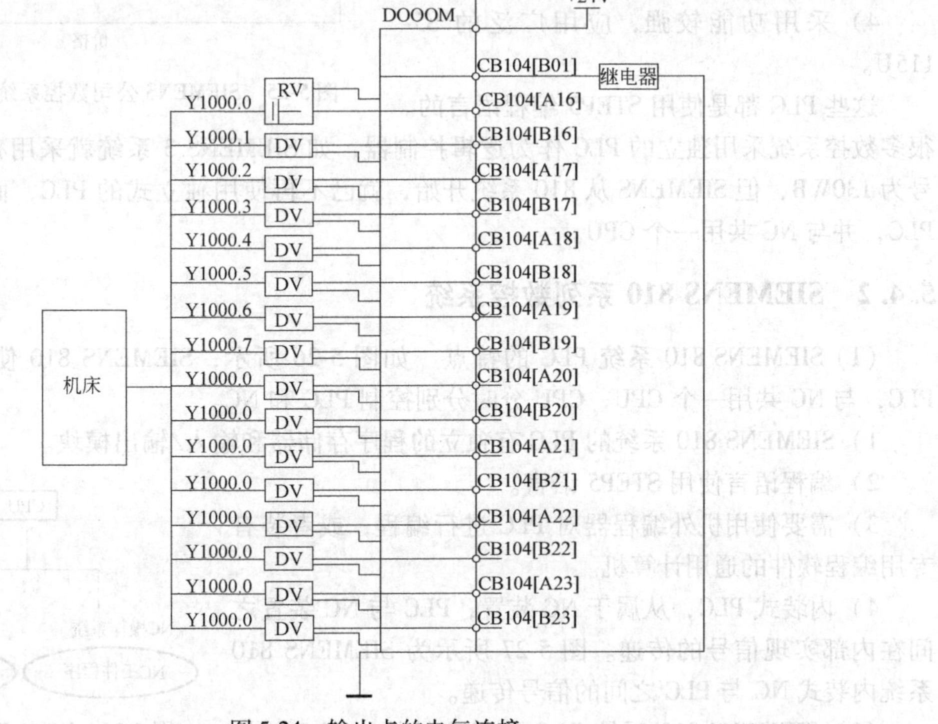

图 5-24　输出点的电气连接

场效应管输出，DV 表示驱动电路即输出电路。

4）当 I/O 基本配置不够使用时，可通过 FANUC I/O LINK 来扩展。FANUC I/O LINK 是一个串行接口，将 CNC 控制器单元、分布式 I/O、机床操作面板或 POWER MATE 连接起来，并在各设备之间高速传送 I/O 信号。

5.4 SIEMENS 系统与 PLC

5.4.1 SIEMENS 系列数控系统

德国 SIEMENS 公司是生产数控系统的著名厂家，早期的数控系统有 SIEMENS 6 系统（其中包括 6T、6M、7T、7M 系统）、SIEMENS 3 系统、SIEMENS 8T 系统（8T、8M、8MC 系统）、SIEMENS 850/880 系统（850T、850M 和 850/880 系统）、SIEMENS 840C 系统，其中 SIEMENS 850/880 系统功能较强，SIEMENS 840C 的功能与 SIEMENS 840D 功能相同。

现在市场上常用的数控系统有 802 系列、810 系列、840 系列等。图 5-25 所示为 SIEMENS 公司目前使用较为广泛的数控系统。

1）SIEMENS 公司生产多品种的 PLC 装置，例如简便的 S5-101 及采用密集型结构、具有多通道处理功能的 S5-130。

2）采用功能强、速度快、容量大的 S5-155。

3）采用模块化的 S5-100U。

4）采用功能较强，应用广泛的 S5-115U。

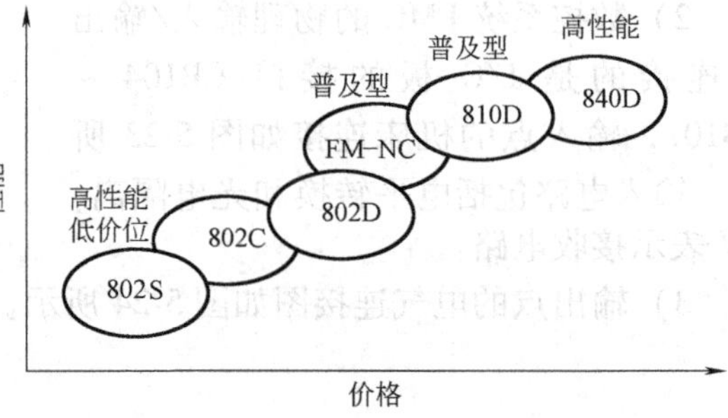

图 5-25 SIEMENS 公司数控系统产品结构图

这些 PLC 都是使用 STEP5 编程语言的。很多数控系统采用独立的 PLC 作为逻辑控制器，如 SIEMENS 3 系统就采用独立的 PLC，型号为 130WB，但 SIEMENS 从 810 系统开始，就已不再使用独立式的 PLC，而是采用内装式 PLC，并与 NC 共用一个 CPU。

5.4.2 SIEMENS 810 系列数控系统

（1）SIEMENS 810 系统 PLC 的特点 如图 5-26 所示，SIEMENS 810 使用的是内装式 PLC，与 NC 共用一个 CPU，CPU 分时分别控制 PLC 和 NC。

1）SIEMENS 810 系统的 PLC 有独立的程序存储器和输入/输出模块。

2）编程语言使用 STEP5 语言。

3）需要使用机外编程器对 PLC 进行编程，或者装有专用编程软件的通用计算机。

4）内装式 PLC，从属于 NC 装置，PLC 与 NC 装置之间在内部实现信号的传递。图 5-27 所示为 SIEMENS 810 系统内装式 NC 与 PLC 之间的信号传递。

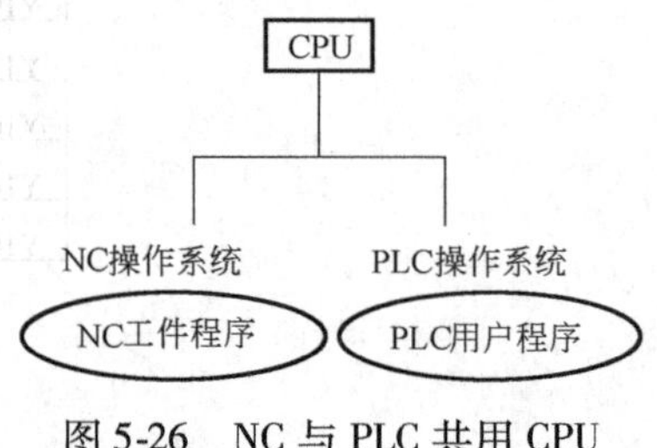

图 5-26 NC 与 PLC 共用 CPU

（2）SIEMENS 810 系统 PLC 的程序结构 PLC 的软

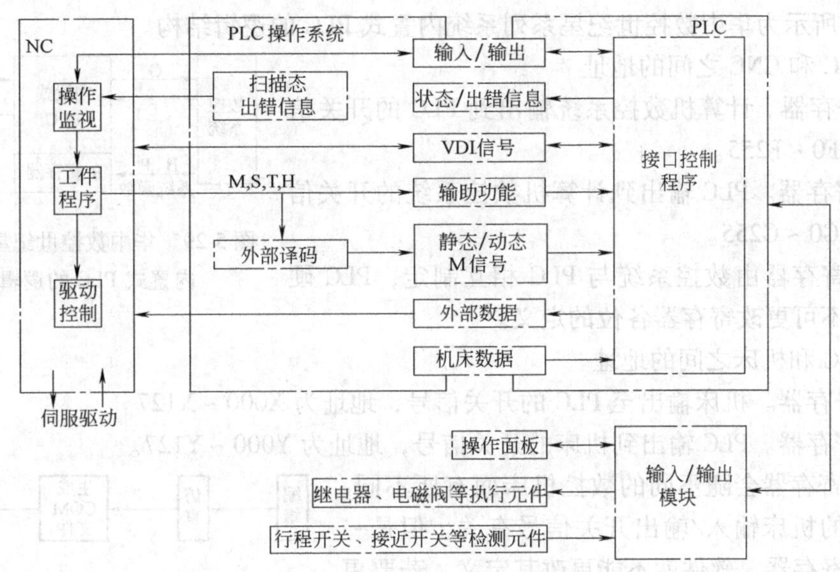

图 5-27　NC 与 PLC 间的信号传递

件由操作系统、基本软件和用户软件组成，其中操作系统和基本软件是内部程序，存储在 EPROM 中，不能对其修改。用户软件是厂家用 STEP5 语言编写的，存储在 PLC 存储器中或者 UMS EPROM 中。图 5-28 所示为用户程序结构图，其中，组织块 OB1 是操作系统与 PLC 用户程序的接口，OB1 的第一个语句是用户程序的第一个语句，同时也是用户程序的开始。组织块 OB1 可分别调用程序块、顺序块、功能块、组成用户程序，还可调用其他模块，称为嵌套。810 系统嵌套深度最多可达 12 层，且具有周期扫描性，扫描时间在机床数据 MD155 中设定，默认设定为 66ms。

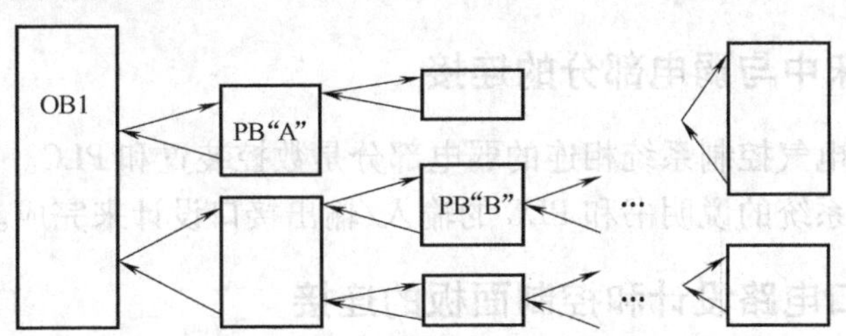

图 5-28　西门子 810 系统 PLC 的用户程序结构图

5.5　华中数控系统的 PLC

华中数控系统分为三大系列：世纪星系列、小博士系列、华中 I 型系列。世纪星系列采用通用原装进口嵌入式工业 PC 机，彩色 LCD 液晶显示器，内置式 PLC，可与多种伺服驱动单元配套使用。

“世纪星”数控单元是华中数控的典型产品，主要应用于车、铣、加工中心等。HNC-21 为车削系统，最大联动轴数是 4 轴；HNC-21/22M 为铣削系统，最大联动轴数也是 4 轴，采用内置嵌入式工业 PC，开放式体系结构。

华中数控系统使用的是嵌入在数控系统内部的内置式 PLC，也称 PMC。

图 5-29 所示为华中数控世纪星系列系统内置式 PLC 的逻辑结构。

（1）PLC 和 CNC 之间的地址

1）F 寄存器。计算机数控系统输出到 PLC 的开关信号，地址为 F0 ~ F255。

2）G 寄存器。PLC 输出到计算机数控系统的开关信号，地址为 G0 ~ G255。

F 和 G 寄存器由数控系统与 PLC 相互制定，PLC 硬件和软件均不可更改寄存器各位的定义。

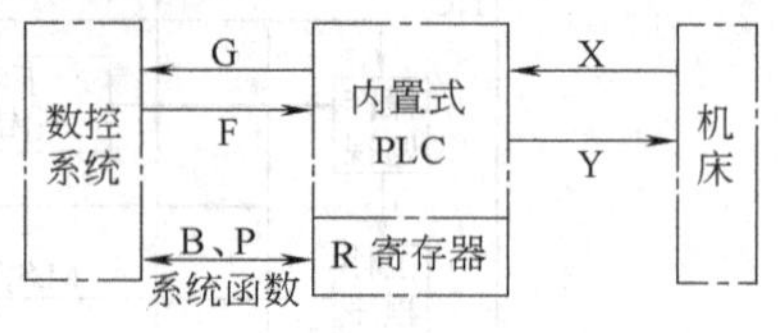

图 5-29　华中数控世纪星系列系统内置式 PLC 的逻辑结构

（2）PLC 和机床之间的地址

1）X 寄存器。机床输出至 PLC 的开关信号，地址为 X000 ~ X127。

2）Y 寄存器。PLC 输出到机床的开关信号，地址为 Y000 ~ Y127。

X 和 Y 寄存器会随不同的数控机床而有所不同，主要和实际的机床输入/输出开关信号有关。但是一旦定义好了寄存器，软件就不能更改其定义，若要更改，则需要更改相应的硬件接口或接线端子。

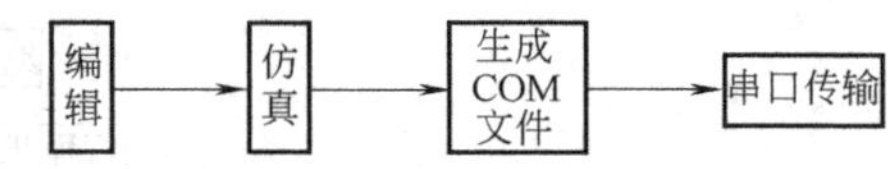

图 5-30　梯形图的使用流程

（3）中间地址　R 寄存器为 PLC 内部中间寄存器，可由 PLC 软件任意使用。

（4）断电地址　B 寄存器为断电保护信息，地址 B000 ~ B255 为断电保存地址。

（5）PLC 参数地址　P 寄存器为 PLC 外部参数，可由机床用户设置，用户可在系统里修改，地址为 P000 ~ P099。图 5-30 所示为梯形图的使用流程。

5.6　电气控制系统与其他部件的连接

5.6.1　在数控机床中与弱电部分的连接

在数控机床中与电气控制系统相连的弱电部分是数控装置和 PLC。在与这两个部件的连接中，可以通过数控系统的说明书和 PLC 的输入/输出接口设计来完成。

5.6.2　强电的接口电路设计和控制面板的连接

在工业生产过程中，控制对象大部分都是强电。在微机控制系统中，接口电路是硬件开发的关键，它不仅要求接口电路的功能控制，还要实现强电设备与弱电微机隔离，并输出较大的电流用以驱动电动机。目前，现有的控制转换电路主要由隔离脉冲变压器和功放管等器件组成。由于隔离脉冲变压器可靠性差，而功放管输出的电流又相对较小（≤1A），都不是理想的选择。所以强电的控制接口电路可以采用光耦合器和驱动放大器给以驱动。它不仅满足了隔离效果，而且驱动电流较大（达到 2A），并具有线路简洁、性能良好、成本低及可靠性高等特点。在实际运行中也取得了良好的效果。下面以如图 5-31 所示的电气控制系统为例，说明强电接口电路的设计。

1. 系统电路结构及功能分析

（1）电路结构　控制接口电路系统主要由光耦合器、驱动放大器 TWH8751 和辅助接触器组成。它和 CPU、接口、交流电动机（380V）构成一完整的控制系统，实现对电动机状

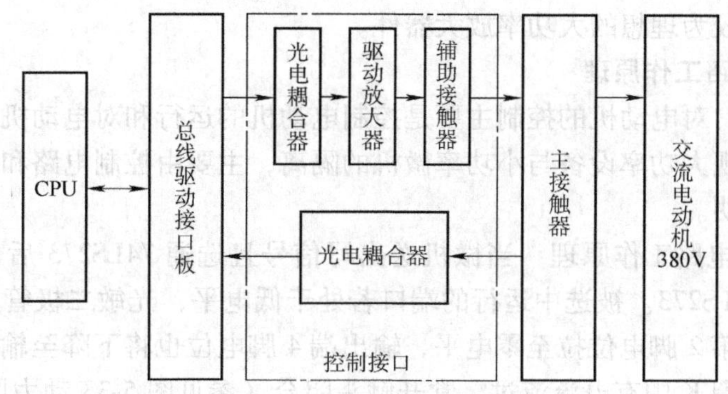

图 5-31　接口电路系统图

态的检测和控制电动机的运行（图 5-31）。

（2）功能分析　当 CPU 发出一控制信号，由总线驱动接口板送入控制接口电路，输出电流经驱动放大器放大后，使辅助接触器线圈得电闭合，通过继电控制部分使得电动机主接触器线圈得电，主触头闭合，从而电动机运行。若电动机处于运行状态，则主接触器辅助触点的动作所产生的信号，经光耦合器转换成 TTL 电平信号并送往 CPU（如图 5-32 所示控制原理图）。微机通过对接口的采样来检测电动机状态。在图 5-32 所示光电系统中，光电耦合器和驱动放大器 TWH8751 来完成隔离和放大。下面简要介绍元件光耦合器和驱动放大器 TWH8751。

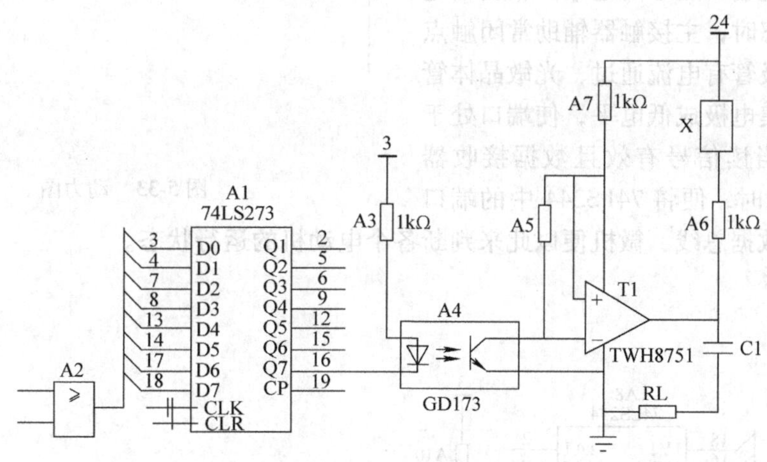

图 5-32　控制原理图

1）光耦合器。光耦合器是一种光电转换器件。其输入端是发光器件（光敏二极管），输出端是光接收器件（光敏晶体管），在输入端加一电信号，使光敏二极管发光，而这种光信号被输出端的光敏晶体管转换成电信号。通过这种电—光—电转换，实现输入电信号和输出电信号的非直接接触。一般光耦合器具有 10MΩ 的隔离电阻和仅几个 pF 的电容，并可直接用 TTL 门电路或触发器驱动，具有体积小、寿命长、无触头、抗干扰性强等特点。

2）驱动放大器 TWH8751。驱动放大器 TWH8751 属于功率开关集成放大电路。开关集成电路 TWH8751 是新型的高压、大电流功率电路，它将电子半导体开关器件、驱动保护控制电路等封装在一个模块中，形成一个智能的功率模块 IPM。因为其内含有自动保护和选通（ST）的功能，具有工作频率高（可达 1.5MHz）、开关特性好、控制功率大、使用简便等特点，所以它是一个较为理想的大功率放大器件。

2. 控制接口电路工作原理

在控制系统中，对电动机的控制主要是控制电动机的运行和对电动机状态的检测。而控制接口电路主要实现大功率设备与小功率微机的隔离，主要由控制电路和检测电路两部分构成，现分别进行说明。

（1）控制部分电路工作原理　当微机送出写信号且选通 74LS273 后，数据总线便将控制信号数据写入 74LS273。被选中运行的端口若处于低电平，光敏二极管发光，光敏三极管受光照而导通，将第 2 脚电位拉至零电平，输出端 4 脚电位也将下降至输出饱和电平 1.6V，这时辅助接触器线圈 K 中有电流流过，常开触头闭合（参见图 5-33 动力图）。主接触器 KM 线圈得电，KM 主触头闭合，电动机运行。若端口处于高电平，光敏晶体管截止，TWH8751 的第 2 脚电位等于 1 脚电位，为高电平，输出端 4 脚电位也为高电平，则接触器线圈 K 无电流通过，电动机也就不再运行。

（2）检测部分电路工作原理　检测电路如图 5-34 所示，其工作原理如下：当主接触闭合电动机运行时（参见图 5-33），主接触器的辅助常闭触头 KM 断开（参见图 5-34）。光敏二极管中没有电流通过，集电极为截止状态，使端口处于高电平。相反当电动机为停止状态时，主接触器辅助常闭触点闭合，光敏二极管有电流通过，光敏晶体管受光照导通，集电极成低电平，使端口处于低电平状态。当读信号有效且数据接收器 74LS244 被选通时，便将 74LS244 中的端口状态数据读入数据总线，微机便以此来判断各个电动机的运行状态。

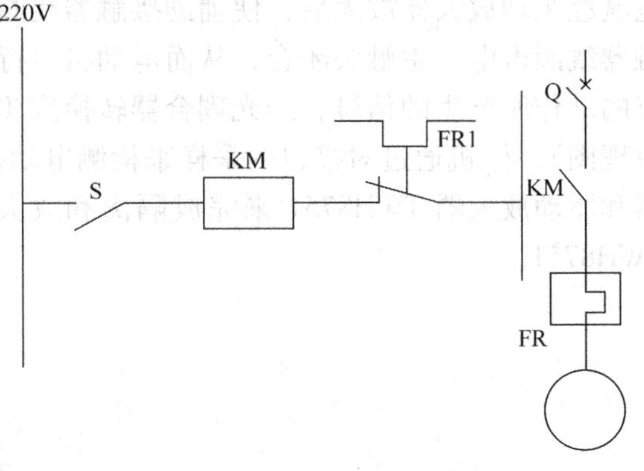

图 5-33　动力图

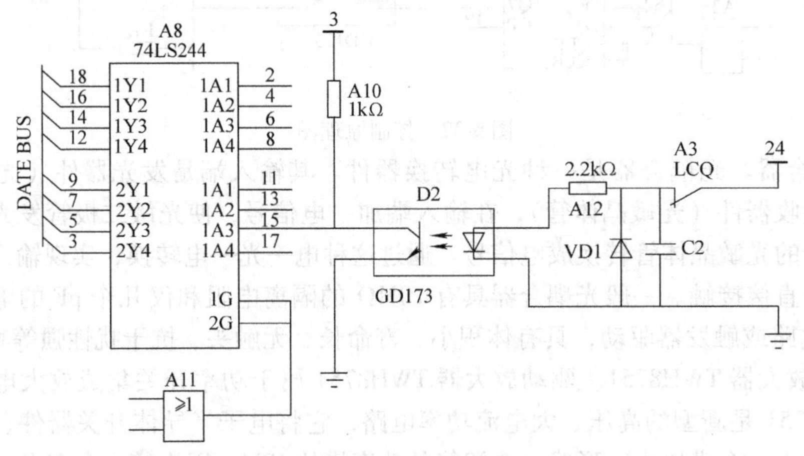

图 5-34　检测电路原理图

5.7 对电磁兼容性的考虑

5.7.1　数控机床存在的电磁兼容性

电磁兼容性（EMC）是指电气设备产生的电磁干扰不应超过其预期使用场合允许的水平，设备对电磁干扰应有足够的抗扰度水平，以保证电气设备在预期使用环境中可以正确运行。电磁兼容的主要内容是围绕造成干扰的三要素进行的，即电磁干扰源、传输途径和敏感设备。

数控系统一般在电磁环境较恶劣的工业现场使用，为了保证系统在此环境中能够正常工作，系统必须达到 JB/T 8832—2001《机床数控系统　通用技术条件》中的电磁兼容性要求。

5.7.2　干扰的排除方法

1. 弱电设备内部结构的抗干扰措施

弱电设备的外壳、机箱（柜）应采用金属材料，或在塑料外壳内喷涂一层金属膜作为屏蔽层；弱电电子设备外壳的通风孔、进出线孔、连接缝隙等要足够小；机箱的接缝处可使用导电衬垫，通风窗可使用波导管，面板显示窗可使用屏蔽玻璃材料。这些措施可用于切断通过空间辐射传播的电磁干扰。

弱电电子设备内部的电路板之间、电路板与电源板之间，电路板上射频元件区域都应使用厚度不小于 0.7mm 的镀锌铁板予以电磁屏蔽。屏蔽铁板应采用镀银铜线与外壳地连接。

弱电电子设备的输入/输出端接口电路设计中应设置消除雷电影响的抗电涌抑制器（SPD）、高低频滤波器、光耦合器等电路，并尽量设法采用平衡传输制式，可有效抑制地环路干扰。

尽可能减小电路板中的相互电磁干扰。可采用多层电路板以减少引线；布线尽量短粗以减小环路电阻；布线转角处要圆滑，以利于阻抗匹配；不同类型的电路单元要分路接地等。

电磁兼容控制技术极大地依赖于新材料、新器件、新工艺的发展，如广泛采用的表面贴装工艺（SMT）。近年来迅速涌现的“电磁干扰对策元件”系列（EMI）已获得普遍应用，如电感类 EMI 元件、三引线电容器、馈通电容器、压敏电阻、平面变压器、片式 EMI 滤波器、固态继电器、固态开关、导体丝网、导体薄膜，以及形形色色的 EMI 接插件、缆线、涂料、编织物等。这些新器件、新技术的应用大大提高了电子设备的抗干扰性能。

2. 电源装置的抗干扰措施

电源装置是弱电电子系统的动力源，电源的稳定可靠与否对弱电系统的影响极大。有资料表明电子系统设备的故障有 1/3 ~ 1/2 是来自于电源部分。干扰电源的源头主要有雷电冲击电流、大容量感性负载投运或切断时造成的欠电压或浪涌电压干扰、电网中的高次谐波干扰等。

为抑制浪涌电压干扰，可在电源的输入/输出端装设瞬变电压抑制器（TVP）；在电源输入端隔离变压器的一次与二次之间加入接地的金属屏蔽层，这对降低高能量的瞬时脉冲干扰十分有效。在电源单元的设计中，应采用有隔离作用的宽工作电压范围（交流 85 ~ 265V）

开关电源，可大大提高电源抗电网电压跌落的能力。

在电源输入端加装 LC 滤波电路是消除对电源环节造成影响的高频干扰和共模干扰的有效办法。在电源与负载之间串接“电磁干扰对策元件”——铁氧体磁环，可以很经济方便地抑制高频干扰，同时还能减小电子设备通过电源对电网中其他设备的干扰。

3. 传输信号线路的抗干扰措施

1）长距离传输信号线宜采用双绞线，并选用小节距的双绞线。当多根双绞线在一起敷设时，最好采用不同节距的双绞线；当两对双绞线长距离平行敷设时，每隔一段距离应做一次位置交叉，以抑制噪声。传输线中应尽可能避免使用接插件等不连续连接的接插件。长距离传输线的终端应并联一阻抗器件进行阻抗匹配。

2）关于弱电系统的接地问题，过去往往要求弱电系统设置单独的接地系统，不与其他电气系统接地网共用。

5.8　改造中的常见问题

1. 与弱电接口的匹配

电气控制系统属于强电控制，不能直接与数控装置和 PLC 连接。此时一般采用光电耦合电路作为接口电路。在使用光电耦合电路时，会发生接口信号不匹配的问题。避免这个问题最好的方法是按照说明书的要求进行连接，避免误接。

2. 电气系统实现的功能与数控系统能实现的功能不一致

这种情况经常出现在数控系统没有此功能，但时电气控制系统设计了此种功能；或者是在数控系统中能实现换刀功能，但是在电气系统中没有考虑到此项功能。如果在设计改造完成后才发现此类问题，则对数控化改造的进程会有较大的影响。

3. 干扰的存在

干扰经常是在电气控制系统改造完成后才发现的。当数控装置与电气系统用一个共用的柜子时，就会产生干扰现象。数控系统和电气系统的工作变得不稳定，如果不经调试直接工作，会出现较大的事故。解决的方法是在设计时就充分考虑到干扰的出现情况，并制定有效的措施加以避免。

5.9　改造中的注意事项

对设备进行电气改造，一般是在机械性能尚可、精度未丧失，但电气系统已老化、故障频繁或已不能购到需要的备件进行修理的情况下所采取的措施。因此，对改造应从多方面进行考虑，以下几个方面应引起注意：

1）对多台设备进行改造时，应考虑旧备件的利用、维修的通用性等问题。如某公司四台加工中心，使用相同的 AB-8400 数控系统，在对其中三台机床的改造中，确定了一台使用 FANUC-0M 系统整个更换，另两台的驱动系统用 FANUC 的伺服及主轴控制系统更换，从而使三台机床数控系统部分有了备件。

2）根据设备的实际情况确定改造方法。如某单位有几台 20 世纪 80 年代生产的半自动铣槽机床，原来使用继电器可编程插销控制，每台有近 200 个 JJDZ3 中间继电器及多块插销板。多年来故障频繁，加上多年失修，电气部分已近报废。根据设备的具体情况，采用可编程序控制器代替原来的控制方式，设计了各种不同类型的循环程序，用 6 个开关自由选择循环方式，方便了操作者，提高了工作频率，同时根据机床上原来主回路部分的独立控制方式，将液压泵、冷却泵、铣刀电动机等主回路不接入可编程序控制器，节省了部分输入/输出点，减少了整个 PLC 的输入/输出容量，使维修方便。

3）经济性、合理性、可靠性相结合的问题。当前，一般首先考虑使用可编程序控制器对一些设备进行电气改造，但对动作简单、中间环节不多的电气系统就没有必要使用可编程序控制器了。这样的系统使用 PLC 后电气箱中的接触器不会少，中间继电器也减少不了几个，因此对这种动作简单的系统还是采用常规控制较好。它的改造重点在选择优质的机床电器产品和简化、优化控制线路。

4）使用交流电动机替代直流电动机。早期生产的设备使用电动机扩大机——直流电动机及电子管放大器控制，有些使用了晶闸管——直流电动机系统。但直流电动机的维护不方便，故障又多，因此可用变频器——交流电动机更换，变频器的性能及稳定性都更好一些，而且价格较便宜，花费也不多。

5）机床使用中的安全问题。如 Y7520W 螺纹磨床在工作结束后砂轮退出的距离有限，在小批量生产时可能不会有很大影响，但在较大零件或进行批量生产、磨削力较大时，若取工件时因砂轮不停，将会造成安全事故。通过改造，希望在取工件时砂轮电动机能停止工作。为此，使用变频器控制改造两台磨床，使操作工的安全得到保证。同时，砂轮在起动、停止时无冲击，待机时，在较低速度下旋转，延长了砂轮轴的寿命。

6）应选择常用的、最新技术的成熟产品。一些过时、冷门的方法尽量不用，如单板机、工控机、一些不成熟的产品等。因为如果该地区无很强的维修力量，选用后会后患无穷，给用户带来麻烦，造成不良后果，甚至使设备报废。

无论是请外单位还是自己本单位进行设备改造，同样都需要考虑以上几个方面的问题，并确定方案，这是改造成败及有无价值的关键。同时，在改造中不是花钱多就好，应以能用、可用、方便为好。另外在设备改造时，应根据机床情况选择合适的控制方式，不应造成浪费。

第6章 液压系统的改造设计

6.1 数控机床液压系统

所有机器设备都具有传动机构，以达到对动力和运动传递的目的。按传动装置或传动工作介质的不同，传动形式分为机械传动、电气传动、气压传动和液压传动等。

1. 液压技术在普通数控机床中的应用

(1) 在主传动系统变速方面 有些数控机床常采用液压式集中变速操纵机构，只用一个手柄（或手轮）即可操纵所有的滑动齿轮，使主传动变速箱内各滑动齿轮块的位置转换，从而实现变速。

(2) 在主轴部件方面 对于能自动换刀的数控机床，其主轴内必须有刀具的自动夹紧装置。常由一个弹簧夹头和一个轴向拉紧机构拉住内装刀具的刀夹后端的轴颈，以实现刀夹的夹紧，而由主轴后面的液压缸实现刀夹的松开。当液压缸活塞移动到左右两个极限位置时，刀夹松开。为了不使主轴轴承在刀夹松开时承受活塞油压的轴向推力，结构上可采用卸荷措施。液压缸支架利用浮动方式与主轴箱体连接，这使得松开刀夹时的液压作用力由连接座及液压缸支架直接承受，因而液压推力不作用于主轴轴承上。

主轴准停装置是具有自动换刀装置的数控机床必须配备的，它能保证主轴停止在一固定位置处，便于刀具的装卸。常采用带液压缸的定位器，当液压缸不同腔通入压力油时，定位器使主轴准停或在自准停状态下释放。

(3) 在回转工作台方面 常用的数控机床回转工作台分为分度工作台和数控回转工作台。分度工作台的分度运动速度、下降速度及夹紧都是由液压系统完成的。在回转工作台的运动中，液压系统也起调速、定位和夹紧的作用。分度工作台有鼠牙盘式和定位销式两种。鼠牙盘式分度工作台主要由夹紧液压缸、分度液压缸及一对鼠牙盘等组成。其分度过程为：

1）分度工作台抬起，鼠牙盘脱离啮合，做好分度前的准备工作。

2）分度工作台回转，进行分度。

3）分度完毕后，分度工作台下降，鼠牙盘重新啮合，定位后夹紧。

4）分度液压缸中的活塞退回原位，以便于下一次分度。

通过上述的分度过程可以知道，如果机床需要进行分度，其控制系统就发出分度指令，通过液压系统中差动式夹紧液压缸、分度液压缸等元件的作用，完成上述分度过程。分度运动速度的快慢及分度工作台下降的速度，分别由液压系统中的单向节流阀进行控制。

定位销式分度工作台的分度过程为：

1）松开分度工作台的锁紧机构，用于消除间隙的液压缸卸荷，工作台抬起，做好分度准备工作。

2）分度工作台回转，进行分度。

3）工作台下降，间隙消除液压缸的活塞顶紧工作台，锁紧机构锁紧工作台。

若机床需要进行分度，锁紧液压缸、间隙消除液压缸、中央液压缸、液压马达等分别动作，使工作台完成分度工作。由上述分度过程可以知道，工作台的回转速度由液压马达和液压系统中的单向节流阀调节。

开环数控系统的数控回转工作台由传动系统、蜗轮夹紧装置和间隙消除装置等组成，它常由电—液脉冲马达驱动。通过回转工作台底座内液压缸的动作使蜗轮夹紧或松开，然后由电—液脉冲马达通过传动装置，使蜗轮和回转工作台根据控制系统的指令实现回转运动。

（4）在静压导轨方面　有些数控机床采用静压导轨，即在机床工作台（或其他移动部件）的导轨面上加工出油腔，引入压力油，工作台和床身导轨面之间形成厚度基本上不变的极薄的油膜，使工作台浮起很小的高度，在一定的条件下与其相配导轨的工作表面不接触，形成完全的液体摩擦。

（5）在导轨的润滑方面　一些数控机床采用自动润滑方式的导轨，由液压泵供给压力油，进行自动循环。若导轨移动速度低，导轨润滑则常用手摇液压泵的方法供油。

（6）在伺服机构方面　数控机床伺服机构有开环控制方式和闭环（全闭环及半闭环）控制方式。开环系统驱动装置常用步进电动机和液压扭矩放大器（伺服滑阀和液压马达组件）组成电液脉冲马达实现功率放大。电液脉冲马达用功率较小的步进电动机带动一个伺服滑阀，再通过伺服滑阀控制液压马达工作。

全闭环或半闭环数控机床的运动部件常用电液伺服阀带动液压马达，再经过滚珠丝杠螺母副来拖动。电液伺服阀输入很小功率的电信号，可以得到功率放大的液压能量输出，以控制液压执行机构（液压马达）。

（7）在工作台的传动装置方面　在有些开环伺服系统中，步进电动机将控制系统的指令脉冲转变为相应的角位移运动，经液压扭矩放大器将扭矩放大，由减速齿轮传动带动滚珠丝杠螺母副进而转换成工作台、床鞍、升降台的直线移动，从而实现机床工作台的进给运动。

2. 液压技术在加工中心上的应用

（1）在自动换刀装置方面　对于更换整个主轴头的换刀装置，常采用转塔头刀库形式或圆盘刀库形式。转塔头刀库带一组主轴，而圆盘刀库装有主轴头。常采用液压装置实现多主轴转塔头的转位。转塔头每次转位过程为：

1）用液压装置操纵滑动齿轮，使之与主轴上的齿轮脱离啮合，从而脱开主轴传动。

2）通过中心液压缸抬起转塔头，脱开用于准确定位的鼠牙盘。

3）由转位液压缸实现转塔头转位。

4）利用中心液压缸使转塔头下降，啮合鼠牙盘后，即精确定位转塔头。同时，中心液压缸的压力可靠地压紧转塔头。

5）利用液压装置操纵滑动齿轮，使之与主轴上的齿轮啮合，完成转塔头的转位动作，重新接通主轴传动。转位液压缸的活塞杆上带有齿条，由其或其他传动装置组成机械式主轴号码记忆装置，自动记忆处于工作位置的主轴号码。而对于在一个主轴上换刀的装置，刀库由液压马达驱动其刀座圆盘，而刀座圆盘与机动运动的脱开及定位分别由不同的液压缸经过有关装置实现。

（2）在刀具交换装置方面

1）对于双机械手刀具交换装置，安装刀套的链条经液压马达通过齿轮传动而同步转动刀库；液压马达通过滚珠丝杠驱动横梁的升降（找刀排）；用直线移动的液压缸来实现滑座的伸缩（插刀和拔刀动作）；用回转液压缸来实现手架的回转；装刀和卸刀机械手安装于手架上，机械手的滑板由其上的液压缸实现向前伸或向后缩的直线运动。

2）带有搬运装置的刀具交换装置，主要由后机械手、中间搬运装置及前机械手等组成。搬运装置的作用是从后机械手的位置把所需的刀具传送到前机械手，以及从前机械手的位置把用过的刀具传送到后机械手。液压马达驱动搬运装置的滚珠丝杠旋转，使搬运装置运动。前机械手的作用是从搬运装置上，把所需刀具传送到主轴孔，以及从主轴孔中把用过的刀具送回搬运装置位置。前机械手由回转头架、机械爪和液压缸组成。回转头内的液压缸可使两机械爪张开，或使两机械爪合拢而抱住刀柄（若液压系统出现故障，液压缸内的弹簧仍能抱住刀具）。回转座内的回转液压缸经花键轴可带动回转头转动 180°，以交换上、下两对机械手的位置。这样，既可从搬运装置位置把所需的刀具传送到主轴，又可从主轴位置把用过的刀具送回搬运装置。拔刀和插刀的动作由液压缸带动花键轴及回转头做直线运动实现。

（3）在刀库方面　对链式刀库来说，大都采用刀套准停机构。若刀套不能在换刀位置上准确停住，换刀机械手就会抓刀不准，换刀时易出现掉刀现象。常采用液压缸推动定位销，插入定位盘的定位槽内来实现刀套的准停。

（4）在主轴箱重力的平衡方式方面　对于移动立柱型加工中心，常用液压缸工作时不需供油的内循环式液压平衡系统来平衡主轴箱的重力。平衡液压缸里的油液在主轴箱下行时被挤入蓄能器里，蓄能器在主轴箱上行时向液压缸供油，从而在进油路上单向阀的上部形成简单的内循环。该平衡系统采用封闭油路结构，油路系统由蓄能器补油和吸油达到蓄能维持压力。

（5）在主轴温升的降低方面　常用液压泵把油温自动控制箱控制的恒温油液送到主轴箱，之后，一部分油液通过主轴箱内的分油器喷射到传动齿轮和传动轴支承轴承上；另一部分油液沿主轴前支承套外圆上的螺旋槽流动。由此，降低了主轴温升。

（6）在主轴轴承的润滑方式方面　中等转速加工中心的主轴后支承上的轴承常采用油液循环润滑方式。

6.1.1　数控机床液压系统的组成

一个完整的液压传动系统，主要由以下五个部分组成：

（1）动力装置　动力装置是指将原动机的机械能转换成传动介质压力能的装置。它是系统的动力源，用以提供一定流量或一定压力的液体。常见的动力装置有液压泵，它供给液压系统液压油。

（2）执行装置　执行装置用于连接工作部件，将工作介质的压力能转换为工作部件的机械能，常见的有作直线运动的液压缸和作回转运动的液压马达。

（3）控制与调节装置　控制与调节装置是指用于控制、调节系统中工作介质的压力、流量和流动方向，从而控制执行元件的作用力、运动速度和运动方向的装置，同时也可以用来卸载，实现过载保护等，有溢流阀、节流阀和换向阀等。

（4）辅助装置　辅助装置是指对工作介质起到容纳、净化、润滑、消声和实现元件之间连接等作用的装置。如各种接头、油管、过滤器、蓄能器和压力计等，它们分别起着连接、输油、过滤、储存压力能和测量液体压力等辅助作用。

（5）传动介质 传动介质是用来传递动力和运动的工作介质，即液压油，它是能量的载体。

6.1.2 数控机床液压系统的特点

1. 液压传动的优点

液压传动与机械传动和电气传动相比，具有以下优点：

（1）具有大的功率密度或工作压力 与电动机相比，在同等体积下，液压装置能产生更大的动力，也就是说，在同等功率下，液压装置的体积小、质量轻、结构紧凑，即它具有大的功率密度或工作压力。

（2）传动平稳 在液压传动装置中，由于油液的几乎不可压缩性，依靠油液的连续流动进行传动，且油液有吸振能力，在油路中还可以设置液压缓冲装置，故传动十分平稳，易于实现快速起动、制动和频繁地换向。

（3）易实现无级调速 在液压传动中，通过调节液体的流量，可以实现大范围的无级调速，最大的速比可达 2000:1。

（4）易实现自动化 在液压系统中，对液体的流量、压力和流动方向易于进行调节和控制，再加上电气控制、电子控制或气动控制的配合，整个传动装置很容易实现复杂的自动工作循环。

（5）易实现过载保护 液压缸和液压马达都能够在长期高速状态下工作不会过热，这是电气传动和机械传动无法办到的，而且液压传动中采取了很多安全保护措施，能自动防止过载。液压件能自行润滑，使用寿命长。

（6）能传动较大的力或转矩 传动较大的力和转矩是液压传动的显著特点。

（7）便于实现“三化” 液压元件属机械工业的基础件，标准化、系列化和通用化程度较高，故便于推广使用。液压元件的排列布置也具有较大的机动性。

2. 液压传动的缺点

（1）获得定比传动困难 由于工作介质（主要是油液）的泄漏以及元件的弹性变形等因素的影响，液压传动不能严格保证定比传动，因此不宜应用在传动比要求严格的场合，例如螺纹和齿轮加工机床的传动系统中。

（2）传动效率低 液压系统由于在传动过程中存在两次能量转换，以及存在着机械摩擦损失、压力损失和泄漏损失，从而使传动效率不高，远距离传动时更是如此，故不宜作为远距离传动。

（3）对温度的变化较敏感 液压传动对温度的变化比较敏感，因为温度的变化影响工作介质的粘度，从而影响传动的稳定性，故不能在高温或低温条件下工作。

（4）对元件的制造精度要求比较高 由于对元件的制造精度要求高，加工和装配难度大、制造成本较高、使用维护比较严格。

（5）容易产生噪声、振动和爬行 油液中渗有空气后，会产生噪声，容易引起振动和爬行（运动速度不均匀），影响传动平稳性。

（6）排除故障较困难 由于液压系统出现故障时不易找出原因，因而排除故障较困难。

6.1.3　液压传动的工作原理

随着科学技术的不断发展，液压系统根据其难易程度的差异，工作概况的不同，产生了很多先进的传动系统，但其基本的工作原理是相同的。现以图6-1所示简化后的机床工作台往复运动的液压系统为例，说明液压系统传动的工作原理。

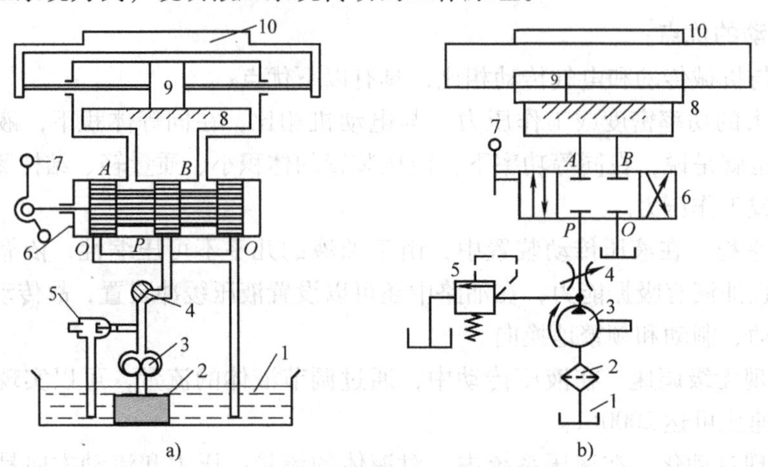

图6-1　机床工作台往复运动的液压系统

1—油箱　2—过滤器　3—液压泵　4—节流阀　5—溢流阀　6—换向阀
7—手柄　8—液压缸　9—活塞　10—工作台

由图6-1可见，液压泵3的转子由电动机带动旋转，从油箱1中吸油，油液经过滤器2通过油管进入液压泵后，将具有压力能的油液输入管路，在图6-1所示的状态下，油液通过节流阀4流至换向阀6，由于换向阀阀芯处于中间位置，油口P与油口A、B均不相通，液压缸8的左、右腔不通压力油，所以活塞9及工作台10停止不动。向右扳动手柄7，使换向阀阀心处于最右端位置，此时油口P与油口A相通，油口B与油口O相通，这样压力油液流入液压缸的左腔，液压缸右腔的油液经油口B和油口O流回油箱，于是活塞带动工作台向右运动。向左扳动手柄时，使换向阀阀芯处于最左端位置，此时压力油经油口P与油口B进入液压缸的右腔，液压缸左腔的油液经油口A和油口O流回油箱，于是活塞带动工作台向左运动。因此，换向阀的工作位置反复变换时，就能不断改变压力油的通路，使活塞及工作台不断换向，以实现工作台所需要的往复运动。

工作台移动的速度是由节流阀来调节的，当节流阀开大时，单位时间内流入液压缸的压力油液增多，工作台的移动速度增大；反之，当节流阀关小时，单位时间内流入液压缸的压力油液减少，工作台的移动速度减慢。

工作台移动时，要克服切削力和导轨的摩擦力等各种阻力，则液压缸必须有足够大的推力，此推力是由液压缸内的油液压力产生的，克服的阻力越大，油液的压力就越高；反之，压力就越低。输入液压缸的油液是由液压泵输出的，其流量由节流阀调节，液压泵输出的多余油液经溢流阀5流回油箱，系统的压力由溢流阀调节。当系统中的油压升高到略超过溢流阀的调定压力时，溢流阀上的钢球被顶开，油液经溢流阀流回油箱，这时系统中油液的压力不再升高，维持定值。液压系统中过滤器的作用是将油液中的污物杂质滤去，保持油液的清洁，使系统正常工作。

综上所述，液压传动的工作原理是以液体作为工作介质的，利用液体的压力能来传递动力和运动。在液压系统工作时，必须对油液进行方向、流量和压力的控制与调节，以适应工作部件对方向、速度和力的要求。

6.2　液压系统的设计改造

液压传动系统是机械设备的一种动力传动装置，因此，它的设计是整个机械设备设计的一部分，必须与主机设计联系在一起同时进行。一般在分析主机的工作循环、性能要求、动作特点等基础上，经过认真分析比较，在确定全部或局部采用液压传动方案之后，才会提出液压传动系统的设计任务。

液压系统设计必须从实际出发，注重调查研究，吸收国内外先进技术，采用现代设计思想，在满足工作性能要求、工作可靠的前提下，力求系统结构简单、成本低、效率高、操作维护方便及使用寿命长。

液压系统设计步骤大体如下：

1）明确液压系统的设计要求及工况分析。

2）确定主要参数。

3）拟定液压系统原理图，进行系统方案论证。

4）设计、计算、选择液压元件。

5）对液压系统主要性能进行验算。

6）设计液压装置，编制液压系统技术文件。

液压系统设计是一种经验设计。因此，上述设计步骤只说明一般设计的过程，这些步骤互相联系、相互影响。在设计实践中，各步骤往往交错进行，有时需多次反复才能完成。

6.2.1　液压系统的改造原则

设计要求是进行工程设计的主要依据。设计前，必须把主机对液压系统的设计要求和与设计相关的情况了解清楚，一般要明确下列主要问题：

1）主机的用途、总体布局与结构、主要技术参数与性能要求、工艺流程或工作循环、作业环境与条件等。

2）液压系统应完成哪些动作、各个动作的工作循环及循环时间；负载大小及性质、运动形式及速度快慢；各动作的顺序要求及互锁关系、各动作的同步要求及同步精度；液压系统的工作性能要求，如运动平稳性、调速范围、定位精度、转换精度、自动化程度、效率与温升、振动与躁声、安全性与可靠性等。

3）液压系统的工作温度及其变化范围、湿度大小、风沙与粉尘情况、防火与防爆要求、外廓尺寸与质量限制等。

4）经济性与成本等方面的要求。

6.2.2　液压工况分析

工况分析的目的是明确在工作循环中执行元件的负载和运动的变化规律，它包括运动分析和负载分析。

1. 运动分析

运动分析，就是研究工作机构根据工艺要求应以什么样的运动规律完成工作循环、运动速度的大小、加速度是恒定的还是变化的、行程大小及循环时间长短等。为此必须确定执行元件的类型，并绘制“位移—时间”循环图或“速度—时间”循环图。

液压执行元件的类型可按表 6-1 进行选择。

表 6-1　液压执行元件的类型

名称	特点	应用场合
双杆活塞缸	双向输出力、输出速度一样，杆受力状态一样	双向工作的往复运动
单杆活塞缸	双向输出力、输出速度不一样，杆受力状态不同。差动连接时可实现快速运动	往复不对称直线运动
柱塞缸	结构简单	长行程、单向工作
摆动缸	单叶片缸转角小于 300°，双叶片缸转角小于 150°	往复摆动运动
齿轮、叶片马达	结构简单、体积小、惯性小	高速小转矩回转运动
轴向柱塞马达	运动平稳、转矩大、转速范围宽	大转矩回转运动
径向柱塞马达	结构复杂、转矩大、转速低	低速大转矩回转运动

2. 负载分析

负载分析，就是通过计算确定各液压执行元件的负载大小和方向，并分析各执行元件运动过程中的振动、冲击及过载能力等情况。作用在执行元件上的负载有约束性负载和动力性负载两类。约束性负载的特征是其方向与执行元件运动方向永远相反，对执行元件起阻止作用，而不会起驱动作用。例如固体摩擦阻力、粘性摩擦阻力就是约束性负载。动力性负载的特征是其方向与执行元件的运动方向无关，其数值由外界规律所决定。执行元件承受动力性负载时可能会出现两种情况：一种情况是动力性负载方向与执行元件运动方向相反，起着阻止执行元件运动的作用，称为阻力负载（正负载）；另一种情况是动力性负载方向与执行元件运动方向一致，称为超越负载（负负载）。超越负载变成驱动执行元件的驱动力，执行元件要维持匀速运动，其中的流体要产生阻力功，形成足够的阻力来平衡超越负载产生的驱动力，这就要求系统应具有平衡和制动功能。重力是一种动力性负载，重力与执行元件运动方向相反时是阻力负载，与执行元件运动方向一致时是超越负载。

有不同工作目的的系统，负载分析的着重点不同。例如，对于工程机械的作业机构，着重点为重力在各个位置上的情况，而机床工作台的着重点为负载与各工序的时间关系。

（1）液压缸的负载计算　一般说来，液压缸承受的动力性负载有工作负载 F_{ω}、惯性负载 F_{m}、重力负载 F_{g}，约束性负载有摩擦阻力 F_{f}、背压负载 F_{b}、液压缸自身的密封阻力 F_{sf}，即作用在液压缸上的外负载为

$$F = \pm F_{\omega} \pm F_{m} + F_{f} \pm F_{g} + F_{b} + F_{sf} \tag{6-1}$$

1）工作负载 F_{ω}。工作负载与主机的工作性质有关，它可能是定值，也可能是变值。一般工作负载是时间的函数，即 $F_{\omega} = f(t)$，需根据具体情况分析决定。

2）惯性负载 F_{m}。指工作部件在起动加速和制动过程中产生的惯性力，可按牛顿第二定律求出

$$F_{m} = ma = m\frac{\Delta v}{\Delta t} \tag{6-2}$$

式中　m——运动部件总质量；

a——加（减）速度；

Δv——Δt 时间内速度的变化量；

Δt——起动或制动时间。起动加速时，取正值；减速制动时，取负值。一般机械系统，Δt 取 0.1 ~ 0.5s；行走机械系统，Δt 取 0.5 ~ 1.5s；机床运动系统，Δt 取 0.25 ~ 0.5s；机床进给系统，Δt 取 0.05 ~ 0.2s。工作部件较轻或运动速度较低时，取小值。

3）摩擦阻力 F_f。摩擦阻力是指液压缸驱动工作机构所需克服的机械摩擦力。对机床来说，该摩擦阻力与导轨形状、安放位置和工作部件的运动状态有关。

①　对于平导轨

$$F_f = f(mg + F_N) \tag{6-3}$$

式中　F_N——作用在导轨上的垂直载荷；

f——导轨摩擦因数，其值可参阅相关设计手册。

②　对于 V 形导轨

$$F_f = \frac{f(mg + F_N)}{\sin(\alpha/2)} \tag{6-4}$$

式中　α——V 形导轨夹角（°），通常取 $\alpha = 90°$。

4）重力负载 F_g。当工作部件垂直或倾斜放置时，自重也是一种负载，当工作部件水平放置时，$F_g = 0$。

5）背压负载 F_b。液压缸运动时，还必须克服回油路压力形成的背压阻力 F_b，其值为

$$F_b = p_b A_2 \tag{6-5}$$

式中　A_2——液压缸回油腔有效工作面积；

p_b——液压缸背压。在液压缸结构参数尚未确定之前，一般按经验数据估计一个数值。系统背压的一般经验数据为：中低压系统或轻载节流调速系统，取 0.2 ~ 0.5MPa；回油路有调速阀或背压阀的系统，取 0.5 ~ 1.5MPa；采用补油泵补油的闭式系统，取 1.0 ~ 1.5MPa；采用多路阀的复杂中高压工程机械系统，取 1.2 ~ 3.0MPa。

6）液压缸自身的密封阻力 F_{sf}。液压缸工作还必须克服其内部密封装置产生的摩擦阻力 F_{sf}，其值与密封装置的类型、油液工作压力，特别是液压缸的制造质量有关，计算比较繁琐，一般将它计入液压缸的机械效率 η_m 中考虑，通常取 $\eta_m = 0.90 \sim 0.95$。

（2）液压缸运动循环各阶段的负载　液压缸的运动分为起动、加速、恒速、减速制动等阶段，不同阶段的负载计算是不同的。

1）起动时

$$F = (F_f \pm F_g + F_{sf})/\eta_m$$

2）加速时

$$F = (F_m \pm F_f \pm F_g + F_b + F_{sf})/\eta_m$$

3）恒速时

$$F = (\pm F_\omega \pm F_f \pm F_g + F_b + F_{sf})/\eta_m$$

4）减速制动时

$$F = (\pm F_{\omega} - F_{m} + F_{f} \pm F_{g} + F_{b} + F_{sf})/\eta_{m}$$

（3）工作负载图　对复杂的液压系统，如有若干个执行元件同时或分别完成不同的工作循环，则有必要按上述各阶段计算总负载力，并根据上述各阶段的总负载力和它所经历的工作时间 t(或位移 s)，按相同的坐标绘制液压缸的负载时间(F-t)或负载位移(F-s)图。图 6-2 所示为某机床液压缸的速度时间（v-t）图及相应的负载时间（F-t）图。最大负载值是初步确定执行元件工作压力和结构尺寸的依据。

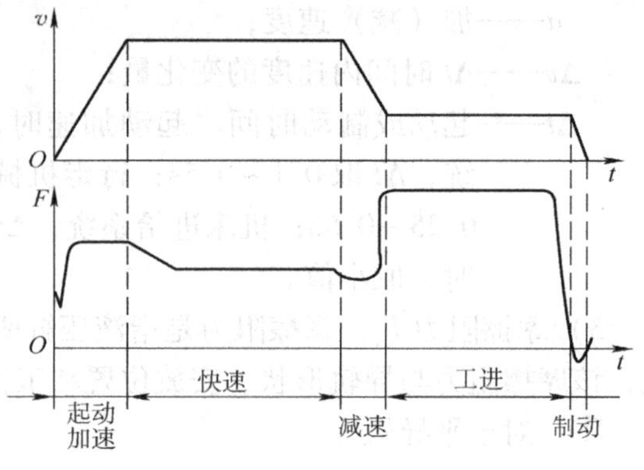

图 6-2　某液压缸的速度时间（v-t）及其负载时间（F-t）图

液压马达的负载力矩分析与液压缸的负载分析相同，只需将上述负载力的计算变换为负载力矩即可。

6.2.3　液压系统主要参数的确定

执行元件的工作压力和流量是液压系统最主要的参数。这两个参数是计算和选择执行元件、辅助元件和原动机规格型号的依据。要确定液压系统的压力和流量，首先必须根据各液压执行元件的负载循环图，选定系统工作压力；系统压力一经确定，液压缸有效工作面积 A 或液压马达的排量 V_M 即可确定；然后根据速度时间（v-t）图确定其流量。

1. 系统工作压力的确定

根据液压执行元件的负载循环图，可以确定系统的最大载荷点。在充分考虑系统所需流量、系统效率和性能等因素后，可参照表 6-2 或表 6-3 选择系统工作压力。

当系统功率一定时，选用较高工作压力，会使元件尺寸小、质量轻、经济性好。但是工作压力选得高，泵体、阀体及缸壁都要增厚，材料和制造精度要求高，反而达不到经济效果，而且会降低元件的容积效率、增加系统发热、降低元件寿命和系统可靠性。

表 6-2　按负载选择系统工作压力

负载/kN	<5	5~10	10~20	20~30	30~50	>50
系统压力/MPa	<0.8~1	1.6~2	2.5~3	3~4	4~5	>57

表 6-3　按主机类型选择系统工作压力

设备类型	机床				农业机械、汽车工业机械、小型工程机械、辅助机械	工程机械、重型机械、锻压设备、液压支架	船用系统
	磨床	组合机床、牛头刨床、插床、齿轮加工、机床	车床、铣床、镗床、珩磨机床	拉床、龙门刨床			
压力/MPa	≤2.5	<6.3	2.5~6.3	<10	10~16	16~32	14~25

2. 执行元件参数的确定

前面初步选定的工作压力可以认为就是执行元件的输入压力 p_1，然后再初步选定执行

元件的回油压力 p_2（背压），这样就可以确定执行元件的参数。

3. 执行元件流量的确定

液压缸（液压马达）所需最大流量 q_{max} 按其实际有效工作面积 A（或液压马达的排量 V_M）及所要求的最大速度 v_{max}（或马达最大转速 n_{max}）来计算，即

$$q_{max}=Av_{max}/\eta_V\text{（或 }=V_Mn_{max}/\eta_V\text{）} \tag{6-6}$$

式中 η_V——执行元件的容积效率。

当单杆液压缸作差动连接时，实际有效工作面积

$$A=A_1-A_2$$

式中 A_1——活塞横截面积；

A_2——连杆横截面积。

液压缸所需最小流量 q_{min} 按其实际有效工作面积 A 和所要求的最小速度 v_{min} 来计算，即

$$q_{min}=Av_{min}/\eta_V \tag{6-7}$$

上面所求得的液压缸最小流量应该等于或大于流量控制阀或变量泵的最小稳定流量。同样地，液压马达最小流量按其排量和所要求的最小转速来计算。

4. 执行元件的工况图

工况图包括压力图、流量图和功率图。压力图、流量图是执行元件在运动循环中各阶段的压力与时间或压力与位移、流量与时间或流量与位移的关系图；功率图则是根据压力 p 与流量 q 计算出各循环阶段所需功率 P，画出的功率与时间或功率与位移的关系图。当系统中有多个同时工作的执行元件时，必须把这些执行元件的流量图按系统总的动作循环组合成总流量图。图 6-3 所示为某液压缸的工况图。

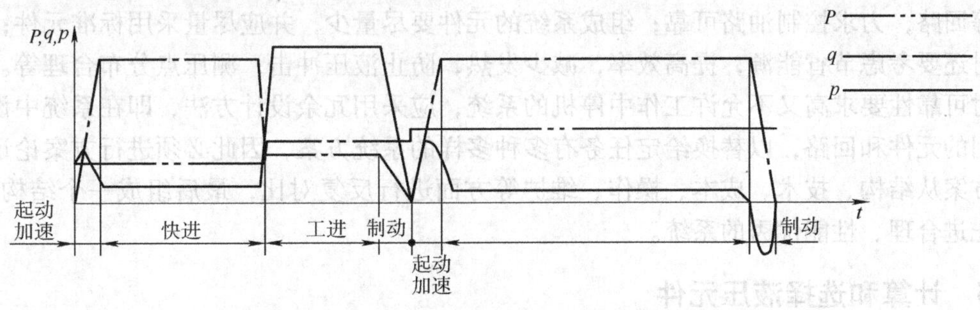

图 6-3　液压缸的压力图、流量图和功率图示例

工况图是选择液压泵和计算电动机功率等的依据。利用工况图，可验算各工作阶段所确定的参数的合理性。例如，当多个执行元件按各工作阶段的流量或功率叠加，其最大流量或功率重合而使流量或功率分布很不均衡时，可在整机设计要求允许的条件下，适当调整有关执行元件的动作时间和速度，避开或减小流量或功率最大值，提高整个系统的效率。

6.2.4　液压系统原理图的拟定和方案论证

拟定系统原理图是从工作原理和结构组成上具体体现设计任务中的各项要求，不需精确计算和选择元件规格，只需选择功能合适的元件、原理合理的基本回路组合成系统。

一般的方法是选择一种与本系统类似的成熟系统作为基础，对其进行适应性调整或改进，使其成为具有继承性的新系统。如果没有合适的相似系统可借鉴，也可参阅设计手册和

参考书中有关的基本回路加以综合完善，构成自己设计的系统原理图。用这种方法拟定系统原理图时，包括确定系统类型、选择液压基本回路和合成液压系统三方面的内容。

1. 确定系统的类型

系统的类型有开式系统和闭式系统两种。选择系统的类型主要取决于它的调速方式和散热要求。一般地，采用节流调速系统、有较大空间放置油箱且不需另设散热装置的系统、要求结构尽可能简单的系统等都宜采用开式系统；采用容积调速的系统、对工作稳定性和效率有较高要求的系统、行走机械上的系统宜采用闭式系统。

2. 选择液压基本回路

液压基本回路是决定主动机动作和性能的基础，是组成系统的骨架。要根据液压系统所需完成的任务和工作机械对液压系统的设计要求来选择液压基本回路。

选择基本回路时，首先要抓住各类机器液压系统的主要问题，如对变速、稳速要求严格的主机，速度的调节、换接和稳定是系统设计的核心。

压力控制方式的选择主要取决于液压系统的调速方式。节流调速时，多采用调压回路；容积调速或容积节流调速时，则多采用限压回路。卸荷回路的选择，主要由系统功率损失、温升、流量与压力的瞬时变化等决定。

3. 液压系统的合成

选定液压基本回路后，配以辅助性回路，如锁紧回路、平衡回路、缓冲回路、控制油路、润滑油路、测压油路等，可以组成一个完整的液压系统。

合成液压系统时应该特别注意以下几点：防止回路间可能存在的相互干扰；系统应力求简单，并将作用相同或相近的回路合并，避免存在多余回路；系统要安全可靠，要有安全、联锁等回路，力求控制油路可靠；组成系统的元件要尽量少，并应尽量采用标准元件；组成系统时还要考虑节省能源，提高效率，减少发热，防止液压冲击；测压点分布合理等。

对可靠性要求高又不允许工作中停机的系统，应采用冗余设计方法，即在系统中设置一些备用的元件和回路，以替换给定任务有多种多样的系统方案，因此必须进行方案论证，对多个方案从结构、技术、成本、操作、维护等方面进行反复对比，最后组成一个结构完整、技术先进合理、性能优秀的系统。

6.2.5 计算和选择液压元件

液压元件的计算是指计算元件在工作中承受的压力和通过的流量，以便选择元件的规格、型号。此外，还要计算原动机的功率和油箱的容量。选择元件时，应尽量选用标准元件。

1. 液压泵的确定与驱动力功率的计算

选择液压泵时，要根据泵的工作压力和流量以及系统对泵的性能要求。泵选定后，就可计算泵所需的电动机功率，并根据此功率和泵所需转速选择相应的电动机。

（1）确定液压泵的最大工作压力和流量　液压泵的最大工作压力 p_p 按式（6-8）计算

$$p_p \geqslant p_{1max} + \sum \Delta p \tag{6-8}$$

式中　p_{1max}——液压执行元件最大工作压力，由压力时间图（p-t）选取最大值；

$\sum \Delta p$——液压泵出口到执行元件入口之间所有沿程压力损失和局部压力损失之和。初算时按经验数据选取：管路简单、管中流速不大时，取 $\sum \Delta p = 0.2 \sim 0.5$MPa；

管路复杂、管中流速较大或有调速元件时，取$\sum \Delta p = 0.5 \sim 1.5\text{MPa}$。

液压泵的流量 q_p 按式（6-9）计算

$$q_p = K(\sum q)_{max} \tag{6-9}$$

式中　K——考虑系统泄漏和溢流阀保持最小溢流量的系统，一般取 $K = 1.1 \sim 1.3$，大流量取小值，小流量取大值；

$(\sum q)_{max}$——同时工作的执行元件中的最大总流量，由流量时间图（q-t）选取最大值。

选择液压泵时，可以参考《液压手册》，根据液压泵最大工作压力 p_p 选择液压泵的类型，根据液压泵的流量 q_p 选择液压泵的规格。选择液压泵的额定压力应比上述最大工作压力高 20% ~60%。

（2）确定原动机的功率　液压泵在额定压力和额定流量下工作时，其驱动电动机的功率可从元件手册中查到。此外，也可根据具体工况计算。在工作循环中，当液压泵的压力和功率变化较小时，液压泵所需的驱动功率为

$$P_p = p_p q_p / \eta_p \tag{6-10}$$

式中　η_p——液压泵的总效率，齿轮泵 $\eta_p = 0.6 \sim 0.8$，叶片泵 $\eta_p = 0.7 \sim 0.8$，柱塞泵 $\eta_p = 0.8 \sim 0.85$。

在工作循环过程中，当液压泵的压力和功率变化较大时，液压泵所需的驱动功率应按式（6-11）计算

$$P_p = \sqrt{\sum_{i=1}^{n} P_i^2 t_i \Big/ \sum_{i=1}^{n} t_i} \tag{6-11}$$

式中　P_i、t_i——在整个工作循环中，第 i 个工作阶段所需的功率及所需的时间。

2. 液压控制阀的选择

阀类元件的规格应按阀所在回路的最大工作压力和通过该阀的最大流量从产品样本上选定。选用阀类元件时，应考虑其结构形式、特性、压力等级、连接方式、集成方式及操纵方式等。

选择压力控制阀时，应考虑压力阀的压力调节范围、流量变化范围、所要求的压力灵敏度和平稳性等。特别是溢流阀的额定流量必须满足液压泵最大流量的要求。

选择流量控制阀时，应考虑流量阀的流量调节范围、流量—压力特性、最小稳定流量、压力补偿要求或温度补偿要求、对过滤器过滤精度的要求，阀进、出口压差大小及阀内泄漏的大小等。

选择方向控制阀时，应考虑方向阀的换向频率、响应时间、操纵方式、滑阀机能、阀口压力损失及阀内泄漏的大小等。

通过各类阀件的实际流量最多不应超过其额定值的 120%。

3. 液压辅件的计算与选择

（1）确定管道尺寸　管道的尺寸取决于需要通过的最大流量和管中允许的流速。

1）管内油液的推荐流速见表 6-4。

2）管道内径的计算

$$d \leqslant \sqrt{\frac{4q}{\pi v}} \tag{6-12}$$

式中　d——管道内径；

q——通过管道油液的流量；

v——管内油液的流速，按推荐流速选取。

3）管道壁厚的计算

$$\delta \geqslant \frac{pd}{2[\sigma]} \tag{6-13}$$

式中　δ——金属管壁厚；

d——管道内径；

p——工作压力；

$[\sigma]$——许用应力。对于钢管，$[\sigma]=\frac{\sigma_b}{n}$，$\sigma_b$ 为抗拉强度，n 为安全系数，当 $p=7\sim17.5$MPa 时，取 $n=6$；当 $p>17.5$MPa 时，取 $n=4$。对于铜管，取 $[\sigma]\leqslant25$MPa。

表 6-4　油液推荐流速

应用场合	管道种类	推荐流速 v/(m/s)
冷却用水	冷却水管	1.5～2.5
	热水管	1～1.5
液压管道	吸油管道	1～2
	较短的高压油管道	2.5～6
	短管道或局部收缩处	小于（或等于）10
	回油总管	1.5～2.5

计算出管道内径和壁厚之后，应按标准选取相应规格的油管。在实际设计中，管道通常按选定液压元件油口的大小来确定其尺寸。

（2）确定油箱容量　液压系统的散热主要依靠油箱，油箱大，散热快，但占地面积大；油箱小，则温度较高。初始设计时，油箱有效容积可按经验公式（6-14）确定

$$V=\alpha q_V \tag{6-14}$$

式中　q_V——液压泵每分钟排出的液体体积（m^3）；

α——经验系数，低压系统取 2～4，中压系统取 5～7，高压系统取 6～12，行走机械取 1～2。

系统设计完成后，应按散热或温升要求验算油箱容积。

6.2.6　液压系统性能验算

液压系统设计完成后，需要对它的技术性能进行验算，以便判断设计质量。液压系统性能的验算主要是计算系统压力损失、调整压力、泄漏、系统效率、系统温升、运动平稳性等。这里只介绍系统压力损失和温升的验算，其他验算可参阅《液压设计手册》。

1. 液压系统压力损失验算

选定了液压元件的规格及管道、过滤器等辅件，确定了安装方式，画出了管路安装图之后，就可以对管路系统的总压力损失进行验算。总压力损失包括管道的沿程压力损失、局部压力损失和控制阀的局部压力损失。

验算压力损失的目的主要是为了正确确定系统的调整压力，即系统溢流阀的调整压力。

当系统执行元件的工作压力已确定时，系统的调整压力可按下式计算：

$$p_s = p + \Delta p$$

式中　p——有效工作压力；

Δp——系统中的压力损失。

阀类元件处的局部压力损失可从产品样本中查出。液压泵应有一定的压力储备量，如果计算出的系统调整压力大于液压泵额定压力的 75%，则应该重新选择元件规格和管道尺寸，减小压力损失，或者另选额定压力较高的液压泵。

2. 液压系统发热和温升验算

液压系统中的各种能量损失都转化为了热量，使油温升高。系统连续工作一段时间后，系统所产生的热量和散发到空气中的热量平衡后，系统油温就不再升高，此时的油温应不超过允许值。油温超过允许值时，必须采取适当的冷却措施。

（1）液压系统的发热功率　液压系统发热的原因，主要是液压泵和执行元件的功率损失、管道的压力损失及溢流阀的溢流损失。管道的发热较少，与它自身的散热基本平衡，可以忽略不计。

1）液压泵的损失功率

$$\Delta P_p = \frac{1}{T}\sum_{i=1}^{n} P_{pi}(1 - \eta_{pi})t_i \tag{6-15}$$

式中　P_{pi}——各液压泵的输入功率；

η_{pi}——各液压泵的总效率；

t_i——各液压泵的运行时间；

T——工作周期；

n——液压泵数量。

2）液压执行元件的损失功率

$$\Delta P_2 = \frac{1}{T}\sum_{j=1}^{m} P_{2j}(1 - \eta_{2j})t_j \tag{6-16}$$

式中　P_{2j}——各执行元件的输入功率；

η_{2j}——各执行元件的总效率；

t_j——各执行元件的运行时间；

m——执行元件数量。

3）溢流阀的损失功率

$$\Delta P_V = \sum_{i=1}^{k} p_{Yi}q_{Yi} \tag{6-17}$$

式中　p_{Yi}——各溢流阀的调整压力；

q_{Yi}——各溢流阀的溢流量；

k——溢流阀数量。

4）节流功率损失

$$\Delta P_j = \sum_{i=1}^{k} p_{ji}q_{ji} \tag{6-18}$$

式中　p_{ji}——各节流口压差；

q_{ji}——通过各节流口流量。

5）液压系统的发热功率

$$\Delta P = \Delta P_p + \Delta P_2 + \Delta P_Y + \Delta P_j \tag{6-19}$$

液压系统的发热功率也可以用式（6-20）进行估算

$$\Delta P = P_i - P_0 \text{或} \Delta P = P_i(1-\eta) \tag{6-20}$$

式中　P_i——各液压泵输入的总功率；

P_0——各执行元件输出的总功率；

η——系统效率，包括泵效率、回路效率和执行元件效率。

（2）液压系统的散热功率　液压系统中产生的热量由系统中的各散热面散发到空气中去，其中油箱是最主要的散热面。当只考虑油箱的散热时，则液压系统的散热功率为

$$P_c = KA\Delta T \tag{6-21}$$

式中　ΔT——油箱与环境温度之差（℃）；

A——油箱散热面积（m^2）；

K——表面散热系数［W/（m^2·℃）］，其值按表6-5选择。

表6-5　表面散热系数 *K* 值　　［单位：W/（m^2·℃）］

散热条件	通风较差	通风良好	风扇冷却	循环水冷却
表面散热系数 K	8～9	15～17.5	23	110～175

（3）系统温升计算　当液压系统的发热功率 ΔP 与油箱的散热功率 P_c 相等时，系统处于热平衡状态。此时，系统温升为

$$\Delta T = \frac{\Delta P}{KA} \tag{6-22}$$

由式（6-22）计算出的温升，不应超过允许的温升值。一般低、中压系统正常工作油温为30～55℃左右，最高不允许超过70℃，温差 $\Delta T \leqslant 25 \sim 30$℃；高压系统正常工作油温为50～80℃左右，最高不允许超过90℃，温差 $\Delta T \leqslant 30 \sim 40$℃。

6.2.7　液压回路的设计

由于液压技术在工程实际中的广泛应用，使得液压系统依照不同的使用场合，有着不同的组成形式。但不论实际的液压系统多么复杂，它总不外乎是由一些基本回路所组成的。

基本回路按其在液压系统中的功能可分为压力控制回路、速度控制回路、方向控制回路和多执行元件动作控制回路等。

1. 压力控制回路

压力控制回路的功能是利用压力控制元件来控制整个液压系统（或局部油路）的工作压力，以满足执行元件对力（或力矩）的要求，或者达到合理利用功率、保证系统安全等目的。

（1）调压回路　调压回路的功能是使液压系统整体或部分的压力保持恒定或不超过某个数值（即压力阀的调整压力）。

1）单级调压回路。如图6-4a所示，它是最基本的调压回路。溢流阀2与液压泵1并联，溢流阀限定了液压泵的最高工作压力，也就调定了系统的最高工作压力。当系统工作压力上升至溢流阀的调定压力时，溢流阀开启溢流，便使系统压力基本维持在溢流阀的调定压

力上；当系统工作压力低于溢流阀的调定压力时，溢流阀关闭，此时系统工作压力取决于负载的情况。这里，溢流阀的调定压力必须大于执行元件的最大工作压力和管路上各种压力损失之和，用做溢流阀时，可达 5% ~10%；用做安全阀时，可达 10% ~20%。

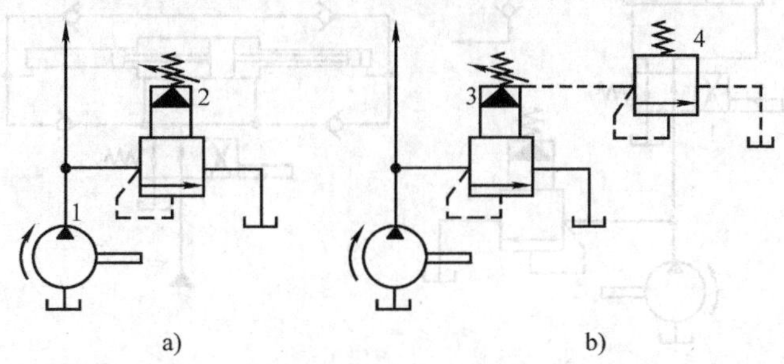

图 6-4　调压回路
a）单级调压回路　b）远程调压回路
1—液压泵　2—溢流阀　3—主溢流阀　4—远程调压阀

2）远程调压回路。在先导式溢流阀的遥控口接一远程调压阀（小流量的直动式溢流阀），即可实现远距离调压，如图 6-4b 所示。远程调压阀 4 可以安装在操作方便的地方。由于远程调压阀 4 与主溢流阀 3 中的先导阀并联，故先导阀的调定压力须大于远程调压阀的调定压力，这样，远程调压阀才可起到调压作用。

（2）减压回路　减压回路的功能是在单泵供油的液压系统中，使某一条支路获得比主油路工作压力还要低的稳定压力。例如，辅助动作回路、控制油路和润滑油路的工作压力常低于主油路的工作压力。

常见的减压回路如图 6-5 所示。在与主油路相并联的支路上串接减压阀 2，使这条支路获得较低的稳定压力。主油路的工作压力由溢流阀 1 调定；支路的压力由减压阀 2 调定，减压阀 2 的调压范围在 0.5MPa 至溢流阀的调定压力之间。单向阀 3 的作用是，如果主油路压力降低（低于减压阀的调整压力）时，可防止油液的倒流。需要注意的是，当支路上的工作压力低于减压阀的调定压力时，减压阀不起减压作用，处于常开状态。

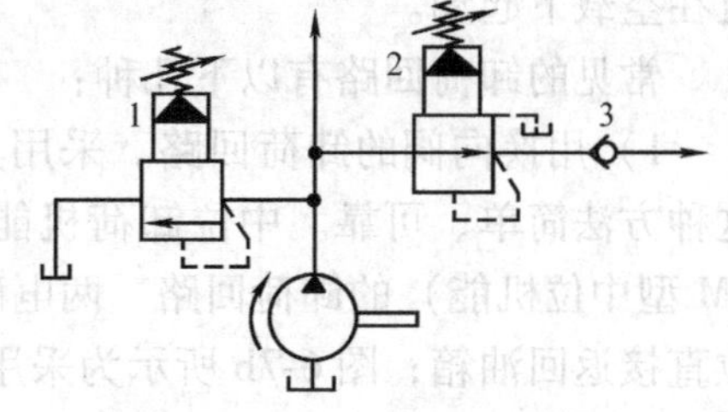

图 6-5　减压回路
1—溢流阀　2—减压阀　3—单向阀

由于减压阀工作时有阀口的压力损失和泄漏引起的容积损失，所以减压回路总有一定的功率损失。故大流量回路不宜采用减压回路，而应采用辅助泵低压供油。

（3）增压回路　当液压系统中某一支路需要压力很高、流量很小的压力油，若采用高压泵不经济，或根本没有这样高压力的液压泵时，就要采用增压回路来提高压力。

1）单作用增压回路。如图 6-6a 所示，此回路利用单作用增压缸来增压。在图 6-6a 所示位置时，液压泵供给增压缸大活塞腔较低的压力油，在小活塞腔即可输出较高的压力油；电磁换向阀 1 换位后，增压缸活塞返回，高位辅助油箱 2 经单向阀 3 向小活塞腔补油，所以此回路只能实现间歇增压。

2）双作用增压回路。如图 6-6b 所示，回路采用双作用增压缸来增压。由电磁换向阀的反复换向（通过增压缸的行程控制来实现），使增压缸活塞进行往复运动，其两端交替输出高压油，从而实现连续增压。

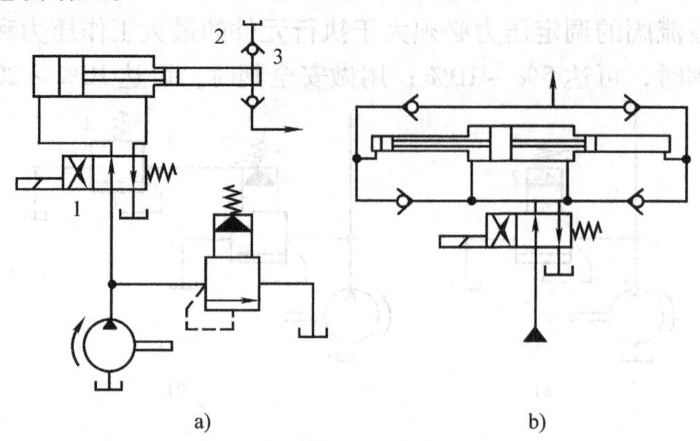

图 6-6　增压回路

a）单作用增压回路　b）双作用增压回路

1—电磁换向阀　2—油箱　3—单向阀

（4）卸荷回路　在许多情况下，需要执行元件短时间停止工作。此时，可以通过卸荷回路使液压泵卸荷，即使液压泵 0 功率（0 压）状态下运转，不宜采取停、起电动机的方法。所谓“卸荷”是指液压泵以很小的输出功率运转，即液压泵输出油液以很低的压力排回油箱，或液压泵输出很小流量的压力油。这样既减少了功率的消耗，降低了系统的温升，又延长了液压泵的使用寿命。

采用卸荷回路，可以避免原动机的频繁起动与停止；若在起动时先行卸荷，还可使原动机在空载下起动。

常见的卸荷回路有以下几种：

1）用换向阀的卸荷回路。采用具有中位卸荷机能的三位换向阀，可以使液压泵卸荷。这种方法简单、可靠。中位卸荷机能是 M、H、K 型。图 6-7a 所示为采用三位四通换向阀（M 型中位机能）的卸荷回路。两电磁铁断电后，执行元件停止运动，液压泵输出油液经中位直接返回油箱；图 6-7b 所示为采用二位二通电磁换向阀直接卸荷的回路。电磁铁通电时，液压泵输出油液经此换向阀直接排回油箱。采用换向阀卸荷，其规格应与液压泵的流量相适应。

2）用先导式溢流阀的卸荷回路。如图 6-7c 所示，在先导式溢流阀 1 的遥控口接一小规格的二位二通电磁阀 2。当执行元件工作时，电磁阀断电，液压泵输出的压力油进入系统；执行元件停止运动时，电磁阀通电，先导式溢流阀的遥控口接通油箱，使其在很低压力下起动，液压泵输出油液经溢流阀返回油箱，实现液压泵的卸荷。在结构上常将二位二通电磁阀和先导式溢流阀组合使用，称为电磁溢流阀。

3）用外控顺序阀的卸荷回路。如图 6-7d 所示是在双联泵供油系统中，用外控顺序阀 6（或称为卸荷阀）使其中一台泵卸荷的回路。外控顺序阀 6 限定了双泵一起供油的最高压力；小流量泵 4 的最高工作压力由溢流阀 5 调定。当系统压力低于外控顺序阀 6 的设定值时，顺序阀 6 关闭，双泵供油，此为低压大流量工况；当系统压力超过外控顺序阀 6 的设定值时，顺序阀 6 开启，大流量泵 3 卸荷，小流量泵 4 供油，为高压小流量工况。外控顺序阀 6 的设定压力至少应比溢流阀 5 低 0.5MPa。

4）压力补偿变量泵的卸荷回路。压力补偿变量泵（如限压式、恒压式、恒功率变量泵）具有压力升高、流量自动变小的特性。图 6-7e 所示为压力补偿变量泵的卸荷回路。当换向阀处于中位、执行元件停止运动时，压力补偿变量泵 7 的出口压力升高，达到补偿装置动作所需的压力后，泵的流量自动减少到只需补足系统泄漏量为止。由于此时泵的输出流量很小，广义地讲这也是一种泵的卸荷状态。为防止变量泵压力补偿装置调零的误差和动作滞缓而使泵的压力异常升高，设置安全阀 8 起安全保护作用。

（5）保压卸荷回路　有的主机要求液压系统在工作过程中，当液压泵卸荷时系统仍需保持压力。通常可用蓄能器来保持系统压力。图 6-7f 所示为用压力继电器控制电磁溢流阀使液压泵卸荷，用蓄能器保压的回路。电磁阀 10 通电，液压泵 9 正常工作；执行元件停止运动后，液压泵继续向蓄能器 11 供油，随蓄能器充液容积的增大，压力升高至压力继电器 12 的调定值时，压力继电器使电磁阀断电，液压泵卸荷；蓄能器则使系统保持压力，保压的范围可由压力继电器 12 来设定。

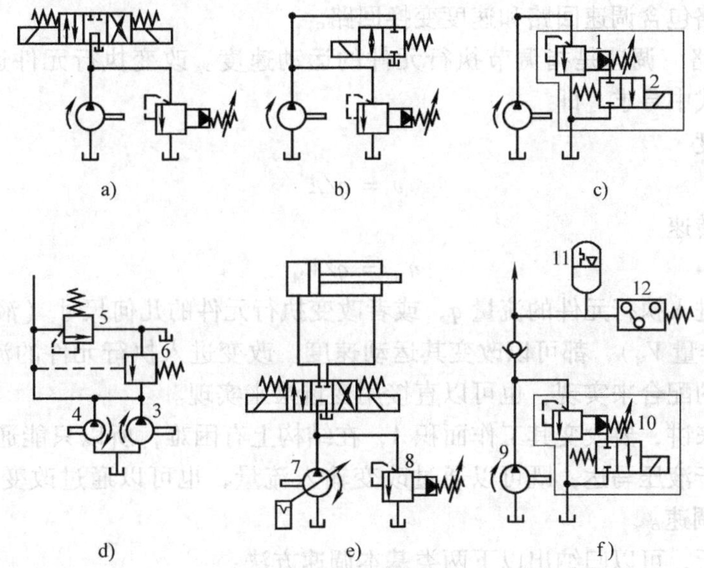

图 6-7　卸荷回路

a）采用三位四通换向阀中位卸荷　b）采用二位二通电磁换向阀直接卸荷
c）用先导式溢流阀卸荷　d）用外控顺序阀卸荷　e）压力补偿变量泵的卸荷
f）保压卸荷
1—先导式溢流阀　2—二位二通电磁阀　3—大流量泵　4—小流量泵　5—溢流阀
6—外控顺序阀　7—压力补偿变量泵　8—安全阀　9—液压泵　10—电磁阀
11—蓄能器　12—压力继电器

（6）平衡回路　对于执行元件与垂直运动部件相连（如竖直安装的液压缸等）的结构，当垂直运动部件下行时，都会出现超越负载（或称为负负载）。超越负载的特征是：负载力的方向与运动方向相同，负载力将有助于执行元件的运动。在出现超越负载时，若执行元件的回油路无压力，运动部件会因自重产生自行下滑，甚至可能产生超速（超过液压泵供油流量所提供的执行元件的运动速度）运动。如果在执行元件的回路设置一定的背压（回油压力）来平衡超越负载，就可以防止运动部件的自行下滑和超速。这种回路因设置背压与超越负载相平衡，故称为平衡回路；因其限制了运动部件的超速运动，又称为限速回路。

如图 6-8 所示，单向顺序阀串接在液压下行的回油路上，其调定压力略大于运动部件自重在液压缸下腔中形成的压力。当换向阀处于中位时，自重在液压缸下腔形成的压力不足以使单向顺序阀开启，防止了运动部件的自行下滑；当换向阀处于左位时，活塞下行，顺序阀开启后在活塞下腔建立的背压平衡了自重，活塞以液压泵供油流量所提供的速度平稳下行，避免了超速。此种回路，活塞下行运动平稳；但顺序阀调定后，所建立的背压即为定值，多用于超越负载不变的场合。

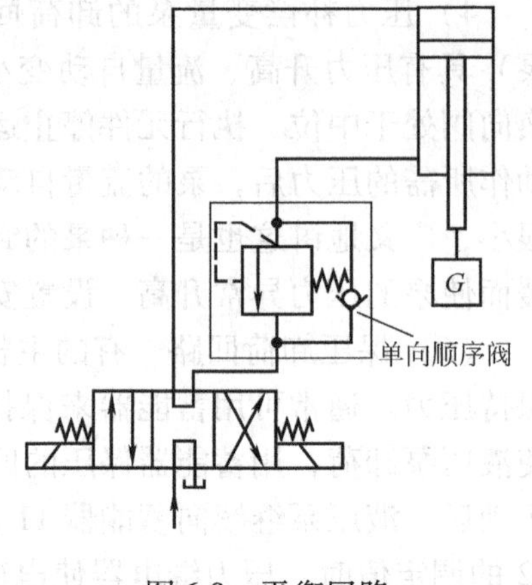

图 6-8　平衡回路

2. 速度控制回路

速度控制回路包含调速回路和速度变换回路。

（1）调速回路　调速是指调节执行元件的运动速度。改变执行元件运动速度的方法，可从其速度表达式中寻求。即

液压缸的速度

$$v = q/A$$

液压马达的转速

$$n_M = q/V_M$$

可见，改变进入执行元件的流量 q，或者改变执行元件的几何尺寸（液压缸的工作面积 A 或液压马达的排量 V_M），都可以改变其运动速度。改变进入执行元件的流量 q，可以用定量泵与节流元件的配合来实现，也可以直接用变量泵来实现。

对于液压缸来讲，要改变其工作面积 A，在结构上有困难，所以只能通过改变输入流量来实现调速；对于液压马达，既可以通过改变输入流量，也可以通过改变其排量（采用变量马达）来实现调速。

根据以上分析，可以归纳出以下两类基本调速方法：

节流调速即采用定量泵供油，利用节流元件来改变并联支路的油流分配，进而改变进入执行元件的流量来实现调速的方法。

容积调速即利用改变液压泵或液压马达的有效工作容积（排量）来实现调速的方法。

如果将以上两种调速方法结合起来，用变量泵与节流元件相配合的调速方法，则称为容积节流调速。

节流调速回路根据节流元件在回路中的安放位置不同，节流调速回路有进口节流、出口节流和旁路节流三种基本形式。根据使用要求，节流元件或是节流阀，或是调速阀。

1）进口节流调速回路。将节流阀装在液压缸的进口油路上，即串联在定量泵和液压缸之间，与进口油路并联成一溢流支路，如图 6-9 所示。调节节流阀阀口的大小，改变了并联支路的油流分配（如调小节流阀口时，将减小进口油路的流量，增大溢流支路的溢流量），也就改变了进入液压缸的流量，实现活塞运动速度 v 的调节。

2）出口节流调速回路。将节流阀装在液压缸的出口油路上，与进口油路并联成一溢流支路，如图 6-10 所示。与进口节流调速回路的调速原理相似，调节节流阀阀口的大小，改

变了并联支路的油流分配（如调小节流阀口时，将减小出口油路的流量，同时减小进口油路的流量，而增大溢流支路的溢流量），也就改变了液压缸排出的流量，实现活塞运动速度 v 的调节。

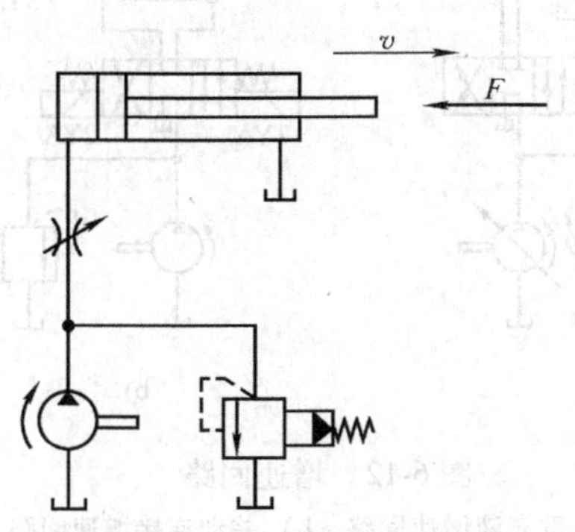

图 6-9　进口节流调速回路
F—外加负载　v—活塞运动速度

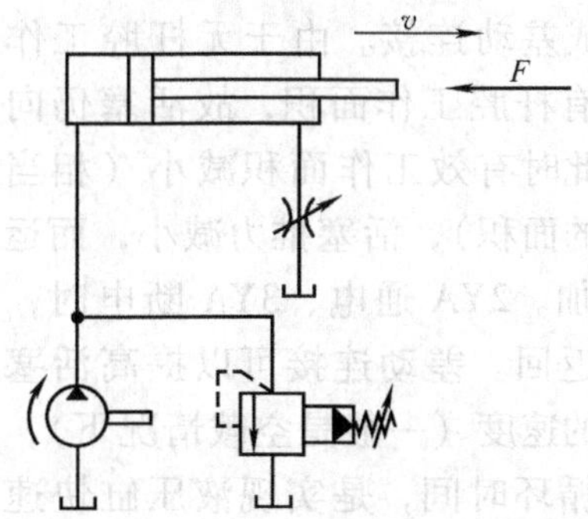

图 6-10　出口节流调速回路
F—外加负载　v—活塞运动速度

3）旁路节流调速回路。这种回路由定量泵、安全阀、液压缸和节流阀组成。节流阀安装在与液压缸并联的旁油路上，其调速原理如图 6-11 所示。定量泵输出的流量 q_p，一部分（q_1）进入液压缸，一部分（q_2）通过节流阀流回油箱。溢流阀在这里起安全作用，回路正常工作时，溢流阀不打开，当供油压力超过正常工作压力时，溢流阀才打开，以防过载。溢流阀的调节压力应大于回路正常工作压力，在这种回路中，缸的进油压力 p_1 等于泵的供油压力 p_p。溢流阀的调节压力一般为缸克服最大负载所需工作压力 p_{1max} 的 1.1～1.3 倍。

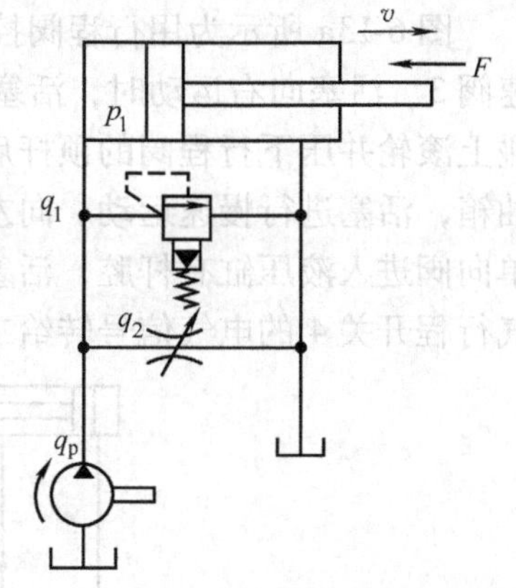

图 6-11　旁路节流调速回路
F—外加负载　v—活塞运动速度

（2）速度变换回路　速度变换回路是使执行元件从一种速度变换到另一种速度的回路。

1）增速回路。增速回路是指在不增加液压泵流量的前提下，提高执行元件速度的回路。

①　自重充液增速回路。图 6-12a 所示为自重充液增速回路，常用于质量大的立式运动部件的大型液压系统（如大型液压机）。当换向阀右位接通油路时，由于运动部件的自重，活塞快速下降，其下降速度由单向节流阀控制。若活塞下降速度超过液压泵供油流量所提供的速度，液压缸上将产生负压，通过液控单向阀 1（亦称为充液阀）从高位油箱 2（亦称为充油箱）向液压缸上腔补油；当运动部件接触到工件，负载增加时，液压缸上腔压力升高，液控单向阀关闭，此时仅靠液压泵供油，活塞运动速度降低。回程时，换向阀左位接通油路，压力油进入液压缸下腔，同时打开液控单向阀，液压缸上腔回油一部分进入高位油箱，一部分经换向阀返回油箱。

自重充液增速回路的液压泵按低速加载时的工况选择，快速时利用自重，不需要增设辅助的动力源，回路构成简单。但活塞下降速度过快时，液压缸上腔吸油不充分，为此高位油箱可用加压油箱或蓄能器代替，实现强制充液。

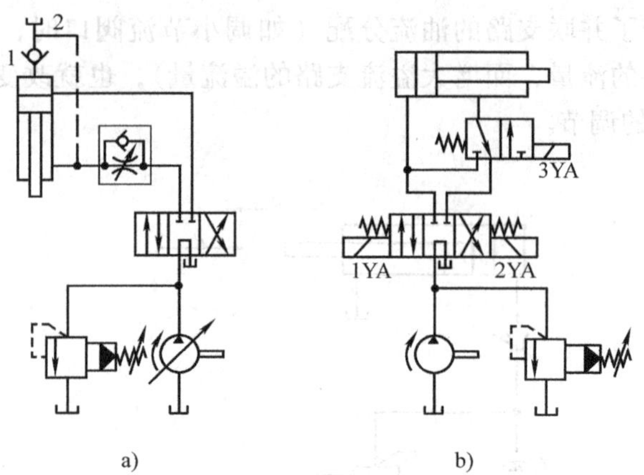

图 6-12　增速回路
a）自重充液增速回路　b）差动连接增速回路
1—液控单向阀　2—高位油箱

② 差动连接增速回路。图 6-12b 所示为差动连接增速回路。电磁铁 1YA 通电时，活塞向右运动；而 1YA、3YA 同时通电时，压力油进入液压缸左、右两腔，形成差动连接。由于无杆腔工作面积大于有杆腔工作面积，故活塞仍向右运动，此时有效工作面积减小（相当于活塞杆的面积），活塞推力减小，而运动速度增加。2YA 通电、3YA 断电时，活塞向左返回。差动连接可以提高活塞向右运动的速度（一般是空载情况下），缩短工作循环时间，是实现液压缸快速运动的一种简单经济的有效办法。

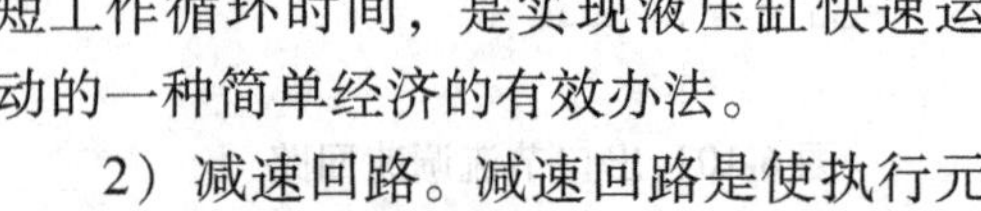

2）减速回路。减速回路是使执行元件由快速转换为慢速的回路。常用的方法是靠节流阀或调速阀来减速，用行程阀或电气行程开关控制换向阀的通、断，将快速转换为慢速。

图 6-13a 所示为用行程阀控制的减速回路。在液压缸的回油路上并联行程阀 2 和单向调速阀 3。活塞向右运动时，活塞杆上的挡铁 1 碰到行程阀的滚轮之前，活塞快速运动；挡铁碰上滚轮并压下行程阀的顶杆后，行程阀 2 关闭，液压缸的回油只能通过单向调速阀 3 排回油箱，活塞进行慢速运动。向左返回时，不论挡铁是否压下行程阀的顶杆，液压油均可通过单向阀进入液压缸有杆腔，活塞快速退回。在图 6-13b 所示的行程开关控制回路中，是将电气行程开关 4 的电气信号转给二位二通电磁阀 5 换向，其他原理同图 6-13a。

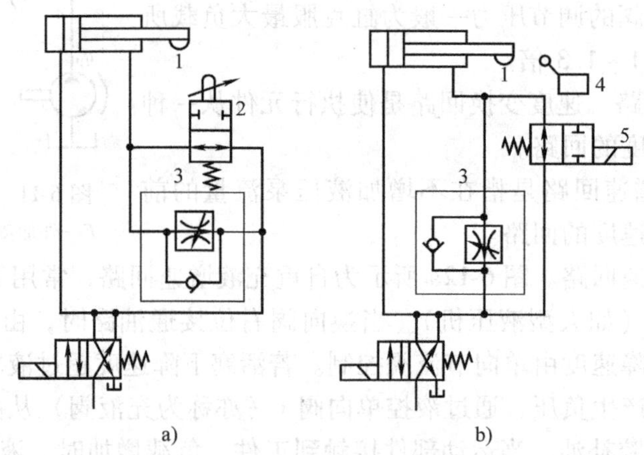

图 6-13　减速回路
a）行程阀控制　b）行程开关控制
1—挡铁　2—行程阀　3—单向调速阀　4—电气行程开关　5—二位二通电磁阀

3. 方向控制回路

方向控制回路的作用是控制液压系统中液流的通、断及流动方向，进而达到控制执行元件运动、停止及改变运动方向的目的。

(1) 换向回路　采用二位四通、二位五通、三位四通或三位五通换向阀都可以使执行元件换向。二位阀可以使执行元件向正、反两个方向运动，但不能在任意位置停止。三位阀有中位，可以使执行元件在其行程中的任意位置停止。利用中位不同的滑阀机能，又可使系统获得不同的性能（如 M 型中位滑阀机能可使执行元件停止和液压泵卸荷）。五通阀有两个回油口，执行元件正反向运动时，两个回路上设置不同的背压，可获得不同的速度。

如果执行元件是单作用液压缸或差动缸，则可用二位三通换向阀来换向，如图 6-14a、b 所示。换向阀的操作方式可根据工作需要来选择，如手动、机动、电磁或电液动等。

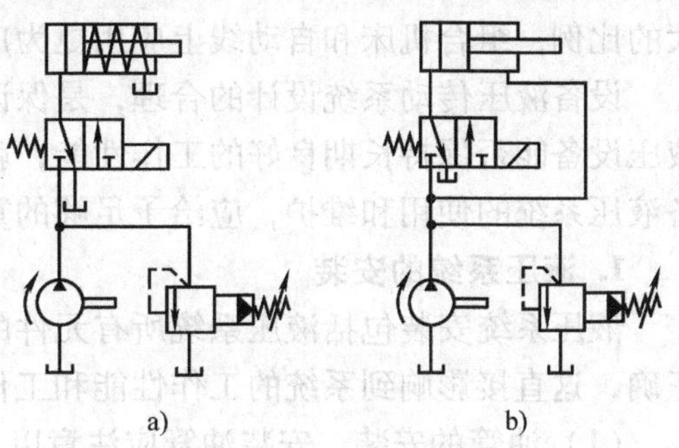

图 6-14　用二位三通换向阀的换向回路

a）控制单作用液压缸换向　b）控制差动缸换向

在闭式系统中可用双向变量泵控制油流的方向来实现液压马达或液压缸的换向。若执行元件是双作用单活塞杆液压缸，回路中应考虑流量平衡问题，如图 6-15 所示。主回路是闭式回路，用辅助泵 5 来补充变量泵吸入流量的不足，低压溢流阀 6 用来维持变量泵吸油侧的压力，防止变量泵吸空。当活塞向左运动时，液压缸 2 回油流量大于其进油流量，变量泵吸油侧多余的油液，经二位二通液动换向阀 3 的右位和低压溢流阀 4 排回油箱。回路中用 1 个溢流阀 1 和 4 个单向阀组成的液压桥路来限定正反运动时的最高压力。

(2) 锁紧回路　为了使液压缸活塞能在任意位置上停止运动，并防止其在外力作用下发生窜动，需采用锁紧回路。锁紧的原理就是将执行元件的进、回油路封闭。利用三位四通换向阀的中位机能（O 型或 M 型）可以使活塞在行程范围内的任意位置上停止运动，但由于换向阀（滑阀结构）的泄漏，锁紧效果差。

要获得很好的锁紧效果，可采用液控单向阀（因单向阀为锥面密封，泄漏极小）。图 6-16 所示为双向锁紧回路，在液压缸两侧油路上串接液控单向阀（亦称为液压锁）。换向阀处中位时，液控单向阀关闭液压缸两侧油路，活塞被双向锁紧，左、右都不能窜动。

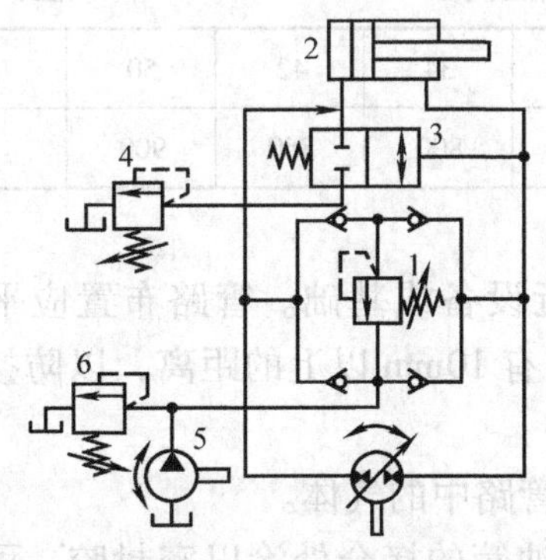

图 6-15　用双向变量泵的换向回路

1—溢流阀　2—液压缸　3—二位二通液动换向阀　4、6—低压溢流阀　5—辅助泵

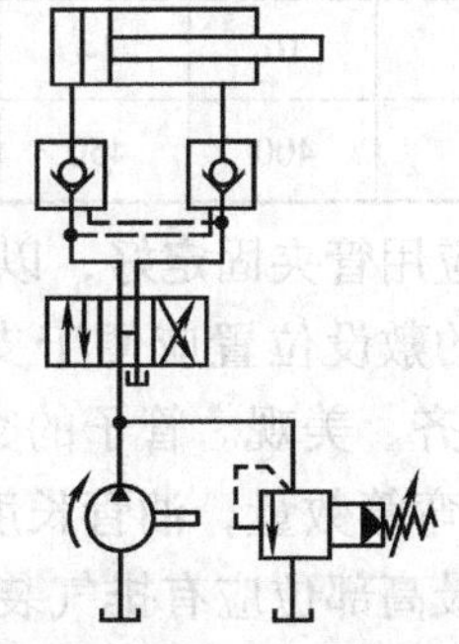

图 6-16　用液控单向阀的双向锁紧回路

在用液控单向阀的锁紧回路中，换向阀中位应采用Y型或H型滑阀机能。这样，换向阀处中位时，液控单向阀的控制油路可立即失压，保证单向阀迅速关闭，锁紧油路。

6.2.8 液压系统的安装

现代设备越来越多地采用液压技术，尤其是液压传动的机床在机床总数中，已占有相当大的比例，组合机床和自动线上应用更为广泛。

设备液压传动系统设计的合理，是保证设备正常工作的先决条件。可是一台设计合理的液压设备能否保持长期良好的工作性能，就要看对它的安装、使用和维护如何。特别是对设备液压系统的使用和维护，应给予足够的重视。

1. 液压系统的安装

液压系统安装包括液压系统所有元件的安装，如泵、缸、阀类元件和辅助元件安装是否正确，这直接影响到系统的工作性能和工作的可靠。

（1）油管的安装　安装油管应注意以下事项：

1）根据压力和流量及使用场合选择油管。油管必须有足够的强度，内壁光滑清洁，无砂眼、锈蚀、氧化皮等缺陷。

2）管子用锯切断时，断面与轴线应保持一定的垂直度，锐边倒钝并清除铁屑。

3）管子弯曲加工时，允许圆度为10%，弯曲部分的内外侧不允许有锯齿形、凹凸不平、扭坏、压坏等缺陷。弯曲半径 R 一般应大于3倍管子外径 D。推荐管子弯曲半径见表6-6。

表6-6　推荐管子弯曲半径　（单位：mm）

管子外径 D	10	14	18	22	28	34	42	50	63
弯曲半径 R	50	70	75	80	90	100	130	150	190

4）管道支架间的距离过小，固定支架增多，距离过大，将发生振动和下垂。在液压系统中，推荐支架之间距离见表6-7。

表6-7　推荐管道支架之间距离　（单位：mm）

管子外径 D	10	14	18	22	28	34	42	50	63
支架最大距离	400	450	500	600	700	800	850	900	1 000

5）管道应用管夹固定好，以防振动。

6）管路的敷设位置应便于支管的连接，并应靠近设备或基础。管路布置应平行或垂直，并注意整齐、美观。管子的交叉要尽量少。管间要有10mm以上的距离，以防接触和振动。尽量减少弯管数量，油管长度应尽量地短。

7）管路最高部位应有排气装置，以便起动时放掉管路中的气体。

8）所有管接头要紧固、密封，不得有漏气，在吸油管的接合处涂以密封胶，可提高吸油管的密封性。

9）回油管应插入液面以下，防止产生气泡。溢流阀的回油管口不应与泵的吸油口接近，否则油液温度将升高。

10）全部管路应进行两次安装，一次试装后拆下的管道用温度在40～60℃的10%～

20% 的稀硫酸或稀盐酸溶液清洗 30 ~ 40min，取出后用 10% 的苏打水中和，溶液温度为 30 ~ 40℃，然后再用温水清洗、干燥、涂油以备正式使用。正式安装时管内不得有砂子、氧化皮和杂物等。

（2）液压元件的安装　各种液压元件的安装方法和具体要求，在元件说明书中都有详细的说明。除此在安装时还必须注意以下几点：

1）安装元件前，应以煤油进行清洗，并要进行耐压和密封性能试验，合格后方可安装。

2）为了避免空气渗入阀内，连接处应保持密封良好。

3）安装各种阀时，应注意进、出油口和部位，不得装反，否则会造成事故。对开有同样作用的两个孔，安装后不用的一个要堵死。

4）方向控制阀一般应保持轴线水平放置。

5）板式元件安装时，要检查进、出口处的密封圈是否符合要求。安装前密封圈应突出安装平面，保证安装后有一定的压缩量，以防泄漏。几个固定螺钉要均匀拧紧，最后使元件的安装平面与元件底板平面全部接触。

2. 液压系统的调试

液压系统进行装配前，必须对各个液压元件及辅助装置进行严格的检查，以确定其性能是否符合要求，并且要经过认真的清洗后才能进行安装。在设备安装、精度检验合格之后，必须进行设备的运转调试，使设备在正常运转状态下达到设备设计的最大生产能力，从而确保设备投产时能够满足生产工艺对设备所提出的各项要求。

液压系统的调试，包括空车运转调试和负载运转调试。对组成液压系统自动工作循环中各个工作部件的力（转矩）、速度、行程的始点和终点，各个动作的时间和整个循环的总时间等进行测试并调整到正确的数值，同时，还应检验力（转矩）、速度和行程的可调性，以及操纵方面的可靠性，否则应予校正。此外，还应判定系统的功率损失和油温升高是否符合要求，否则应采取措施加以解决。

液压系统的运转调试应有书面记载，并纳入设备技术档案，作为设备投产使用和设备维修的原始技术依据。

（1）空载调试　空载调试的作用是在空载运转条件下，全面检查液压系统的各个回路和液压元件、辅助装置的工作是否正常可靠，工作循环或各种动作的自动换接是否符合要求。在空载调试前应进行外观全面检查，其检查项目有：

1）各个液压元件及管道连接是否正确、可靠。例如液压泵的进、出油口及旋转方向是否与泵上标注的符合，各种阀的进油口、出油口及回油口的位置是否正确。

2）油箱、电动机及各个液压部件的防护装置是否具备和完善。

3）油箱中的油面高度及所用油液是否符合要求。

4）系统中各液压部件、油管及管接头的位置是否便于安装、调节、检查和维修，压力计等仪表是否安装在便于观察的地方。

5）液压泵转向是否正确。

6）油箱的油面高度是否达到要求。

外观检查发现的问题，应加以改正后才能进行运转试车。

（2）负载试车　负载试车是在空载调试完成后进行的，是使液压系统在设计规定的负载下工作，检查系统能否实现预定的工作要求。

1）能否实现设计对工作部件的力（或转矩）和运转特性等方面的要求。

2）噪声和振动是否在允许的范围内。

3）工作部件运动、换向和速度换接的平稳性是否合乎要求。

4）工作部件运动时是否有爬行、跳动和冲击现象。

5）各液压元件及管道是否有泄漏。

6）系统的功率损耗、油液温升是否在允许的范围内。

应当指出，在进行负载试车时，应先在低于最大负载的一二种负载情况下试车，发现问题及时调整，当一切情况都正常后，才能在最大负载下试车。这样，可以避免出现设备损坏事故。

6.3 机床润滑系统的改造

6.3.1 润滑系统的改造原则

机床的润滑系统，在机床整机中具有十分重要的地位。在数控机床上，润滑系统不仅起着润滑作用，还起着冷却作用，即对机床部件实现恒温控制，减少热变形的影响。

先进、合理、有效的润滑系统，应满足机械设备所有工况对润滑的要求，同时应运行可靠，操作方便，易于监测、调整和维修。具体要求如下：

1）均匀、连续或间歇并可调地向设备润滑部位提供一定压力、一定流量的润滑剂。

2）安装有效的密封装置，以防止润滑剂被污染及流失。

3）安装可靠而适当的过滤装置，以保证进入润滑部位前润滑剂的清洁。

4）润滑装置应结构简单、标准化，便于更换、检查及维修调整。

5）对于有特殊要求的润滑系统，应能调整其温度、压力及流量。

6）润滑状态的监测装置应能随机监测润滑剂的温度、压力、流量、污染度等；设置合理、适当的采集点，便于进行油液分析。

6.3.2 普通机床的润滑系统

1. 主轴箱的润滑

普通机床的主轴箱装有负责变速的齿轮组，一般采用飞溅润滑。飞溅润滑是指转动零件从油池中通过时，将油带到或激溅到润滑部位。适用于中心型减速箱。大多数普通机床都采用主轴箱兼做油箱的方式，但限制较多，例如：

1）飞溅润滑时，浸在油池中的机件的圆周速度不应超过12m/s。

2）齿轮浸油深度不大于齿高，否则将产生大量的泡沫及油雾，使油迅速氧化变质。

3）还应装设通风孔及油面指示器，以加强箱内外空气的对流及便于检查油位。

2. 进给传动装置的润滑

（1）导轨的润滑　导轨润滑的目的是：

1）使导轨尽量接近为纯液体摩擦，以减小摩擦阻力，降低驱动功率、提高效率。

2）减少导轨摩擦，延长使用寿命，防止导轨锈蚀。流动的润滑油还起到冲洗作用。

3）避免低速爬行并减少振动。

4）降低高速时的摩擦热，减小热变形。

高速、重型、精密和自动化机床的导轨润滑系统，应注意下列问题：

1）最好在工作部件起动之前先使润滑油通入导轨，以便在油压不足或润滑系统受阻中断供油时，能停止运动或发出警报信号。

2）润滑油压力及流量均能调节。最佳的油压和油量随导轨工作条件不同而不同，所以应设有压力及流量的调节装置。

3）润滑油需要仔细过滤，即使导轨有可靠的防护装置，用过的润滑油回箱前最好也要经过过滤。

4）每条 V 形导轨、平导轨的油压或流量可以单独调节。

普通机床的导轨一般采用人工加油润滑。通过人工，采用加油工具（油壶、油枪）将油加入油杯或油孔中使油进入摩擦部位或直接将油加到摩擦接触部位。但这种润滑方式需要经常往油杯中加油，不能连续均匀供油，不可靠，用油不经济。

（2）滚珠丝杠的润滑　普通机床滚珠丝杠副的润滑用滴油润滑。用滴油器（通常用针阀滴油油杯）长时间以一定油量滴入摩擦部位。适用于数量不多，易于接近的摩擦副。

3. 滚动轴承的润滑

轴承对保证机床主轴的回转精度起到至关重要的作用。普通机床的轴承一般采用手工加油（脂）润滑，但采用手工加油（脂）润滑需要频繁加油。当普通机床进行数控化改造后，主轴转速大大提高，主轴和主轴轴承的发热量增加，如果供油不及时，容易使零件磨损，这就使手工加油（脂）润滑变得很不方便。而且，手工加油（脂）润滑不能清除润滑剂表面的杂质，将有可能把微小颗粒通过润滑剂带进轴承，从而增加了摩擦，加快了零件的磨损，并且产生噪声。

6.3.3　润滑系统改造方案介绍

普通机床在长期的使用后，润滑系统易出现老化、油路堵塞，造成出油不畅或漏油的问题。而且经过改造后的机床主轴箱和进给传动系统的结构发生了根本性的变化，这些变化使机床润滑系统的润滑对象、润滑油路发生了新的变化。因此，需要重新设计机床的润滑系统。

1. 手动泵压油润滑

利用手动泵将润滑油压送到润滑部分，压送出去的润滑油一般不再返回油池循环使用。它与某些无压润滑（如手工加压润滑、滴油润滑等）相比，操作较方便，润滑可靠，但装置复杂一些。与其他压力润滑方式相比，装置成本低，无需动力源。

润滑主要利用手动泵，是一种间歇使用的压力润滑装置。通常是在工作前通过手操纵泵将润滑油压送到润滑点。

手动泵是一种泵与油池为一体的结构，即带油池的手动泵。还有一种是不带油池的，需要安装在预先设置在机床上的油池（一般离润滑部位较近）中使用，前者应用较广。

除手动泵外，润滑系统中还有分油器及油管等。

2. 压力循环润滑

该润滑方式适用于高速重载或精密摩擦副的润滑，如滚动轴承、滑动轴承、滚子链、齿轮链等。压力循环润滑的工作过程是利用油泵将油箱或油池中的润滑油经管道和分油器等元件压送到润滑点，用过的油液返回油箱（或油池），经冷却和过滤后供循环使用。

压力循环润滑可分为箱体内循环润滑和箱体外循环润滑。

（1）箱体内循环润滑　利用直接装入机床传动箱体内的油泵，将位于同一箱体内油池中的润滑油抽起，并经管道和分油器等供给各润滑点。用过的油液返回油池供循环使用。其特点是不需特设一润滑油箱，且往往由传动轴（或通过齿轮等）直接带动油泵工作，可省去一台电动机。

（2）箱体外循环润滑　利用自成一体的位于传动箱外的单独润滑油箱（装有驱动电动机、油泵、过滤器等）对传动箱内各摩擦副进行润滑，其优点是润滑油冷却较充分。

6.3.4　机床自动润滑系统介绍

机床润滑系统的设计、调试和维修保养，对提高机床的加工精度、延长机床的使用寿命等都有着十分重要的作用。但是在润滑系统方面，仍存在以下问题：一是对润滑系统工作状态的监控不到位。数控机床控制系统中一般仅设油箱油面监控，以防供油不足，而对润滑系统易出现的漏油、油路堵塞等现象监控不够，不能及时做出反应。二是设置的润滑循环和给油时间单一，容易造成浪费。数控机床在不同的工作状态下，需要的润滑剂量是不一样的，如在机床暂停阶段就比加工阶段所需要的润滑油量要少。针对上述情况，在数控机床润滑系统中，对润滑系统进行了自动化改进设计，时刻监控润滑系统的工作状况，以保证机床机械部件得到良好润滑，并且还可以根据机床的工作状态，自动调整供油、循环时间，以节约润滑油。

图 6-17 所示为自动定时定量润滑系统。自动定时定量润滑系统是由润滑液站、时间继电器、压力继电器、定量分配器及各种润滑管接头所组成的。根据用户需要，时间继电器可放在液压站或总控制台上，压力继电器可装置在油管的其他地方，油箱内还装有最低油面警告装置。适用于数控机床等自动化程度较高的机床导轨等。其特点是：

1）无论润滑点位置高低和离油泵远近，各点的供油量稳定。

2）由于润滑周期的长短及供油量可调整，减少了对润滑油的消耗。

3）易于自动报警，润滑可靠性高。

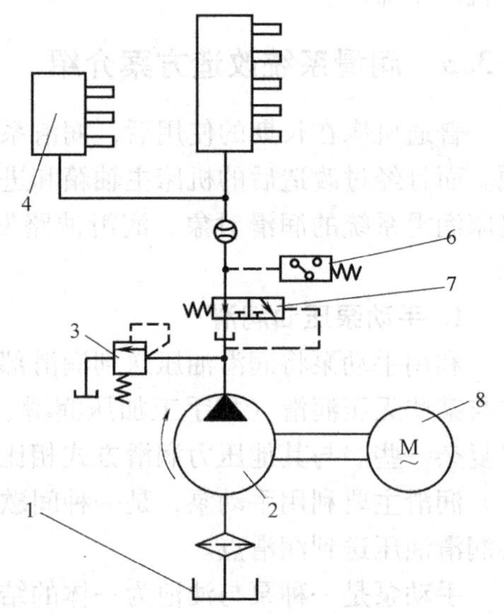

图 6-17　自动定时定量润滑系统组成和布局
1—油箱　2—油泵　3—溢流阀　4—定量分配器　5—流量计　6—压力继电器　7—液动换向阀　8—电动机

自动定时定量润滑的工作过程是：油泵起动后，将高压润滑油经主油管送至定量分配器，定量分配器即将定量油液经支油管送至各润滑点；继续给油时，为下次循环送油储好定量油液，并且通过控制元件（压力继电器、时间继电器）实现定时控制。

根据定量分配器的给油方式，机床上用的定时定量润滑系统有并列给油系统与顺序给油系统之分。

并列给油系统如图 6-18 所示，油泵通过一根主油管与并列装置的各点定量分配器连接，各定量分配器同时向各对应的润滑点供油。该系统的特点是一个定量分配器只对应一个润滑点，各定量分配器之间无流量及动作的制约关系，故易于合理地布置管路。压力继电器应设置在管路末端，以保证所有润滑点均能得油。

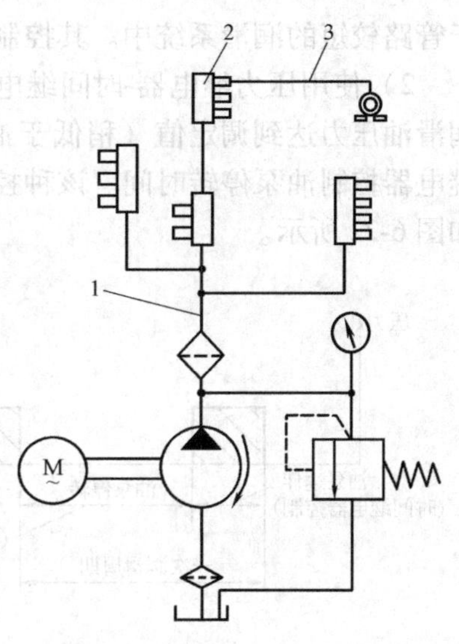

图 6-18　并列给油系统

1—主油管　2—定量分配器　3—支油管

此外，还有一种如图 6-19 所示的节流式并列给油系统，它以可变节流器代替定量分配器，各节流器通过时间继电器控制给油时间而进行调节供油量。现已成功地应用于 Y2350 型直齿锥齿轮刨齿机上。用时间继电器控制给油时间，每 1s，得油 0. 27mL，每分钟通油两次，得油 0. 54mL，每班每点供油 259. 2mL。

顺序给油系统如图 6-20 所示，油泵通过主油管与各串接的片组合式定量分配器相连。油泵起动后，润滑按设定顺序从一个定量分配器流向另一个定量分配器，顺序地向各润滑点供油。如某一定量分配器停止工作，则之后的定量分配器将全部停止供油。亦即只要确认定量分配器内一个柱塞的动作，便可检知整个系统的工作情况，润滑十分可靠。由于片组合式定量分配器有主次之分，主分配器的流量必须大于后续分配器，故管路的布置不如前一种系统容易。

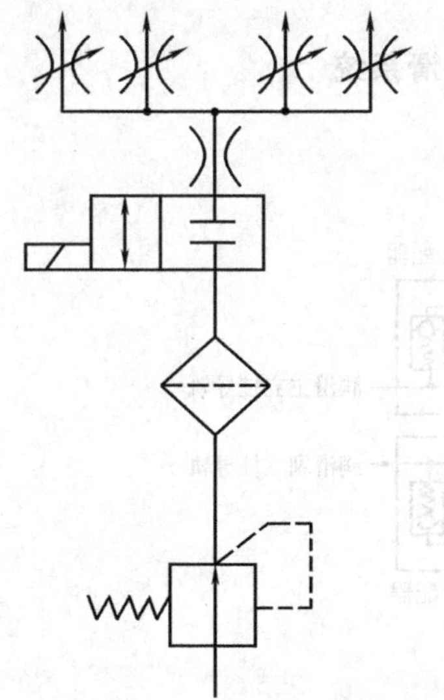
图 6-19　节流式并列给油系统

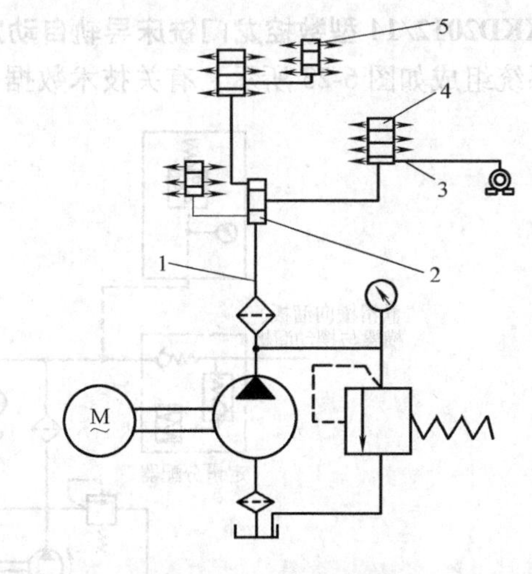

图 6-20　顺序给油系统

1—主油管　2—第一片组合式定量分配器　3—支油管　4—第二片组合式定量分配器　5—第三片组合式定量分配器

实现周期给油的控制方式基本上有以下两种：

1）使用时间继电器控制。利用两个时间继电器分别控制给油时间和休止时间，主要用于管路较短的润滑系统中。其控制示意图如图 6-21 所示。

2）使用压力继电器-时间继电器控制。利用装在远离油泵的管路末端的压力继电器，在润滑油压力达到调定值（稍低于油泵的出油压力）时，使油泵电动机停转，继而再用时间继电器控制油泵停转时间。该种控制方式适用于管路较长的并列给油系统中。其控制示意图如图 6-22 所示。

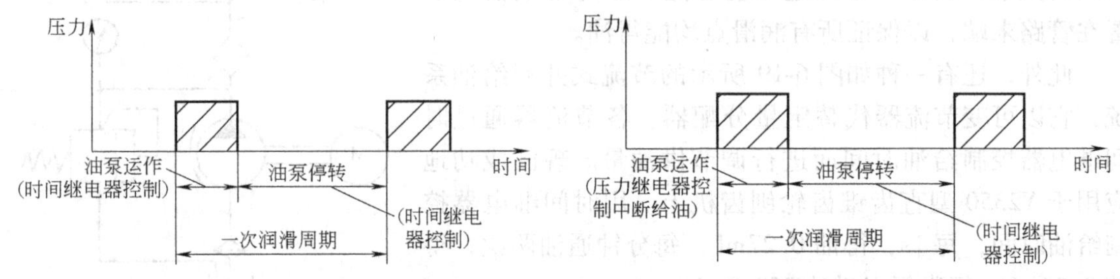

图 6-21 时间继电器控制示意图　　图 6-22 压力继电器-时间继电器控制示意图

自动定时定量润滑系统的控制回路除能控制周期给油外，通常还根据不同的使用要求，可以达到如下一些目的：

1）实现机床起动前的预润滑。

2）油箱内油量不足、主油管内有残压、油泵电动机过载、压力继电器故障等情况下的报警。

6.3.5 润滑系统改造实例

1. XKD2012/14 型数控龙门铣床导轨自动定时定量润滑系统

本系统组成如图 6-23 所示，有关技术数据如下：

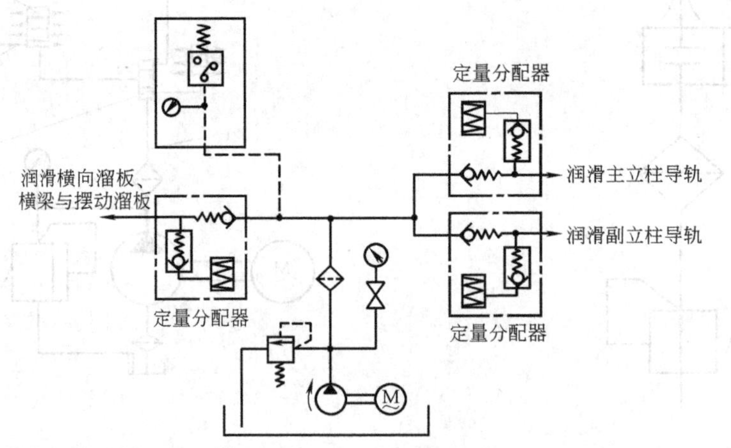

图 6-23 XKD2012/14 型数控龙门铣床导轨自动定时定量润滑系统

定量分配器一次供油量为 0.2 ~ 1.1mL；

润滑周期为 2h；

使用润滑油为 90 号导轨油，注入油箱前需经过滤精度为 0.01mm 的过滤器过滤；

油箱容积为 30L；

压力继电器调定压力为 15kgf/cm^2[⊖]；

溢流阀调定压力为 16kgf/cm^2。

改造为自动定时定量润滑系统后，机床每天开始工作时按一次润滑开关即可，以后每隔两小时机床自动润滑一次。

2. XF716 型液压仿形铣床自动定时定量润滑系统

利用液压系统主油路的液压油，推动柱塞泵将导轨润滑油箱内的导轨油经定量分配器压入各润滑点进行润滑。本系统组成如图 6-24 所示，润滑系统参数如下：

定量分配器每次给油量为 0.4mL；

来自主油路的压力为 1～1.5MPa；

油箱容积为 9L；

润滑周期为 20min。

使用自动定时定量润滑系统后，当油箱油位降到最低点后，油位继电器控制油泵停止工作。

3. YZ2815 型全自动锥齿轮拉齿机轮流给油自动定时定量润滑系统

其润滑原理如图 6-25 所示。定量分配器的排油管分成 G1 组和 G2 组，根据润滑周期，由双向柱塞泵控制交替向润滑点供油。定量分配器给油量为 0.2～0.45mL，润滑周期为 15min。这种定量分配器阀芯两端都通液压油，强迫移动，比弹簧复位工作更可靠，定量分配器无残油积累和向外渗透。

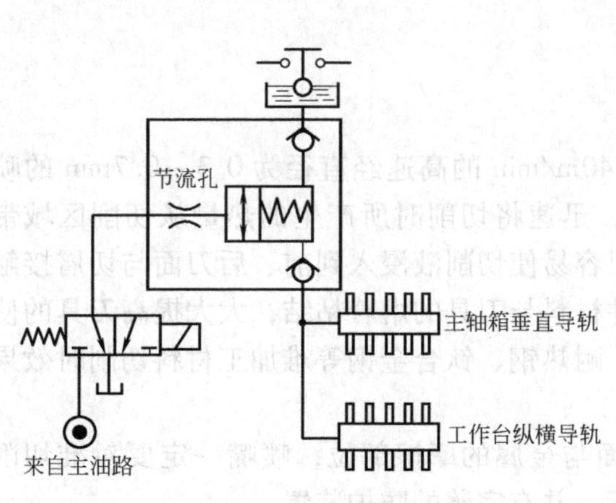

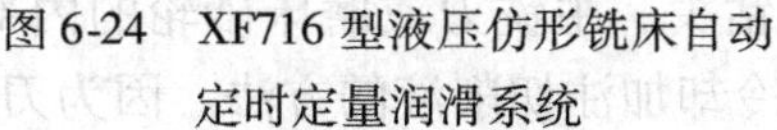
图 6-24　XF716 型液压仿形铣床自动定时定量润滑系统

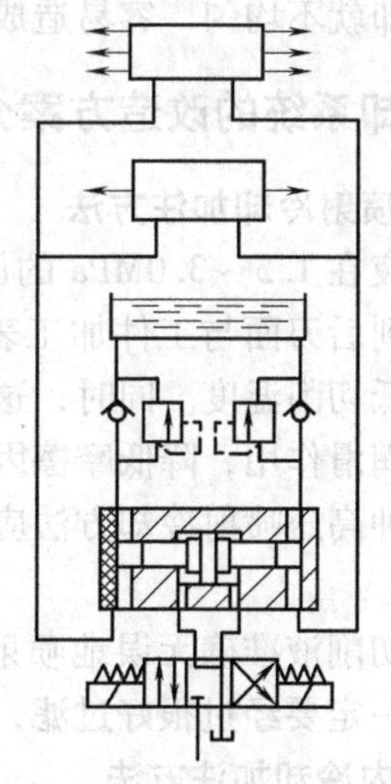
图 6-25　YZ2815 型全自动锥齿轮拉齿机轮流给油自动定时定量润滑系统

⊖　1kgf/cm^2 = 0.098MPa。

6.4 机床冷却系统的改造

6.4.1 冷却系统的改造原则

冷却系统由切削液、油泵、过滤器等部件组成。对于精度要求较高的加工过程，冷却系统还有温度控制系统，以确保切削液的温度恒定。

机床的冷却系统，特别是高速加工时，冷却系统的优劣，常常能够决定整个加工过程的成败。冷却系统主要起到两个作用：

1）将已产生的切削热从高温切削区迅速带走，这是主要方面。

2）减少摩擦从而减少切削热的产生。

因此，冷却系统要求能以一定的流速和流量将切削液浇注到切削区的间隙内，并完全覆盖住刀具和工件，从而起到冷却作用。

6.4.2 普通机床的冷却系统

在大多数的普通机床上，为了冷却刀具和加工表面，多采取的冷却方法是由操作人员根据经验，手工加注一定量的切削液。这样的做法很不科学，有以下缺点：

1）安全性不高，操作员需要距机床比较近，以方便添加切削液，这样使得操作员有可能被切屑弄伤。

2）由于切削液的使用量是根据操作员的个人经验决定的，因此每次的添加量都将有不同，这样冷却就不均匀，容易造成浪费。

6.4.3 冷却系统的改造方案介绍

1. 高压喷射冷却加注方法

使切削液在 1.5～3.0MPa 的压力下，以约 40m/min 的高速经直径为 0.3～0.7mm 的喷嘴直接喷射到后刀面与工件加工表面的接触处，迅速将切削时所产生的热量从切削区域带走，大大降低切削温度。同时，这种加注方法很容易使切削液浸入到前、后刀面与切屑接触处，并产生润滑作用，降低摩擦因数，防止工件材料与刀具的熔着粘结，大大提高刀具的使用寿命。这种高压喷射冷却方法应用于不锈钢、耐热钢、钛合金钢等难加工材料切削时效果特别明显。

为保证切削液准确无误地喷射到前、后刀面与金属的摩擦部位，喷嘴一定要对准切削区。切削液一定要经过很好过滤，以免堵塞喷嘴，并有完善的防护装置。

2. 高压内冷却加注方法

高压内冷却加注方法是使高压液体从钻头、深孔钻头、主铣刀或磨床砂轮的内部喷出。常见的套料刀、深孔钻、喷吸钻等一般均采用高压内冷却加注切削液的方法。因为刀具均在半封闭的孔中进行切削，切屑沉积在刀具、工件和刀杆之间，很难排出，大量的切削热也不易散出，会造成刀具很快磨损、崩齿，甚至与工件壁咬死，使切削加工无法进行。故在加工深孔时，将具有良好的冷却、润滑、清洗和防锈性能的切削液，以比较高的工作压力（1.0～10.0MPa）和较大的流量（30～200L/min）迅速喷向切削区，将切屑冲刷出来，并带走大量的切削热，可提高刀具使用寿命和加工精度及加工表面质量，同时起到减振和消声的作用。

高压内冷却加注法有时也用于高速钢和高温合金钢等难切削材料的加工，能显著提高刀具寿命。

3. 低压内冷却加注方法

它是用普通机床所用的油泵，以 0.05～0.20MPa 的工作压力，将切削液经过直径为 2～5mm 的喷嘴，从刀具后面喷射到刀具与被加工工件的接触区。该方法一般用于普通钻孔和车削。在同样条件下与浇注加注法相比，若使用得当能提高刀具寿命 1～3 倍。

4. 喷雾冷却加注方法

这种加注切削液的方法是将乳化液、合成液、微乳液等水基切削液，用压力为 0.3～0.6MPa 的压缩空气使切削液雾化，以大于或等于 50m/min 的高速喷向高温切削区。这种雾状空气液体混合物中的细小水珠会很快被切削区的高温所汽化。由于汽化所吸收的热量大大超过传导和对流所吸收的热量，且此喷雾喷射的速度很高，因此能很快地吸收并带走大量的热，有效地降低切削温度，冷却效果很好。同时，由于喷雾中汽化的切削液分子活动性很强，能迅速渗透到切削刃及剪切面上许多具有高活性表面的微小龟裂里，产生物理或化学吸附，使龟裂的表面能降低，同时防止龟裂的熔附。这将加强剪切面的脆性倾向，可降低切削时的摩擦因数。

喷雾冷却加注方法的最大优点是不但综合了气体的高速、高渗透性和液体的汽化热高、内含各类添加剂的优良特性，并以导热、对流和汽化形式来降低整个切削区域的温度外，还能使切削区得到良好的润滑。在冷却规范控制合适时，不会产生液体飞溅，工作场地比较干净。

采用喷雾冷却时可以以较高切削速度和较大进给量进行切削，且容易获得较好的工件表面质量。同时，由于不存在热变形，无需担心工件冷却以后尺寸发生变化。

5. 砂轮内冷却加注方法

因磨削速度约为切削加工速度的 10 倍，通过接触弧的时间约为 0.04μs，所以砂轮内冷却加注方法是以砂轮的空隙来传送切削液的一种冷却方法。

其原理是在机床油泵所产生的压力作用下，切削液流入主轴套筒与砂轮之间的空隙内，在离心力作用下通过砂轮的圆周直接到达接触弧中，形成一层润滑膜，起到冷却、润滑的作用，从而提高加工表面质量，减少砂轮磨损和提高使用寿命。砂轮内冷却加注方法用于磨削耐热钢、硬质合金时效果很好。

砂轮内冷却加注方法只能用于由氧化铝、碳化硅和陶瓷粘结剂制作的砂轮，而不适用于由橡胶等粘结剂制造的砂轮，因为它没有足够的空隙传送切削热。应用砂轮内冷却加注切削液时，切削液必须经过很好地过滤，以免切削液中的细屑堵塞住砂轮的空隙。

6.4.4　新型冷却系统改造介绍

1. 通过主轴中心的刀具冷却

加工中心向刀具喷射切削液的机构主轴装有刀杆，轴承为复合陶瓷轴承，直径 $D=70$mm，主轴系统前轴承为前后两组成对轴承，前端装有非接触的密封系统。电动机主轴主要用于速度优化切削加工。在高速机床中，主轴为关键部件，合理的设计可控制主轴发热的程度。电动机主轴轴承系统内装电动机冷却套，即水通道，切削液从内冷却进口进入，到达冷却套，同上述的冷却作用相同，也可以使切削液进入刀杆，且前部可安装控制阀。一般按用户提出具体要求的结构形式进行设计。

2. 通过主轴切削液套冷却主轴

即内装式同轴电动机主轴冷却。机床机架由固定横梁与整体床身装配成一体，整体床身将机床底座与立柱铸造成一体，这种机床可以提高机床的整体刚度和抗接触变形能力。倒置立车主轴部件采用了国际先进的内装同轴电动机驱动技术，电动机安装在主轴的两组轴承之间，增强了主轴驱动系统的刚度。

主轴冷却时，切削液由切削液进口进入内装电动机定子外的冷却外套的沟槽中，并沿冷却外套螺旋走数圈后，再由切削液出口排出到循环冷却主轴箱中。

这种方法适用于各种数控车床主轴。

6.4.5 冷却系统改造实例

1. 拉削时的高压喷射冷却

图 6-26 所示为向拉床冲洗喷嘴供液的冷却系统图。用过的切削液经过切屑筐兜，将切屑清除后，流入切削液箱，再经过自然沉淀和滤网过滤后，由泵向冲洗喷嘴供液。泵的工作压力由溢流阀限定。囊式蓄能器用来缓和冲击、减少振动。在拉刀的工作过程中，电磁换向阀接通，向冲洗喷嘴供液。

2. 深孔加工时的高压喷射冷却

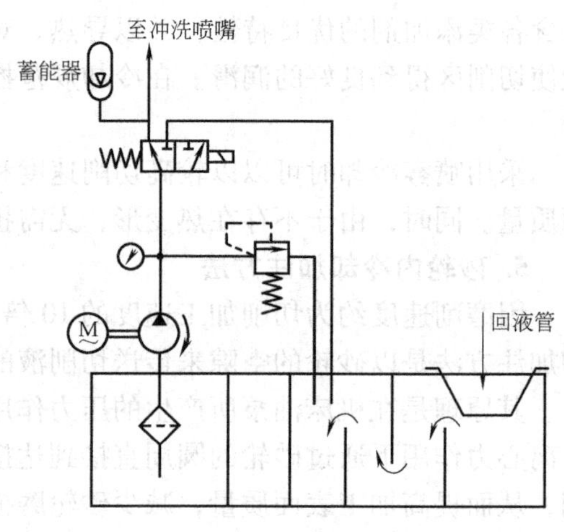

图 6-26 向拉床冲洗喷嘴供液的冷却系统图

图 6-27 所示为深孔钻削时的冷却系统图。用过的切削液先经过切屑筐兜 1 清除较粗大的切屑后，流入脏液箱 2（容量 400L），经沉淀并通过 3 道逐渐变细的滤网 3、4、5（过滤精度分别为 297μm、149μm、74μm）过滤。再由离心泵 6（1.1kW）抽出，经单向阀 7、三通阀 8、精过滤器 10（过滤精度 5～10μm）及三通阀 11 之后，干净的切削液通过强制对流水冷式冷却器 12 输送到净液箱 29（容量为 240L）。

当精过滤器 10 需要清洗时，只需转换三通阀即可改用精过滤器 9，而机床不用停车。水冷式冷却器 12 根据切削液的温度由温度控制器 14 控制阀门 13 供水或停水。经过净化，冷却后的切削液储存在净液箱 29 中，由浮子开关 28 控制液面高度。当精过滤器 10 或 9 堵塞而使液面下降低于规定值时，由浮子开关 28 发出信号及时转换三通阀 8、11，清洗堵塞的精过滤器 10 或 9。

干净的切削液由一个 7.5kW 的电动机 24 驱动复合三联泵 25、26、27（流量、工作压力分别为 39L/min，6.3MPa；18L/min，14MPa；73L/min，3.3MPa），将高压的切削液经二位三通电磁换向阀 18 输送到深孔切削区。压力在 0～14MPa 范围内，用节流阀 19 调节。压力计 17 示出切削液压力值。当需要的切削液压力 $p<3.3\text{MPa}$ 时，3 个泵同时供液，此时流量 $Q=112\sim130\text{L/min}$，溢流阀 16、23 关闭，仅溢流阀 21 部分泄液。当需要切削液压力 $p=$

3.3～6.3MPa 时，溢流阀 23 卸荷。泵 25 的切削液不参与工作而回流净液箱 29；溢流阀 16 关闭，溢流阀 21 部分泄液，这时流量 $Q=39\sim57\mathrm{L/min}$。当需要的切削液压力 $p>6.3\mathrm{MPa}$ 时，只有泵 26 供液，流量 $Q<18\mathrm{L/min}$，这时 25、27 输出的切削液由于溢流阀 16、23 的卸荷而流回净液箱 29。二位三通电磁换向阀 20 可使冷却系统卸荷，使 3 个泵均不向切削区供液。溢流阀 16、21、23 分别用来限制泵 25、26、27 供液的最高压力，最高压力可根据需要调整。

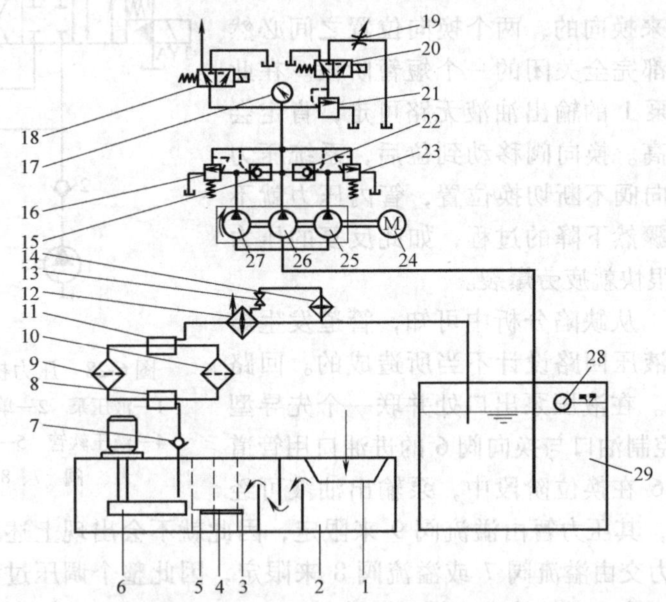

图 6-27　深孔钻削时的冷却系统图

1—切屑筐兜　2—脏液箱　3、4、5—滤网　6—离心泵　7、15、22—单向阀　8、11—三通阀　9、10—精过滤器　12—水冷式冷却器　13—阀门　14—温度控制器　16、21、23—溢流阀　17—压力计　18、20—二位三通电磁换向阀　19—节流阀　24—电动机　25、26、27—复合三联泵　28—浮子开关　29—净液箱

6.5　设计缺陷分析及补救措施

由于设计、制造和使用上的多种因素，液压设备在使用过程中经常会出现这样或那样的故障，使其性能达不到设计要求甚至是不能正常工作。尤其是在最初的液压回路设计阶段，若出现设计不周将会严重影响液压设备以后的正常工作，从而导致各种故障的发生。和其他因素相比，液压回路设计缺陷是先天性的，也是最难彻底消除的。本节根据几个具体工程实例，针对不同的故障现象，着重分析了其液压回路设计的缺陷，并提出了设计缺陷的相应补救措施。

1. 因压力冲击导致液压软管破裂

图 6-28 所示为某压力机的部分液压回路图。该回路要求在工作过程中能够对系统压力大小（即泵出口压力）进行调节，因此在液压回路中使用了两个不同调定压力的溢流阀 7 和 8 来切换系统的压力。换向阀 6 处于左位时，系统压力由溢流阀 7 调定，处于右位时系统压力由溢流阀 8 调定，中位时液压泵卸荷，此时系统压力趋近于 0。该设备在使用一段时

间以后会发生液压软管 4 爆裂事故。

（1）缺陷分析　可以断定液压软管爆裂是由于其管道内油液压力超过了其耐压极限，即在管道内发生了液压冲击的缘故。尽管每次压力冲击时间很短暂，但是频繁的瞬间超高压力对管道和其他液压元件的破坏非常大。在压力切换过程中，采用滑阀结构的换向阀 6 是靠阀心移位来换向的，两个换向位置之间必然经过一个所有阀口都完全关闭的一个短暂阶段。在此阶段中，由于液压泵 1 的输出油液无路可走，肯定会使系统压力骤然升高。换向阀移动到位后，系统压力又骤然下降。当换向阀不断切换位置，管内压力就不断重复骤然升高又骤然下降的过程，如此反复的压力冲击会使液压软管很快就疲劳爆裂。

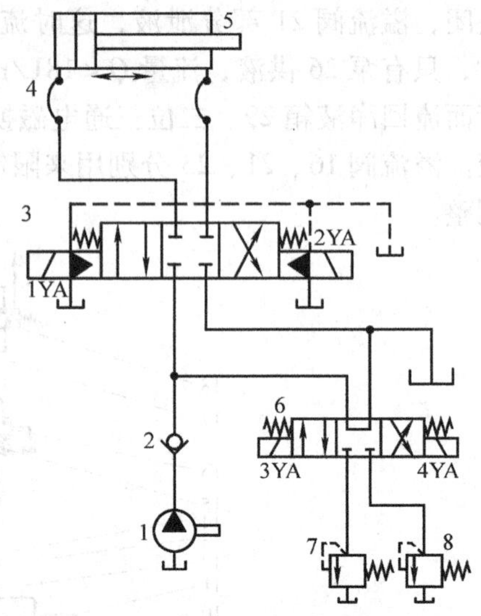

图 6-28　压力机液压系统原图
1—液压泵　2—单向阀　3—换向阀　4—液压软管　5—液压缸　6—换向阀　7、8—溢流阀

（2）补救措施　从缺陷分析中可知，管道发生爆裂的原因完全是由液压回路设计不当所造成的。回路改进如图 6-29 所示。在液压泵出口处并联一个先导型溢流阀 9，其远程控制油口与换向阀 6 的进油口用管道连接。这样换向阀 6 在换位阶段中，泵输出油液可经溢流阀 9 流回油箱，其压力暂由溢流阀 9 来限定，因此就不会出现上述压力冲击现象。换位结束后，系统压力交由溢流阀 7 或溢流阀 8 来限定，因此整个调压过程不会再出现超高压现象，从而彻底地清除了软管发生爆裂的隐患。

2. 因调速阀流量瞬间跳跃导致压力冲击

图 6-30 所示为某一专用机床液压系统二次进给速度换接回路。它能实现工作台的快进—一工进—二工进—快退—停止的动作循环。但在使用中发现，由一工进速度向二工进速度换接的瞬间，液压缸产生明显的前冲现象，使得工件的加工精度达不到预定要求，甚至在严重时发生撞断刀具的事故。

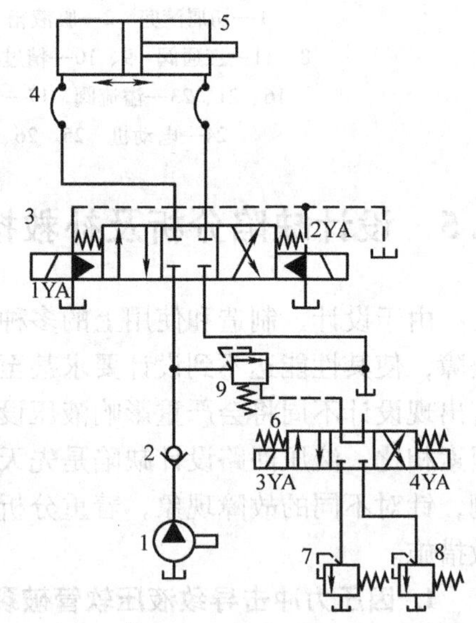

图 6-29　压力机液压系统改进图
1—液压泵　2—单向阀　3、6—换向阀　4—液压软管　5—液压缸　7、8、9—溢流阀

（1）缺陷分析　这是由调速阀压力补偿机构在开始工作时发生流量的跳跃现象引起的。在图 6-30 中，两个调速阀可单独调节，两进给速度互不影响。但一调速阀工作时另一调速阀无油液通过，后者的定差减压阀部分处于非工作状态，若该阀内无行程限位装置，此时减压阀阀口将完全打开，一旦换接，油液大量通过此阀，液压缸会出现前冲现象。

（2）补救措施　若将两调速阀按图 6-31 方式并联，不难看出，调速阀在速度换接时总有压力油通过，则不会发生液压缸前冲的现象，避免了液压冲击的发生。

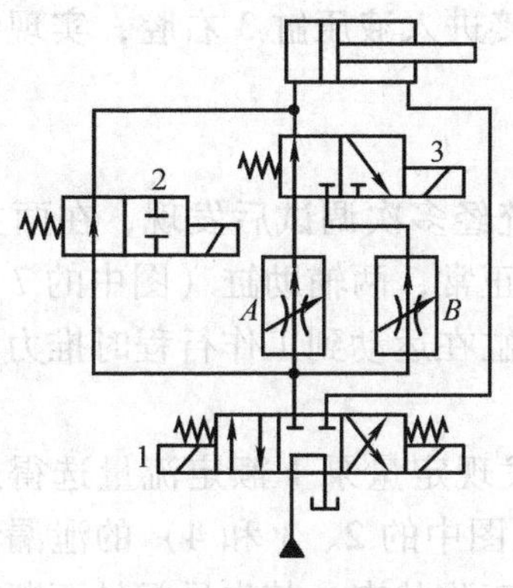

图 6-30　二次进给速度换接回路原理图

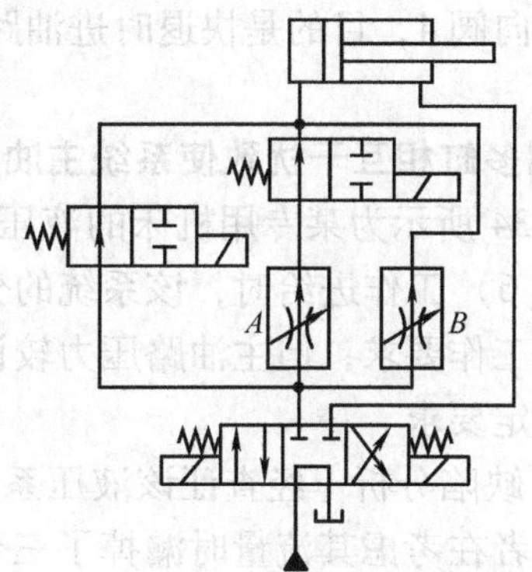

图 6-31　二次工进速度换接回路改进图

3. 因调速元件位置不当导致油温偏高

图 6-32 所示为某试制设备的液压回路图。该设备在工作一段时间后，油液温升过高，严重影响系统的正常工作。

（1）缺陷分析　导致油温异常升高的原因有以下两个：一是在液压缸 3 停止工作时，液压泵没有处于卸荷状态，泵输出的压力油全部通过换向阀 2 和调速阀 1 流回油箱，损失的压力能转换为热量，使油温升高；二是液压缸 3 在返回时，换向阀 2 处于右位，回油也要经过调速阀 1 回油箱，其节流损失使油温升高。

（2）补救措施　上述问题的症结在于调速阀的安放位置不合理，是设计者考虑不周所导致的。在设计出口调速回路时，一定要设置好节流调速元件在整个回路中的位置，改进图如图 6-33 所示。将调速阀 1 位置改接在液压缸 3 的出口与换向阀 2 之间，并增加一个与其

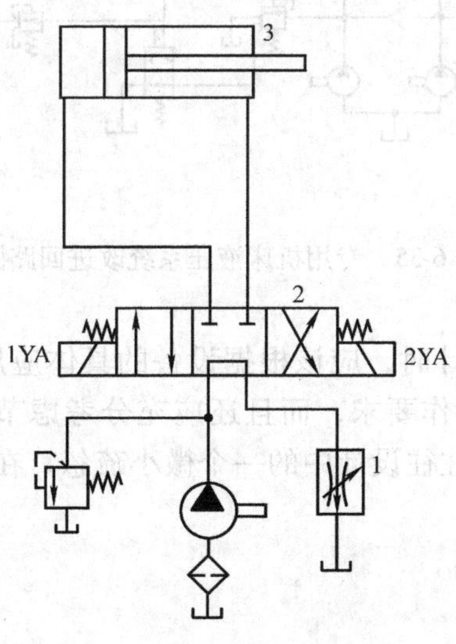

图 6-32　某设备的液压回路原理图

1—调速阀　2—换向阀
3—液压缸

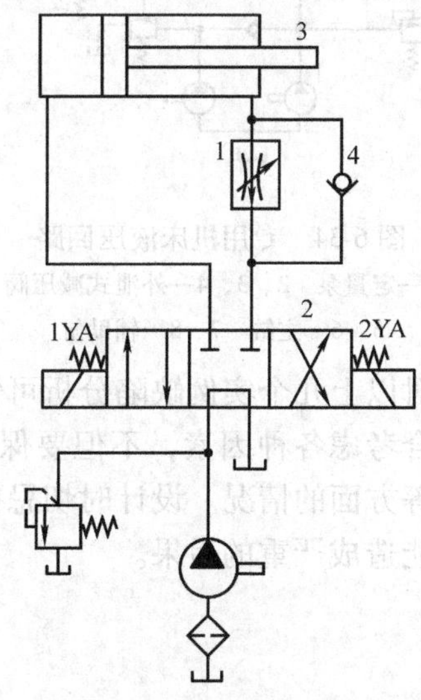

图 6-33　某设备的液压回路改进图

1—调速阀　2—换向阀　3—液压缸
4—单向阀

并联的单向阀4，目的是快退时进油路能经单向阀4直接进入液压缸3右腔，实现快退动作行程。

4. 因多缸相互干扰致使系统主油路压力不足

图6-34所示为某专用机床的液压回路。其液压系统经多次调试后发现，在两主缸（图中的5和6）工作进给时，该系统的分支油路压力一切正常，两辅助缸（图中的7和8）工作也合乎工作要求，但主油路压力较设计值低，致使主缸在运动到工作行程时推力和速度均达不到预定要求。

（1）缺陷分析　经查证该液压系统的设计资料，发现定量泵1额定流量选得过小，原因是设计者在考虑其流量时漏掉了三个外泄式减压阀（图中的2、3和4）的泄漏量。主缸在运动时，尽管两个辅助缸静止不动，但减压阀仍处于工作状态，其先导阀处不断有泄漏油经泄油管道流出，故定量泵1流量值计算时应包含减压阀的外泄漏量。

（2）排除方法　对于主油路和支油路存在压力流量互相干扰问题的多缸液压回路，大多属于设计缺陷问题。在设计多缸液压回路时，当主缸工作进给的时候，主油路和分支油路一定要相互隔开。其措施为使用两个泵分别单独向主油路和分支油路供油，这样可以有效地减少支路泄漏或支路负载变化对主油路的影响。改进后的回路图如图6-35所示。

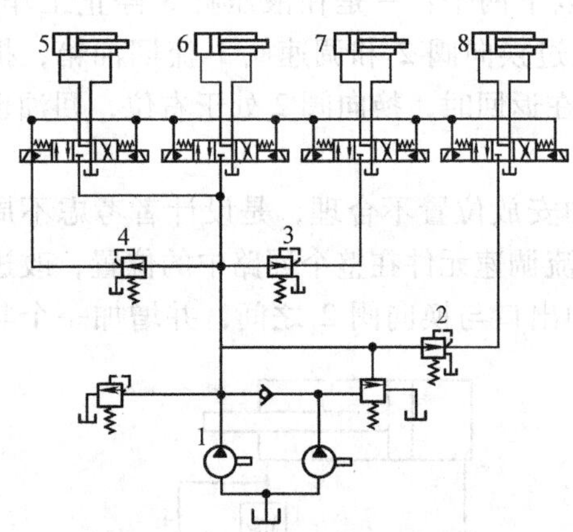

图6-34　专用机床液压回路
1—定量泵　2、3、4—外泄式减压阀
5、6—主缸　7、8—辅助缸

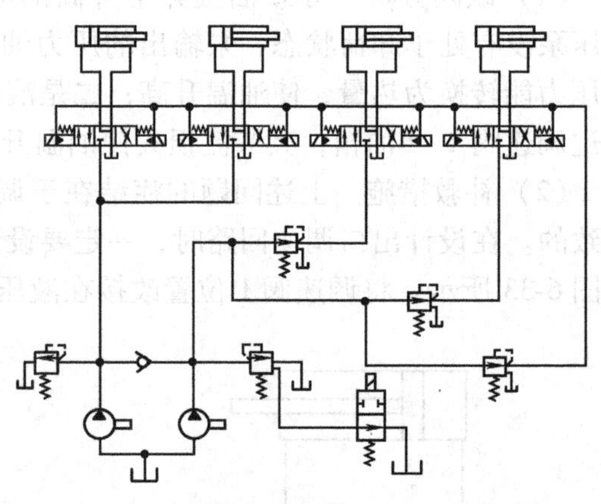

图6-35　专用机床液压系统改进回路图

通过对以上几个实例缺陷分析可知，进行液压设计时，应该根据设备的具体应用特点，多方面综合考虑各种因素，不但要保证设备能完成工作要求，而且还应充分考虑节能、环保、安全等方面的情况。设计时切忌简单照抄照搬。往往设计中的一个微小疏忽，在实际使用中都可能造成严重的后果。

第7章 数控机床的精度及可靠性分析

7.1 数控机床的精度

7.1.1 数控机床的精度指标

1. 定位精度和重复定位精度

定位精度是指数控机床工作台等移动部件在确定的终点所达到的实际位置的精度，移动部件实际位置与理想位置之间的误差就称为定位精度。定位精度的高低用定位误差的大小来衡量。定位误差包括伺服系统、检测系统、进给系统等的误差，还包括移动部件导轨的几何误差等。定位误差将直接影响零件加工的位置精度。

重复定位精度是指在同一台数控机床上，应用相同程序、相同代码加工一批零件，所得到的连续结果的一致程度。重复定位精度受伺服系统特性、进给系统的间隙与刚性，以及摩擦特性等因素的影响。一般情况下，重复定位精度是呈正态分布的偶然性误差，它影响一批零件加工的一致性，是一项非常重要的性能指标。如TH6350型数控机床定位精度为±0.005mm/全行程,重复定位精度为±0.002mm。

定位误差靠采用统计检验的方法求得，它包括系统性误差和随机性误差两类。

(1) 定位误差　某点的定位误差为该点的位置偏差与该点离散度之和，并取其最大绝对值。

$$\delta=\overline{X}+3\delta\text{（取绝对值较大的一个）}$$

式中 $\overline{X}$——实际误差的平均值，该平均值与目标值之间的位置偏差反映了该移动部件系统存在的系统性误差；

δ——该点的离散度。

误差的离散带宽表示了该点的重复定位精度，即重复定位精度 $R=6\delta$，反映了系统的随机性误差。

(2) 失动量　失动量是由传动系统中的机械元件（齿轮、丝杠、螺母等）的间隙，丝杠、传动轴的扭转变形、压缩变形，以及机床其他组件的弹性变形综合引起的。当移动部件从正反两个方向多次重复趋近某一点定位时，若正反两个方向的位置偏差值不同，即反向时产生了不灵敏区，称之为反向差值（或称失动量）。

$$B=\overline{X}\uparrow-\overline{X}\downarrow$$

式中 B——失动量；

$\overline{X}\uparrow$——正方向的位置误差平均值；

$\overline{X}\downarrow$——反方向的位置误差平均值。

2. 分度精度

分度精度是指分度工作台在分度时，理论要求回转的角度值和实际回转的角度值的差值。分度精度既影响零件加工部位在空间的角度位置，也影响孔系加工的同轴度等。

3. 脉冲当量

数控装置每发出一个脉冲信号，反映到机床移动部件的移动量上，一般称为脉冲当量。脉冲当量是设计数控机床的原始数据之一，其数值的大小决定数控机床的加工精度和表面质量。目前，普通数控机床的脉冲当量一般采用0.001mm，简易数控机床的脉冲当量一般采用0.01mm，精密或超精密数控机床的脉冲当量采用0.0001mm，脉冲当量越小，数控机床的加工精度和加工表面质量越高。

7.1.2 经济型数控机床的定位精度分析

1. 开环系统的定位精度

在开环伺服系统中，指令脉冲经脉冲分配器、功率放大器、步进电动机、减速齿轮、滚珠丝杠螺母副转换为机床工作台的移动。机床工作台的定位精度受到所有这些电气或机械装置及元件结构设计和制造精度的综合影响。在机床使用过程中，定位精度进一步受到振动、热变形、机床导轨和丝杠螺母副的磨损，以及数控装置元件特性变化等的影响。其中，主要影响因素有：

1）步进电动机的误差。包括步距角误差，伺服式步进电动机的步距角误差一般为±10″~±30″，功率步进电动机一般为±20″~±25″；动态误差，步进电动机单步运行时有明显的振荡，超调量一般为步距角的20%~30%，在某些频率运行时有共振现象；起停误差，在步进电动机起动和停止的过渡过程中，电动机的转动滞后于控制脉冲。

2）机械传动部分的几何误差。包括齿轮副的传动误差，齿轮副的传动误差主要由齿轮本身的各种制造误差，如几何偏心、运动偏心、齿形误差、调节误差等因素形成，此外还与齿轮安装轴的偏心和齿轮孔轴的安装误差、间隙等有关；另外，还有齿轮副的传动间隙，它主要由齿轮的固有侧隙产生，同时还受齿轮副的中心距误差和齿轮的安装误差等因素的影响；滚珠丝杠螺母副的传动误差及传动间隙，滚珠丝杠螺母副由于处在进给系统传动链的末端，它的传动误差将直接影响定位精度，成为定位误差的主要组成部分，滚珠丝杠螺母副的传动误差主要由螺旋副本身的制造误差，如螺距累积误差、滚道型面误差、尺寸误差等综合形成，其中最重要的是丝杠的螺距累积误差。

另外，还有机械进给部分的热变形、导轨副的误差等。

以上的各种因素中，某些固定不变或按确定规律变化的因素引起的定位误差是系统性误差，如导轨的形位误差、齿轮分度误差、丝杠的螺距误差等。有些因素引起的定位误差则是随机误差，如轴承游隙的变化量、摩擦力变动的影响等。要减少定位误差中的随机性误差较为困难，一般只能通过全面提高各部分的精度等措施来改善；而对于系统性误差，则可在掌握了其大小方向和规律后，采用一些针对性措施来减小和消除。一般系统性误差占总误差的90%，因此首先必须尽量减少系统性误差来提高定位精度。提高开环系统定位精度的措施主要有：

1）从产生误差的根源上采取措施减小或消除系统性误差。包括减小、消除各种机械间隙，采用各种消除间隙的结构及装配时预加载荷，减小丝杠传动件的弹性变形从而减小失动量，减小相对运动件之间的摩擦力，对于点位控制系统可以采用单方向趋近法。

2）采用误差补偿的方法。

2. 闭环系统的定位精度

1）闭环系统由于在工作台上安装了位置检测装置，把位移信号反馈到输入端，实现对工作台的反馈控制，因而各部分的误差对工作台的定位精度没有直接关系，定位误差主要取决于位置测试系统的误差，主要包括检测元件本身的误差、检测元件的安装调整误差。

2）闭环系统中的失动量虽不直接影响定位精度，但实际上过大的失动量会造成伺服系统的动态不稳定和振荡。

7.1.3　经济型数控机床定位误差的补偿方法

1. 基本原理

误差补偿的原理就是制造一个大小相等、方向相反的误差去补偿修正原有的误差。定位误差补偿用数学形式可表示为

$$\zeta_i + \zeta_i' \approx 0 \quad (i = 1、2、\cdots n)$$

式中　ζ_i——各定位点的定位误差值；

ζ_i'——误差修正值。

误差补偿一般用于补偿系统性误差，由于大多数情况下，系统性误差总是大于随机性误差，因此其效果显著。

2. 定位误差的补偿方法

经济型数控机床通常采用电气补偿法进行反向间隙补偿和螺距累积误差补偿来提高定位精度。

1）反向间隙误差补偿。间隙补偿脉冲由间隙补偿电路产生。间隙补偿脉冲数根据实测到的失动量确定，并用拨码开关预先给定。

2）丝杠螺距累积误差补偿。采用定点的脉冲补偿方法修正螺距累积误差。根据实测的丝杠在全行程的误差曲线，在累积误差达到一个脉冲当量处安装一个挡块。当工作台移动时，装在床身上的微动开关每与挡块接触一次，就通过螺距误差补偿控制电路，相应进行增减脉冲补偿。补偿后的螺距误差可以控制在一个脉冲当量以内。

7.1.4　改造后数控机床精度的测量和误差的补偿

目前数控机床位置精度的检验通常采用国际标准 ISO 230—2—1997 或 GB/T 17421.2—2000 等。同一台机床，由于采用的标准不同，所得到的位置精度也不相同，因此在选择数控机床的精度指标时，也要注意它所采用的标准。数控机床的位置标准通常指各数控轴的反向偏差和定位精度。对于这二者的测定和补偿是提高加工精度的必要途径。

1. 反向偏差

在数控机床上，由于各坐标轴进给传动链上驱动部件（如伺服电动机、伺服液压马达、步进电动机和各机械运动传动副）存在反向死区，造成各坐标轴在由正向运动转为反向运动时形成反向偏差，通常也称为反向间隙或失动量。对于采用半闭环伺服系统的数控机床，反向偏差的存在就会影响到机床的定位精度和重复定位精度，从而影响产品的加工精度。如在 G01 切削运动时，反向偏差会影响插补运动的精度，若偏差过大就会造成“圆不够圆，方不够方”的情形；而在 G00 快速定位运动中，反向偏差影响机床的定位精度，使得钻孔、镗孔等孔加工时各孔间的位置精度降低。同时，随着设备投入运行时间的增长，反向偏差还会随因磨损造成运动副间隙的逐渐增大而增加，因此需要定期对机床各坐标轴的反向偏差进行测定和补偿。

（1）反向偏差的测定　在所测量坐标轴的行程内，预先向正向或反向移动一个距离并以此停止位置为基准，再在同一方向给予一定移动指令值，使之移动一段距离，然后再往相反方向移动相同的距离，测量停止位置与基准位置之差，如图 7-1 所示。在靠近行程的中点及两端的三个位置分别进行多次测定（一般为 7 次），求出各个位置上的平均值，以所得平均值中的最大值为反向偏差测量值。在测量时，一定要先移动一段距离，如图 7-1 中 *AB* 段，否则不能得到正确的反向偏差值。

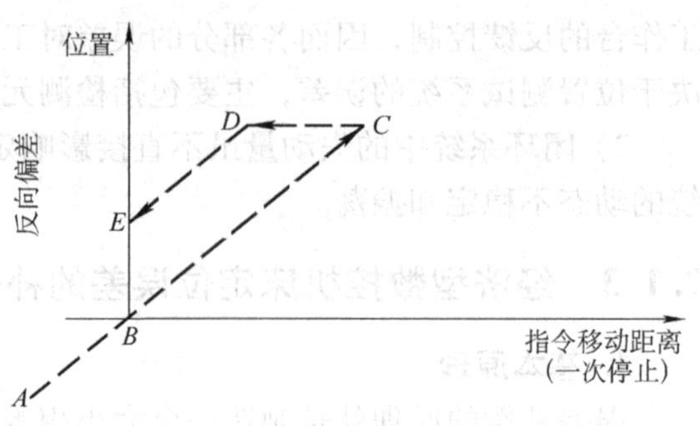

图 7-1　反向偏差的测定

测量直线运动轴的反向偏差时，测量工具通常采用千分表或百分表，若条件允许，可使用双频激光干涉仪进行测量。当采用千分表或百分表进行测量时，需要注意的是表座和表杆不要伸出过高过长，因为测量时由于悬臂较长，表座易受力移动，造成计数不准，补偿值也就不真实了。若采用编程法实现测量，则能使测量过程变得更便捷更精确。例如，在三坐标立式机床上测量 X 轴的反向偏差，可先将表压住主轴的圆柱表面，然后运行如下程序进行测量：

N10　G91　G01　X55　F1000；工作台右移

N20　X-55；工作台左移，消除传动间隙（图 7-1 的 *AB* 段）

N30　G04　X5；暂停以便观察

N40　Z50；Z 轴抬高

N50　X-50；工作台左移（图 7-1 的 *BC* 段）

N60　X50；工作台右移复位（图 7-1 的 *CDE* 段）

N70　Z-50；Z 轴复位

N80　G04　X5；暂停 5s，以便观察

N90　M99；

需要注意的是，在工作台不同的运行速度下所测得的结果会有所不同。一般情况下，低速的测得值要比高速的大，特别是在机床主轴负荷和运动阻力较大时，低速运动时工作台运动速度较低，不易发生过冲超程（相对反向间隙），因此测得值较大；在高速时，由于工作台速度较高，容易发生过冲超程，测得值偏小。回转运动轴反向偏差量的测量方法与直线轴相同，只是用于检测的仪器不同而已。

（2）反向偏差的补偿　国产数控机床，定位精度有不少能达到 >0.02mm，但没有补偿功能。对这类机床，在某些场合下，可用编程法实现单向定位，清除反向间隙。在机械部分不变的情况下，只要低速单向定位到达插补起始点，然后再开始插补加工。插补进给中遇反向时，给反向间隙值再正式插补，即可提高插补加工的精度，基本上可以保证零件的公差要求。

对于其他类别的数控机床，通常数控装置内存中设有若干个地址，专供存储各轴的反向间隙值。当机床的某个轴被指令改变运动方向时，数控装置会自动读取该轴的反向间隙值，对坐标位移指令值进行补偿、修正，使机床准确地定位在指令位置上，消除或减小反向偏差对机床精度的不利影响。

一般数控系统只有单一的反向间隙补偿值可供使用，为了兼顾高、低速的运动精度，除了要在机械上做得更好以外，只能将在快速运动时测得的反向偏差值作为补偿值输入，从而难以做到平衡、兼顾快速定位精度和切削时的插补精度。对于 FANUC 0i、FANUC 18i 等数控系统，有用于快速运动（G00）和低速切削进给运动（G01）的两种反向间隙补偿可供选用。根据进给方式的不同，数控系统自动选择使用不同的补偿值，完成较高精度的加工。表 7-1 列出了工作台运动速度、运动方向发生变化时，反向间隙的变化（切削进给运动时的反向间隙值为 A，快速运动时为 B，a 为其他误差）。

表 7-1　切削运动与快速反向运动偏差比较

代码 / 内容	G01 到 G01	G00 到 G00	G00 到 G01	G01 到 G00
相同方向	0	0	$\pm a$	$\pm(-a)$
相反方向	$\pm A$	$\pm B$	$\pm(B+a)$	$\pm(B+a)$

将 G01 切削进给运动测得的反向间隙值 A 输入参数 NO11851（G01 的测试速度可根据常用的切削进给速度及机床特性来决定），将 G00 测得的反向间隙值 B 输入参数 NO11852。需要注意的是，若要数控系统执行分别指定的反向间隙补偿，应将参数号码 1800 的第四位（RBK）设定为 1；若 RBK 设定为 0，则不执行分别指定的反向间隙补偿。G02、G03、JOG 与 G01 使用相同的补偿值。

2. 定位精度

数控机床的定位精度是指所测量的机床运动部件在数控系统控制下运动所能达到的位置精度，是数控机床有别于普通机床的一项重要精度，它与机床的几何精度共同对机床切削精度产生重要的影响，尤其对孔隙加工中的孔距误差具有决定性的影响。一台数控机床可以从它所能达到的定位精度判断出它的加工精度，所以对数控机床的定位精度进行检测和补偿是保证加工质量的必要途径。

（1）定位精度的测定　目前多采用双频激光干涉仪对机床检测和处理分析，利用激光干涉测量原理，以激光实时波长为测量基准，提高了测试精度及增强了适用范围。检测方法如下：

1）安装双频激光干涉仪。

2）在需要测量的机床坐标轴方向上安装光学测量装置（图 7-2）。

3）调整激光头，使测量轴线与机床移动轴线共线或平行，即将光路预调准直。

4）待激光预热后输入测量参数。

5）按规定的测量程序对运动机床进行测量。

6）数据处理及结果输出。

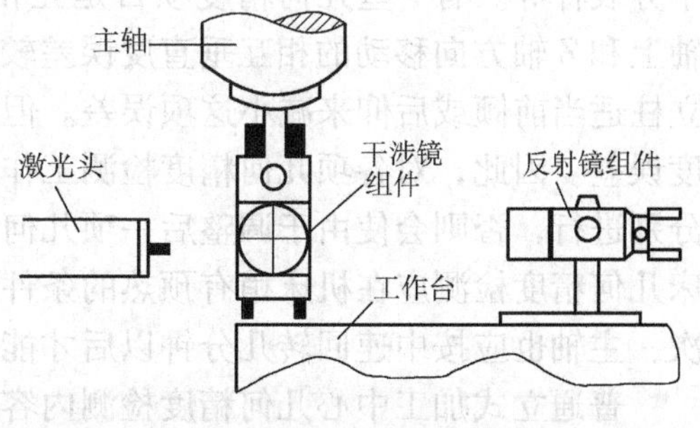

图 7-2　X 轴方向光学测量装置的安装

（2）定位精度的补偿　若测得数控机床的定位误差超出误差允许范围，则必须对机床进行误差补偿。常用方法是计算出螺距误差补偿表，手动输入机床 CNC 系统，从而消除定位误差。由于数控机床三轴或四轴补偿点可能有几百上千点，所以手动补偿需要花费较多时间，并且容易出错。

现在通过 RS232 接口将计算机与机床 CNC 控制器连接起来，用 VB 编写的自动校准软件控制激光干涉仪与数控机床同步工作，实现对数控机床定位精度的自动检测及自动螺距误差补偿，其补偿方法如下：

1）备份 CNC 控制系统中的已有补偿参数。

2）由计算机产生进行逐点定位精度测量的机床 CNC 程序，并传送给 CNC 系统。

3）自动测量各点的定位误差。

4）根据指定的补偿点产生一组新的补偿参数，并传送给 CNC 系统，螺距自动补偿完成。

5）重复 3）进行精度验证。

根据数控机床各轴的精度状况，利用螺距误差自动补偿功能和反向间隙补偿功能，合理地选择分配各轴补偿点，使数控机床达到最佳精度状态，并大大提高了检测机床定位精度的效率。

定位精度是数控机床的一个重要指标。在数控化改造后需要重新测量机床的精度。采用以上方法对机床各坐标轴的反向偏差、定位精度进行准确测量和补偿，可以很好地减小或消除反向偏差对机床精度的不利影响，提高机床的定位精度，使机床处于最佳精度状态，从而保证零件的加工质量。

7.2 数控机床的精度检查

7.2.1 机床几何精度的检查

数控机床的几何精度综合反映了机床的关键机械零部件及其组装后的几何形状误差。在几何精度检测中必须对机床地基有严格要求，应当在地基及地脚螺栓的固定混凝土完全固化后再进行。精调时，应把机床的主床身调到较精确的水平面以后，再精调其他几何精度。使用的检测工具精度等级必须比所测的几何精度要高一个等级，目前常用的检测工具有精密水平仪、直杆尺、精密方箱、平尺、平行光管、千分表、测微仪、高精度主轴心棒及刚性好的千分表杆等。有一些几何精度项目是互相联系的，例如在立式加工中心检测中，如发现 Y 轴上和 Z 轴方向移动的相互垂直度误差较大，则可以适当调整立柱底部床身的地脚垫铁，使立柱适当前倾或后仰来减小这项误差。但是这样也会改变主轴回转轴心线对动作台面的垂直度误差。因此，对各项几何精度检测工作应在精调后一气呵成，不允许检测一项调整一项，分别进行，否则会使由于调整后一项几何精度而把已检测合格的前一项精度调成不合格。机床几何精度检测应在机床稍有预热的条件下进行，所以机床通电后各移动坐标应往复运行几次，主轴也应按中速回转几分钟以后才能进行检测。

普通立式加工中心几何精度检测内容如下：

1）工作台面的平面度。

2）各坐标方向移动的相互垂直度。

3）X 坐标方向移动时，工作台面的平行度。

4）Y 坐标方向移动时，工作台面的平行度。

5）Z 坐标方向移动时，工作台面 T 形槽侧面的平行度。

6）主轴箱沿 Z 坐标方向移动时，主轴轴心线的平行度。

7）主轴孔的径向跳动。

8）主轴的轴向窜动。

9）主轴回转轴心线对工作台面的垂直度。

10）主轴箱在 Z 坐标方向移动时的直线度等。

每项几何精度的具体检测方法可参照 GB/T 17421.1—1998《机床检验通则　第 1 部分：在无负荷或精加工条件下机床的几何精度》等有关部门标准的要求进行，亦可按机床出厂时的几何精度检测项目要求进行。

普通卧式加工中心几何精度检测内容与立式加工中心几何精度检测内容大致相似，仅多了几项与平面转台有关的几何精度。

7.2.2　机床定位精度的检查

数控机床的定位精度是表明所测量的机床各运动部件在数控装置控制下，运动所能达到的精度。因此，根据实测的定位精度数值，可以判断出机床自动加工过程中能达到的最好的工件加工精度。机床定位精度主要检测内容如下：

1. 直线运动重复定位精度

它是反映运动稳定性的一个基本指标。机床运动精度的稳定性决定着加工零件质量的稳定性和误差的一致性。直线运动重复定位精度的测量可选择行程的中间和两端任意三个点作为目标位置，从正向和反向进行五次定位，测量出实际位置与目标位置之差。

2. 直线运动的原点复归精度

数控机床每个坐标轴都要有精确的定位起点，此点即为坐标轴的原点或参考点。为提高原点返回精度，各种数控机床对坐标轴原点复归采取了一系列措施，如降速、参考点偏移量补偿等。另外，每次关机之后，要求重新开机的原点位置精度要一致。因此，坐标原点的位置精度必然比行程中其他定位点精度要高。对每个直线运动轴，从七个不同位置进行原点复归，测量出其停止位置的数值，以测定值与理论值的最大差值作为原点复归精度。

3. 回转工作台的定位精度

以工作台某一个角度为基准，然后向同一个方向快速转动工作台，每隔 30°锁紧定位，选用标准转台、角度多面体、圆光栅及平行光管等测量工具进行测量，正向转动和反向转动各测量一周。各定位位置的实际转角与理论值（指令值）之差的最大值即为分度误差。如工作台为数控回转工作台，则应以每 30°为一个目标位置，再对每个目标位置正、反转进行快速定位五次。如平均位置偏差为 Q，标准偏差为 S，则数控回转工作台的定位精度误差 A 为

$$A = (Q + 3S)_{max} + (Q + 3S)_{min}$$

4. 回转运动定位精度（转台 A、B、C 轴）

对于回转工作台的重复定位精度，测量方法是在回转工作台的一周内任选三个位置，正、反转重复定位三次，实测值与理论值之差的最大值作为重复定位精度。对数控回转工作台，以每 30°取一个测量点作为目标位置，正、反转进行五次快速定位。如各测量点标准偏差最大值为 S_{max}，则重复定位精度为 $R = 6S_{max}$。

5. 直线运动失动量

坐标轴直线运动的失动量，又称直线运动反向误差，是该轴进给传动链上驱动元件的反

向死区，以及各机械传动副的反向间隙和弹性变形等误差的综合反映，测量方法与直线运动重复定位精度的测量方法相似。一般情况下，失动量是由于进给传动链刚性不足，滚珠丝杠预紧力不够，导轨副过紧或松动等原因造成的。要根本解决这个问题，只有修理和调整有关元部件。数控系统都有失动量补偿的功能（一般称反向间隙补偿），最大能补偿 0.20 ~ 0.30mm 的失动量，但这种补偿要在全行程区域内失动量均匀的情况下，才能取得较好的效果。就一台数控机床的各个坐标轴而言，软件补偿值越大，表明该坐标轴上影响定位误差的随机因素越多，则该机床的综合定位精度就不会太高。

6. 数控回转工作台的失动量

数控回转工作台的失动量，又称数控回转工作台的反向误差，测量方法与回转工作台的定位精度测量方法一样。

7. 运动失动量的测定工具

直线运动的检测工具有测微仪、成块规、标准长度刻线尺、光学读数显微镜及双频激光干涉仪等。

回转运动的检测工具有 360 齿精确分度的标准转台或角度多面体、高精度圆光栅及平行光管等。

7.2.3 机床切削精度的检查

机床切削精度的检查实质上是对机床的几何精度和定位精度在切削加工条件下的一项综合检查。机床切削精度检查可以是单项加工，也可以加工一个标准的综合性试件。对于普通立式加工中心，其主要单项加工有如下几种：

1. 镗孔精度

试件上的孔先粗镗一次，然后按单边余量小于 0.2mm 进行一次精镗，检测孔全长上各截面的圆度、圆柱度和表面粗糙度。这项指标主要用来考核机床主轴的运动精度及低速进给时的平稳性。

2. 镗孔的同轴度

利用转台 180°分度，在对边各镗一个孔，检验两孔的同轴度，这项指标主要用来考核转台的分度精度及主轴对加工平面的垂直度。

3. 镗孔的孔距精度和孔径分散度

孔距精度反映了机床的定位精度及失动量在工件上的影响。孔径分散度直接受到精镗刀头材质的影响，为此，精镗刀头必须保证在加工 100 个孔以后的磨损量小于 0.01mm，用这样的刀头加工，其切削数据才能真实反映出机床的加工精度。

4. 直线铣削精度

使 X 轴和 Y 轴分别进给，用立铣刀侧刃精铣工件周边。该精度主要考核机床 X 向和 Y 向导轨运动的几何精度。

5. 斜线铣削精度

用 G01 控制 X 轴和 Y 轴联动，用立铣刀侧刃精铣工件周边。该项精度主要考核机床的 X、Y 轴直线插补的运动品质，当两轴的直线插补功能或两轴伺服特性一致时，便会使直线度、对边平行度等精度超差，有时即使几项精度不超差，但在加工面上会出现很有规律的条纹，这种条纹在两直角边上呈现一边密一边稀的状态，这是由于两轴联动时，其中某一轴进给速度不均匀造成的。

6. 圆弧铣削精度

圆弧铣削精度检测，是铣外圆表面后，再在圆度仪上测出圆度曲线。用立铣刀侧刃精铣外圆表面，要求铣刀从外圆切向进刀，切向出刀，铣圆过程连续不中断。测量圆试件时：

1）常发现两半圆错位，如图 7-3a 所示。两半圆错位一般都是由一个坐标方向或两个坐标方向的反向失动量引起的。这可以通过适当改变数控系统的失动量补偿值和修调该坐标传动链来解决。

2）出现斜椭圆，如图 7-3b 所示。主要是由于两坐标实际的系统误差不一致造成的。尽管在控制系统上两坐标系统增益设置成完全一样，但由于机械部分结构、装配质量和负载情况等不同，也会造成实际系统增益的差异；此时，可适当调整速度反馈增益、位置环增益来改善。少数情况下，由于机械负载变化不均匀，如导轨低速爬行、机床导轨防护板不均匀摩擦及维持反馈元件传动不均匀等也会造成上述情况。

3）出现锯齿形条纹，如图 7-3c 所示。这是由于两轴联动时其中一轴或两轴的进给速度不均匀造成的。可以通过修调该轴速度控制和位置控制回路来解决。出现圆周上的锯齿形条纹，其原因与铣斜四方时出现条纹的原因类似。

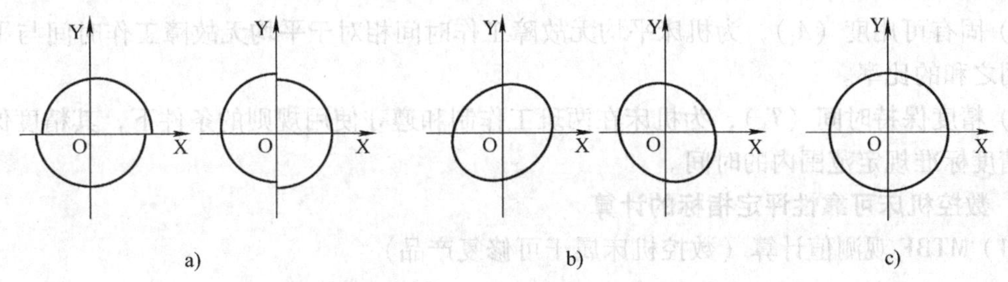

图 7-3　圆弧铣削精度

a）两半圆错位　b）斜椭圆　c）锯齿形条纹

7. 过载重切削

在切削负荷大于主轴功率 120% ~150% 的情况下，机床应不变形，主轴运转正常。要保证切削精度，就必须要求机床的定位精度和几何精度的实际误差要比公差小。例如一台中小型加工中心的直线运动定位公差为 ±0. 01mm/300mm、重复定位公差为 ±0. 007 mm、失动量公差为 0. 015 mm，但镗孔的孔距精度要求为 0. 02mm/200mm。不考虑加工误差，在该坐标定位时，若在满足定位公差的条件下，只算失动量公差加重复定位公差（0. 015 mm + 0. 014 mm = 0. 029 mm），即已大于孔距公差 0. 02mm。所以，机床的几何精度和定位精度合格，切削精度不一定合格。只有定位精度和重复定位精度的实际误差大大小于公差时，才能保证切削精度合格。

对于普通卧式加工中心，还要检测下面两点：

1）箱体掉头镗孔同轴度。

2）水平转台回转 90°铣四方加工精度。

7.3 数控机床的可靠性

7.3.1 我国数控机床的可靠性

数控机床的可靠性是指其工作的可靠性，它包括固有可靠性和使用可靠性。“九五”期间，数控机床骨干制造企业应用数控机床可靠性指标评价体系对本企业产品（主要是数控车床、数控铣床和加工中心）的可靠性进行评价，同时对故障数据进行分析（故障模式、影响及致命度分析，Fault Mode，Effect and Criticality Analysis，简称 FMECA 分析，故障树分析 Fault Tree Analysis，简称 FTA 分析）。根据分析结论，采取可靠性改进措施，从而使产品可靠性得到提高。

1. 数控机床可靠性的四项指标

1）平均无故障工作时间（Mean Time Between Failures，简写成 MTBF），为机床相邻两故障间工作时间的平均值。

2）平均修复时间（Mean Time To Repair，简写成 MTTR），为从发现故障到机床恢复规定性能所需修复时间的平均值。

3）固有可用度（A_i），为机床平均无故障工作时间相对于平均无故障工作时间与平均修复时间之和的比率。

4）精度保持时间（T_k），为机床在两班工作制和遵守使用规则的条件下，其精度保持在机床精度标准规定范围内的时间。

2. 数控机床可靠性评定指标的计算

（1）MTBF 观测值计算（数控机床属于可修复产品）

$$\text{MTBF} = \frac{1}{N_0}\sum_{i=1}^{n} t_i = \sum_{i=1}^{n} t_i \Big/ \sum_{i=1}^{n} r_i$$

式中 N_0——在评定周期内机床累计故障频数；

n——机床抽样台数；

t_i——在评定周期内第 i 台机床实际工作时间（h）；

r_i——在评定周期内第 i 台机床出现故障的频数。

（2）MTBF 的区间估计 机床经过早期故障考核试验，消除了早期故障，其工作基本控制在偶然失效阶段（故障偶发期），可认为其故障间隔时间服从指数分布。数控机床故障间隔时间的区间估计一般取置信水平（$1-\alpha=90\%$），即真值落在估计区间的概率为 90%。

其双侧置信区间按下式估计

$$\theta_{\min} = \frac{2T}{X^2_{0.05}(2r+2)} < \theta < \frac{2T}{X^2_{0.95}(2r)} = \theta_{\max}$$

其单侧置信区间按下式估计

$$\theta > \frac{2T}{X^2_{0.10}(2r+2)} = \theta_{L}$$

式中 r——发生故障的次数；

T——定时截尾试验总试验时间。

$X_{0.05}^2$、$X_{0.95}^2$、$X_{0.10}^2$——参数为 0.05、0.95、0.10 的分布数。

（3）MTTR 观测值的计算

$$\mathrm{MTTR} = \frac{1}{N_0}\sum_{i=1}^{n} t_{\mathrm{Mi}}$$

式中　N_0——在评定周期内的故障总次数；

t_{Mi}——在评定周期内第 i 台加工中心的实际修复时间（h）。

（4）固有可靠度 A_{i} 的计算

$$A_{\mathrm{i}} = \frac{\mathrm{MTBF}}{\mathrm{MTBF} + \mathrm{MTTR}}$$

（5）T_{k} 的计算　在抽取的样机中，以精度保持时间最短的一台机床的精度保持时间计为 T_{k}。

3. 故障的定义

1）故障。机床丧失规定功能或性能指标超过规定界限。

2）关联故障。机床在规定条件下使用，由于其本身质量缺陷而引起的故障。

3）非关联故障。除关联故障以外的故障，是由于误用或维修不当，以及其他外界因素引起的故障。在解释试验结果或计算可靠性特征量的数值时，不应计入的故障。

4）间歇故障。机床发生故障后，不经修复而在限定时间内能自行恢复功能或性能指标的故障。

5）致命故障。导致人身安全或造成重大经济损失的故障。

4. 故障的计数原则

1）机床的每一个故障都按关联故障或非关联故障分类。若为关联故障，则每一个故障均按一次故障计数，非关联故障不应计数。

2）如果机床有若干项功能丧失或性能指标超过了规定界限，而且不能证明它们是由同一原因引起的，则每一项均判为机床产生了一个故障；若是由同一个原因引起的，则判为机床只产生了一个故障。

3）如果机床有一项功能丧失或性能指标超过了规定界限，而且它是由两个或更多独立的故障原因引起的，则以独立的故障原因数判为机床的故障数。

4）如果机床在同一部位多次出现故障模式相同的间歇故障，则只判为机床产生了一个故障。

5）到达寿命规定期限的配套件、损耗件的更换及超期使用的损坏不按故障计数。

6）当机床出现致命故障时，若为关联故障，则立即按可靠性不合格判定。

5. 数控机床可靠性考核样机的选择原则

1）样机必须有出厂合格证。

2）样机是符合正常批量生产条件生产的机床。

3）样机应是按正常使用工况使用的机床。

4）样机的使用单位应具有良好的设备管理。

5）在符合选择样机的原则下采用随机抽样，样机的使用单位尽可能多，至少 2～3 个。

6）评定 MTBF、MTTR、A_{i} 三项指标时，抽样数量按企业年产量的 10% 抽样，如果 10% 不足 5 台，则可抽 5 台，一般不超过 20 台；年产量不足 5 台的按全数抽样。

7）评定 T_k 指标时，一般抽取 3 台机床。

7.3.2 影响数控机床可靠性的因素

1. 机床机械设计对数控系统的影响

（1）防水（油）设计　机床机械设计时，数控系统一般都装在加工区之外，但数控系统的执行部件和检测部件如伺服电动机、行程开关等，有的位于加工区内。特别是量大、面广的普通型机床，为尽量沿用原普通机床的机械部分，在防护上下的工夫不够。例如：平床身车床刀架的横向运动电动机（X 轴电动机）一般都装在拖板上，当刀架远离工件时，安装在拖板上的防护板由于空间位置限制，设计得不够长，X 轴电动机就会裸露出来，此时加工中的切削液就会淋湿电动机，水、油便渗进电动机和电缆插头中。伺服电动机有两根电缆，一根是电源供电，一根是信号反馈，当电缆进水，反馈信号错乱，系统便反映出来，出现机床故障。又如，有的机床在设计时把限位开关回零点开关装在床身上，当刀架运动到开关附近时，切削液飞溅将其淋湿，使开关失灵。

以上举的两个例子如果注意到是不难解决的。在第一个例子中，如果是旧机床改造，安装在床身上的挡屑板可以适当加宽，中滑板上的防护板加长，以保证刀架远离工件到最大位置时，X 轴电动机仍在保护之中，这样的结果，使得机床的整个宽度加宽，这种设计最为简单，制作也不麻烦。如果挡屑板不能加宽，可以单独给电动机做一个保护罩，这种保护罩的形状要复杂一些，制作也麻烦一些，但是机床的可靠性得到了改善。如果是重新设计，就可以从一开始就将这个问题考虑进去。传统的电动机与丝杠的传动方式通常是电动机轴线与丝杠轴线平行并远离丝杠，现在可以将丝杠、床鞍适当加长，电动机安装在床鞍下方，通过齿轮或者带轮的传动方式将运动传给丝杠，这样电动机就躲在床鞍的下方，床鞍成了防护板，可以挡住切削液。第二个例子，可以将电动机和开关安装到淋不到水的位置，或者设计防护罩将它们罩起来。

（2）防尘设计　数控装置自身的机箱采取了一定的防尘措施。但机床使用时的环境还应再加以考虑，如果环境条件太差，油雾、粉尘严重，要考虑对数控系统增加一定的防护。众所周知，机箱内的印制电路板的布线已经很密，机床在加工中所飞出的粉尘落到印刷电路板上，再加上油雾，使其牢牢地附着在上面，当条件成熟时，便打火短路，以致引发故障。

在机床设计时，要注意数控装置的密封。如果有的连接口机床厂家未用，要把它堵严。必要时还要增加密封，以保证数控装置机箱内的清洁，这是数控系统正常运行的有力保证。

（3）散热、通风设计　数控装置安装的位置要距机床发热源一段距离，便于通风，以防热量散不出去，使得数控装置电气元件受热、老化，从而引起故障。数控装置中强电部分的发热源（如变压器）要采取散热措施，可采用排风扇强制排风。安装排风扇的位置要恰当，采取防尘措施，如果条件允许，可以采用机用空调，强迫制冷。

（4）防止长时间使用后的失效事故　有时故障不会马上出现，待使用一段时间后，一年或者更长，隐患就暴露出来了。如有的机床设计把数控装置放在防护板上，每次开、关门，数控装置的电缆便随着弯伸，年深日久，最后导致电缆或接头部分折断和虚接，造成故障。有的机床，连接伺服电动机的电缆在外面随拖板移动，有的在其他部件上拖行，时间久了，电缆破损，也会出现故障。

（5）深入了解伺服电动机结构，保护好电动机　伺服电动机的位置检测器件在电动机中，有的用脉冲编码器作检测器件，这个编码器是玻璃的，用环氧树脂粘接，是个易损件。装配时，如用榔头敲来敲去，等通电试车时，发现伺服电动机已坏，退到厂家后，拆开检查发现几乎都是脉冲编码器损坏。如果装配工艺中规定，不准敲击，要轻拿轻放，或者在设计中，考虑到伺服电动机中的易损件，在装配时无需敲砸，轻轻推合，就可避免损失。

(6) 立轴电动机抱闸的静态防滑功能　垂直运动轴，如立车的Z轴、三坐标立式铣床或加工立式中心的Z轴、卧式铣床的Y轴，在机床断电时，机床由于不见下滑，立轴伺服电动机带有抱闸功能，这本来是件好事，但有的厂家却忽略了由于自重的影响，运动部件的上、下两个行程裕度不够，影响了立轴的运动精度。有的由于不堪重负而不能正常工作，这个问题可以用配重来解决，或者选择足够大的电动机，增加电动机的裕度，使它即使是向上快速运动，也能轻松自如。

2. 强电逻辑设计对数控系统的影响

(1) 防止干扰源进入数控系统　数控系统是一台特殊的计算机，属于微电子装置。由于都是低电压信号，因此抗干扰能力较差，所以在强电设计时，特别要注意保护，避免干扰源进入数控系统。

首先，公共线（COM）的处理。系统的地线与强电的地线要隔离。有强电继电器和电磁线圈的，强电设计时，要加灭弧器和汇流二极管，在有的地方还要加滤波电容，强弱电接头的地方甚至要加光隔，这些预防和消灭干扰的措施不能省略。

电线的走线要考虑电磁干扰。有的从系统出来是屏蔽电缆，但到机床端把屏蔽网剪掉未接。有的生产厂家出于某种原因省掉了诸多的抗干扰措施，致使系统经不住冲击，待机床到用户手中，故障屡出不断，致使无法使用。因此，电气设计人员一开始就应该考虑抗干扰设计，把故障消灭在设计中。

(2) 强电逻辑设计中的高可靠性　强电逻辑设计，即梯形图设计，必须认真对待，马虎不得。有一个厂的立车，工人站在工作台上调整工件，工件突然旋转起来造成工伤，查来查去，是梯形图设计的问题，改好之后就再也没有出现类似问题。又有一个厂生产的车削中心，在工作中辅助功能错乱，造成工件报废，且时好时坏，使得操作者不敢使用，用户要求退货。经分析，在梯形图编制中，结束信号与有效信号同时撤掉。在实际执行中，由于发送信息出错或机械颤抖，系统认为是一次新的命令而造成错乱。

同样是一个数控系统，在某个厂接连失败给退了回来，而在另一个机床厂却应用得非常成功，其稳定性超过了国外的名牌产品。可见，强电逻辑设计是影响系统可靠性的重要因素。提高数控系统的可靠性，数控系统厂家有不可推卸的责任和义务。但机床制造厂家也要加强对数控系统的了解，从而提高数控机床整机的可靠性，尽快得到用户的认可。用户在使用时要尽快熟悉机床性能，将机床正常使用起来。

7.4　数控化改造中影响数控机床性能的因素

7.4.1　滚珠丝杠装配精度的影响

滚珠丝杠螺母副是数控机床进给传动的重要部件，滚珠丝杠的制造、装配精度都直接影响机床的加工精度。在立式车床数控改造中，有时发现水平方向滚珠丝杠产生振动、重复定位精度不够，经拆解发现螺母滚道两端磨损，严重时还产生沟痕、剥落。产生这一现象的原因除了与制造质量、润滑防护有关外，装配精度也是非常重要的原因。由于支承丝杠的两端轴承座孔的轴心线与导轨面不平行，丝杠装配后丝杠螺纹实际轴线相对导轨是倾斜的，而螺母是固结于刀架上的，刀架沿着导轨面作直线运动，螺母在移动过程中迫使丝杠轴线逼近理想位置，使丝杠产生弹性弯曲变形，丝杠对螺母两端产生倾覆力矩。由于滚道中的滚珠无保持架，当滚珠运行到螺母两端时，在倾覆力矩作用下相互挤压，使运行受阻，磨损加剧，严重时产生沟痕，从而引起振动，产生丝杠的导程误差。因此，在数控机床上装配滚珠丝杠时，要十分注意相关部件的位置精度，装配完成之后，用空手盘动丝杠，使其转动轻便。

7.4.2 丝杠螺距误差的影响

丝杠螺距误差对刀架位移误差的影响不容忽视，尤其在精加工阶段，对 SINUMERIK 802D 数控系统来说，可采用该系统的丝杠螺距误差补偿功能。

如补偿轴为 Z 轴，补偿起始位置 100mm，补偿终止位置 100mm，补偿间隔 100mm，共补偿 10 个点。补偿方法：802D 自动生成补偿文件，将补偿文件传入 PC 计算机中，在 PC 机上编辑并输入补偿值，然后将补偿文件再传入 802D 系统中（补偿文件略）。

图 7-4 所示为丝杠螺距误差曲线和补偿曲线。图中光滑曲线是螺距误差曲线，折线为补偿曲线，两点之间是按线性补偿的。802D 系统给每个坐标轴预留了 125 个补偿点，设置的补偿点数存放在 MD38000 机床数据中。螺距误差补偿是按轴进行，并且是在返回参考点后生效。

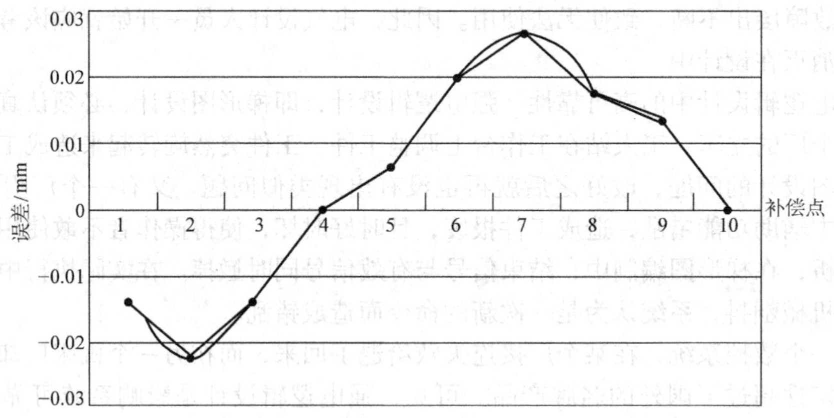

图 7-4 丝杠螺距误差曲线和补偿曲线

7.4.3 反向间隙的影响

反向间隙主要存在于滚珠丝杠螺母副和减速箱的传动齿轮处。反向间隙是 1:1 地影响刀架位移精度，因此要从结构上采取消隙措施。从生产厂家买来丝杠螺母副采用垫片消隙或双螺母消隙方法消除反向间隙。尽管在丝杠螺母副结构上采用消隙方法，但由于制造及装配的原因，丝杠螺母副之间还会存在一定的反向间隙。

在机床进给传动链上，从伺服电动机到丝杠采用齿轮传动，齿侧间隙对工作台的位移精度影响较大。以一级齿轮传动为例，如齿轮齿侧间隙为 Δl，由齿侧间隙引起刀架位移误差

为 ΔS，则 ΔS 与 Δl 之间的关系为

$$p/(\pi mz) = \Delta S/\Delta l$$

即

$$\Delta S = p\Delta l/(\pi mz)$$

式中　z——小齿轮的齿数；

m——齿轮模数；

p——丝杠螺距。

此式表明丝杠螺距越大，小齿轮模数和齿数越小，齿侧间隙越大，刀架的位移误差越大。

如小齿轮精度等级和齿厚极限偏差代号为 6GM，$m=3\text{mm}$、$z=40$、$p=12$，其最大侧隙近似为 2 倍的最大齿厚减薄量，经计算 $\Delta l=0.400\text{mm}$，则 $\Delta S=0.0127\text{mm}$。由此可见，齿侧间隙对刀架位移精度的影响不容忽视，尤其是多级齿轮传动的情况，还存在多对齿轮齿侧间隙所产生的刀架位移误差的累积，应采取措施消除齿侧间隙。在实践中，采用可调拉簧式双薄片齿轮消隙方法，效果较好。但应注意，拉簧要有足够的刚度和预拉伸量，否则起不到消隙的作用。

反向间隙可采用 SINUMERIK 数控系统的反向间隙补偿功能。在机床调试时，测量各坐标方向的反向间隙，将记录各坐标方向的反向间隙值存入相应的机床数据（MD）中。对 810T 系统，则存入机床数据号为 2200 和 2201 的机床数据中；对 802D 系统，则存入机床数据号为 32450 和 32451 的机床数据中。

注意：反向间隙补偿功能是按轴进行，在刀架返回参考点后生效。

7.4.4　数控系统的影响

数控系统是数控机床的核心部分，从价格、功能、使用等综合指标看，可分为经济型数控系统和标准型数控系统。经济型数控系统一般采用开环控制系统，结构简单，价格低，维修、调试方便，运行维护费用低。经济型数控系统一般用于精度要求不高的经济型数控机床中。

标准型数控系统即全功能数控系统，这是相对于经济型数控系统而言的，标准型数控系统功能较齐全，控制精度较高，运行速度较高，可靠性较高，一般采用闭环或半闭环控制系统，其结构较复杂，价格较贵。一般对于大、中型机床的数控改造，控制精度要求高的机床多采用标准型数控系统。如采用 SIEMENS 810T、802D 改造的 CK5116、CK5112、CK5225 等。

总之，数控系统对机床性能影响较大。在对传统机床进行数控改造时，应根据机床的控制精度、运行速度、可靠性、性能价格比等综合考虑选用合适的数控系统，对于大、中型机床的数控改造，需要选择较高档的标准型数控系统，否则会影响数控机床工作的稳定性和可靠性。

7.4.5　进给驱动电动机的影响

进给驱动电动机主要有步进电动机和伺服电动机。步进电动机所能提供的最大转矩有限，存在步距误差，而且在负载大、快速时易出现丢步现象，一般适宜用于开环控制系统、精度要求不高的小型机床的数控改造。

伺服电动机所能提供的最大转矩较大，从低速到高速电动机都能平滑运转，转矩波动小，在低速时仍然有平稳的速度而无爬行现象；具有较长时间的过载能力，能满足低速大转矩的要求；能满足快速响应的要求；具有承受频繁起动、制动和正、反转的能力。伺服电动机通常用于闭环和半闭环的伺服系统中，适用于大、中型机床的数控改造中。如在改造大、中型立式车床、轧辊车床的实践中，常选用 SIEMENS 1FT 系列的伺服电动机，效果较好。值得一提的是，在选择电动机最大转矩时，如根据切削加工条件按理论计算值选择电动机转矩，往往电动机转矩偏小。当切削用量较大、切削力较大时，易出现进给驱动电动机带不动现象，从而影响机床性能。根据改造的实际经验，建议对于大、中型机床，按理论计算的负载转矩应再乘上一个较大的系数 1.5～2.5，以确保机床工作的稳定性。

我国企业的传统机床存量很大，随着数控技术的推广应用，众多中小企业面临的机床数控改造任务很大，利用先进的数控系统改造传统机床是成本低、见效快、效率高的好办法。在数控改造中，应注意机械传动系统和电气系统对数控机床加工精度和机床性能的影响，否则，将直接影响数控机床的工作精度和工作稳定性，影响产品的质量和生产效率。

第 8 章 数控机床的验收和日常维护

8.1 数控机床的验收

数控机床的验收大致分两大类：一类是对于新型数控机床样机的验收，它由国家指定的机床检测中心进行；另一类是一般的数控机床用户验收其购置的数控设备。

对于新型数控机床样机的验收，需要进行全方位的试验检测。它需要使用各种高精度仪器来对机床的机、电、液、气等各部分及整机进行综合性能及单项性能的检测，包括进行刚度和热变形等一系列机床试验，最后得出对该机床的综合评价。这是一项对试验检测手段及技术要求很高的复杂工作。这项工作目前在国内还必须由国家指定的几个机床检测中心进行，才能得出权威性的结论意见。

对于一般的数控机床用户，其验收工作主要根据机床出厂检验合格上规定的验收条件及实际能提供的检测手段来部分地或全部测定机床合格证上的各项技术指标。如果各项数据都符合要求，则用户应将此数据列入该设备进厂的原始技术档案中，作为日后维修时的技术指标依据。

下面介绍一般数控用户在数控机床验收工作中要做的一些主要工作。

1）机床外观检查。

2）机床性能和数控功能试验。

3）机床几何精度检查。

4）机床定位精度检查。

5）机床切削精度检查。

8.1.1 机床外观检查

机床外观要求一般可按照通用机床标准，但数控机床是价格昂贵的高技术设备，对外观的要求就更高。对各级防护罩、油漆质量、机床照明、切屑处理、电线和气、油管走线固定防护等都有进一步要求。

在对数控机床作详细检查验收以后，还应对数控柜的外观进行检查验收，应包括下述几个方面：

1. 外表检查

用眼直接检查数控柜中 MDI/CRT 单元、位置显示单元、纸带阅读机、直流稳压单元、各印制电路板（包括伺服单元）等是否有破损、污染，连接电缆捆绑处是否有破损，若是屏蔽线，还应检查屏蔽层是否有剥落现象等。

2. 数控柜内部件紧固情况检查

（1）螺钉紧固检查 检查输入变压器、伺服用电源变压器、输入单元、电源单元和纸带阅读机等有接线端子处的螺钉是否都已拧紧；凡是需要盖罩的接线端子座（该处电压较高）是否都有盖罩。

(2) 连接器紧固检查　数控柜内所有连接器、扁平电缆插座等都有紧固螺钉紧固，以保证它们连接牢固、接触良好。

(3) 印制电路板的紧固检查　在数控柜的结构布局方面，有的是笼式结构，一块块印制电路板都插在笼子里；有的是主从结构式，即一块把板（也称主板）上插了若干块小板（附加选择板）。但无论是哪种形式，都应检查固定印制电路板的紧固螺钉是否拧紧（包括大板和小板之间的连接螺钉），还应检查印制电路板上各个 EPROM、RAM 片等是否插入到位。

3. 伺服电动机的外表检查

特别是对带有脉冲编码器的伺服电动机的外壳应作认真检查，尤其是后端盖处。如发现有磕碰现象，应将电动机后盖打开，取下脉冲编码器外壳，检查光码盘是否破碎。

8.1.2　机床性能及数控功能试验

数控机床性能试验一般有几十项内容。现以一台立式加工中心为例说明一些主要的项目。

1. 主轴系统性能

1) 用手动方式选择高、中、低三个主轴转速，连续进行 5 次正反转的起动和停止动作，试验主轴动作的灵活性和可靠性。

2) 用数据输入方式，主轴从最低一级转速开始运转，逐级提到允许的最高转速，实测各级转速数，公差为设定值的 ±10%，同时观察机床的振动。主轴在长时间高速运转（一般为 2h）后，允许温升 15℃。

3) 主轴准停装置连续操作 5 次，试验动作的可靠性和灵活性。

4) 对于带主轴编码器的系统，应检查主轴能否在任意选择的角度上定位。带 ATC 的数控机床，还需检查换刀时主轴定位点的设定是否准确。

2. 进给系统性能

1) 分别对各坐标进行手动操作，试验正、反方向的低、中、高速进给和快速移动的起动、停止、点动等动作的平稳性和可靠性。

2) 用数据输入方式或 MDI 方式测定 G00 和 G01 下各种进给速度，公差 ±5%。

3. 自动换刀系统

1) 检查自动换刀的可靠性和灵活性，包括手动操作及自动运行时刀库满负载条件下（装满各种刀柄）运动平稳性、机械手抓取最大允许质量刀柄的可靠性、刀库内刀号选择的准确性等。

2) 测定自动交换刀具的时间。

3) 检查换刀过程中出现意外停机，如停电、应急或机械卡死后，能使换刀过程恢复继续执行或重新执行的能力（包括刀具数据的恢复）。

4. 机床噪声

机床空运转时的总噪声不得超过标准规定（80dB）。数控机床由于大量采用电调速装置，主轴箱的齿轮往往不是最大噪声源，而主轴电动机的冷却风扇和液压系统液压泵的噪声等可能成为最大噪声源。

5. 电气装置

在运转试验前后分别作一次绝缘检查，检查接地线质量，确认绝缘的可靠性。

6. 数字控制装置

检查数控柜的各种指示灯，检查纸带阅读机、操作面板、电柜冷却风扇和密封性等动作及功能是否正常可靠。

7. 安全装置

检查对操作者的安全性和机床保护功能的可靠性。如各种安全防护罩、机床各运动坐标行程极限保护自动停止功能、各种电流电压过载保护和主轴电动机过热过负荷时紧急停止功能等。

8. 润滑装置

检查定时定量润滑装置的可靠性，检查润滑油路有无渗透，到各润滑点的油量分配等功能的可靠性。

9. 气、液装置

检查压缩空气和液压油路的密封、调压功能，液压油箱的正常工作情况。

10. 附属装置

检查机床各附属装置机能的工作可靠性。如切削液装置能否正常工作、排屑器的工作质量、冷却防护罩有无泄露、APC 交换工作台工作是否正常、试验带重负载的工作台面自动交换、配置接触式测头的测量装置能否正常工作及有无相应测量程序等。

11. 数控机能

按照该机床配备数控系统的说明书，用手动或自动编程序的检查方法，检查数控系统主要的使用功能，如定位、直线插补、圆弧插补、暂停、自动加减速、坐标选择、平面选择、刀具位置补偿、刀具直线补偿、拐角功能选择、固定循环、行程停止、选择停机、程序结束、冷却的起动和停止、单程序段、原点偏置、跳读程序段、程序暂停、进给速度超调、进给保持、紧急停止、程序号显示及检索、位置显示、镜像功能、螺距误差补偿、间隙补偿和用户宏程序等机能的准确及可靠性。检查数控系统提供的诊断功能和报警功能。

12. 连续无载荷运转

作为综合检查整台机床自动实现各种功能可靠性的最好方法，是让机床长时间连续运行，如 8 h、16 h 和 24 h 等。一般数控机床在出厂以前都经过 80 h 自动连续运行，到用户验收时不一定再要求经过这么长时间的检验，但进行一次 8 ~ 16 h 的自动连续运行还是必要的。这可以考核该机床是否已比较稳定（一般自动化机床 8h 连续运行不出故障，表明可靠性已达到一定水平），而且也是使机床用户对这台机床建立信心的最好办法。

在连续运行中，必须事先编制一个功能比较齐全的程序，它应包括：

1）主轴转动要包括标称的最低、中间和最高转速在内的五种以上速度的正转、反转及停止等运行。

2）各坐标运动要包括标称的最低、中间和最高进给速度及快速移动，进给移动范围应接近全行程，快速移动距离应在各坐标轴全行程的二分之一以上。

3）一般自动加工所用的一些功能和代码要尽量用到。

4）自动换刀要至少交换刀库中三分之二以上的刀号，而且都要装上质量在中等以上的刀柄进行实际交换。

5）必须使用特殊功能，如测量功能、APC 交换和用户宏程序等。

用以上这样的程序连续运行，检查机床各项运动、动作的平稳性和可靠性，并且要强调规定时间内不允许出现故障，否则要在修理后重新开始规定时间考核，不允许分段进行累积到规定运行时间。

8.1.3　机床几何精度检查

数控机床的几何精度是综合反映该设备的关键机械零件和组装后的几何形状误差。数控机床的几何精度检查和普通机床的几何精度检查基本类似，使用的检测工具和方法也很相似，但是检测精度要求更高。以下列出一台普通立式加工中心的几何精度检测内容：

1）工作台面的平面度。

2）各坐标方向移动的相互垂直度。

3）X 坐标方向移动时，工作台面的平行度。

4）Y 坐标方向移动时，工作台面的平行度。

5）X 坐标方向移动时，工作台面 T 形槽侧面的平行度。

6）主轴的轴向窜动。

7）主轴孔的径向跳动。

8）主轴箱沿 Z 坐标方向移动时，主轴轴心线的平行度。

9）主轴回转轴心线对工作台面的垂直度。

10）主轴箱在 Z 坐标方向移动的直线度。

从上述十项精度要求中可以看出，第一类精度要求是对机床各运动部件，如床身、立柱、溜板、主轴箱等运动的直线度、平行度、垂直度的要求。第二类是对执行切削运动主要部件主轴的自身回转精度及直线运动精度（切削运动中进刀）的要求。因此，这些几何精度综合反映了该机床的机械坐标系的几何精度和代表切削运动的部件主轴在机械坐标系的几何精度。工作台面及台面上 T 形槽相对机械坐标系的几何精度要求，是反映数控机床加工中的工件坐标系对机械坐标系的几何关系。因为工作台面及定位基准 T 形槽都是工件定位或工件夹具的定位基准，加工工件用的工件坐标系往往都以此为基准。

目前，国内检测机床几何精度的常用检测工具有精密水平仪、直角尺、精密方箱、平尺、平行光管、千分表或测微仪、高精度主轴心棒及一些刚性较好的千分表杆等。每项几何精度的具体检测办法见各机床的检测条件规定。但检测工具的精度等级必须比所测的几何精度要高一个等级，例如用平尺来检验 X 轴方向移动对工作台面的平行度，要求公差为 0.025mm/750mm，则平尺本身的直线度及上下基面平行度应在 0.01mm/75mm 以内。

每种数控机床的检测项目也略有区别，如卧式机床要比立式机床要求多几项与平面转台有关的几何精度。

在几何精度检测中一般对机床地基有严格要求。必须在地基及地脚螺栓的固定混凝土完全固化以后才能进行。精调时要把机床的主床身调到较精密的水平面，然后再精调其他几何精度。考虑到水泥基础不够稳定，一般要求在使用数个月到半年后再精调一次机床水平。有一些中小型数控机床的床身大件具有很高的刚性，可以在对地基没有特殊要求的情况下保持其几何精度，但为了长期工作的精度稳定性，还是需要调整到一个较好的机床水平，并且要求有关垫铁都处于垫紧的状态。

有一些几何精度项目是互相联系的，例如在立式加工中心检测中，如发现 Y 轴和 Z 轴方向移动的相互垂直度误差较大，则可以适当调整立柱底部床身的地脚垫铁，使立柱适当前倾或后仰来减小这项误差。但这样也会改变主轴回转轴心线对工作台面的垂直度误差。因此，对数控机床的各项几何精度检测工作应在精调后一气呵成，不允许检测一项调整一项，分别进行，否则会造成由于调整后一项几何精度而把已检测合格的前一项精度调成不合格。

在检测工作中，要注意尽可能消除检测工具和检测方法的误差，例如检测主轴回转精度时检验心棒自身的振摆和弯曲等误差；在表架上安装千分表和测微仪时由表架刚性带来的误差；在卧式机床上使用回转测微仪时重力的影响；在测头的抬头位置和低头位置的测量数据误差等。

机床的几何精度在机床处于冷态和热态时是不同的，检测时应按国家标准的规定，即在机床稍有预热的状态下进行，所以通电以后机床各移动坐标往复运动几次，主轴按中等的转速回转几分钟之后才能进行检测。

8.1.4　机床定位精度检查

数控机床的定位精度有其特殊意义。它是表明所测量机床的各运动部件在数控装置控制下运动所能达到的精度。因此，根据实测的定位精度数值，可以判断出这台机床在以后自动加工中能达到的最好的工件加工精度。

定位精度主要的检查内容有：

1）直线运动定位精度（包括 X、Y、Z、U、V、W 轴）。

2）直线运动重复定位精度。

3）直线运动轴机械原点的返回精度。

4）直线运动失动量的测定。

5）回转运动的定位精度（转台 A、B、C 轴）。

6）回转运动的重复定位精度。

7）回转轴原点的返回精度。

8）回转轴运动失动量的测定。

测量直线运动的检测工具有测微仪和成组块型、标准长度刻线尺和光学读数显微镜及双频激光干涉仪等。标准长度测量以双频激光干涉仪为准。回转运动检测工具有 360 齿精度分度的标准转台或角度多面体、高精度圆光栅及平行光管等。

8.1.5　机床切削精度检查

机床切削精度检查实质是对机床的几何精度和定位精度在切削和加工条件下的一项综合考核。一般来说，进行切削精度检查的加工，可以是单项加工也可加工一个标准的综合性试件。国内多以单项加工为主。对于加工中心，主要单项精度有：

1）镗孔精度。

2）面铣刀铣削平面的精度（X—Y 平面）。

3）镗孔的孔距精度和孔径分散度。

4）直线铣削精度。

5）斜线铣削精度。

6）圆弧铣削精度。

7）箱体掉头镗孔同心度（对卧式机床）。

8）水平转台回转90°铣四方加工精度（对卧式机床）。

对有特殊要求的高效机床，还要做单元时间金属切削量的试验等。切削加工试件材料除特殊要求外，一般都为一级铸铁，使用硬质合金刀具按标准的切削用量切削。

8.2 数控机床的日常维护

8.2.1 数控机床的操作维护规程

数控机床操作维护规程是指导操作工正确使用和维护设备的技术性规范，每个操作工必须严格遵守，以保证数控机床正常运行，减少故障，防止事故发生。

1. 数控机床操作维护规程基本内容

1）班前清理工作场地，按日常检查卡规定项目检查各操作手柄、控制装置是否处于停机位置，安全防护装置是否完整、牢靠，查看电源是否正常，并做好点检记录。

2）查看润滑、液压装置的油质、油量，按润滑图表规定加油，保持油液清洁，油路畅通，润滑良好。

3）确定各部位正常无误后，方可空车起动设备。先空车低速运转3～5min，查看各部位运转正常，润滑良好，方可进行工作，不得超负荷、超规范使用。

4）工件必须装夹牢固，禁止在机床上敲击夹紧工件。

5）合理调整各部位行程撞块，定位正确紧固。

6）操纵变速装置必须切实转换到固定位置，使其啮合正常。要停机变速，不得用反车制动。

7）数控机床运转中要经常注意各部位情况，如有异常，应立即停机处理。

8）测量工件、更换工装、拆卸工件都必须停机进行。离开机床时，必须切断电源。

9）数控机床的基准面、导轨、滑动面要注意保护，保持清洁，防止损伤。

10）经常保持润滑及液压系统清洁。盖好箱盖，不允许有水、尘、铁屑等污物进入油箱及电器装置。

11）工作完毕和下班前应清扫机床设备，保持清洁，将操作手柄、按钮等置于非工作位置，切断电源，办好交接班手续。

各类数控机床在制定操作维护规程时，除上述基本内容外，还应针对各机床本身特点、操作方法、安全要求、特殊注意事项等列出具体要求，便于操作工遵照执行。

2. 数控机床的使用要求

（1）技术培训　为了正确、合理地使用数控机床，操作工在独立使用设备前，必须经过对数控机床使用必要的基本知识和技术理论及操作技能的培训，并且在熟练技师指导下，实际上机训练，达到一定的熟练程度。同时要参加国家职业资格的考核鉴定，经过鉴定合格并取得资格证后，方可独立操作所使用的数控机床。严禁无证上岗操作。

技术培训、考核的内容包括对数控机床的结构性能、工作原理、传动装置、数控系统技术特性、金属加工技术规范、操作规程、安全操作要领、维护保养事项、安全防护措施、故障处理原则等。

（2）实行定人、定机持证操作　数控机床必须由经考核合格持职业资格证的操作工担任操作，严格实行定人、定机和岗位责任制，以确保正确使用数控机床及日常维护工作。多人操作的数控机床应实行机长负责制，由机长对使用和维护工作负责。公用数控机床应由企业管理者指定专人负责维护保管。数控机床定人、定机名单由使用部门提出，报设备管理部门审批，签发操作证；关键设备定人、定机名单，设备部门审核报企业管理者批准后签发。定人、定机名单批准后，不得随意变动。对技术熟练、能掌握多种数控机床操作技术的工人，经考试合格可签发操作多种数控机床的操作证。

（3）建立使用数控机床的岗位责任制

1）数控机床操作工必须严格按“数控机床操作维护规程”、“四项要求”、“五项纪律”的规定正确使用与精心维护设备。

2）实行日常点检，认真记录。做到班前正确润滑设备，班中注意运转情况，班后清扫擦拭设备，保持清洁，涂油防锈。

3）在做到“三好”要求下，练好“四会”基本功，搞好日常维护和定期维护工作；配合维修工人检查修理自己操作的设备；保管好设备附件和工具，并参加数控机床修后验收工作。

4）认真执行交接班制度和填写交接班及运行记录。

5）发生设备事故时立即切断电源，保持现场，及时向生产工长和车间机械员（师）报告，听候处理。分析事故时，应如实说明经过。对违反操作规程等造成的事故应负直接责任。

（4）建立交接班制度　连续生产和多班制生产的设备必须实行交接班制度。交班人除完成设备日常维护作业外，必须把设备运行情况和发现的问题，详细记录在“交接班簿”上，并主动向接班人介绍清楚，双方当面检查，在交接班簿上签字。接班人如发现异常或情况不明、记录不清时，可拒绝接班。如交接不清，设备在接班后发生问题，由接班人负责。

企业对在用设备均需设“交接班簿”，不准涂改撕毁。区域维修部（站）和机械员（师）应及时收集分析，掌握交接班执行情况和数控机床技术状态信息，为数控机床状态管理提供资料。

3. 操作工使用数控机床的基本功和操作纪律

（1）数控机床操作工“四会”基本功

1）会使用。操作工应先学习数控机床操作规程，熟悉设备结构性能、传动装置，懂得加工工艺和工装工具在数控机床上的正确使用。

2）会维护。能正确执行数控机床维护和润滑规定，按时清扫，保持设备清洁完好。

3）会检查。了解设备易损零件部位，知道如何完好地检查项目、标准和方法，并能按规定进行日常检查。

4）会排除故障。熟悉设备特点，能鉴定设备正常与异常现象，懂得其零、部件拆装注意事项，会做一般故障调整或协同维修人员进行排除。

（2）维护使用数控机床的“四项要求”

1）整齐。工具、工件、附件摆放整齐，设备零部件及安全防护装置齐全、线路管道完整。

2）清洁。设备内外清洁，无“黄袍”，各滑动面、丝杠、齿条、齿轮无油污，无损伤；各部位不漏油、漏水、漏气，清扫干净铁屑。

3）润滑。按时加油、换油，油质符合要求；油枪、油壶、油杯、油嘴齐全，油毡、油线清洁，油窗明亮，油路畅通。

4）安全。实行定人、定机制度，遵守操作维护规程，合理使用，注意观察运行情况，不出安全事故。

（3）数控机床操作工的“五项纪律”

1）凭操作证使用设备，遵守安全操作维护规程。

2）经常保持机床整洁，按规定加油，保证合理润滑。

3）遵守交接班制度。

4）管好工具、附件，不得遗失。

5）发现异常立即通知有关人员检查处理。

8.2.2 数控机床的日常维护和保养

为了延长机械和电器件的使用寿命和零部件的磨损周期，防止各种故障，特别是恶性事故的发生，减少不必要的事故，延长整台数控系统的使用寿命，加强数控系统的日常维护保养是十分必要的。不重视日常维护，等到出现了故障才去解决，这是得不偿失的。操作者、维修和编程人员必须熟悉《操作手册》、《维修手册》、《诊断手册》等资料，以及有关数控机床使用和保养规定。要保证数控系统正常运转，应注意如下几个方面：

1）制定数控系统日常维护的规章制度，根据各种部件特点和数控系统维修手册，确定各自保养条例。操作者和维修人员要认真填写机床的运行日记和维修保养日记。

2）要保证供给数控系统的电气、液压和空气的质量。对供电系统要保证电压和频率的稳定性，如果本供电系统在大型设备经常起动的条件下，要对数控系统的电源单独提供稳压设备，使电源供给维持稳定，液压系统液压油的各项指标要符合《操作手册》和《维修手册》的规定。供给的压力空气要清洁，并始终保持一定要求的压力。如果供气的压力管路比较长，一定要在压力空气进入机床前增加一、两级空气过滤器，以过滤空气中油雾和杂质。定期清理液压、空气过滤器。

3）对数控机床提供的切削液要保证质量，要求切削液的质量不但能提高工件精度、降低表面粗糙度、降低加工时的切削热、提高刀具使用寿命，还必须严格禁止使用对机床电器设备有腐蚀和污染的切削液。切削液使用后要定期更新，并定期清理切削液箱。

4）尽量减少打开数控柜门和强电柜门的次数。因为即使条件比较好的数控车间，空气中一般都含有油雾，漂浮的灰尘甚至有金属粉末。一旦它们落在数控装置内的印制电路板或电子元件上，容易引起元器件绝缘电阻下降，能导致元器件及印制电路板的损坏。强电柜门一般有闭锁装置，合电状态下不能打开强电柜的门。除非维修人员在维修时有必要暂时撤消这种闭锁装置外，正常运转时一定要恢复闭锁装置，以减少不必要的事故发生。

5）定时清理数控机床主轴电动机的冷却通风系统和过滤器。数控机床内的空调装置配备有一个可清理的过滤器，要按其说明书要求进行清理和维修。清理空调机的空气过滤器，要检查过滤器是否有堵塞现象。如过滤网上灰尘积聚过多，需及时清理，否则将会引起主轴电动机或数控柜内温度过高，导致主轴电动机过热或数控系统过热报警。

6）对数控系统的键盘、CRT 等输入/输出装置要定期维护。

7）要定期检查主轴直流伺服电动机和各轴伺服电动机的电刷。电动机电刷过度磨损将会影响电动机的性能，甚至造成电动机损坏。为此，应对电动机电刷进行定期检查和更换。检查周期根据使用的频率而异，一般至少每半年或一年检查一次。

8）数控系统主存储器的支持备用电池是能自行充电的，输出电压是 +8VDC 和 +12VDC。长期使用的备用电池，当电压稍低于正常值时，应及时更换，以避免存储器的内容遭到破坏。当主电源停电 5 天或超过 5 天时（一般机床大修或放长假期间），要断开存储器的备用电池。在使用到两年时，即使是没有失效也应及时更换。

9）应尽可能发挥数控机床的作用，提高利用率，减少数控机床的停机时间。数控机床长期不用，将导致数控系统故障的增加，对长期不使用的数控机床，应定期通电开动。利用电气元件本身的发热来驱除数控装置的潮气。

10）对购置的数控系统的备用印制电路板，如输出板（ACO）、输入板（ACI），以及 MEM、IOI、VOC、PID、SCG、MMU、VMU、P2V 等备件板，要定期装到数控柜中通电运行一定时间，以防长期不用而损坏。

要做好数控机床日常维护与保养工作，要求数控机床的操作人员必须经过专门培训，详细阅读数控机床的说明书，对机床有一个全面的了解，包括机床结构、特点和数控系统的工作原理等。不同类型的数控机床，日常维护的具体内容和要求不完全相同，但各维护期内的基本原则不变，以此可对数控机床进行定点、定时的检查与维护。表 8-1 列举了一般数控机床各维护周期需要维护与保养的主要内容，如发现问题应及时采取必要的措施。

表 8-1　数控机床各维护周期需要维护与保养的主要内容

序号	检查部位	检查内容			
		每天	每月	6 个月	1 年
1	切削液箱	观察箱内液面高度，及时添加	清理箱内积存切屑，更换切削液	清洗切削液箱、清理过滤器	全面清洗、更换过滤器
2	润滑油箱	观察油标上油面高度，及时添加	检查润滑泵工作情况，油管接头是否松动、漏油	清洁润滑箱、清理过滤器	全面清洗、更换过滤器
3	各移动导轨	清除切屑及脏物，用软布擦净，检查润滑情况及划伤与否	清理导轨滑动面上刮屑板	导轨副上的镶条、压板是否松动	检验导轨运行精度，进行校准
4	压缩空气气泵	检查气泵控制的压力是否正常	检查气泵工作状态是否正常、滤水管道是否畅通	空气管道是否渗漏	清洗气泵润滑油箱、更换润滑油
5	气源自动分水器、自动空气干燥器	工作是否正常、观察分油器中滤出的水分，及时清理	擦净灰尘、清洁空气过滤网	空气管道是否渗漏、清洗空气过滤器	全面清洗、更换过滤器
6	液压系统	观察箱内油面高度，油压力是否正常	检查各阀工作是否正常、油路是否顺畅、接头处是否渗漏	清洗油箱、清理过滤器	全面洗油箱、各阀，更换过滤器

（续）

序号	检查部位	检查内容			
		每天	每月	6个月	1年
7	防护装置	清除切削区内防护装置的切屑	用软布擦净各防护装置表面、检查有无松动	折叠式防护罩的衔接处是否松动	因维护需要，全面拆卸清理
8	刀具系统	检查刀具夹持是否可靠、位置是否准确、刀具是否损伤	注意刀具更换后，重新夹持的位置是否正确	刀夹是否完好、定位固定是否可靠	全面检查，有必要更换固定螺钉
9	换刀系统	观察转塔刀架定位、刀库送刀、机械手定位情况	检查刀架、刀库、机械手的润滑情况	检查换刀动作的圆滑性，以无冲击为宜	清理主要零部件，更换润滑油
10	CRT显示屏	注意报警显示、指示灯显示的情况	检查各轴限位及急停开关是否正常、观察CRT显示	检查面板上所有操作按钮、开关的功能情况	检查CRT电气线路、芯板等的连接情况，并清除灰尘
11	强电柜与数控柜	冷风扇工作是否正常、柜门是否关闭	清洗控制箱散热风道的过滤网	清理控制箱内部，保持干净	检查所有电路板、插座、插头、继电器和电缆的接触情况
12	主轴箱	观察主轴运转情况，注意声音、温度的情况	检查主轴上卡盘、夹具、刀柄的夹紧情况，注意主轴的分度功能	检查齿轮、轴承的润滑情况，测量轴承温升是否正常	清洗零部件，更换润滑油，检查主传动带轮，及时更换。检验主轴精度，进行校准
13	电气系统与数控系统	运行功能是否有障碍，监视电网电压是否正常	直观检查所有电气部件及继电器、联锁装置的可靠性。机床长期不用，则需通电空运行	检查一个实验程序的完整运转情况	注意检查存储器电池、检查数控系统的大部分功能情况
14	电动机	观察各电动机运转是否正常	观察各电动机冷却风扇运转是否正常	各电动机轴承噪声是否严重，必要时可更换	检查电动机控制板情况、检查电动机保护开关的功能。对于直流电动机要检查电刷磨损、及时更换
15	滚珠丝杠	用油擦净丝杠暴露部分的灰尘和切屑	检查丝杠防护套，清理螺母防尘盖上的污物，丝杠表面涂油脂	测量各轴滚珠丝杠的反向间隙，予以调整或补偿	清洗滚珠丝杠上的润滑油，涂上新脂

参考文献

[1] 白恩远．现代数控机床伺服及检测技术［M］．北京：国防工业出版社，2005.
[2] 黄尚先．现代机床数控技术［M］．北京：机械工业出版社，1996.
[3] 何宁．数控原理及应用［M］．重庆：重庆大学出版社，2004.
[4] 李善术．数控机床及其应用［M］．北京：机械工业出版社，1998.
[5] 吴祖育，秦鹏飞．数控机床［M］．上海：上海科学技术出版社，2000.
[6] 张柱银．数控原理与数控机床［M］．北京：化学工业出版社，2004.
[7] 许缪，王淑英．电器控制与 PLC 控制技术［M］．北京：机械工业出版社，2006.
[8] 陈远龄．机床电气自动控制［M］．重庆：重庆大学出版社，1996.
[9] 王侃夫．数控机床控制技术与系统［M］．北京：机械工业出版社，2002.
[10] 李雪梅．数控机床［M］．北京：电子工业出版社，2005.
[11] 文怀兴，夏田．数控机床系统设计［M］．北京：化学工业出版社，2005.
[12] 陈榕林，张磊．液压技术与应用［M］．北京：电子工业出版社，2002.
[13] 明仁雄，万会雄．液压与气压传动［M］．北京：国防工业出版社，2003.
[14] 袁国义．机床液压传动系统图识图技巧［M］．北京：机械工业出版社，2005.
[15] 任建平．现代数控机床故障诊断及维修［M］．北京：国防工业出版社，2002.
[16] 王兹宜．现代数控维修［M］．北京：中央广播电视大学出版社，2004.
[17] 彭跃湘．数控机床故障诊断及维护［M］．北京：清华大学出版社，2006.
[18] 陈富安．数控原理与系统［M］．北京：人民邮电出版社，2006.
[19] 牛志斌，潘波．图解数控机床——西门子典型系统维修技巧［M］．北京：机械工业出版社，2008.
[20] 王悦．数控机床 Fanuc 系统调试与操作技术［M］．北京：电子工业出版社，2008.
[21] 王浩．数控机床电气控制［M］．北京：清华大学出版社，2006.
[22] 陈子银，屈海军．数控机床电气控制［M］．北京：北京理工大学出版社，2006.
[23] 向华．华中数控系统操作、编程及故障诊断与维修［M］．北京：机械工业出版社，2008.
[24] 邓三鹏，等．现代数控机床［M］．北京：国防工业出版社，2009.
[25] 韩建海，等．数控技术及装备［M］．武汉：华中科技大学出版社，2007.
[26] 王爱玲．数控机床结构与应用［M］．北京：机械工业出版社，2006.
[27] 蔡厚道．数控机床构造［M］．北京：北京理工大学出版社，2006.
[28] 现代实用机床设计手册编委会．现代实用机床设计手册［M］．北京：机械工业出版社，2006.